17. Hämophilie-Symposion

Hamburg 1986

Herausgeber: G. Landbeck, R. Marx

Verhandlungsberichte:

Prognostisch relevante Erkenntnisse
zum Verlauf der HIV-Infektion bei Hämophilen

Fortschritte in der orthopädischen Versorgung Hämophiler

Angeborene Thrombozytopathien

Wissenschaftliche Leitung:

Prof. Dr. G. Landbeck, Hamburg

Prof. Dr. R. Marx, München

Unter Mitwirkung von:

M. Eibl, Wien; R. Kurth, Frankfurt; K. Schimpf, Heidelberg;
H. Rössler, Bonn; H. Egli, Bonn; I. Scharrer, Frankfurt;
H. Niessner, Wien; W. Schramm, München; H. Vinazzer, Linz;
E. Wenzel, Homburg/Saar

Springer-Verlag
Berlin Heidelberg New York
London Paris Tokyo

Prof. Dr. med. G. Landbeck
Abteilung Hämatologie und Onkologie
Universität-Kinderklinik
Martinistraße 52
2000 Hamburg 20

Prof. Dr. med. R. Marx
8000 München

ISBN-13: 978-3-540-18065-4 e-ISBN-13: 978-3-642-72830-3
DOI: 10.1007/978-3-642-72830-3

CIP-Titelaufnahme der Deutschen Bibliothek

Hämophilie-Symposion: Verhandlungsbericht / ... Hämophilie-Symposion. – Berlin ; Heidelberg ; New York ; London ; Paris ; Tokyo : Springer.
Teilw. u.d.T.: Verhandlungsberichte / ... Hämophilie-Symposion
11 u.d.T.: Hämophilie-Symposion: ... Hämophilie-Symposion
NE: Hämophilie-Symposion: Verhandlungsberichte
17. Hamburg 1986. – 1988

Gesamtverarbeitung: Druckhaus Beltz, Hemsbach/Bergstraße
2127/3140/543210

Inhaltsverzeichnis

4. Freie Vorträge

II. Fortschritte in der orthopädischen Versorgung Hämophiler

1. Hämophile Arthropathie

3. Was leistet die Kernspin-Tomographie?

III. Angeborene Thrombozytopathien

1. Pathophysiologie und Diagnostik

2. Angeborene Thrombozytopathien

IV. Freie Vorträge

Teilnehmerverzeichnis

Dr. K. Ackermann
Klinik und Poliklinik für Kieferchirurgie, Klinikum der Ludwig-Maximilien-Universität, München

Dr. P. Arends
Güssing/Österreich

Prof. Dr. F. Asbeck
I. Medizinische Klinik, Städtisches Krankenhaus, Kiel

Frau Dr. K. Auberger
Kinderklinik der Universität im Dr. von Hauner'schen Kinderspital, München

Frau Dr. E. Auböck
Oberösterreichische Gebietskrankenkasse, Linz/Österreich

Dr. G. Auerswald
Zentralkrankenhaus St. Jürgen-Straße, Bremen

Dr. W. Baden
Kinderklinik, Klinikum der Albert-Ludwigs-Universität, Freiburg

Prof. Dr. L. Balleisen
Innere Medizin, Evangelisches Krankenhaus, Hamm

Prof. Dr. H. Bartels
Abteilung Hämophilie und Blutgerinnung, Poliklinik, Zentrum Innere Medizin, Medizinische Hochschule, Lübeck

Frau Prof. Dr. M. Barthels
Abteilung für Hämotologie und Onkologie, Zentrum Innere Medizin, Medizinische Hochschule, Hannover

Frau Dr. Ch. Beck
Fachärztin für Kinderheilkunde, Berlin

Dr. K.-H. Beck
Abteilung Angiologie, Zentrum der Inneren Medizin, Klinikum der Johann-Wolfgang-Goethe-Universität, Frankfurt

Prof. Dr. H. Beeser
Zentrale Einrichtung Transfusionsmedizin, Zentrum Innere Medizin, Klinikum der Albert-Ludwigs-Universität, Freiburg

Dr. H.-J. Benz
Abteilung Orthopädie, Südwestdeutsches Rehabilitationszentrum für Kinder und Jugendliche, Neckargemünd

Dr. G. von Blohn
Abteilung Klinische Hämostaseologie und Transfusionsmedizin, Universitätskliniken des Saarlandes, Homburg/Saar

Dr. D. Bock
Abteilung Transfusionsmedizin, Städtische Krankenanstalten, Bielefeld

Dr. P. Boesche
Medizinische Klinik, Klinikzentrum Mitte, Städtische Kliniken, Dortmund

Prof. Dr. D. Böttcher
Innere Abteilung, Krankenhaus Bethesda, Wuppertal

Dr. H.-H. Brackmann
Institut für Experimentelle Hämatologie und Bluttransfusionswesen der Universität, Bonn-Venusberg

Dr. C. Breederveld
Amsterdam/Niederlande

Frau Dr. B. Brenner
I. Medizinische Universitätsklinik, Wien/Österreich

PD Dr. W. Brockhaus
Abteilung Hämostaseologie, Zentrum für Innere Medizin, Klinikum der Stadt Nürnberg

Dr. Ch. Brückmann
Kinderklinik der Universität im Dr. von Hauner'schen Kinderspital, München

Prof. Dr. H. D. Bruhn
I. Medizinische Klinik, Klinikum der Christian-Albrechts-Universität, Kiel

Prof. Dr. D. Brunswig
Innere Abteilung, Evangelisches Krankenhaus, Bünde

Dr. St. Buchmann
Kinderklinik im Kaiserin-Auguste-Victoria-Haus, Freie Universität Berlin, Klinikum Charlottenburg, Berlin

PD Dr. U. Budde
Bluttransfusionsdienst, Allgemeines Krankenhaus Harburg, Hamburg

Frau Dr. M. Büttner
Kinderklinik des Saarlandes, Universitätskliniken, Homburg/Saar

Dr. G. Clauss
Orthopädische Klinik, Medizinische Einrichtungen der Rheinischen Friedrich-Wilhelms-Universität, Bonn

PD Dr. K. J. Clemetson
Biologisch-medizinisches Forschungsinstitut, Theodor-Kocher-Institut, Bern/Schweiz

Dr. J. de la Cuadra
Hämatologisches Zentrallabor, Inselspital, Bern/Schweiz

Dr. J. Dalsgaard
Hvidovre Hospital, Aarhus/Dänemark

Dr. V. Daniel
Institut für Immunologie und Serologie, Klinikum der Ruprecht-Karls-Universität, Heidelberg

Frau Dr. B. Dietz
Kinderchirurgische Klinik der Universität im Dr. von Hauner'schen Kinderspital, München

Prof. Dr. H. Dittrich
Hauptverband der österreichischen Sozialversicherungsträger, Wien/Österreich

Dr. S. Döhring
Orthopädische Klinik und Poliklinik, Medizinische Einrichtungen der Universität, Düsseldorf

Frau Dr. B. Dohrn
Kinderklinik, Städtische Krankenanstalten, Krefeld

Dr. J. Dräger
Kinderklinik, Städtisches Klinikum Holwedestraße, Braunschweig

Prof. Dr. J. Drescher
Städtische Kinderklinik, Oldenburg

Dr. M. Eberle
Nordösterreichische Gebietskrankenkasse, St. Poelten/Österreich

Prof. Dr. R. Egbring
Abteilung Hämatologie, Medizinisches Zentrum für Innere Medizin, Klinikum der Philipps-Universität, Marburg

Prof. Dr. H. Egli
Institut für Experimentelle Hämatologie und Bluttransfusionswesen der Universität, Bonn-Venusberg

Dr. J. Eibl
Immuno AG, Wien/Österreich

Frau Prof. Dr. M. Eibl
Institut für Immunologie der Universität, Wien/Österreich

Dr. F. Elsinger
Immuno AG, Wien/Österreich

Dr. U. Faessler
Chiasso/Schweiz

PD Dr. A. von Felten
Gerinnungslabor, Medizinische Klinik, Universitätsspital, Zürich/Schweiz

Dr. S. Fink
Arzt für Kinderheilkunde, Nidau/Schweiz

Prof. Dr. M. Fischer
Zentrallaboratorium, Krankenhaus der Stadt Wien-Lainz, Wien/Österreich

Dr. H.-U. Furrer
Sarnen/Schweiz

Prof. Dr. H. Gastpar
HNO-Klinik und Poliklinik, Klinikum der Ludwig-Maximilian-Universität, München

Prof. Dr. E. Gbauer
Universitäts-Kinderklinik, Novi Sad/Jugoslawien

Dr. F. J. Göbel
DRK-Kinderklinik, Siegen

Frau PD Dr. I. Grosch-Wörner
Kinderklinik im Kaiserin-Auguste-Victoria-Haus, Freie Universität Berlin, Klinikum Charlottenburg, Berlin

Prof. Dr. W. Grote
Abteilung Humangenetik, Klinikum der Christian-Albrechts-Universität, Kiel

Dr. R. Gruson
Wolfenbüttel

Dr. M. Gstoettner
Oberösterreichische Gebietskrankenkasse, Linz/Österreich

Prof. Dr. L. Gürtler
Max-von-Pettenkofer-Institut für Hygiene und Medizinische Mikrobiologie, München

Prof. Dr. E. Gugler
Kinderklinik der Universität, Bern/Schweiz

Frau Dr. V. Hach-Wunderle
Abteilung Angiologie, Zentrum der Inneren Medizin, Klinikum der Johann-Wolfgang-Goethe-Universität, Frankfurt

Frau Dr. S. Hartmann
Medizinische Klinik, Kantonsspital, Chur/Schweiz

Frau Prof. Dr. K. Hasler
Ambulanz, Zentrum Innere Medizin, Klinikum der Albrecht-Ludwigs-Universität, Freiburg

Prof. Dr. K. Hausmann
Hamburg

Frau Dr. I. Hauswald-Milev
Blutspendedienst des BRK, Regensburg

PD Dr. P. Hellstern
Städt. Kliniken, Ludwigshafen

Dr. H.-P. Higer
Deutsche Klinik für Diagnostik, Wiesbaden

Prof. Dr. E. Hiller
Medizinische Klinik III, Klinikum Großhadern, München

Dr. G. Hintz
Abteilung Innere Medizin und Poliklinik, Freie Universität Berlin, Klinikum Charlottenburg, Berlin

Dr. W. D. Hoffmann
Institut für Medizinische Informatik, Medizinische Hochschule, Hannover

Dr. H. Holzhüter
Hämophilie-Zentrum Nordwest, Bremen

Dr. Ch. Horrig
Abteilung Orthopädie, Pius-Hospital, Oldenburg

Prof. Dr. D. K. Hossfeld
Abteilung Onkologie und Hämatologie, Medizinische Klinik,
Universitätskrankenhaus Eppendorf, Hamburg

Dr. L. Hovy
Orthopädische Universitätsklinik Friedrichsheim, Frankfurt

Dr. J. Ingerslev
Abteilung Klinische Immunologie, Universitätshospital, Aarhus/Dänemark

Frau Prof., Dr. H. Janzarik
Zentrum Innere Medizin, Klinikum der Justus-Liebig-Universität, Gießen

Dr. K. Jaschonek
Abteilung II, Medizinische Klinik, Klinikum der Eberhard-Karls-Universität,
Tübingen

Dr. R. Johs
Kinderklinik, Städtisches Klinikum Holwedestraße, Braunschweig

Dr. A. Kaeser
Immuno GmbH, Heidelberg

Dr. T. Kamradt
Medizinische Klinik, Medizinische Einrichtungen der Rheinischen Friedrich-Wilhelms-Universität, Bonn

Dr. J. Kapellmann
Orthopädische Klinik und Poliklinik, Medizinische Einrichtungen der Universität,
Düsseldorf

Frau Dr. S. Kazda
Klinik für Kinderheilkunde, Universitätskliniken, Innsbruck/Österreich

Frau Dr. B. Kehrel
Institut für Arterioskleroseforschung, Medizinische Einrichtungen der
Westfälischen Wilhelms-Universität, Münster

Dr. M. KESSLER
Institut für Experimentelle Hämatologie und Bluttransfusionswesen der Universität, Bonn-Venusberg

PD Dr. B. KIRCHHOF
Innere Abteilung, St. Josef-Krankenhaus, Engelskirchen

Frau Dr. E. KLESMANN
Kinderabteilung, Marienhospital, Papenburg

PD Dr. H. J. KLOSE
Facharzt für Kinderheilkunde, München

Dr. J. B. KNUDSEN
Rigshospitalet, Kopenhagen/Dänemark

PD Dr. M. KÖHLER
Abteilung Klinische Hämostaseologie und Transfusionsmedizin, Universitätskliniken des Saarlandes, Homburg/Saar

Frau Dr. K. KÖHLER-VAJTA
Fachärztin für Kinderheilkunde, Grünwald

Prof. Dr. H. KÖSTERING
Blutgerinnungslabor, Medizinische Universitätsklinik, Göttingen

Dr. J. KOK
Wilhelmina Kinderziekenhuis, Utrecht/Niederlande

Frau Dr. M. KOOS
I. Medizinische Universitätsklinik, Wien/Österreich

Dr. B. KRACKHARDT
Zentrum der Kinderheilkunde, Klinikum der Johann-Wolfgang-Goethe-Universität, Frankfurt

Dr. W. KREUZ
Zentrum der Kinderheilkunde, Klinikum der Johann-Wolfgang-Goethe-Universität, Frankfurt

Dr. R. VON KRIES
Zentrum Kinderheilkunde, Medizinische Einrichtungen der Universität, Düsseldorf

Dr. A. KURME
Facharzt für Kinderheilkunde, Hamburg

Prof. Dr. R. Kurth
Paul-Ehrlich-Institut, Frankfurt

PD Dr. R. Kuse
Abteilung Hämatologie, Allgemeines Krankenhaus St. Georg, Hamburg

Dr. A. Kyrle
Medizinische Universitätsklinik Wien, Wien/Österreich

Dr. Th. Lammers
Abteilung Hämatologie, Innere Medizin, Klinik Bergisch Land, Wuppertal

Prof. Dr. G. Landbeck
Abteilung Hämatologie und Onkologie, Universitäts-Kinderklinik, Hamburg

Dr. H. Lang
Immuno AG, Wien/Österreich

Prof. Dr. R. Laufs
Institut für Medizinische Mikrobiologie und Immunologie, Universitätskrankenhaus Eppendorf, Hamburg

Dr. B. Laursen
Abteilung Hämatologie, Aalborg Hospital, Aalborg/Dänemark

Prof. Dr. E. Lechler
Gerinnungslabor, Medizinische Klinik I, Medizinische Einrichtungen der Universität zu Köln

Dr. K.-H. Leppik
Universitäts-Kinderklinik und Poliklinik, Erlangen

Dr. D. Löwer
Paul-Ehrlich-Institut, Frankfurt

Dr. K. Mang
Universitäts-Kinderklinik und Poliklinik, Erlangen

Dr. G. Marsmann
Facharzt für Kinderheilkunde, Varel

Prof. Dr. R. Marx
München

Prof. Dr. F. R. Matthias
Zentrum Innere Medizin, Klinikum der Justus-Liebig-Universität, Gießen

Prof. Dr. H. Mau
Kinderchirurgische Abteilung, Bereich Medizin (Charité), Humboldt-Universität zu Berlin, Berlin/DDR

Dr. N. Maurin
Abteilung Innere Medizin II, Medizinische Einrichtungen der Rheinisch-Westfälischen Technischen Hochschule, Aachen

Frau Dr. E. Meili-Gerber
Gerinnungslabor, Medizinische Klinik, Universitätsspital, Zürich/Schweiz

Dr. M. Mertner
Facharzt für Kinderheilkunde, Münster

Dr. H. Messler
Orthopädische Klinik, Medizinische Einrichtungen der Rheinischen Friedrich-Wilhelms-Universität, Bonn

Frau Prof. Dr. A.-M. Mingers
Kinderklinik und Kinderpoliklinik, Klinikum der Julius-Maximilian-Universität, Würzburg

Dr. Ph. de Moerloose
Abteilung Hämostaseologie, Kantonsspital, Genf/Schweiz

Dr. J. Mösseler
Facharzt für Kinderkrankheiten, Dillingen

Dr. H. Müller
Abteilung Anästhesie, Universitätsklinikum Balgrist, Zürich/Schweiz

Doz. Dr. E. W. Muntean
Univ.-Kinderklinik, Universitätskliniken, Graz/Österreich

Prof. Dr. M. K. Neidhardt
I. Kinderklinik, Zentralklinikum, Augsburg

Dr. K. Nienhaus
Chirurgische Intensivstation, Medizinische Universitätsklinik, Homburg/Saar

Dr. D. Niese
Medizinische Klinik, Medizinische Einrichtungen der Rheinischen Friedrich-Wilhelms-Universität, Bonn

Prof. Dr. H. Niessner
Interne Abteilung, Krankenhaus der Stadt Wiener Neustadt, Wiener Neustadt/Österreich

Frau Dr. U. NOWAK-GÖTTL
Zentrum der Kinderheilkunde, Klinikum der Johann-Wolfgang-Goethe-Universität, Frankfurt

Dr. G. OLDENBURG
Institut für Strahlenbiologie der Universität, Bonn-Venusberg

Prof. Dr. P. OSTENDORF
Medizinische Klinik, Marienkrankenhaus, Hamburg

Prof. Dr. D. PAAR
Abteilung Klinische Chemie und Laboratoriumsdiagnostik, Zentrum für Innere Medizin, Universitätsklinikum der Gesamthochschule, Essen

Dr. S. PANZER
I. Medizinische Universitätsklinik, Wien/Österreich

Dr. B. PAUKA
Facharzt für Kinderheilkunde, Hamburg

Dr. G. PINDUR
Abt. für Klinische Hämostaseologie der Universitätsklinik Homburg/Saar

Dr. H. PLENDL
Abteilung Humangenetik, Klinikum der Christian-Albrechts-Universität, Kiel

Dr. H. POHLMANN
Abteilung Hämostaseologie, Medizinische Klinik Innenstadt der Ludwig-Maximilian-Universität, München

Dr. H. POLLMANN
Abteilung Hämostaseologie, Kinderklinik, Medizinische Einrichtungen der Westfälischen Wilhelms-Universität, Münster

Dr. M. PONIEWIERSKI
Abteilung Hämatologie und Onkologie, Klinikum der Medizinischen Hochschule, Hannover

Dr. W. PROHASKA
Abteilung Klinische Chemie, Medizinische Einrichtungen der Universität zu Köln

Dr. A. A. RAHMAN
Abteilung für Blutgerinnungsstörungen, Universitätskrankenhaus Eppendorf, Hamburg

Prof. Dr. H. RASCHE
Medizinische Klinik I, Zentralkrankenhaus St. Jürgen-Straße, Bremen

Frau Dr. B. Rath
Onkologische Ambulanz, Kinderklinik, Medizinische Einrichtungen der Westfälischen Wilhelms-Universität, Münster

Dr. A. Reisch
Institut für Medizinische Informatik und Biomathematik, Medizinische Einrichtungen der Westfälischen Wilhelms-Universität, Münster

Prof. Dr. H. Rössler
Orthopädische Klinik, Medizinische Einrichtungen der Rheinischen Friedrich-Wilhelms-Universität, Bonn

Prof. Dr. H. J. Rohwedder
Kinderabteilung, Städtische Krankenanstalten Ost, Flensburg

Dr. W. Rüther
Orthopädische Klinik, Medizinische Einrichtungen der Rheinischen Friedrich-Wilhelms-Universität, Bonn

Frau Prof. Dr. I. Scharrer
Abteilung Angiologie, Zentrum der Inneren Medizin, Klinikum der Johann-Wolfgang-Goethe-Universität, Frankfurt

Dr. E. Scheibel
Abteilung Pädiatrie, Rigshospitalet, Copenhagen/Dänemark

Dr. H. Scheiring
Tiroler Gebietskrankenkasse, Innsbruck/Österreich

Prof. Dr. Kl. Schimpf
Rehabilitationsklinik und Hämophiliezentrum, Stiftung Rehabilitation, Heidelberg

Prof. Dr. R. Schmutzler
Wuppertal

Dr. R. Schneppenheim
Kinderklinik, Klinikum der Christian-Albrechts-Universität, Kiel

Prof. Dr. W. Schramm
Abteilung Hämostaseologie, Medizinische Klinik Innenstadt der Ludwig-Maximilian-Universität, München

Dr. W. Schröcksnadel
Abteilung für Innere Medizin, Universitätsklinik, Innsbruck/Österreich

PD Dr. Dr. G. Schumpe
Orthopädische Klinik, Medizinische Einrichtungen der Rheinischen Friedrich-Wilhelms-Universität, Bonn

Dr. J. Schuster
Immuno GmbH, Heidelberg

Frau Dr. Schwarzinger
I. Medizinische Universitätsklinik, Wien/Österreich

Prof. Dr. W. Schwägerl
Orthopädische Abteilung, Universitätskliniken, Wien/Österreich

Dr. R. Schwerdtfeger
Abteilung Hämatologie und Onkologie, Freie Universität Berlin,
Klinikum Charlottenburg, Berlin

Dr. E. Seifried
Gerinnungslabor, Zentrum Innere Medizin III, Medizinische Universitätsklinik,
Ulm

Dr. R. Seitz
Abteilung Hämatologie, Medizinisches Zentrum für Innere Medizin,
Klinikum der Philipps-Universität, Marburg

Frau Dr. G. Skrandies
Fachärztin für Innere Medizin, Hamburg

Dr. J. Sohrt
Kinderklinik, Medizinische Universitätsklinik, Göttingen

Frau Dr. A. Steinbeck
Praktische Ärztin, Bonn

Dr. W. Stenzinger
Abteilung Hämatologie, Medizinische Klinik A, Medizinische Einrichtungen der
Westfälischen Wilhelms-Universität, Münster

Frau Dr. F. Störkel
Abteilung Angiologie, Zentrum der Inneren Medizin,
Klinikum der Johann-Wolfgang-Goethe-Universität, Frankfurt

PD Dr. U. Sugg
Katharinenhospital, Stuttgart

Prof. Dr. A. H. Sutor
Abteilung Hämatologie, Onkologie und Hämostaseologie, Kinderklinik,
Klinikum der Albert-Ludwigs-Universität, Freiburg

Prof. Dr. W. TACKMANN
Neurologische Klinik, Medizinische Einrichtungen der Rheinischen Friedrich-Wilhelms-Universität, Bonn

Frau Dr. H. TASCHNER
Interne Abteilung, Krankenhaus der Stadt Wiener Neustadt,
Wiener Neustadt/Österreich

Frau Dr. H. THAISS
Abteilung Hämatologie, Onkologie und Hämostaseologie, Kinderklinik,
Klinikum der Albert-Ludwigs-Universität, Freiburg

Prof. Dr. W. TILSNER
Abteilung für Blutgerinnungsstörungen, Chirurgische Klinik,
Universitätskrankenhaus Eppendorf, Hamburg

Dr. A. TSCHARRE
Klinik für Kinderheilkunde, Universitätskliniken, Innsbruck/Österreich

Dipl.-Biochem. ZS. VIGH
Abteilung Angiologie, Zentrum der Inneren Medizin,
Klinikum der Johann-Wolfgang-Goethe-Universität, Frankfurt

Prof. Dr. H. VINAZZER
Hämophiliezentrum, Linz/Österreich

Prof. Dr. D. VOSS
Innere Abteilung, Marienkrankenhaus, Kassel

Dr. TH. WAGNER
Kinderklinik mit Hämophilie-Ambulanz für Kinder, Städtische Krankenanstalten, Delmenhorst

Dr. H. WANK
St. Anna-Kinderspital, Wien/Österreich

Prof. Dr. W. WEISE
Robert-Koch-Institut, Bundesgesundheitsamt, Berlin

Dr. J. WEISSER
Abteilung Pädiatrie, Südwestdeutsches Rehabilitationszentrum für Kinder und Jugendliche, Neckargemünd

Prof. Dr. E. WENZEL
Abteilung Klinische Hämostaseologie und Transfusionsmedizin,
Universitätskliniken des Saarlandes, Homburg/Saar

Prof. Dr. G. Weseloh
Orthopädische Universitätsklinik im Waldkrankenhaus St. Marien, Erlangen

Dr. J. Wieding
Blutgerinnungslabor, Medizinische Universitätsklinik, Göttingen

Prof. Dr. K. Winkler
Abteilung Hämatologie und Onkologie, Universitäts-Kinderklinik, Hamburg

Frau Dr. M. Wyss
Abteilung Pädiatrie, Universitätsklinik, Genf/Schweiz

Dr. W. Zenz
Universitäts-Kinderklinik, Graz/Österreich

Dr. V. Zikulnig
Kärntner Gebietskrankenkasse, Klagenfurt/Österreich

Prof. Dr. R. Zimmermann
Zentrum Innere Medizin, Klinikum der Ruprecht-Karls-Universität, Heidelberg

Begrüßung

G. LANDBECK (Hamburg)

Ihnen allen ein herzliches Willkommen zum 17. Hämophilie-Symposion. Ich freue mich, Sie wieder in Hamburg begrüßen zu können und wünsche uns allen eine erfolgreiche Tagung wie auch einige erholsame Stunden der Entspannung in unserer spätherbstlichen Stadt.

Ein besonderer Gruß gilt Herrn Prof. Dr. WEISE, Direktor des Robert-Koch-Instituts in Berlin sowie allen Kolleginnen und Kollegen aus Dänemark, Österreich und der Schweiz wie auch erfreulicherweise und keineswegs zuletzt aus der Deutschen Demokratischen Republik.

Mein Dank gilt den Moderatorinnen und Moderatoren sowie Referenten für ihre Hilfe und Bereitschaft zur Mitgestaltung des Symposions wie auch allen Kolleginnen und Kollegen, die mit Vorträgen das Programm bestreiten werden. Eine alle Erfahrungen der letzten Jahre übersteigende Fülle an Vortragsanmeldungen hat mich bei der vorgegebenen Verhandlungszeit in diesem Jahr erstmals gezwungen, die freien Vorträge auf jeweils 8 Minuten zu begrenzen, um noch zureichende Diskussionszeiten zu erhalten.

Nicht minder unerwartet hat uns die große, aber zweifellos erfreuliche Zahl an Teilnehmerwünschen getroffen. Wir haben uns bemüht, auch diesen gerecht zu werden und müssen Sie um Nachsicht für die engere Sitzordnung bitten. Es sind also gewisse Disziplinierungen und Improvisationen in Kauf zu nehmen, die im Hinblick auf Gegenstand und Ziel unserer Verhandlungen jedoch nicht unzumutbar erscheinen sollten.

Das erste Hauptthema ist dem derzeitigen Stand prognostisch relevanter Erkenntnisse des Verlaufs der HIV-Infektion Hämophiler gewidmet und damit jener großen Gruppe infizierter Patienten, die mit hohen Hoffnungen und bahnbrechendem Erfolg in Unkenntnis gravierender therapiebedingter Gefahren mit kommerziellen Faktorenkonzentraten behandelt worden ist und nun vor einem Desaster unwägbarer Größenordnung steht. Der neue und motivierende Durchbruch zu einer ebenso wirksamen wie risikoarmen Behandlung mit virusinaktivierten Hochkonzentraten, von dem im wesentlichen neue Krankheitsfälle profitieren, soll aber absichtlich im Hintergrund bleiben und wird erst wieder Gegenstand der nächsten Symposien sein. Frau Prof. EIBL vom Institut für Immunologie der Universität Wien, Herrn Prof. KURTH vom Paul-Ehrlich-Institut in Frankfurt sowie Herrn Prof. SCHIMPF bin ich dankbar, daß sie die Diskussionsleitung bei dieser nur interdisziplinär zu bewältigenden Problematik zusammen mit mir tragen werden.

Als nächstes Hauptthema folgt morgen vormittag Fortschritte in der orthopädischen Versorgung Hämophiler, das in den vergangenen Jahren zugunsten der

Infektionsproblematik der Substitutionsbehandlung leider in den Hintergrund geraten mußte, aber den Alltag des Hämophilen nicht minder bestimmt. Herrn Prof. RÖSSLER von der orthopädischen Universitätsklinik Bonn danke ich für diese Anregung, für die Gliederung des Themas und seine Bereitschaft zusammen mit Herrn Prof. EGLI die Moderation der Verhandlungen zu übernehmen.

In Weiterführung unserer letztjährigen Verhandlung über das von Willebrand-Syndrom werden sich die angeborenen Thrombozytopathien als 3. Hauptthema anschließen, dessen Gestaltung und Moderation dankenswerterweise wiederum von Frau Prof. SCHARRER, Herrn Prof. NIESSNER und Herrn Prof. SCHRAMM übernommen worden ist.

Den Abschluß der diesjährigen Tagung bildet wie in jedem Jahr eine große Zahl interessanter freier Vorträge unter der bewährten Diskussionsleitung von Herrn Prof. MARX zusammen mit Herrn Prof. VINAZZER und Herrn Prof. WENZEL.

So bleibt mir noch die vornehme Pflicht, der Firma Immuno GmbH, insbesondere Herrn Direktor Dr. SCHUSTER und seinen Mitarbeitern für hervorragende organisatorische Leistungen und finanzielle Hilfen in der Vorbereitung des Symposions wie auch für die Drucklegung der Verhandlungen in Ihrer aller Namen den herzlichen Dank auszusprechen.

Damit ist das 17. Hämophilie-Symposion eröffnet.

Verleihung des Johann Lukas Schönlein-Preises 1986

G. LANDBECK (Hamburg)

Als Vorsitzender des Kuratoriums der Johann Lukas Schönlein-Stiftung habe ich zunächst eine ehrenvolle Aufgabe, nämlich die Verleihung des

Johann Lukas Schönlein-Preises 1986

vorzunehmen.

Dieser Wissenschaftspreis ist 1977 von der Firma Immuno GmbH Heidelberg gestiftet worden und wird in diesem Jahr zum 7. Mal verliehen. Die Stiftung wird vom Stifterverband für die Deutsche Wissenschaft betreut. Über die Preisvergabe entscheidet ein unabhängiges Kuratorium von sechs Wissenschaftlern nach den im Stiftungsstatut festgelegten Zielen der Stiftung. Ich zitiere:

> „Die Stiftung dient der Förderung der klinischen Forschung auf dem Gebiet chronischer Blutungskrankheiten, insbesondere der Hämophilie und verwandter angeborener Blutgerinnungsstörungen und erfüllt diese durch Vergabe des Johann Lukas Schönlein-Preises für hervorragende wissenschaftliche Arbeiten. Der Preis soll dem Wohl der von chronischen Blutungskrankheiten betroffenen und oft schwer geprüften Menschen dienen."

Fristgerecht eingereicht waren 4 Bewerbungen. Von diesen hat das Kuratorium die Arbeiten von Herrn Prof. Dr. Reinhard KURTH vom Paul-Ehrlich-Institut Frankfurt gewählt, die sich mit einem hochaktuellen Forschungsgebiet befassen, nämlich mit der Inaktivierung des humanen immunsuppressiven Virus (HIV) in menschlichen Blutpräparaten, speziell mit der Sicherheit von Hitzeinaktivierungsverfahren, die zur Herstellung kommerzieller Hochkonzentrate der Faktoren VIII, IX und XIII verwendet werden. Mit seinen Studien über den Einfluß des Lyophilisierungsvorganges, dem Restwassergehalt des Lyophilisats, des Zusatzes von Stabilisatoren zum Erhalt der Faktorenaktivität sowie von Temperatur und Zeit der Hitzeeinwirkung auf die HIV-Inaktivierung – um nur das wichtigste zu nennen – hat Herr Prof. KURTH wesentliche Beiträge zur Infektionssicherheit von Hochkonzentraten geleistet, müssen wir doch auch künftig davon ausgehen, daß die HIV-Kontamination von Spenderplasmen bzw. Plasmapools selbst bei optimaler mikrobiologischer Nachweistechnik nicht mit der notwendigen Zuverlässigkeit auszuschließen ist.

Mit der Verleihung des Johann Lukas Schönlein-Preises 1986 an Herrn Prof. Dr. KURTH will das Kuratorium diese Forschungsarbeiten als hervorragende wissenschaftliche Leistung zur Abwendung lebensbedrohlicher Risiken in der Substitutionsbehandlung Hämophiler würdigen. Es verbindet damit die Hoffnung auf eine auch weiterhin erfolgreiche Forschungstätigkeit zur Verhütung und Bekämpfung der HIV-Infektion.

Wir alle gratulieren sehr herzlich.

I. Prognostisch relevante Erkenntnisse zum Verlauf der HIV-Infektion bei Hämophilen

Moderation: M. Eibl, Wien
R. Kurth, Frankfurt
G. Landbeck, Hamburg
K. Schimpf, Heidelberg

1. Übersichtsreferate

Todesursachenstatistik und asymptomatische HIV-Infektion Hämophiler 1986

G. Landbeck (Hamburg)

Das erste Hauptthema unserer Verhandlungen möchte ich mit den Auswertungsergebnissen der diesjährigen Erhebungen über Todesursachen und symptomatische HIV-Infektion Hämophiler aus der Bundesrepublik Deutschland einleiten. Zunächst aber möchte ich Ihnen sehr herzlich danken für die wiederum hohe Beteiligung an der Fortführung dieser zentralen Statistiken, die uns in ihrem Längsschnitt doch wichtige Einblicke geben.

Todesursachenstatistik 1978 – IX/1986

Die Gesamtzahl der seit 1978 aus 46 Behandlungseinrichtungen unseres Landes als verstorben gemeldeten Hämophilen beträgt derzeit 127 Patienten, die sich auf die Schweregrade und auf beide Krankheitstypen der Hämophilie, wie in Tabelle 1 aufgeführt, verteilen. Seit der letzten Erhebung im Oktober 1985 sind 26 Todesfälle hinzugekommen. Diese Zahl lag in den Jahren 1984 und 1985 noch bei jeweils 20 Todesfällen. Seit der ersten Meldung gesicherter AIDS-Todesfälle im Jahre 1984 wird in diesem Jahr also eine Zunahme erkennbar [1, 2].

Tabelle 1. Todesursachen Hämophiler 1978–IX/1986 (BRD)

Beteiligt an Erhebung:	46 Kliniken bzw. Zentren	
Gesamtzahl Verstorbener:	127	
Verteilung nach Schweregraden:		
– schwere H.	103 Patienten	
– mittelschwere H.	9 Patienten	
– leichte H.	11 Patienten	
– Sub.-H.	4 Patienten	
Verteilung nach Krankheitstyp:		
– Hämophilie A	113 Patienten	(89%)
– Hämophilie B	14 Patienten	(11%)

Die Häufigkeit der Todesursachen, gegliedert nach den schon in den Vorjahren geführten Hauptgruppen, geht aus Tabelle 2 hervor. Der Tod infolge Blutung steht mit einem Anteil von 34% an erster Stelle, wobei intracranielle Blutungen überwiegen. 21% sind an den Folgen einer HIV-Infektion (AIDS) verstorben sowie 18% an

Tabelle 2. Verteilung der Todesursachen Hämophiler 1978–IX/1986

Verteilung der Todesursachen	Patienten	(%)
1. Blutung	43	(34)
2. Dekompensierte Leberzirrhose	23	(18)
3. Malignome	11	(9)
4. Sonstige innere Krankheiten	13	(10)
5. Unfall	6	(5)
6. Suicid	3	(2)
7. Drogen	1	(1)
8. AIDS*	27	(21)
Gesamt	127	(100)

* 1 Patient Homosexuell/Drogenabhängig
1 Patient Zuordnung nicht gesichert

einer chronisch verlaufenden Transfusionshepatitis bzw. dekompensierten Leberzirrhose. Tödliche Verläufe therapiebedingter Virusinfektionen sind also insgesamt mit einem Anteil von 39% vertreten.

Vergleicht man den Prozentanteil therapiebedingter Todesursachen (Tabelle 3) der Jahre 1978 bis September 1983 mit jenen der Jahre Oktober 1983 bis September 1986, so ist ein relativer Rückgang der Blutungs-Todesfälle von 51 auf 18% sowie eine relative Zunahme viraler Infektions-Todesfälle von 17 auf 60% zu erkennen. Ist diese Verschiebung im Häufigkeitsanteil der Todesursachen weitgehend durch das Hinzukommen von AIDS-Todesfällen bedingt, so bleibt jedoch anzumerken, daß mit Aufkommen der HIV-Problematik kein neuer Suicid-Todesfall wie auch keine Zunahme an Blutungs-Todesfällen durch mögliche Zurückhaltung in der Substitutionsbehandlung zu verzeichnen ist.

Betrachtet man weiterhin die Häufigkeitsverteilung der Todesfälle an therapiebedingten Virusinfektionen auf die Hämophilie A und B (Tabelle 4), dann ergibt sich, daß Faktor VIII- wie Faktor IX-Konzentrate an diesen unerwünschten Behandlungs-

Tabelle 3. Häufigkeitsverteilung der Todesursachen Hämophiler vor und nach Auftreten erster, gesicherter AIDS-Todesfälle 1984

Häufigkeitsverteilung	1978–IX/1983	X/1983–IX/1986
1. Blutung	51%	18%
2. Dekompensierte Leberzirrhose	15%	22%
3. Malignome	10%	8%
4. Sonstige innere Krankheiten	11%	9%
5. Unfall	5%	5%
6. Suicid	5%	–
7. Drogen	1,5%	–
8. AIDS	(1,5%)*	38%**

* 1 Patient Zuordnung nicht gesichert
** 1 Patient Homosexuell/Drogenabhängig

folgen in gleichem Maße beteiligt sind, entsprechen die Prozentzahlen doch in etwa dem Vorkommen beider Hämophilietypen in der Bevölkerung. Das bestätigt unsere Forderung nach gleichen Auflagen zur Infektionssicherheit in der kommerziellen Herstellung von Faktor VIII- wie auch Faktor IX-Konzentrationen.

Eine getrennte Auflistung der AIDS-Todesfälle und anderer Todesursachen (Tabelle 5) seit Bekanntwerden des ersten, im Herbst 1983 diskutierten und nicht mehr beweisbaren AIDS-Todesfalls aus dem Jahr 1982 (Leukencephalopathie), so ist eine jährliche Verdoppelung der AIDS-Todesfälle seit 1984 bei annähernd gleichbleibender Zahl anderer Todesursachen deutlich.

Von den 27 AIDS-Fällen sind 14 an einer Pneumocystis carinii-Pneumonie (Tabelle 6), 7 an „Pneumonie“, 3 an anderen opportunistischen Infektionen und 3 an cerebralen Affektionen verstorben. Der hohe Anteil an opportunistischen Lungeninfektionen entspricht der bei Hämophilen anderer Länder beobachteten Häufigkeit [4].

Tabelle 4. Todesfälle therapiebedingter Virusinfektionen und deren Verteilung auf die Hämophilie A und B

	HA	HB
1. Dekompensierte Leberzirrhose	86%	14%
2. AIDS	83%	17%

Tabelle 5. Anzahl jährlicher AIDS-Todesfälle im Vergleich zur Häufigkeit anderer Todesursachen

Jahr	AIDS	Andere
1982	1*	13
1983	–	12
1984	4**	14
1985	7	12
1986	15	15
Gesamt	27	66

* AIDS-Zuordnung nicht gesichert
** 1 Patient Homosexuell/Drogenabhängig

Tabelle 6. Folgekrankheiten der HIV-Infektion als Todesursache Hämophiler 1982–IX/1986

Folgekrankheiten	Patienten	
PCP	14	78% (PCP + „Pneumonie“)
„Pneumonie“	7	
Andere opportunistische Infektionen	3	
Cerebrale Affektionen	3	
Gesamt	27	

Erfassung symptomatischer HIV-infizierter Hämophiler

Die auch in diesem Jahr durchgeführte Umfrage nach AIDS-Erkrankungen bei Hämophilen unseres Landes ergibt eine Gesamtzahl hämophiler AIDS-Fälle von derzeit 66, wenn man Erkrankte und Verstorbene zusammenrechnet (Tabelle 7). Die Entwicklung der jährlichen Fallzahlen zeigt einen deutlichen Sprung zwischen 1984 und 1985, der nicht zuletzt auch auf die erstmals 1985 begonnene Erfassung von AIDS-Kranken zurückzuführen ist. Der noch geringe Unterschied zwischen den vorjährigen und diesjährigen Fallzahlen beruht womöglich darauf, daß 1986 erst 9 Monate erfaßt werden konnten. Der Anteil Verstorbener entspricht mit 41% den Statistiken anderer Länder. Die Gesamtzahl hämophiler AIDS-Fälle (Tabelle 8) hat sich gegenüber 1985 nahezu verdoppelt. Der Anteil der Hämophilie A und B ist leicht zugunsten der Hämophilie A verschoben.

Dem Bundesgesundheitsamt sind im gleichen Zeitraum, d. h. bis September 1986, 43 hämophile AIDS-Fälle gemeldet worden, so daß eine Abstimmung zu treffen ist. Unsere Erfassung kann selbstverständlich kein konkurrierendes Unternehmen sein, zumal wir keine epidemiologischen Studien betreiben. Das Ziel unserer Bemühungen ist vielmehr, den Verlauf der HIV-Infektion Hämophiler zu erfassen, um einer zutreffenden Risikoeinschätzung im Einzelfall näherzukommen. Hervorzuheben ist daher auch, daß sowohl in den USA als auch hierzulande bislang erst rund 1% der Hämophilen von einem klinisch manifesten AIDS betroffen sind. Bei dem vermuteten hohen Anteil HIV-Infizierter von 50–95% ist diese bislang geringe Manifestationsrate durchaus zur Kenntnis zu nehmen.

Tabelle 7. Anzahl der jährlichen AIDS-Neuerkrankungen und -Todesfälle bei Hämophilen 1982–IX/1986

Jahr	Anzahl	
1982	(1)*	
1983	1	
1984	8**	
1985	27	
1986	29	
Gesamt	66	(Verstorben 27 = 41%)

* AIDS-Zuordnung nicht gesichert
** 1 Patient Homosexuell/Drogenabhängig

Tabelle 8. Gesamtzahl hämophiler AIDS-Fälle bis X/1985 und IX/1986 mit Verteilung auf beide Hämophilie-Typen

X/1985:	37 Patienten		
IX/1986:	66 Patienten		
	– Hämophilie A:	59	(89%)
	– Hämophilie B:	7	(11%)
	– Verstorben:	27	(41%)

Tabelle 9. Altersverteilung hämophiler AIDS-Fälle IX/1986

Alter (hämophiler AIDS-Fälle)	Patienten
11–20	6
21–30	24
31–40	19
41–50	11
51–60	4
61–70	2
Gesamt	66

Tabelle 10. Erfassung hämophiler ARC- und AIDS-Erkrankungen 1985 und 1986 nach dem klinischen Klassifikationssystem der CDC V/1986

Gruppe	ARC- und AIDS-Erkrankungen	Patienten
III	Persistierende generalisierte Lymphadenopathie	29
IV-A	Allgemeine Symptome	3
IV-B	Neurologische Symptome	2
IV-C1	Sekundäre Infektionskrankheiten	21
IV-C2	Sekundäre Infektionskrankheiten	17
IV-D	Sekundäre Malignome	–
IV-E	Weitere Krankheiten	1

Nach der Altersverteilung (Tabelle 9) der an AIDS Erkrankten oder Verstorbenen entfallen 6 auf das Kindes- und Jugendalter sowie 43 auf die am stärksten betroffene Altersgruppe der 21- bis 40jährigen.

Versuchen wir nun abschließend (Tabelle 10) die gemeldeten AIDS- und ARC-Erkrankungsfälle aus den Jahren 1985 und 1986 dem neuen klinischen Klassifikationssystem der HIV-Infektion der Centers for Disease Control (CDC) vom Mai dieses Jahres zuzuordnen, das alle Infizierten und nicht nur manifeste AIDS-Erkrankungen zu erfassen versucht, so ergibt sich, daß 29 Patienten mit persistierendem generalisierten Lymphadenopathie-Syndrom der Gruppe III und 5 Patienten den Gruppen IV-A und IV-B zugerechnet werden müssen. 21 bzw. 17 Patienten entfallen auf die Gruppe IV-C1 bzw. IV-C2 mit sekundären, also opportunistischen Infektionen sowie ein Patient auf die Gruppe IV-E. Patienten der Gruppe I, d. h. mit akuter HIV-Infektion, einem Mononucleose-ähnlichem Syndrom zur Zeit der Serokonversion wurden bislang nicht beobachtet. Zur Gruppe II, der alle klinisch asymptomatischen Fälle zugeordnet werden, haben wir bisher keine Erhebungen durchgeführt.

Wenn wir die klinische Klassifikation der CDC mit der älteren Klassifizierung vergleichen (Tabelle 11), so ergibt sich, daß die Gruppe III im wesentlichen mit dem Lymphadenopathie-Syndrom (LAS) identisch ist und die Gruppen IV-A und IV-B als AIDS-related complex (ARC) anzusprechen wären, wobei jedoch bedacht werden muß, daß zwischen LAS und ARC keine grundsätzlich scharfe Trennung vorgenommen wird und die Gruppen III, IV-A und IV-B auch zusammengenommen als ARC bezeichnet werden. Die Gruppen IV-C bis IV-E entsprechen der CDC-AIDS-Definition.

Tabelle 11. Zuordnung hämophiler ARC- und AIDS-Erkrankungen der Jahre 1985 und 1986 nach CDC-Klassifikation V/1986 sowie Vergleich mit älterer Klassifizierung

Ältere Klassifizierung	Gruppe	Patienten	
LAS	III	29	
ARC	IV-A	3	5
	IV-B	2	
AIDS	IV-C1	21	39
	IV-C2	17	
	IV-D	–	
	IV-E	1	

Der Vorteil des neuen Klassifikationssystems der HIV-Infektion, das alle Infizierten erfaßt und bislang unverbindlich definierte Bezeichnungen wie LAS und ARC meidet, ist leicht zu erkennen und dürfte mit einer ausdrücklich zugelassenen Subklassifizierung der einzelnen Gruppen nach hämatologischen und immunologischen Kriterien für Verlaufsstudien und deren internationale Vergleichbarkeit eine solide Grundlage sein. Auch würde damit eine Abgleichung mit der Walter Reed-Klassifikation möglich sein [3].

Zusammenfassend ist noch einmal hervorzuheben:

1. Todesfälle an therapiebedingten Virusinfektionen haben seit 1978/1983 von 16,5% auf 60% in 1986 zugenommen.
2. Patienten mit Hämophilie A und B sind davon in etwa gleichem Maße betroffen, wenn man deren unterschiedliche Häufigkeit in der Bevölkerung berücksichtigt. Entsprechend müssen für Faktor VIII- und Faktor IX-Konzentrate die gleichen Produktionsauflagen zur Infektionsverhütung gefordert werden.
3. Eine Zunahme der Todesfälle infolge Blutung ist seit Aufkommen der AIDS-Problematik und dem zu beobachtenden Rückgang des Konzentratverbrauchs nicht zu erkennen.
4. Eine deutliche Verbesserung unserer Einsichten in den individuellen Verlauf der HIV-Infektion bei Hämophilen ist durch Aufnahme des neuen Klassifikationssystems der CDC mit seinen präzisen und leicht nachvollziehbaren Zuordnungskriterien zu erwarten.

Literatur

1. Landbeck G (1986) Therapiebedingte Infektionen bei Hämophilen, Entwicklung und derzeitiger Stand der Erkenntnisse. Todesursachenstatistik 1978–1984. In: Landbeck G, Marx R (1984) 2. Rundtischgespräch: Therapiebedingte Infektionen und Immundefekte Hämophiler. 15. Hämophilie-Symposion, Hamburg. Springer-Verlag, Berlin Heidelberg New York Paris Tokio, S 7
2. Landbeck G (1986) LAV/HTLV III-Infektion Hämophiler und Definitionsprobleme der Risikoklassifizierung. Todesursachen Hämophiler in der Bundesrepublik Deutschland 1978–1985. In: Landbeck G, Marx R (1985) 16. Hämophilie-Symposion, Hamburg. Springer-Verlag, Berlin Heidelberg New York London Paris Tokio, S 5
3. Redfield RR, Wright DC, Tramont EC (1985) The Walter Reed staging classification of HTLV III/LAV-related diseases (Letter). J Infect Dis 152:1095
4. Update (1983) Acquired immunodeficiency syndrome (AIDS) among patients with hemophilia. Morbid Mortal Wk Rep 32:613

Pathogenese der HIV-Infektion: Neue virologische Erkenntnisse und Methoden zur Verlaufsbeurteilung

R. Kurth, P. Centner, H. Fischer, J. Löwer, H. Frank (Frankfurt, Tübingen)

Retrovirusstämme des Menschen

Es gibt derzeit fünf voneinander unterscheidbare, sicher nachgewiesene Retrovirusstämme des Menschen. HTLV I und HTLV II werden mit der Entstehung von Leukämien in Zusammenhang gebracht, wohingegen HIV-1 und HIV-2 zu erworbenen Immunschwächen (AIDS) führen können mit ihren mannigfaltigen klinischen Konsequenzen. HDTV ist eine neue Gruppe humaner Retroviren, die aus malignen Hodentumoren isoliert werden konnten.

Das *Humane T-lymphotrope Retrovirus vom Typ 1 (HTLV I)* wurde zuerst von Dr. R. C. Gallo und Mitarbeitern 1980 in Bethesda entdeckt und in den nachfolgenden Jahren vor allem molekularbiologisch ausgezeichnet charakterisiert. Das HTLV I muß als Co-Faktor bei der Entstehung einer sehr malignen T-Zell-Leukämie des Erwachsenen angesehen werden. Es ist vor allem in Afrika, der Karibik und im Südwesten Japans weit verbreitet. Das HTLV I ist offenbar nur ein Co-Faktor bei der Entstehung dieser Leukämie, da die Chance eines Virusträgers, eine entsprechende Leukämie zu entwickeln, „nur" 1:50 während seiner Lebenszeit besteht. Es wird derzeit angenommen, daß weitere genetische Veränderungen wie Chromosomentranslokationen usw. für die Entstehung der Leukämie verantwortlich zeichnen.

Unsere eigene Suche nach HTLV I in Westeuropa Anfang der achtziger Jahre war relativ unfruchtbar. Nur in zwei von mehreren hundert Seren von Patienten mit Leukämien und Lymphomen haben wir eindeutig Antikörper gegen das HTLV I nachweisen können. Beide Patienten waren zum Zeitpunkt unserer Untersuchungen bereits verstorben, so daß wir diesem Befund nicht weiter nachgehen konnten. Man kann zum gegenwärtigen Zeitpunkt sicherlich davon ausgehen, daß das HTLV I keine quantitativ signifikante Rolle bei der Leukämieentstehung in der Bundesrepublik spielt.

Das *HTLV II* wurde mittlerweile ca. zehnmal aus Zellen von Patienten mit Haarzell-Leukämien isoliert. Da dieses Virus bisher noch nie bei einem Gesunden gefunden wurde, kann man über dessen Verbreitung sowie pathognomonische Bedeutung gegenwärtig nichts aussagen.

Das *Humane Immundefizienz Virus vom Typ 1 (HIV-1)* ist der bekannte Prototyp des AIDS-Virus. Von seinen Entdeckern wurde HIV-1 früher auch HTLV III bzw. LAV-1 genannt. In Abb. 1 ist der für Retroviren ganz typische Knospungsprozeß, d. h. das Abschnüren des Virus aus der Wirtszelle am Beispiel des HIV-1 beim Verlassen eines infizierten Lymphozyten dargestellt. HIV-1 gehört innerhalb der Familie der Retroviren zur Untergruppe der Lentiviren und besitzt wie diese einen

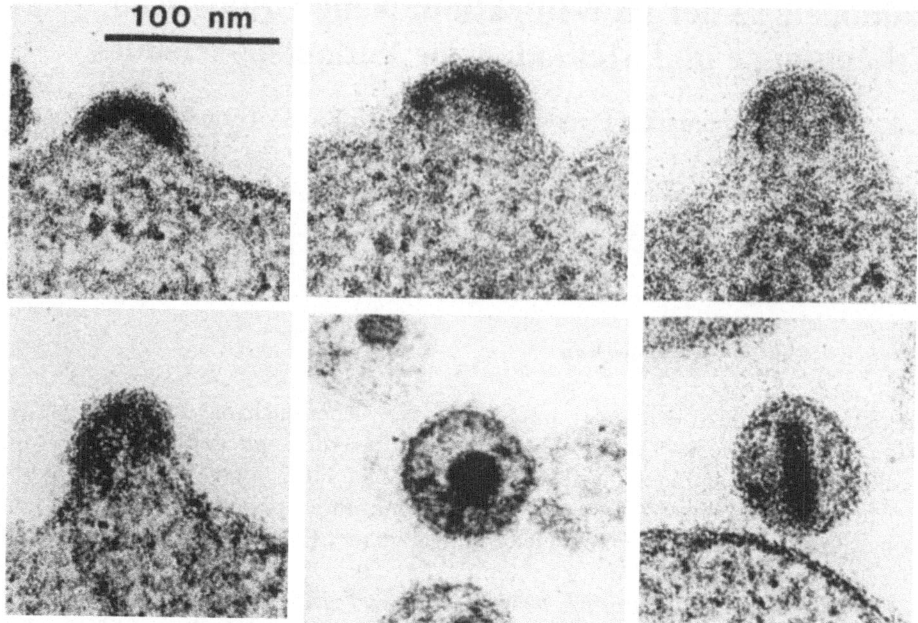

Abb. 1. Fortschreitender Knospungsprozeß (von links oben nach rechts unten) des HIV-Virus. Das schließlich von der Plasmamembran des infizierten Lymphozyten abgeschnürte HIV-1 läßt seinen zylindrischen Kern deutlich erkennen

keilförmigen Kern, der je nach Schnittebene rund oder zylindrisch erscheint. Eine Erleichterung bei der detaillierten Charakterisierung neuer Virusisolate ist die Möglichkeit, das Virus in Massenkulturen in hohen Titern anzuzüchten. Bei HIV-1 ist dies den Mitarbeitern von R. C. GALLO 1984 gelungen (Abb. 2).

Das *HIV-2* wurde erstmals 1985 von ESSEX und Mitarbeitern (Boston) aus Patienten einer Klinik für Geschlechtskrankheiten im Senegal isoliert. Das Virus wurde von ihm zunächst HTLV IV genannt und ist möglicherweise identisch mit dem kurz darauf von MONTAGNIER und Mitarbeitern (Paris) isolierten LAV-2, das dieser jedoch aus AIDS-Patienten aus Guinea Bissau und dem Kapverdischen Inseln isolierte. Um keinen erneuten Nomenklaturstreit zu entfachen, hat man sich geeinigt, diese neuen Virusisolate als HIV-2 zu bezeichnen.

Dieses Virus ist mit einem Retrovirus aus der Afrikanischen Grünen Meerkatze sehr stark verwandt, so daß man annehmen kann, daß das HIV-2 von der Afrikanischen Grünen Meerkatze auf Menschen übertragen worden ist.

Die *„Human Teratocarcinoma-Derived Retroviruses (HTDV)“* wurden von uns bereits Ende der siebziger Jahre in Teratocarcinomen des Mannes entdeckt. Wir haben bisher kein geeignetes Gewebekultursystem finden können, um diese Viren massenhaft zu vermehren, so daß über deren pathognomonische Bedeutung nichts ausgesagt werden kann. Jedoch haben die Untersuchungen der letzten Jahre eindeutig ergeben, daß HDTV zu den Retroviren gehören und daß sie sich von den anderen vier bekannten Retrovirusstämmen des Menschen sehr deutlich morphologisch und serologisch unterscheiden.

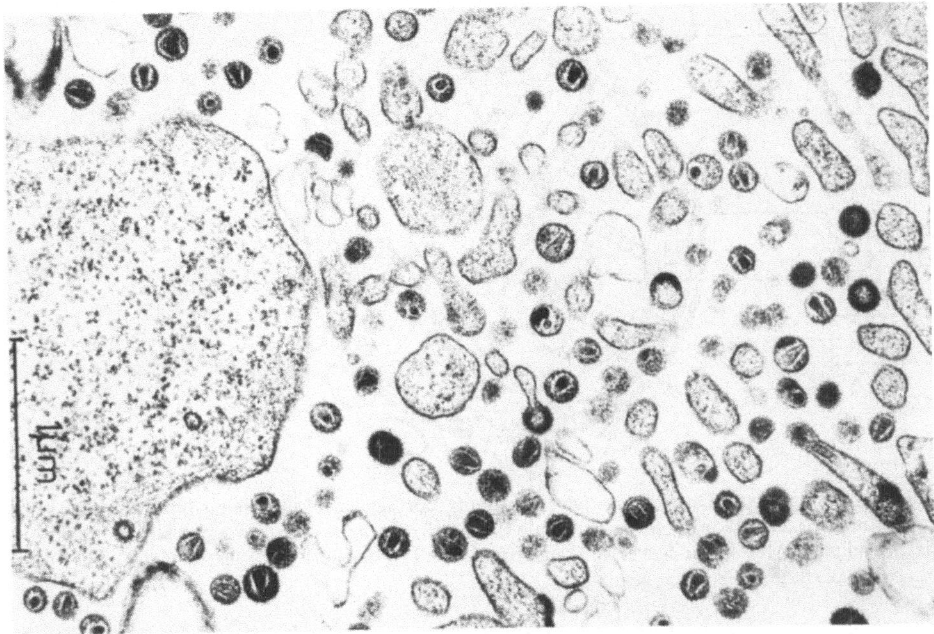

Abb. 2. Massenhafte HIV-1-Vermehrung in einer Kultur von T-Lymphomzellen

Das AIDS-Virus HIV-1

Die Feinstruktur des HIV-1

Aus zahllosen elektronenmikroskopischen und biochemischen Untersuchungen sowie in Analogie zur bekannten Struktur und Morphologie animaler Retroviren konnte man eine Anordnung der Virusproteine im Partikel darstellen (Abb. 3). Wie alle Retroviren besitzt das HIV-1 auf der Oberfläche die charakteristischen Knöpfe (gp120 = Glykoprotein von 120000 d). Diese Knöpfe sind über das zweite Membranprotein gp41 mit dem Partikel verbunden, sind aber offenbar nicht kovalent verankert und werden vom Virus leicht verloren. Man kann wiederum in Analogie zu animalen Retroviren davon ausgehen, daß die neutralisierende Immunität gegen dieses Retrovirus ebenfalls in erster Linie gegen das gp120 gerichtet ist.

Das gp120 ist auch jenes Protein, mit dem das HIV-1 an die $CD4^+$-Rezeptoren von Lymphozyten bindet, um danach penetrieren und infizieren zu können. Im Innern des Virus ist schematisch die keilförmige Struktur, die vom Kernprotein p24 aufgebaut wird, zu sehen. Der Kern ummantelt das Erbmaterial des Virus, nämlich pro Partikel zwei identische einzelsträngige RNS-Sequenzen. Im Kern sind auch einige Moleküle des zur Vermehrung essentiellen Enzyms RNS-abhängige DNS-Polymerase (Reverse Transkriptase) enthalten. Dieses Enzym sorgt nach Infektion der Zelle dafür, daß aus der einzelsträngigen RNS schließlich eine doppelsträngige DNS-Kopie hergestellt wird, die entweder in der infizierten Zelle episomal vorliegen

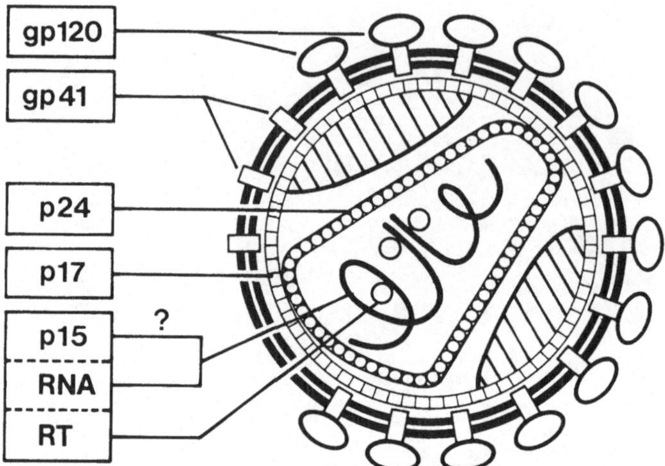

Abb. 3. Schematische Darstellung der Anordnung der viralen Hüllproteine (gp120, gp41), der Kernproteine (p24, p17, p15) sowie der viralen RNA (2 identische einzelsträngige Untereinheiten), die mit einigen Molekülen Reverse Transkriptase (RT) assoziiert sind, im HIV-1-Partikel (aus Gelderblom et al., 1986)

kann oder sich in irgendein Chromosom an beliebiger Stelle hineinschneiden kann. Die chromosomale Integration ist offenbar Voraussetzung für die bekannte Persistenz von Retroviren im infizierten Organismus. Wie bei animalen Retroviren und wie auch bei den Herpesviren müssen wir davon ausgehen, daß jeder HIV-Infizierte lebenslang Virusträger bleibt. Selbst wenn er nicht erkrankt, muß er lebenslang als potentiell kontagiös für seine Sexualpartner angesehen werden.

In der Abb. 4 ist schematisch das sehr komplexe Genom des HIV-1 dargestellt. Wenngleich es nicht Sinn der vorliegenden Abhandlung ist, auf die komplizierte

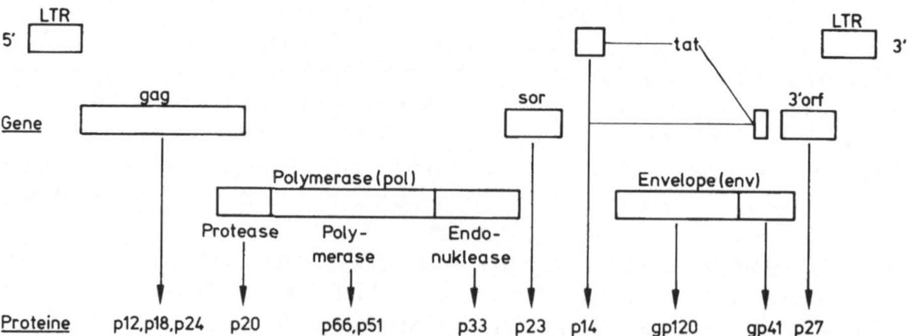

Abb. 4. Schematische Darstellung der Gensequenz von HIV-1. Die Kernproteine (gag) p24, p17 und p15 und die Hüllproteine (env) gp41 und gp120 werden als große Vorläufermoleküle (precursor) synthetisiert und anschließend proteolytisch gespalten. Zwischen den Genen für Strukturproteine (gag und env) liegt das Gen pol, das außer für die Reverse Transkriptase (Polymerase) auch für die virale Protease und die virale Endonuklease kodiert. Daneben besitzt HIV-1 noch die Regulationsgene sor, tat, 3'orf und ein von Dr. Wong-Staal (Bethesda) kürzlich entdecktes R-Gen (unpubliziert).

Genetik des HIV-1 einzugehen, soll mit dieser Abbildung dennoch illustriert werden, daß das HIV-1 das mit Abstand komplizierteste Retrovirus ist, das bisher in der Natur isoliert wurde, was Ansatzpunkte zur Entwicklung einer HIV-spezifischen antiviralen Chemotherapie bieten könnte.

HIV-1 besitzt zunächst die für Retroviren typischen drei Gene gag, pol und env, wobei die Gene gag und env für Strukturproteine und pol für die zur Vermehrung notwendigen Enzyme kodiert. Daneben gibt es neben den wiederum für Retroviren typischen Steuerungselementen LTR noch mehrere Regulationsgene (sor, tat, 3′-orf und ein soeben neu entdecktes R-Gen), womit die Expression der Virusproteine gesteuert werden kann. Über diese Steuerungsmechanismen ist bisher wenig bekannt, als Tendenz schält sich jedoch heraus, daß das Virus selbst seine Expression weitgehend negativ reguliert. Das heißt, das Virus hat offenbar wenig Interesse an seiner massenhaften Vermehrung, möglicherweise, um den Wirt nicht akut in seiner Vitalität zu gefährden. Damit erinnert das Replikationsverhalten des HIV-1 sehr typisch an den Replikationsmodus von Lentiviren.

Aus den elektronenmikroskopischen Aufnahmen, der mittlerweile weitgehend aufgeklärten Zahl und Anordnung der Virusproteine sowie der nach Sequenzierung weitgehend bekannten Anordnung der Virusgene konnte man ein dreidimensionales Modell des HIV-1 entwickeln (Abb. 5).

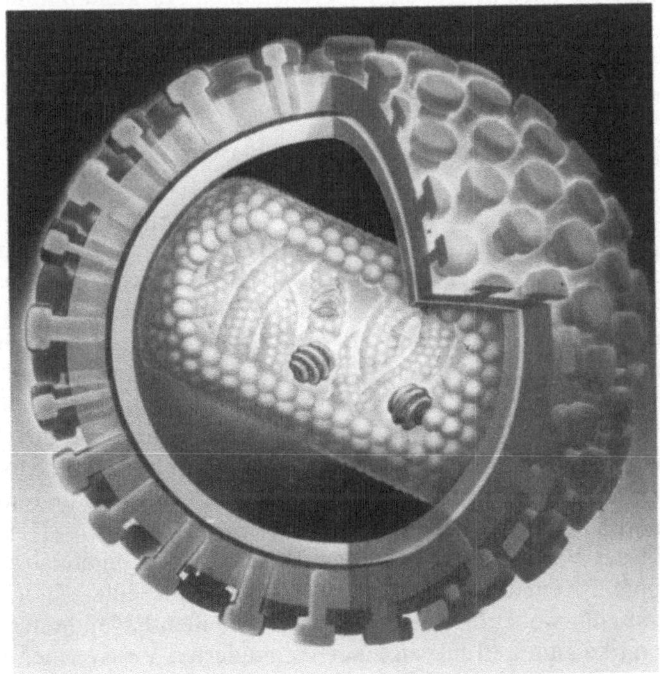

Abb. 5. Modell des AIDS-Virus HIV-1 (vgl. mit Abb. 3). Mit freundlicher Genehmigung des Spiegel-Verlags, Hamburg

Tabelle 1. HIV-1 wurde bisher isoliert aus:

- Serum
- Lymphozyten
- Makrophagen
- Samenflüssigkeit
- Tränenflüssigkeit
- Muttermilch
- Urin

Pathogenese

Das HIV-1 konnte bisher aus den in Tabelle 1 aufgeführten Körperflüssigkeiten bzw. Zellen isoliert werden. Von praktischer Bedeutung für die Ausbreitung ist wahrscheinlich nur die Übertragung durch infizierte Lymphozyten und Makrophagen, die ja auch aktiv wandern können, sowie durch Serum. In diesem Zusammenhang darf nicht übersehen werden, daß bei chronischer Prostatitis, die wiederum bei der größten Risikogruppe von klinischer Bedeutung ist, eine hohe Zahl von Lymphozyten der Samenflüssigkeit beigemischt ist. Da das Virus aus den anderen Körperflüssigkeiten nur mit großem experimentellen Aufwand und in seltenen Fällen isoliert werden konnte, kommt diesen Flüssigkeiten bei der Übertragung keine praktische Rolle zu.

Immunität gegenüber HIV-1-Infektionen?

Nach amerikanischen und europäischen Studien ist es auf den ersten Blick etwas überraschend, daß etwa 50% der regelmäßigen Sexualpartner von Hämophilen keinerlei Anzeichen der Virusinfektion zeigen. Es sind bei diesen Frauen keine Antikörper nachweisbar, es kann kein Virus isoliert werden. Zur Erklärung gibt es momentan keine Hinweise auf die Existenz einer genetisch fixierten Resistenz gegen die HIV-Infektion. Solche Resistenzen könnten zum Beispiel an einem gemeinsamen HLA-Haplotyp der Nichtinfizierten erkennbar werden. In Tiermodellen sind Resistenzen gegen animale Retrovirusinfektionen bekannt und relativ gut vor allem bei der Maus untersucht worden. Deren Resistenz ist genetisch fixiert und liegt normalerweise auf zwei Ebenen. Einmal gibt es Tiere, die nicht den entsprechenden Rezeptor für das Retrovirus haben. Diese Möglichkeit scheidet für HIV-1 aus, da der Rezeptor für das Virus das $CD4^+$-Antigen ist, das in der Immunabwehr eine zentrale Rolle spielt. Zweitens ist bekannt, daß es auch intrazelluläre Blockaden der Virusreplikation gibt, wobei diese Resistenz nicht in allen Fällen hundertprozentig effektiv ist, sondern zum Teil nur zu einer verminderten Virusvermehrung führt. Dennoch ist auch diese Resistenz über intrazelluläre und weitgehend unbekannte Inhibitionen eindeutig genetisch fixiert, d.h. vererbbar.

Schließlich gibt es eine Resistenz, die, wie bei allen Virusinfektionen, von der Größe des Inokulums abhängig ist. Wir wissen besonders von genauen Untersuchungen über die Retrovirus-induzierten Leukämien bei Katzen und Rindern, daß eine bestimmte Virusdosis überschritten werden muß, um das Tier effizient infizieren zu können. Bei der Rinderleukämie ist es allerdings so, daß nur etwa 1000 infizierte Lymphozyten nötig sind, um die Krankheit auf ein neues Tier zu übertragen.

Tropismus

Es ist heute nicht mehr umstritten, daß das $CD4^+$-Antigen selbst der Rezeptor zur Infektion des HIV-1 darstellt. Ob das HIV-1 auch andere Rezeptoren benutzen kann, um möglicherweise weitere Zellen im Organismus, die $CD4^+$-negativ sind, zu infizieren, ist bisher nicht geklärt. Über dieses Differenzierungsantigen kann das HIV-1 in erster Linie die Helfer-/Induktor-Lymphozyten sowie Zellen aus der Monozyten-/Makrophagen-Reihe infizieren. Jedenfalls ist mittlerweile eindeutig nachgewiesen, daß auch neuronale Zellen, Mikroglia, Langerhanssche Zellen der Dermis sowie Speicheldrüsenzellen infiziert werden können. Die direkte Infektion der neuronalen Zellen ist geeignet, die zerebrale Beteiligung in der Symptomatik vieler AIDS-Patienten zu erklären.

Entscheidend für die Pathogenese könnte sich herausstellen, daß die follikulären dendritischen Retikulumzellen der Lymphknoten der Infizierten zerstört werden können. Die Zerstörung dieser Zellen könnte zu Reifungsstörungen unreifer Lymphozyten und damit zur Abnahme der $CD4^+$-positiven Lymphozyten im peripheren Blut führen (s. unten).

Die infizierte Zelle

Nach Infektion werden Lentiviren normalerweise von der Zelle in ihrer Expression unterdrückt, bis es zur Zellaktivierung bzw. Zelldifferenzierung kommt. Durch diese zunächst inapparente Infektion ohne ausgeprägte Virusvermehrung kommt es zur Phase der Latenz, die bei HIV-1 wie bei allen Lentiviren jahrelang andauern kann. Dennoch kann in dieser Phase durch gelegentliche Virusreplikation der Infizierte kontagiös sein. Aktivierung der infizierten Zellen durch Mitogene oder Antigene führt dann zu verschiedenen Zeitpunkten zu mehr oder weniger ausgeprägten Virusvermehrungen. Wenn man sich jedoch bewußt macht, daß in vivo immer nur sehr wenige Zellen auf einen spezifischen Antigenstimulus reagieren und die mitogene Stimulation keine natürliche Rolle spielt, wird offenbar, daß viele infizierte Lymphozyten aufgrund ihrer mangelnden Aktivierung latent und persistent infiziert bleiben und zu einem späteren Zeitpunkt die Ursache für eine erneute Virämie sein können.

Zu einem gegebenen Zeitpunkt sind selbst in einem bereits erkrankten Infizierten oder bei gesunden Infizierten mit nachgewiesenen langen Infektionsverläufen immer nur sehr wenige periphere $CD4^+$-Lymphozyten mit HIV-1 infiziert, nämlich nur jeweils einer von etwa 10000 infizierbaren Lymphozyten.

Selbst von den infizierten Lymphozyten exprimiert nur etwa jeder zehnte Virusantigene. Ein direkter cytopathogener Effekt des HIV-1 auf die infizierbaren Lymphozyten kann also nicht für die meßbare Verarmung an $CD4^+$-Lymphozyten verantwortlich gemacht werden! Vielmehr muß es indirekte Mechanismen für die Abnahme dieser Zellen geben.

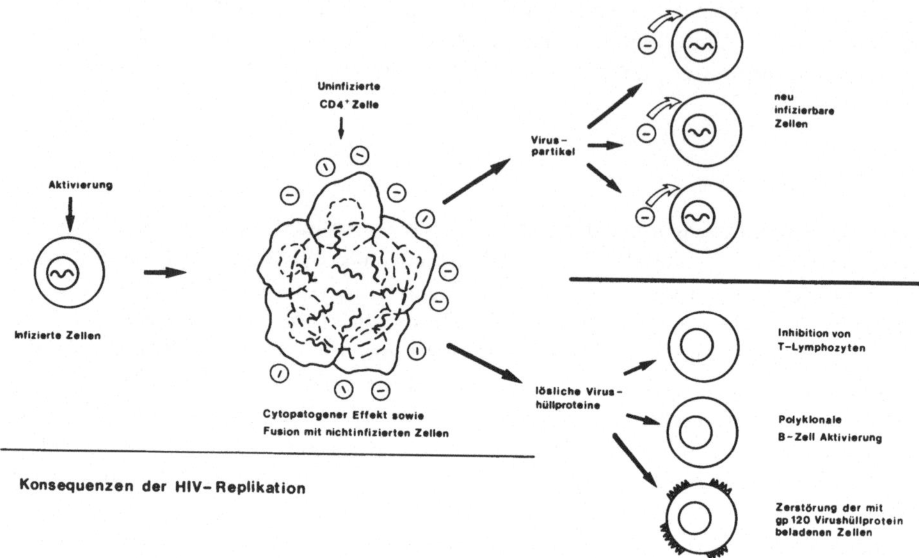

Abb. 6. Cytopathogene und immunologische Auswirkungen der HIV-Replikation

Unerklärlich ist auch in diesem Zusammenhang, warum aus dem Knochenmark nicht neue $CD4^+$-positive Zellen peripher ausreifen, wie es von anderen Erkrankungen wie z. B. der chronischen Miliartuberkulose bekannt ist. Zur Erklärung dieses Paradox könnte die bereits oben aufgeführte Zerstörung der follikulären dendritischen Retikulumzellen dienen, wodurch die Reifung potentiell $CD4^+$-positiver Helfer-/Induktor-Lymphozyten gestört sein würde. Darüber hinaus ist bekannt und in Abb. 6 schematisch dargestellt, daß das äußere Hüllprotein des HIV-1, das gp120, als Fusionsprotein wirken kann. Durch Verknüpfung von $CD4^+$-Rezeptoren auf benachbarten Lymphozyten kann es dergestalt zur Syncytienbildung kommen (Abb. 7). Diese Syncytien sind nach unseren Untersuchungen durchaus noch einige Wochen lebensfähig, produzieren auch noch Virus, können sich aber nicht mehr teilen und sterben schließlich ab. Außerdem ist denkbar, daß das gp120 benachbarte $CD4^+$-Rezeptoren auf ein und derselben Zelle verknüpft, was zur Immobilisierung der Zellplasmamembran führen würde und damit zum Zelltod.

Zellfusionen bzw. Syncytienbildung in Lymphknoten sind wahrscheinlich ebenfalls hinderlich bei der Reifung hämatopoetischer Stammzellen sowie für die Antigenpräsentation in Lymphknoten.

Immunantwort und Pathogenese

Retroviren besitzen die Eigenschaft, durch Verlust ihrer äußeren Virushüllproteine zum einen schlechter neutralisierbar zu werden, zum anderen durch die zirkulierenden Virushüllproteine, die als Fusionsproteine wirken, direkt cytopathogen zu sein.

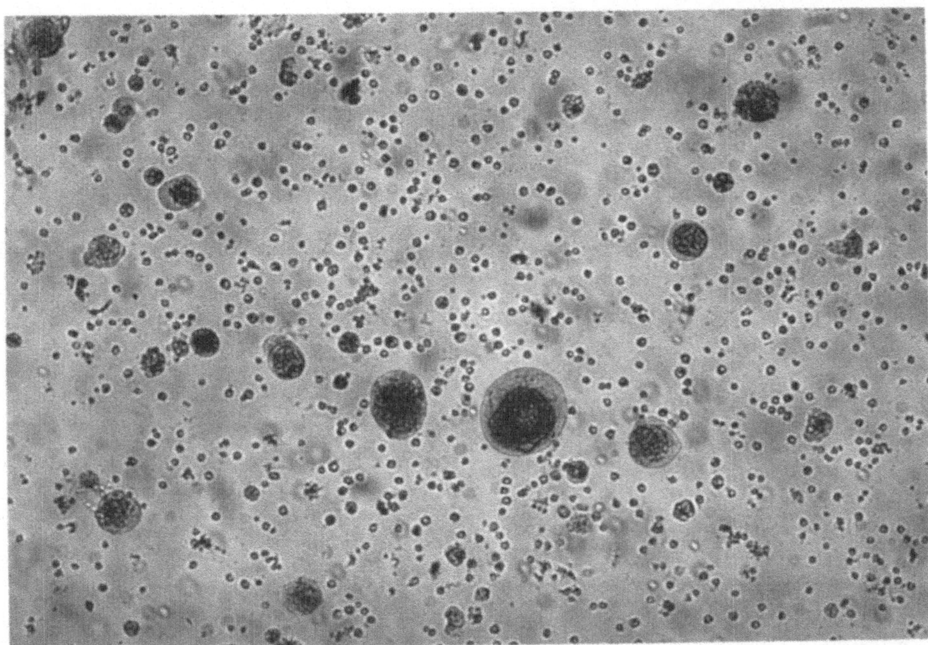

Abb. 7. Syncytienbildung HIV-1-infizierter $CD4^+$-Lymphomzellen in vitro

Durch die Fusionseigenschaften des gp120 des HIV-1 können damit Zellen wie oben beschrieben zerstört werden, die gar nicht infiziert sind (Abb. 6), was auch das oben bereits erwähnte Paradox zumindest teilweise erklären könnte.

In den letzten Jahren haben sich die Hinweise für eine schützende antivirale Immunantwort deutlich gemehrt. Zunächst ist festzuhalten, daß alle HIV-Proteine immunogen sind, wie Western-Blot-Analysen mit Patientenseren eindeutig gezeigt haben. Der nur geringe Titer neutralisierender Antikörper ist sicherlich nicht einfach zu erklären. Zum einen mag die Ursache trivial sein, nämlich die mangelnde Sensitivität der derzeit zur Verfügung stehenden Testsysteme. Zum anderen kann die bekannte, wenngleich begrenzte Variabilität, der Virushülle einzelner Virusstämme Ursache dafür sein, daß die neutralisierenden Antikörper in Patientenseren ein Laborvirus im Test nicht ausreichend zu neutralisieren vermögen. Schließlich ist von Lentiviren auch bekannt, daß sie in vivo ihre Virushülle zumindest teilweise zu variieren vermögen. Offenbar handelt es sich hier um eine immunologische Selektion, d.h. im Organismus reichern sich Virusvarianten an, die die zum gegebenen Zeitpunkt vorherrschende neutralisierende Immunität zu unterlaufen versuchen. Das Ausmaß der Virusvarianz ist jedoch keinesfalls vergleichbar mit der der Influenzaviren. Es kommt bei HIV nicht zu drastischen Veränderungen im genetischen Material im Verlauf von zwei bis drei Jahren, dem gegenwärtig verfügbaren Untersuchungszeitraum. Diese nur begrenzte Varianz ist im übrigen auch ein Hindernis dafür, daß eine Impfstoffentwicklung mit Schutz gegen viele Virusvarianten nicht von vornherein ausgeschlossen werden muß.

Außerdem mehren sich die Hinweise, daß, wie auch bei anderen Retrovirusinfektionen der Tiere, die zelluläre Immunabwehr die Infektion zu begrenzen versucht. Damit wäre erklärbar, daß es bereits früh nach der Infektion zu einem Anstieg der $CD8^+$-Lymphozyten kommt, wobei allerdings noch nicht geklärt ist, ob die Lymphozyten spezifisch gegen HIV-infizierte Zellen gerichtet sind. Durch in-situ-Anfärbungen von Lymphknotenschnitten konnte gezeigt werden, daß $CD8^+$-cytotoxische Lymphozyten an der Zerstörung der infizierten Retikulumzellen teilnehmen. Außerdem wurden kürzlich in der Frühphase der Infektion lymphokinaktivierte Killerzellen beschrieben.

Methoden zur Verlaufsbeurteilung

Es gibt bisher noch keine eindeutigen Parameter, um den Verlauf einer HIV-Infektion wenigstens mittelfristig vorhersagen zu können. Wir haben in den letzten zwei Jahren bemerken können, daß der Verlust der HIV-spezifischen T-Zell-Proliferation als prognostischer Marker dienen kann. Verlust der Stimulierbarkeit der T-Zellen führt normalerweise in wenigen Wochen zu einer Verschlechterung des Krankheitsbildes. Eine Erklärung für die Verminderung der HIV-stimulierten T-Zell-Replikationsfähigkeit wäre, daß sich im Laufe der Erkrankung die HIV-spezifischen Zellen, besonders die Populationen mit hoher Rezeptoraffinität, bei der Abwehr von HIV-Partikeln oder infizierten Zellen immer mehr verbrauchen. Bei gleichzeitiger Reifungsstörung neuer $CD4^+$-positiver Zellen kommt es dadurch zu einer Verarmung der HIV-spezifischen $CD4^+$- und $CD8^+$-Lymphozyten.

Eventuell ist diese Verarmung HIV-spezifischer Lymphozyten auch verantwortlich für die Abnahme von antiviralen Antikörpern, die vor allem im Spätstadium bei einigen, wenngleich nicht bei allen Patienten, sichtbar wird. Meistens kommt es zu einer Abnahme von anti-p24-Antikörpern. Die Persistenz von anti-gp120-Antikörpern auch im Spätstadium der Erkrankung könnte dann als Folge einer früheren Immunantwort gegen HIV interpretiert werden, die vor der Varianzentwicklung und vor der Zerstörung der für die Antikörperinduktion notwendigen $CD4^+$-Helfer-/Induktor-Lymphozyten einsetzte.

Von anderer Seite ist außerdem beschrieben worden, daß der Verlust der in-vitro-Synthese von γ-Interferon durch stimulierte Lymphozyten ein weiteres Zeichen für eine Verschlechterung des Krankheitsbildes darstellt. Außerdem wurde postuliert, daß ein chronischer Anstieg von Neopterin im Urin prognostisch ungünstig ist, da Neopterin bekanntlich ein Marker für die T-Zell-Aktivierung darstellt und jede Zellteilung auch zu einer Aktivierung von Lentiviren wie HIV-1 führt. Zur Zeit liegen für die Bedeutung des Neopterins als prognostischer Marker meines Erachtens noch nicht ausreichende Verlaufsbeobachtungen vor.

Modell der Pathogenität

Das vorstehend Geschriebene läßt sich zu einem allerdings noch weitgehend hypothetischen Modell der Pathogenität von HIV-1 zusammenfassen. Unmittelbar nach Infektion kommt es beim Infizierten zu einem mononukleoseähnlichen Syndrom, das jedoch nur wenige Wochen anhält und so gut wie immer übersehen wird. Nach der Primärinfektion sind sicherlich nur einige wenige $CD4^+$-Helfer-/Induktor-Lymphozyten sowie Monozyten/Makrophagen infiziert. Dennoch ist bereits zu diesem Zeitpunkt der Infizierte als potentiell kontagiös für seine Sexualpartner anzusehen. Nach Antigen-spezifischer Stimulierung der T-Lymphozyten kommt es zu immer neuen Zyklen zunächst quantitativ unbedeutender Virusreplikationen, wodurch jedoch nach und nach stets neue CD4-positive Lymphozyten sowie andere Treffzellen infiziert werden können. In diesem Stadium scheint sowohl die humorale wie zelluläre Immunabwehr die Konsequenzen der Virusinfektion weitgehend begrenzen zu können.

Multiple Infektionen vor allem auch durch chronische Krankheitserreger wie zum Beispiel Hepatitisviren oder Malaria usw. führen zu einer überdurchschnittlichen intensiven und lang andauernden Stimulation der Immunabwehr, so daß es durch die dermaßen aktivierten Zellen zu einer vermehrten HIV-Replikation kommt. Durch die schleichende Lyse der für die Abwehr notwendigen Lymphozyten kommt es schließlich, meist erst im Verlauf von Jahren, zur Dekompensation der spezifischen antiviralen Abwehr. Durch die zyklischen Virusvermehrungen kommt es sowohl zum direkten cytopathogenen Effekt durch die Virusinfektion als auch zum „Selbstmord" der HIV-spezifischen Zellen der Immunabwehr, schließlich zu einem indirekten cytopathogenen Effekt durch Adsorption des als Fusionsprotein wirkenden gp120-Hüllproteins an die Zelloberflächen. Die Adsorption des gp120 an die Zelloberfläche ist nicht nur wegen dessen Fusionseigenschaften potentiell schädlich, sondern läßt die Zelle auch als fremd erscheinen, wodurch selbst diese nichtinfizierte Zelle von der Immunabwehr attackiert wird.

Das Lymphadenopathie-Syndrom ist offenbar die klinische Manifestation der Zerstörung der follikulären Natur der Lymphknoten. Wie bereits oben erwähnt, kommt es im Lymphknoten durch Zellfusionen sowie wegen der Immunabwehr der infizierten dendritischen Retikulumzellen zu Störungen sowohl in der Reifung neu synthetisierter hämatopoetischer Zellen, mit der Konsequenz, daß nicht ausreichend neue CD4-positive Lymphozyten gebildet werden können, als auch zu Störungen in der Antigenpräsentation, was zur allgemeinen Erschwerung der Induktion einer Immunantwort gegen Infektionen führen könnte.

Nicht wenige Aspekte in dem eben kurz skizzierten Modell der Pathogenität der HIV-1-Infektion sind noch hypothetisch, weil experimentell nicht eindeutig bewiesen. Es sollte jedoch deutlich gemacht werden, daß das Verständnis der immunpathogenetischen Vorgänge nach HIV-Infektion entscheidend ist für unsere Ansätze zur Entwicklung effektiver chemotherapeutischer und immunprophylaktischer Maßnahmen und daß die Immunpathologie der HIV-Infektion eine große Schwachstelle der gegenwärtigen AIDS-Forschung ist.

Perspektiven

Die weltweite Ausbreitung des HIV-1 erfolgte mit einer Geschwindigkeit, die selbst die Fachleute überrascht hat.

Da es gegenwärtig keine effektive Chemotherapie und keine Immunprophylaxe gegen diese Erkrankung gibt, kann nur eine massive Aufklärung über die Wege der

Übertragung dieser Infektion zu einer Reduktion der Ausbreitungsgeschwindigkeit führen. Diese aufklärerischen Maßnahmen sind um so schwieriger, als mit dem HIV-2 ein weiteres AIDS-Virus offenbar von Westafrika her sich auszubreiten beginnt. Dieser Virusstamm wurde bereits in der Bundesrepublik in Deutschen nachgewiesen. Neben der Aufklärung ist weiterhin eine massive Unterstützung der wissenschaftlichen Forschung zu HIV notwendig. Zusätzliche Anstrengungen sind sowohl in der klinischen als auch in der Grundlagenforschung sowie spezifisch bei der Entwicklung chemotherapeutischer oder immunprophylaktischer Maßnahmen unabdingbar.

Es muß nicht nur dabei bleiben, daß im Rahmen der AIDS-Forschung jeder vernünftige Forschungsansatz auch gefördert wird, sondern die bereits auf diesem Gebiet tätigen Wissenschaftler sind gefordert, zusätzliche gute Köpfe für dieses Forschungsgebiet zu interessieren. Diese zweifellos sehr teure Forschungsförderung läßt erwarten, daß wegen des Tropismus und des komplexen Infektionsmodus der HIV-Stämme neben der erfolgreichen Bekämpfung der HIV-Infektion unser Kenntnisstand über die Prozesse der Immunregulation und der Krebsentstehung erweitert werden kann.

Relevante Literatur

1. Gelderblom H, Pauli G (1986) LAV/HTLV-III: Vergleich mit anderen Retroviren und Einordnung in die Subfamilie der Lentivirinae. AIDS-Forschung (AIFO) 1:61–72
2. Haase AT (1986) Pathogenesis of lentivirus infections. Nature 322:130–136
3. Kurth R, Werner A, Barrett N, Dorner F (1986) Stability and Inactivation of the Human Immunodeficiency Virus (HIV): A Review. AIDS-Forschung (AIFO) 1:601–608
4. Kurth R (1986) Das Erworbene Immunmangelsyndrom, AIDS. In: Brandis H, Pulverer G (Hrsg) Medizinische Mikrobiologie. G. Fischer Verlag, Stuttgart und New York
5. Seligman M, Chess L, Fahy, JL (1984) AIDS. An immunologic reevaluation. N Engl J Med 311:1286–1292
6. Wahren B, Morfeldt-Mansson L, Biberfeld G, Moberg L, Ljungman P, Nordlund S, Bredberg-Ruden U, Werner A, Löwer J, Kurth R (1986) Impaired specific cellular response to HTLV III before other immune defects in patients with HTLV III infections. N Engl J Med 315:393–394
7. Wong-Staal F, Gallo RC (1985) Human T-lymphotropic retroviruses. Nature 317:395–403

Diskussion

LAUFS (Hamburg):

Sie haben sehr schön gezeigt, Herr Kurth, daß praktisch alle viralen Strukturproteine gute Antigene sind und daß man Antikörper nachweisen kann. Was aber offensichtlich noch in keinem Labor gelungen ist – jedenfalls in unserem eigenen nicht, trotz großer Bemühungen –, das ist der Nachweis von Antikörpern vom IgM-Typ. Dies wäre für uns deshalb wichtig, weil wir bei Neugeborenen HTLV III- oder HIV-positiver Mütter ja gern wüßten, ob die Kinder nun infiziert sind oder ob die Antikörper, die wir beim Neugeborenen finden, ausschließlich mütterlicher Abkunft sind. Welche weiteren experimentellen Auflagen sind für den Nachweis von IgM-Antikörpern zu bedenken?

KURTH (Frankfurt)

Das Problem, Herr Laufs, haben Sie bereits skizziert. Herr KREUZ von der Kinderklinik in Frankfurt hat uns kodiert Seren herübergeschickt von Kindern hämophiler Mütter oder Eltern. Wir haben in den letzten 14 Tagen diese Seren mit Anti-IgM-spezifischen Zweitseren durchgetestet, was im übrigen sehr gut funktioniert. Es zeigte sich, daß etwa 60% der Kinder IgM-Antikörper haben. Das ist ein überraschend hoher Prozentsatz. Dieses Ergebnis deckt sich mit amerikanischen Untersuchungen, daß nämlich der IgM-Antikörper persistiert, obwohl das IgG bereits gebildet ist. Der Nachweis HIV-spezifischer Antikörper erspart uns bei diesen Kindern das Virus anzuzüchten, was ja sehr viel mehr Arbeit macht.

SCHIMPF (Heidelberg):

Herr Kurth, Sie haben gezeigt, daß die Infektion über die T4-Rezeptoren an der Oberfläche des Virus erfolgt. Nun wissen wir neuerdings, daß es Möglichkeiten gibt, die Rezeptoren zu blockieren, so daß sie durch die Viren nicht mehr erkannt werden können. Bevor ich als Kliniker aber nun auf diese Weise therapieren würde, muß ich mich fragen: Verhüte ich zwar in diesem Moment die Infektion mit dem HIV-Virus, aber eröffne ich dadurch nicht die Möglichkeiten für alle möglichen anderen Infektionen, weil ich auch die Immunabwehrfunktion der T4-Zellen generell blokkiere?

KURTH (Frankfurt):

Es ist denkbar, aber meines Wissens experimentell noch nicht untersucht, daß die Blockade der T4-Rezeptoren, z.B. durch monoklonale Antikörper, andere Bakterieninfektionen erheblich erleichtern könnte, weil eine der beiden Erkennungsstrukturen der T-Lymphozyten ausfällt. Diese Therapie ist ja auch insofern problematisch, als man natürlich idealerweise menschliche monoklonale Antikörper einsetzen sollte, nicht etwa die von der Maus. Mehrfache Applikation mausischer Antikörper führt dazu, daß der Patient dagegen hochgradig immun oder gar allergisch wird. Die dritte Komplikation ist die, daß man die Viren, die gerade persistieren, die supprimiert sind, die überhaupt keine viralen Proteine synthetisieren, die still in der Zelle herumsitzen, nicht mit Anti-T4-Blockaden erreicht. Man kann diese Antikörper-Therapie ja nicht lebenslang anwenden. Das heißt, in dem Moment – ähnlich wie wir es ja bei fast allen Chemotherapien gesehen haben –, in dem man zu behandeln aufhört, bin ich ganz sicher, ist das HIV wieder exprimiert.

GÜRTLER (München):

Ich möchte zurückkommen auf die Makrophagen, die Herr Kurth eben erwähnt hat, und möchte noch einmal auf folgendes hinweisen: Meiner Meinung nach spielen für die Infektion mit dem HIV die Makrophagen eine wesentlich größere Rolle als ausgeführt wurde. Denn einmal gehört das HIV zu den Lentiviren, und alle Lentiviren, die wir bisher kennen, zeichnen sich dadurch aus, daß sie ausgesprochen makrophagotrop sind. Zum zweiten, die Encephalopathie, die im Endstadium von AIDS auftritt, ist nach allem, was man bisher weiß, bedingt durch Zerstörungen, die eingewanderte HIV-infizierte oder HIV-tragende Makrophagen im Hirngewebe anrichten. Diese Zerstörungen führen zu den bekannten Ausfällen. Wir müssen also davon ausgehen, daß das HIV bei aller Affinität dieses Virus CD4-Epitop auch Makrophagen infiziert, sich in diesen vermehrt und auf diesem Wege alle Körperregionen erreichen kann.

KURTH (Frankfurt):

Wenn ich den Eindruck erweckt haben sollte, daß die Makrophagen eine untergeordnete Rolle spielen, so habe ich mich schlecht ausgedrückt, und ich hoffe, die Makrophagen werden es mir verzeihen. Es ist sicherlich alles richtig, was eben gesagt worden ist. Nur eines darf man nicht vergessen, auch Makrophagen müssen aktiviert werden, um das HIV zu replizieren.

KÖHLER (Homburg/Saar):

Ich habe zwei Fragen an Herrn Kurth. Sie haben in einem Bild zum Immunrespons gezeigt, daß es eine protrahierte Latenzphase gibt. Zum anderen soll es aber auch eine dokumentierte Langzeitinfektion ohne Krankheit geben. Letzteres wäre für den Therapeuten von besonderer Wichtigkeit. Weiterhin haben Sie Parameter zur Prognose aufgeführt. Können Sie noch etwas zum Stellenwert dieser Parameter sagen, die doch schwierig zu bestimmen sind und die nicht jeder bestimmen kann, verglichen mit anderen gängigen Parametern, wie zum Beispiel T4/T8-Ratio, T4-Absolutzahl. Denn das sind Parameter, die schnell verfügbar sind.

KURTH (Frankfurt):

Ich fange am besten gleich mit der zweiten Frage an: Nach allem, was ich auch von den Klinikern bei uns immer mitbekomme, gibt es keine guten Parameter für eine Prognose. So ist zum Beispiel weder die Abnahme der Fähigkeit zur Gamma-Interferon-Produktion noch der Verlust der Anti-p24-Antikörper regelmäßig zu beobachten. Was offenbar als prognostische Marker dienen kann, das ist der Verlust der Stimulierbarkeit von peripheren Lymphozyten durch HIV-Antigene. Diese Versuche, die wir in Zusammenarbeit mit Kollegen in Stockholm machen, sind noch unsauber in dem Sinne, als wir bis vor kurzem nur Gesamtvirus einsetzen konnten. Jetzt werden wir die einzelnen Viruspolypeptide verwenden. Mit dieser Methode ergibt sich eine gute Korrelation. Wenn ein Patient relativ gesund ist, sagen wir: wenn er nur infiziert ist, dann zeigt er diese Lymphozytenstimulierbarkeit. Wir haben Verlaufsstudien, in denen diese Stimulierbarkeit abnimmt, und in diesen Fällen – die Zahl liegt im Moment etwa bei 12 bis 14 – kommt es zu einer deutlichen klinischen Verschlechterung, d.h. es kommt zu opportunistischen Infektionen. Dies ist natürlich keine Methode, die sich für den Routinebetrieb eignet, und man fragt sich auch, was hilft es, was können wir dem Patienten sagen? Aber nach allen meinen Erkenntnissen ist dies im Moment der einzige prognostische Parameter, der halbwegs aussagekräftig ist.

Zur ersten Frage: Gibt es einen Widerspruch zwischen klinischem Bild, nämlich der Progredienz von Infektionen zum AIDS, und dem, was wir als Virologen unverändert als Lentiviren, Langsam-Viren, bezeichnen wollen? Ich glaube, wir wissen einfach zu wenig über den individuellen Infektionszeitpunkt des einzelnen. Wir wissen viel zu wenig über die Belastungen seines Immunsystems, so daß es offenbar zu ganz unterschiedlichen Verlaufsformen kommt. Wir haben ja auch in Frankfurt diese Fälle gesehen, wo zwischen Infektionen und Tod nur 1 oder 1½ Jahre lagen. Wir sehen in Frankfurt aber auch Fälle, in denen die Leute 1982 oder 1981 – aus eingefrorenen Seren bestimmt – bereits infiziert waren und heute noch weitgehend „gesund“ sind.

MÖSSELER (Göttingen):

Ich habe noch eine Frage zu den prognostischen Markern. Würden Sie denken, daß die Bildung und der Nachweis von neutralisierenden Antikörpern, der ja offenbar inzwischen gelungen ist, ein prognostischer Marker sein könnte, sei es von der Titerhöhe oder von dem allgemeinen Verlauf her? Liegen Ihnen persönlich schon irgendwelche Untersuchungen dazu vor?

KURTH (Frankfurt):

Neutralisierende Antikörper in der Virologie sagen ganz generell nichts über die Prognose aus. Das gilt für praktisch alle Virussysteme, die ich im Moment überschaue. Nehmen Sie ein klassisches Beispiel: Poliovirus. Gegen Polioviren bilden praktisch alle Infizierten wie fast alle Geimpften sehr gute, leicht nachweisbare, hochtitrige neutralisierende Antikörper. Diese Antikörper traten aber auch bei jenen 1% der Infizierten auf, die schlaffe Lähmungen entwickelten. Das heißt, der neutralisierende Antikörpertiter hat fast keine Aussagekraft für die Prognose während der akuten Infektion. Für die Zeit danach zeigt er natürlich Schutz an.

So ähnlich scheint es sich bei HIV zu entwickeln. Wir sahen Patienten präterminal, die neutralisierende Antikörper besaßen. Andererseits gibt es Personen, die eindeutig infiziert sind, die aber einen neutralisierenden Titer von nur 1:20 oder 1:40 zeigen, was nicht gerade Schutz suggeriert. Deshalb sagte ich auch eingangs schon in einer Bemerkung, daß wir unser Augenmerk verstärkt auf die zellgebundene Immunität legen sollten. Denn auch da gibt es wiederum genug Virusmodelle, die zeigen, daß die zellgebundene Immunität offenbar die entscheidende Last trägt zum Schutz des Individuums. Kurz gefaßt: Man kann aus den neutralisierenden Antikörpertitern keine Prognose ziehen.

Frau Eibl (Wien):

Vielleicht noch kurz zur Prognose: Bei den Patienten die Antikörper-positiv sind und die eine absolut normale T4-Population haben, ist der Verlust der antigenspezifischen Reaktivität gegen Drittantigene wahrscheinlich der beste prognostische Faktor. Das dürfte sowohl in vivo gelten – falls Patienten auf eine primäre Immunisierung nicht entsprechend reagieren – als auch in vitro; denn auch hier ist die antigenspezifische Reaktivität gegen lösliche Antigene die Funktion, die als erste verlorengeht.

Kurth (Frankfurt):

Ich glaube, die entsprechenden Untersuchungen sind gegenwärtig zu sehr im Fluß, als daß ich diese Aussage im Moment hundertprozentig unterstreichen möchte. Frau Eibl, wir haben ja neulich darüber diskutiert, daß zum Beispiel bei unseren Patientenkollektiven die Immunantwort gegen CMV oder andere Herpesviren noch relativ lange stabil bleibt – zum Beispiel auch gegen Hepatitisantigene –, wenn die für HIV längst abgeschaltet oder zerstört ist. Ich würde das, was Sie sagen, unterstreichen, wenn wir davon ausgehen, daß zuerst die Immunabwehr gegen HIV zusammenbricht und dann die gegen die anderen löslichen oder auch partikulären Antigene. Können wir uns da treffen?

Frau Eibl (Wien):

Über die HIV-spezifische Reaktivität kann ich nichts sagen, weil ich damit selber keine Erfahrungen habe. Bei der antigeninduzierten Proliferation haben wir die Erfahrung gemacht, daß diese Funktion in unserem Kollektiv als erste pathologisch wird. Ich hatte Gelegenheit, mit Herrn Griscelli zu diskutieren. Er hat ähnliche Befunde.

Laufs (Hamburg):

Dazu eine kurze Zusatzfrage, da sie aktuell ist: Gibt es Hinweise dafür, daß die HIV-Träger, die sich jetzt der Influenzaschutzimpfung unterziehen, schlechtere Antikörperbilder sind als die gesunden Normalpersonen? Wir raten selbstverständlich dieser Personengruppe zur Impfung.

Kurth (Frankfurt):

In dieser Frage habe ich keine eigenen Erfahrungen.

Frau EIBL (Wien):

Wir haben zwar nicht Erfahrungen mit Influenza, aber mit FSME. HIV-Antikörper-positive Personen bilden ganz wesentlich schlechter Antikörper. Ich war überrascht, wie viele von der HIV-Antikörper-positiven Population keine Antikörper gegen FSME nach Immunisierung gebildet haben.

KURTH (Frankfurt):

Gibt es bei einigen von Ihnen gleiche Beobachtungen bei der Hepatitis B-Impfung?

Frau SCHARRER (Frankfurt):

Wir haben in Frankfurt bei unseren Hepatitis B-geimpften Patienten den Eindruck, daß die HIV-positiven Patienten eine schwächere Immunreaktion entwickeln, insbesondere nach der dritten Impfung, also entsprechend den Untersuchungen, die auch von italienischen Hämophilietherapeuten veröffentlicht und in Mailand vorgestellt wurden.

LAUFS (Hamburg):

Sind irgendwelche unerwünschten Effekte der Impfung häufiger aufgetreten als bei sogenannten gesunden Impflingen?

Frau SCHARRER (Frankfurt):

Nein. Nebenwirkungen oder so etwas nicht.

Frau EIBL (Wien):

Auch mir sind keine Nebenwirkungen nach Impfungen mit Totimpfstoffen bekannt.

LAUFS (Hamburg):

Das heißt also: Wir empfehlen die Influenzaimpfung.

Frau SCHARRER (Frankfurt):

Und insbesondere die Hepatitis B-Impfung.

Virusinaktivierte Hochkonzentrate: Produktionsverfahren und Sicherheit der Verhütung einer HIV-Infektion

L. G. Gürtler, W. Schramm (München)

Die Herstellung von Gerinnungspräparaten ist von drei Hauptproblemen gekennzeichnet, die in zum Teil konträr wirkender Richtung miteinander verknüpft sind:

1. *Faktormenge,* d.h. für die Produktion muß genügend Ausgangsplasma (2000–5000 Liter) vorhanden sein, um einen effizienten Herstellungsprozeß einzuleiten [1].
2. *Faktorreinheit;* die Faktor VIII- und IX-Präparate enthalten eine Vielzahl von anderen Proteinen des Plasmas. Die Herstellung und die anschließende Virusinaktivierung kann zur Proteindenaturierung führen. Über die dauerhafte Zufuhr von strukturell veränderten Proteinen ist eine Immunmodulation im Hämophilie-Patienten zu erwarten.
3. *Infektiosität.* Die Infektiosität der Präparate wird beherrscht auf der einen Seite von dem Phänomen, daß aufgrund der bestehenden Virämie bei einem Spender ein ganzer Pool mit einem Virus verseucht werden kann (NANB-Regel), auf der anderen Seite die meisten möglichen drastischen Verfahren zur Inaktivierung von Viren aufgrund der Labilität der Gerinnungsfaktoren nicht angewendet werden können. Wegen der „Klebrigkeit" von infektiösen Agentien an Proteinen und Proteinkomplexen können diese Partikel nicht durch einfache biochemische Methoden abgetrennt werden.

Eine Immunmodulation muß bei der Substitution von Hämophilen als unabwendbar in Kauf genommen werden und führt nicht zu lebensbedrohenden Zuständen. Jedoch kann die persistierende HIV-Infektion oder die Neuinfektion mit anderen Erregern die Lebensqualität einschränken und schließlich zu lebensbedrohlichen Zuständen führen. Die Substitutionstherapie mit Gerinnungsfaktoren bringt hohen Nutzen für den Patienten (= Überleben), ist aber von Risiko nicht frei.

Während ein Schutz vor klinischer Manifestation der Hepatitis B-Erkrankung durch die Impfung gegen Hepatitis B-Virus wirkungsvoll erreicht werden kann, sind Erreger wie das Hepatitis Non A/Non B-Virus (HNANBV) oder das menschliche Immunschwächevirus (HIV) bei den substitutionsbedürftigen Hämophilen bis 1984 steil ansteigend, seit 1985 sehr gering ansteigend verbreitet, und nicht durch eine Vakzine zu verhindern. Folglich wird sich dieser Beitrag vornehmlich mit der Sicherheit der Infektionsverhütung befassen.

Gibt es überhaupt sichere Präparate aus Blut? Die Applikation von Immunglobulinen hat bisher, vielleicht von einer Ausnahme abgesehen [2], nicht zur Übertragung von HIV geführt [3]. Demnach ist, wie hoch auch immer der Ausgangstiter an HIV gewesen sein mag, mit einer vollständigen Inaktivierung bei den Verfahren nach

Cohn-Onkley zu rechnen. Nach den bisherigen Untersuchungen ist dies auf die Wirkung des Alkohols bei der Herstellung der Gammaglobuline zurückzuführen.

Aufgrund der Labilität des Faktors VIII ist ein derartiger Fällungsschritt für dessen Herstellung undenkbar. Ausgegangen wird hierbei vom Kryopräzipitat, welches sehr viele der hochmolekularen Komponenten des Plasmas enthält, einschließlich der präzipitierten Viren. Die nachfolgenden Reinigungsschritte sind firmenspezifisch, jedoch ist keines der so hergestellten Präparate rein oder ohne weitere Inaktivierung virusfrei.

Aufgrund der Hitzeempfindlichkeit von Retroviren bot sich als einfachste Methode zur Zerstörung der Vermehrungsfähigkeit des HIV die Hitzebehandlung an. Die ersten Inaktivierungsversuche waren sehr erfolgversprechend [4], und es gab wenig Grund anzunehmen, daß eine Behandlung für 30 min bei 50–60°C von dem Virus überlebt werden könnte. Ein vermehrungsfähiges Virus konnte in der Gewebekultur nach dieser Zeit nicht gefunden werden. Selbst eine normale Lyophilisation führt nach ca. 60 min zu einem Infektiositätsabfall von 2 log 10 Stufen [4]. Der Infektionstiter fällt aber während dieser kurzen Behandlungszeiten in Gegenwart hoher Proteinkonzentrationen nicht linear ab, sondern nähert sich asymptomatisch einer verbleibenden Restinfektiosität, die in der Gewebekultur nicht mehr mit den heute zur Verfügung stehenden Verfahren bestimmt werden kann.

Zu weniger guten Ergebnissen für die Verfahren der Virusinaktivierung durch Hitze kamen Resnick und Mitarbeiter [5]. Sie fanden unter sterilen Bedingungen noch aktives vermehrungsfähiges HIV nach Trocknung und Aufbewahren bei Raumtemperatur für 72 Stunden.

Auch nach Behandlung einer HIV-Virussuspension von 10^7 TCID/ml bei 56°C für 3 Stunden konnte noch infektiöses Virus nachgewiesen werden, während HIV nach 5 Stunden Behandlungszeit nicht mehr nachweisbar war.

Nachdem niemand bisher aus Faktor VIII erfolgreich HIV-Virus isolieren konnte, aber Hämophilie-Patienten nach Gabe derartiger Präparate serokonvertiert sind, ist das biologische System Mensch für die Anzucht dieses Virus sicher wesentlich empfindlicher als unser derzeit verwendetes Gewebekultursystem. Daraus folgt, daß nur ein positives Resultat in der Gewebekultur einen absoluten Aussagewert hat. Die Hitzebehandlung von Faktor VIII oder IX in trockenem Zustand führt sicher zu einer Reduktion des Infektiositätstiters, der im Bereich von 6 log 10 Stufen liegt [4]. Der fehlende Nachweis in der Gewebekultur ist aber kein Beweis dafür, daß die Inaktivierung vollständig ist.

Im umgekehrten Fall muß die stattgefundene Serokonversion auch nicht unbedingt auf die Zufuhr eines Faktorenpräparates zurückgeführt werden. Hierfür müssen verschiedene andere Gründe diskutiert werden. Wird die Umstellung auf ein hitzeinaktiviertes Präparat nach bereits stattgefundener Infektion vorgenommen, dann ist die Serokonversion nicht dem Präparat anzulasten. Die hier entstehende bohrende Frage ist: Wie lange nach Viruseintritt in den Körper kann bis zur meßbaren Antikörperproduktion vergehen, denn der Antikörpernachweis ist die Grundlage unseres heutigen Testsystems. Die früheste beschriebene Serokonversion fand nach 3 Wochen statt [6], verursacht durch eine Nadelstichverletzung mit gleichzeitiger Blutinjektion. Die längste beschriebene Zeitdauer betrug 13 Monate [7]; sie erfolgte nach Gabe einer HIV-haltigen Konserve an mit Cytostatika behandelten Patienten, und erst 13 Monate nach Infektion waren HIV-Antikörper meßbar.

Ein derartiger Zeitraum muß also in Erwägung gezogen werden, abhängig von der Virulenz des HIV, der Virusdosis und dem Immunstatus des Patienten.

Die nächste Frage ist, wieviel Virus muß für das Angehen der Infektion vorhanden sein? Von den vielen aufgetretenen Nadelstichverletzungen haben bisher 7 zu einer Serokonversion geführt (einschließlich der Skalpellverletzungen [12], ausschließlich der 2 Übertragungen beim Pflegepersonal [13]). Vorausgegangen waren tiefe wie auch oberflächliche Verletzungen. Die Blutmenge, die hier übertragen werden kann, ist minimal, und die Virusdosis war in 7 Fällen ausreichend, in ca. 3000 anderen nicht [6, 8, 9, 10, 11, 12]. Einschränkend sollte erwähnt werden, daß bei Nadelstichverletzungen auch virushaltige Zellen übertragen werden können.

Eine andere Kalkulation läßt sich aufstellen, wenn man versucht, die theoretisch vorhandene Virusmenge hochzurechnen (Abb. 1). Ein kleiner Plasmapool kann aus 5000 l bestehen; hierin sind z. B. enthalten 500 ml eines HIV-positiven Spenders, der eine Viruskonzentration hat, die in der Gewebekultur eben noch nachweisbar ist, d. h. 10^0 TCID/ml. Die Verdünnung im Pool ist dann 0,1 in 1000, das sind 10^{-4}. Unter Annahme einer spontanen Inaktivierung bei der Aufbereitung des Faktor VIII oder IX und ebenfalls bei der anschließenden Gefriertrocknung kommt es zu einem Titerverlust von etwa 10^2, so daß theoretisch mindestens (wenigstens?) 10^{-6} TCID/ml vorhanden gewesen sein müßte. Über die Aufbereitung von Faktor VIII kann eine weitere Anreicherung des vorhandenen Virus im Präparat erfolgen, so daß dementsprechend höhere HIV-Konzentrationen vorhanden sind. Ob diese Anreicherung durch die durchgeführten Inaktivierungsmaßnahmen wieder aufgehoben wird, ist eine unbeantwortete Frage. Es ist ferner zu bedenken, daß einem Patienten mit schwerer Hämophilie im Laufe eines Jahres 10^3 ml infundiert werden, so daß für die dann stattgefundene Infektion und Serokonversion 10^{-3} TCID/ml ausgereicht haben.

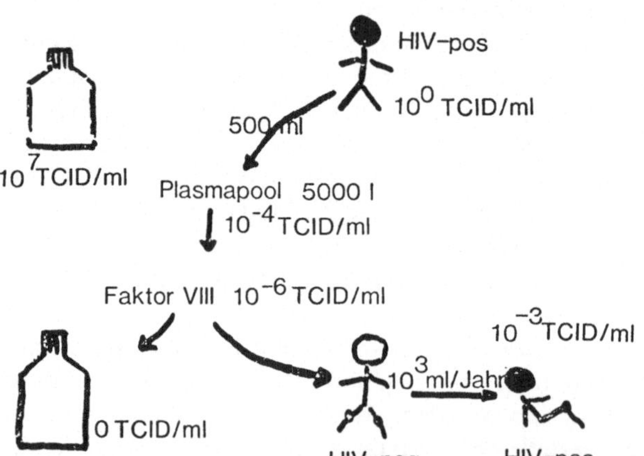

Abb. 1. Schematische Darstellung der theoretischen Möglichkeit, warum bei negativem Nachweis des HIV in der Gewebekultur, dennoch im behandelten Hämophilen eine Serokonversion vorkommen kann. Der Ausgangstiter, der in der Gewebekultur aus virushaltigem Überstand bestimmt werden kann, ist 10^7 TCID 50/ml (= tissue culture infectious dosis/50). Wenn eine Spende mit einem gerade noch nachweisbaren Virustiter 10^0 TCID/ml einen Pool verseucht und aus diesem Faktor VIII hergestellt wird, so können die hier theoretisch vorhandenen 10^{-6} TCID/ml in der Gewebekultur nicht nachgewiesen werden, der Patient jedoch zeigt nach Gabe dieses Präparates (u. U. erst in hoher Dosierung von 10^3 ml) durch das Auftreten der HIV-Antikörper eine Serokonversion und führt damit den Nachweis der Viruspräsenz

Abb. 2. Unerwartete HIV-Serokonversionen, die im Münchener Zentrum aufgetreten sind. Die Patienten sind kodiert, Kreise sind negative Anti-HIV-Teste, Kreuze positive. Ende 1984 wurde auf Trokkenhitzepräparate umgestellt. Wie im Text beschrieben, kann die Gabe der Präparate (Faktor VIII und IX) als Verursacher nicht bewiesen werden, der Verdacht bleibt jedoch bestehen, daß einige der HIV-Infektionen dadurch ausgelöst wurden. RM-70 und RA 50 haben einen mehr als 12monatigen Abstand zwischen den Serokonversionsdaten und können nicht mitgezählt werden

	1983	1984	1985	1986
FH-40	oo	o	xx	
BH-54		o	x	
JR-47	oooo	o o	x	x
KE-57	o	o	o	x x
KH-70		o	xx xx	xx
MJ-51	o	o	x	
SA-32	o	oo o	o	x

Aus Sicherheitsgründen sollte man davon ausgehen, daß für eine erfolgte Infektion 1 ml ausreichend gewesen ist, d.h. es müssen mit einem Verfahren wenigstens 10^6 TCID/ml inaktiviert werden können. Nachdem Serokonversionen in Patienten mit trockenhitzeinaktivierten Präparaten aufgetreten sind (Abb. 2), sollten zur Sicherheit mehr als 10^6 TCIU/ml inaktiviert werden. Nach physikalischen Gesetzen ist die Denaturierung des Virus in trockenem Zustand weniger intensiv als bei gleicher Wärmeeinwirkung in flüssigem oder nassem Zustand.

Nach unseren eigenen Daten und nach den Literaturberichten traten Serokonversionen bei 7 bzw. 2 Patienten, die mit trockenhitzeinaktivierten Präparaten behandelt worden waren, auf [14, 15]. Die Inaktivierungszeit der Präparate für die beiden zitierten Fälle [14, 15] betrug 30 Stunden bei 60°C [18], die nach den Untersuchungen von McDougal et al. [4] und Levy et al. [11] für eine vollständige Elimination des HIV hätte ausreichen müssen.

Neben der Gabe der Faktorenpräparate müssen bei den Patienten als Grund einer Serokonversion noch andere Ursachen abgeklärt werden, wie z.B. Übertragung des Virus durch Bluttransfusionen, oder Zufuhr geringer Blutmengen bei Drogenabusus oder Infektion beim Sexualverkehr. Die eventuelle intermittierende Gabe eines nicht hitzeinaktivierten Präparates muß ebenso abgeklärt werden, auch wenn dies im Einzelfall mit sehr großen Schwierigkeiten verbunden sein wird und manchmal unmöglich ist. Auch bei Ausschluß der mehr theoretischen Möglichkeiten, wie einem passiven Transfer von Antikörpern oder der aktiven Immunisierung des Hämophilen mit einem nicht mehr vermehrungsfähigen Virus bleibt der Verdacht, daß die Infektion mit HIV durch ein nicht ausreichend inaktiviertes Präparat verursacht wurde, bestehen [14, 15] (Abb. 2).

Nachdem das Virus als Partikel in einer Lösung bei der Präparation der Faktoren nicht gleichförmig in dem Pool verteilt sein muß, ist durchaus vorstellbar, daß von einem Kollektiv von Patienten, die mit Faktoren aus derselben Charge mit geringer Virusdichte behandelt wurden, nur wenige HIV-serokonvertieren. Das heißt umgekehrt, wenn einige Patienten nicht serokonvertiert sind, ist dies kein Beweis dafür, daß ein Virus in dem Pool nicht vorhanden war. Die Virusinaktivierung für die Faktoren wird obligatorisch sein müssen, auch wenn ein Screening von jeder Einzelspende auf das Vorhandensein von HIV-Antikörpern oder anderen Viren durchgeführt worden ist (denken wir z.B. an das Auftreten von HIV-2). Im Zuge der Sicherheit der Präparate ist auch hier zu fordern, daß beim Anti-HIV-Screening mit einer maximalen Sensitivität gearbeitet wird, eine Forderung, die gerade bei den

Anti-HIV-ELISAs wegen der dann auftretenden unspezifischen Begleitreaktionen mit einem hohen Aufwand verbunden ist [19]. Bei den zur Zeit im Handel befindlichen nicht kompetitiven ELISAs gibt es eine umgekehrte Korrelation zwischen Sensitivität und Spezifität, bedingt durch die Verunreinigung des Retrovirus mit einigen zellulären Bestandteilen.

Je stärker ein Hochkonzentrat inaktiviert ist, um so höher sind die Verluste an aktivem Faktor VIII, d.h. um so größer muß die Menge von Rohplasma sein und dementsprechend höher ist der Preis.

Vom ärztlichen Standpunkt gesehen stehen die Kosten der Gerinnungsfaktoren gegenüber den Kosten, die für die Erkrankungen, die durch die vorhandenen Viren ausgelöst wurden, aufgebracht werden müssen. Die Manifestation der HIV-Infektion führt in ca. 20–50% zu AIDS und AIDS ist ausnahmslos tödlich. Die geschätzten Kosten für Krankheitsbetreuung und Ausfall von Arbeitsleistung dürften pro AIDS-Patient zwischen 100000 und 200000 DM liegen, Kosten, die bei „virussicheren" Präparaten nicht aufgewandt werden müssen. Die nun weiter folgende und ungelöste Frage ist, gibt es für den Bedarf überhaupt genügend Rohplasma, um bei einer optimalen Virusinaktivierung genügend Gerinnungsfaktoren herzustellen.

Nachdem wir einen Teil der möglichen Infektionserreger nicht bestimmen können (HNANB-Virus), wird die Sicherheit der Präparate nie 100% erreichen. Daß eine Virusinaktivierung immer erforderlich sein wird, ist oben diskutiert worden. Nach den jetzigen Kenntnissen werden unterschiedliche Inaktivierungsgrade bei den einzelnen Inaktivierungsschritten erreicht (Tabelle 1) und wahrscheinlich kommt die Inaktivierung durch Hitze in feuchtem Zustand (Dampf) oder in Lösung einer 100%igen Inaktivierung näher als bei der Anwendung des Trockenverfahrens [20]. Weitere Virusinaktivierungen können durchgeführt werden mit β-Propiolacton und UV [16], ein für den Faktor IX sehr effizientes Verfahren, aber ein für den Faktor VIII aufgrund der Inaktivierung unzureichendes Verfahren. Eine weitere Methode ist von Prince et al. beschrieben worden [17] und verwendet Tributylphosphat und Natriumdesoxycholat. Für dieses Verfahren fehlen bisher ausgedehnte klinische Versuche, so daß eine weitergehende Beurteilung zur Zeit nicht möglich ist. Tributylphosphat ist nicht untoxisch.

Die Infektion der Hämophilie-Patienten mit HIV hat bis etwa 1984/85 ständig zugenommen und im Durchschnitt eine Durchseuchung von 40–60% erreicht. Nach Einführung der ausschließlichen Benutzung von inaktivierten Gerinnungsfaktoren-

Tabelle 1. Übersicht über die derzeit verfügbaren Inaktivierungsverfahren für Faktorenpräparate. In der rechten Spalte stehen die Viren, die u. U. den Inaktivierungsprozeß überleben können. HIV = Humanes Immunschwäche-Virus, HNANBV = Hepatitis Non A/Non B-Virus, HBV = Hepatitis B-Virus

Verfahren der Inaktivierung von F VIII und IX	inkomplett für
Hitze trocken	HIV, HNANBV, HBV
Hitze in Lösung	HNANBV??
B-Propiolacton/UV	
Tributylphosphat/Cholat	HNANBV, HBV?

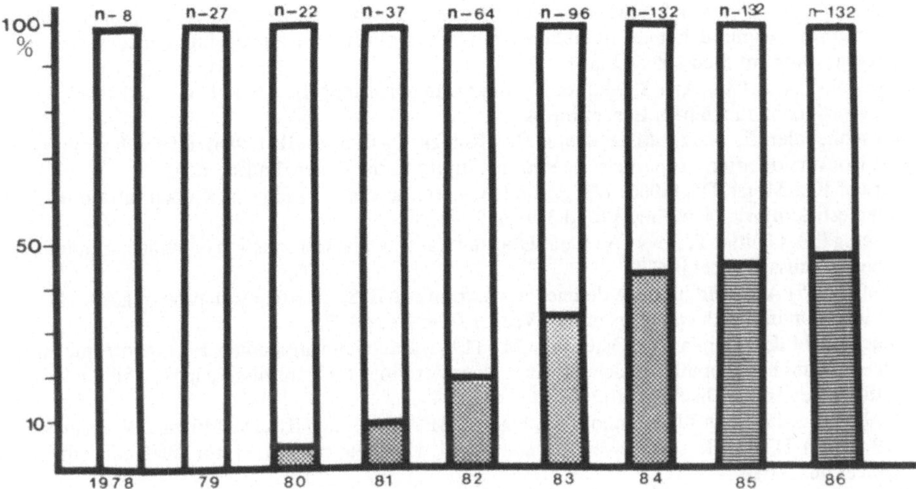

Abb. 3. Prozentualer Anstieg der HIV-Antikörper unter den Patienten des Münchener Zentrums seit 1980. Nach der Umstellung auf inaktivierte Präparate (Horizontalschraffierung) im Jahr 1985 ist ein deutlicher Knick in der Anstiegskurve zu erkennen. Die trotzdem aufgetretenen Serokonversionen sind in Abb. 2 beschrieben

präparaten im Jahr 1985 sind nur noch vereinzelte HIV-Neuinfektionen bei Hämophilen beobachtet worden. Die verschiedenen Inaktivierungsverfahren der Industrie sind in der Effektivität nicht gleichwertig, und eine weitere Entwicklung, Standardisierung und klinische Auswertung der Inaktivierungsverfahren ist notwendig, um den Hämophilie-Patienten eine bestmögliche Sicherheit geben zu können. Vorerst steht die Substitution im Vordergrund, um den Blutungstod des Hämophilen zu verhindern.

Literatur

1. Britten AFH, Ala F, Corman C, Sibinga CTS (1984) Worldwide overview of plasma procurement and fractionation. Scand J Haematol 33 (Suppl 40):479–484
2. Webster ADB, Dagleish AG, Malkovsky M, Beattie R, Patterson S, Asherson GL, North M, Weiss RA (1986) Isolation of retroviruses from two patients with common variable hypogammaglobulinaemia. Lancet i:581–585
3. Wells MA, Wittek AE, Epstein JS, Sekura CM, Danile S, Tankersley DL, Preston MS, Quinnan GV (1986) Inactivation and partition of human T-cell lymphotropic virus, type III, during ethanol fractionation of plasma. Transfusion 26:210–213
4. McDougal JS, Martin LS, Cort SP, Mozert M, Heidebrant CM, Evatt BL (1985) Thermal inactivation of the acquired immunodeficiency syndrome virus, human T-lymphotropic virus III, lymphadenopathy-associated virus, with special reference to antihemophilic factor. J Clin Invest 76:875–877
5. Resnick L, Veren K, Salahuddin SZ, Tondreau S, Markham P (1986) Stability and inactivation of HTLV III/LAV under clinical and laboratory environments. J Am Med Ass 255:1887–1891
6. Anonymous (1984) Needlestick transmission of HTLV III from a patient infected in Africa. Lancet ii:1376–1377

7. Anderson KC, Gorgone BC, Marlink RG, Feriani R, Essex ME, Benz PM, Groopman JE (1986) Transfusion-acquired human immunodeficiency virus infection among immunocompromised persons. Ann Int Med 105:519–527
8. Neisson-Vernant O, Arfi S, Mathez D, Leibowitch J, Monplaisir N (1986) Needlestick HIV seroconversion in a nurse. Lancet ii:814
9. Oksenhendler E, Harzic M, LeRoux JM, Rabian C, Clauvel JP (1986) HIV infection with seroconversion after a superficial needlestick injury to the finger. Lancet ii:582
10. Stricof RL, Morse DL (1986) HTLV III/LAV seroconversion following a deep intramuscular needlestick injury. New Engl J Med 314:1115
11. Koenig ER, Gautier T, Levy JA (1986) Unusual transfamilial transmission of human immunodeficiency viruss. Lancet ii:627
12. CDC (1985) Acquired immune deficiency syndrome (AIDS) update: evaluation of LAV/HTLV III infection in health care personnel. Weekly Epid Rec 60:321–328
13. MacDonald KL, Danila RN, Osterholm MT (1986) Infection with human T-lymphotropic virus type III/lymphadenopathy associated virus: considerations for transmission in the child day care setting. Rev Infect Dis 8:606–612
14. White GC, Matthews TJ, Weinhold KJ, Haynes BF, Cormartie HLR, McMillan CW, Bolognesi DP (1986) HTLV-III seroconversion associated with heat-treated Factor VIII concentrate. Lancet i:611–612
15. van den Berg W, ten Cate JW, Breedeveld C, Goudsmit J (1986) Seroconversion to HTLV III in haemophiliacs given heat-treated factor VIII concentrate. Lancet i:803–804
16. Prince AM, Stephan W, Brotman B (1983) β-propriolacton/ultraviolett irradiation: a review of its effectiveness for inactivation of viruses in blood derivatives. Rev Infect Dis 5:92–107
17. Prince AM, Horowitz B, Brotman B (1986) Sterilisation of hepatitis B and HTLV-III viruses by exposure to Tri(ubutyl)phosphate and sodiumcholate. Lancet i:706–710
18. Rousell RH (1986) Heat treatment of factor VIII concentrate. Lancet ii:1389
19. Goedert JJ (1986) Testing for human immunodeficiency virus. Annal Int Med 105:609–610
20. Prince AM (1986) Effect of heat treatment of lyophilised blood derivatives on infectivity of human immunodeficiency. Lancet ii:1280

Diskussion

LANDBECK (Hamburg):

Herzlichen Dank für diese kritische Stellungnahme und Übersicht, Herr Gürtler. Dazu gibt es sicherlich viele Fragen.

v. KRIES (Düsseldorf):

Sie haben hier ganz brisante Daten vorgestellt. Die meisten Ihrer Daten sind aber doch wohl zu einer Zeit erhoben worden, als die Spender noch nicht untersucht worden waren, also vor 1985, bzw. die Plasmaproben müssen vor der Zeit gewonnen worden sein. Irre ich mich da?

GÜRTLER (München):

Sie wollen darauf hinaus, wenn ich das richtig verstehe, daß Sie mir sagen, heute werden sämtliche Blutkonserven auf das Vorhandensein von HIV-Antikörpern untersucht. Die Inaktivierungsverfahren, die zur Zeit zur Verfügung stehen, reichen aus, daß kein infektiöses Agens mehr vorhanden ist. Zur Serokonversion ist zu sagen, daß das, was wir messen, Antikörper sind, und das, was infektiös ist, ist das Virus. Wenn Antikörper 3 Wochen nach Infektion auftreten, habe ich bis zu dieser Zeit eine Virämie. Ein infizierter, aber Antikörper-negativer Spender kann den gesamten Plasmapool verunreinigen, und wenn die Serokonversion erst nach 13 Monaten erfolgt, kann ein Infizierter oft zum Spenden gehen. Zum anderen wissen wir, daß es bis heute keinen Test gibt, der nicht mit falsch negativen Ergebnissen belastet ist. Das ist ausgesprochen selten, aber gegeben. Ich muß also weiterhin damit rechnen, daß irgendwann eine infektiöse Einheit in den Plasmapool geraten kann. So ist zum Beispiel in England ein Präparat zurückgezogen worden, das aus gescreentem Spenderplasma gewonnen worden ist und nachweislich zu einer HIV-Infektion geführt hat.

Zu den Antikörpertests ist weiterhin zu sagen, daß unter den kommerziell bereitgestellten Tests Chargendifferenzen vorkommen, die katastrophal sind. Auch gibt es Unterschiede in der Sensitivität und Spezifität. Je spezifischer ein Test ist, um so weniger falsche positive Ergebnisse werden erhalten und um so weniger wird es Blutkonserven geben, die einmal reaktiv gewesen sind und deren Inaktivität sich nicht bestätigen läßt. Es gibt eine gewisse Korrelation zwischen Sensitivität und Spezifität. Deswegen werden Tests bevorzugt, die eine hohe Sensitivität haben, aber nicht jene Sensitivität besitzen, die überhaupt möglich wäre. Vielleicht werden die Tests der zweiten Generation, die jetzt langsam auf den Markt kommen, eine

Verbesserung bringen. Zur Zeit kann man nur feststellen, daß auch bei obligatem Spender-Screening, das gewissenhaft durchgeführt wird, nicht davon ausgegangen werden kann, daß der dann verfügbare Plasmapool mit Sicherheit HIV-frei ist.

KURME (Hamburg):

Herr Gürtler, die Konsequenz aus dem von Ihnen Gesagten ist jedoch, daß wir keine trockenerhitzten Präparate mehr für die Hämophiliebehandlung einsetzen dürfen.

GÜRTLER (München):

Wenn ich ein Präparat einsetze, daß in flüssigem bzw. feuchtem Zustand hitzeinaktiviert ist, komme ich der erwünschten Infektionssicherheit näher, als wenn ich ein trockenerhitztes Präparat verwende. Zum anderen bleibt zu bedenken, daß mit der Intensität der Virusinaktivierung auch ein höherer Verlust an Faktorengehalt einhergeht. Es kommt auch die Frage auf, ob überhaupt genügend Rohplasma für Hämophiliepatienten dauerhaft zur Verfügung stehe. Die Frage eines Restrisikos und dessen Inkaufnahme bleibt noch zu beantworten.

SCHIMPF (Heidelberg):

Sie haben Fälle aus der Literatur zitiert, bei denen durch ein trockenerhitztes Präparat eine Konversion nachgewiesen wurde. Es war ein Präparat, das kürzer als alle anderen erhitzt wird. Wenn man die Literatur zusammenfaßt, kommt man auf ungefähr 100 Patienten, bei denen nach Therapie mit länger trockenerhitzten Präparaten keine Serokonversion eingetreten ist. Es bleibt die Frage, ob die Beobachtungszeiten immer lang genug waren.

Im deutschsprachigen Raum haben wir inzwischen die Daten von 190 virginellen Patienten gesammelt, die entweder mit einem naßerhitzten Präparat oder mit einem dampfsterilisierten Präparat behandelt wurden. Bei den naßerhitzten Präparaten betrug der Median der Beobachtungsdauer 2 Jahre, bei den dampfsterilisierten Präparaten 12 Monate. Alle Patienten blieben negativ für Anti-HIV.

Waren Ihre serokonvertierten Fälle virginell, bevor sie mit den erhitzten Konzentraten behandelt wurden, oder waren es keine virginellen Fälle?

GÜRTLER (München):

Herr Schramm wird die Frage gleich beantworten. Zur Plasmainaktivierug in feuchtem Zustand möchte ich jedoch darauf hinweisen, daß auch mit solchen Präparaten noch eine Hepatitis Non A/Non B übertragen werden kann. Von einer kompletten Virusinaktivierung kann also bislang nicht gesprochen werden.

SCHIMPF (Heidelberg):

Wenn Sie die trockenerhitzten Präparate meinen, stimme ich Ihnen zu. Bei den naßerhitzten Präparaten stimme ich Ihnen nicht zu, weil wir dieses Jahr in Mailand die erste Studie haben vorstellen können, bei der nach strengen Beobachtungskriterien keine Hepatitis Non A/Non B gefunden wurde. Die Zahl der Patienten war allerdings noch nicht mindestens 60, sondern nur 26, aber die Zahl der benutzten Chargen bereits über 32.

SCHRAMM (München):

Wir haben keine erstmals zu behandelnden Patienten geprüft, sondern vorbehandelte, die Anti-HIV-negativ waren. Hier möchte ich nur hervorheben, daß ein Bezug der Serokonversion zu den verwendeten virusinaktivierten Konzentraten nicht in allen Fällen gelingt, vor allem dann nicht, wenn vom Patienten keine optimale Dokumentation der Substitutionen und Präparatechargen vorgenommen wird. Wir haben aber auch Serokonversionen unter virusinaktivierten Konzentraten nach mehrmonatiger bis 2jähriger Anwendung dieser Präparate bei negativen Patienten und sorgfältiger Dokumentation der Chargennummer erlebt. Als zusätzlicher Beleg für den Zeitpunkt der Serokonversion kann nach den Erfahrungen mit unserem Kollektiv das Verfolgen der Gammaglobulinkonzentration, dessen Korrelation zum Gesamteiweiß sowie der absoluten Lymphozytenzahl hilfreich sein.

2. *Längsschnittstudien zur prognostischen Relevanz hämatologischer, klinisch-chemischer, immunologischer und mikrobiologischer Verlaufsbefunde*

2.1 bei asymptomatisch gebliebenen Hämophilen

Beeinflussung von Immunparametern bei HIV-positiven Hämophilen durch langfristige Behandlung mit virussterilisierten Konzentraten

H. Vinazzer (Linz)

Bei 14 juvenilen Patienten, die wegen schwerer Hämophilie A bzw. B seit 6 bis 10 Jahren unter Dauertherapie mit Konzentraten stehen, wurde nach Umstellung auf virussterilisierte Präparate eine bisher dreijährige Verlaufsstudie durchgeführt. Von den 14 Patienten wiesen 9 HIV-Antikörper auf, während 5 negative Befunde hatten. Klinische Symptome von ARC oder AIDS traten bisher bei keinem der Patienten auf. In Abständen von 3 Monaten wurden neben einer allgemeinen und hämostaseologischen Untersuchung auch eine Reihe von Immunparametern kontrolliert. Dazu zählten neben Gesamtprotein, Elektrophorese und Immunglobulinen auch die Gesamtlymphozyten, die T4/T8 Ratio, Neopterin im Urin und der Titer der HIV-Antikörper.

Bei den HIV-positiven Patienten konnten zwei Gruppen deutlich voneinander unterschieden werden. Die meisten der erhobenen Befunde waren zu Beginn der Therapie mit virussterilisierten Präparaten deutlich im pathologischen Bereich. Bei etwa der Hälfte der Patienten kam es im Zeitraum der Beobachtung zu einer Normalisierungstendenz fast aller Parameter, bei den restlichen blieben die Befunde im pathologischen Bereich, der sich bei einigen Ergebnissen noch verstärkte. Die Werte für Gesamtprotein und γ-Globulin sind in Tabelle 1 dargestellt. Dabei wurden bei Gruppe 1 (HIV-negativ) Werte im Normalbereich während des ganzen Zeitraums der Beobachtung gefunden. Gruppe 2 (HIV-positiv) zeigte zu Beginn Befunde an der obersten Grenze der Norm, die sich aber allmählich völlig normalisierten. In Gruppe 3 (HIV-positiv) wurden pathologisch erhöhte Ausgangswerte gefunden, die sich zunehmend weiter erhöhten.

Ein ähnliches Verhalten zeigte γ-Globulin. In Gruppe 1 waren die Werte ständig im Normalbereich, in Gruppe 2 waren die Werte anfänglich erhöht, zeigten aber eine deutliche Normalisierungstendenz und in Gruppe 3 waren sie noch stärker erhöht und stiegen weiter an.

Von den Immunglobulinen zeigte besonders IgG ein auffallendes Verhalten. In Gruppe 1 blieben die Werte konstant im Normalbereich. Gruppe 2 hatte einen erhöhten Ausgangswert, der sich im Verlauf der Beobachtungszeit normalisierte und Gruppe 3 hatte einen stark erhöhten Wert, der sich nicht veränderte (Tabelle 2).

Die Gesamtlymphozyten waren bei allen drei Gruppen im Bereich der Norm, doch sanken sie im dritten Beobachtungsjahr bei der Gruppe 3 stark ab (Tabelle 2).

Die Ratio der T4/T8-Lymphozyten war in Gruppe 1 normal, in Gruppe 2 mäßig vermindert, doch stieg sie gegen Ende der Beobachtungszeit signifikant an. In Gruppe 3 bestand ebenfalls eine Verminderung, die aber eine noch weiter abfallende Tendenz zeigte (Abb. 1).

Tabelle 1. Verhalten von Gesamtprotein und γ-Globulin während der dreijährigen Beobachtung (* p unter 0,05, ** p unter 0,01)

Plasmaprotein g/dl	Gruppe 1 HIV neg.	Gruppe 2 HIV pos.	Gruppe 3 HIV pos.
Monate			
0	7,4 ± 0,7	7,9 ± 0,3	8,2 ± 0,6
6	7,3 ± 0,8	7,7 ± 0,4	8,4 ± 1,0
12	7,1 ± 0,5	7,9 ± 0,3	8,7 ± 1,0
18	6,9 ± 0,7	7,7 ± 0,5	8,9 ± 0,9
24	6,8 ± 0,6	7,8 ± 0,4	9,0 ± 0,5*
30	6,8 ± 0,5	7,8 ± 0,3	9,2 ± 0,4**
36	6,9 ± 0,6	7,3 ± 0,4*	9,3 ± 0,5**
γ-Globulin g/dl			
0	1,1 ± 0,4	2,2 ± 0,3	2,8 ± 0,4
6	1,0 ± 0,3	2,1 ± 0,4	3,0 ± 0,3
12	1,0 ± 0,2	1,9 ± 0,2	3,0 ± 0,4
18	1,0 ± 0,3	1,7 ± 0,3	3,1 ± 0,5
24	0,9 ± 0,3	1,6 ± 0,3*	3,0 ± 0,3
30	1,0 ± 0,3	1,5 ± 0,2**	3,2 ± 0,5
36	1,0 ± 0,3	1,4 ± 0,3**	3,3 ± 0,5*

Tabelle 2. Verhalten des IgG und der Gesamtlymphozyten (* p unter 0,05, ** p unter 0,01)

IgG g/dl	Gruppe 1	Gruppe 2	Gruppe 3
Monate			
0	1,0 ± 0,5	2,4 ± 0,8	4,3 ± 1,2
6	1,1 ± 0,4	2,5 ± 1,0	4,4 ± 1,0
12	1,0 ± 0,5	2,3 ± 0,6	3,9 ± 1,1
18	1,1 ± 0,4	2,1 ± 0,6	3,8 ± 0,6
24	1,0 ± 0,4	1,9 ± 0,5	4,1 ± 1,2
30	1,0 ± 0,5	1,5 ± 0,4**	4,3 ± 0,4
36	1,1 ± 0,3	1,3 ± 0,3**	4,5 ± 0,5
Lymphozyten $\times 10^3$			
0	3,4 ± 0,4	3,3 ± 0,9	4,1 ± 0,4
6	3,4 ± 0,4	2,8 ± 0,8	4,3 ± 0,3
12	4,1 ± 0,6	2,7 ± 0,8	4,3 ± 0,3
18	3,5 ± 0,3	3,1 ± 0,9	3,7 ± 0,8
24	3,3 ± 0,2	2,9 ± 0,8	3,5 ± 0,4*
30	3,6 ± 0,3	2,8 ± 0,5	2,6 ± 0,8**
36	3,4 ± 0,3	2,9 ± 0,5	2,3 ± 0,4**

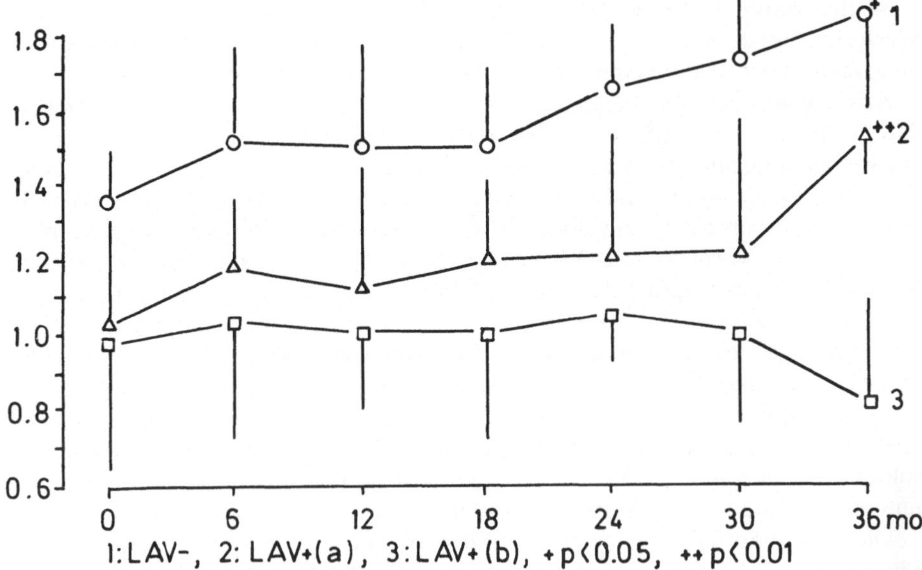

Abb. 1. Verhalten der T4/T8 Ratio in den drei Gruppen

Die Neopterinausscheidung im Urin war in Gruppe 1 ständig im Bereich der Norm, in Gruppe 2 war sie anfänglich deutlich erhöht, normalisierte sich aber im Verlauf der Beobachtungszeit. Gruppe 3 hatte beträchtlich erhöhte Neopterinwerte, die sich nicht wesentlich veränderten (Abb. 2).

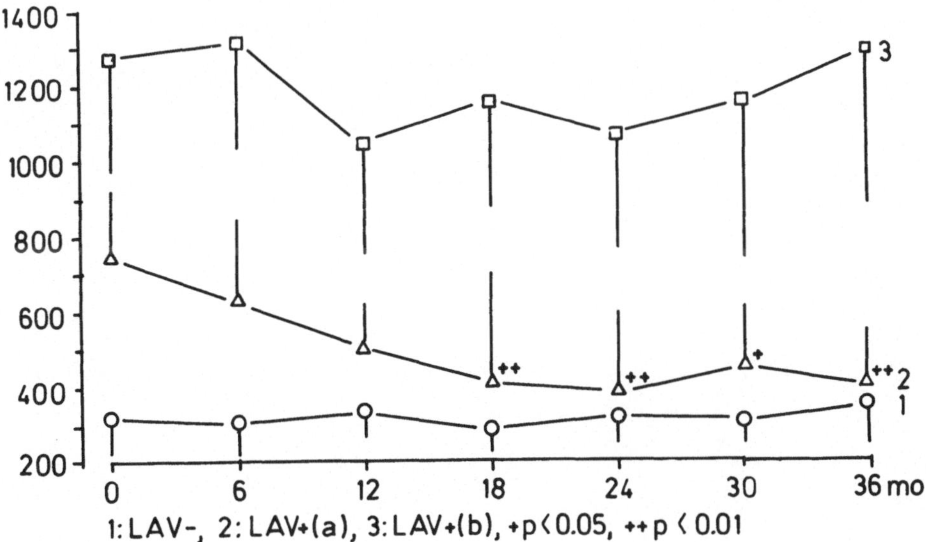

Abb. 2. Verhalten der Neopterinausscheidung

Weiter wurde bei allen HIV-positiven Patienten aufgrund der Bandbreite im Western Blot eine etwaige Änderung der Konzentration des HIV-Antikörpers untersucht, doch konnte eine solche in keinem der Fälle gefunden werden.

Aus den vorliegenden Ergebnissen kann derzeit nur der Schluß gezogen werden, daß sich in etwa der Hälfte der HIV-positiven Hämophilen im Laufe einer langfristigen Behandlung mit virussterilisierten Konzentraten die plasmatischen Immunglobuline, die T4/T8 Ratio und die Neopterinausscheidung normalisieren. Bei den restlichen Patienten tritt eine allmähliche Zunahme der pathologischen Befunde auf. Die ständig im Normalbereich bleibenden Werte aller Parameter der HIV-negativen Patienten sprechen dafür, daß die Änderungen im Immunsystem nicht durch die fortwährende Zufuhr von Fremdprotein allein verursacht werden können.

Das völlige Fehlen aller klinischen Symptome von ARC oder AIDS begrenzt jedoch derzeit die prognostische Aussagekraft dieser Verlaufsstudie. Zum gegenwärtigen Zeitpunkt wäre es noch rein spekulativ, aufgrund der vorliegenden Befunde von einer größeren oder kleineren Wahrscheinlichkeit einer Gefährdung zu sprechen. Es sollten zunächst nur die beiden sich deutlich in ihren Parametern voneinander unterscheidenden Gruppen gezeigt werden.

Die scheinbare Diskrepanz zwischen den Werten für γ-Globulin (Tabelle 1) und IgG (Tabelle 2) kommt dadurch zustande, daß γ-Globulin aufgrund von Gesamtprotein und Elektrophorese errechnet wurde, während IgG mittels radialer Immundiffusion gemessen wurde.

Prognostische Relevanz immunologischer Untersuchungsbefunde bei HIV-infizierten Hämophilen

D. NIESE, T. KAMRADT, C. MEYKA, H.-H. BRACKMANN, A. STEINBECK (Bonn)

Einleitung

Ende 1985 wurde in Kooperation zwischen der Medizinischen Universitätsklinik Bonn, dem Institut für Experimentelle Hämatologie und Bluttransfusionswesen der Universität sowie anderen Instituten und Kliniken des Klinikums Bonn eine gezielte Untersuchung der in diesem Zentrum behandelten 780 Patienten mit Hämophilie gestartet. Ziel dieser Untersuchung ist, den Spontanverlauf der HIV-Infektion bei Hämophilen zu erfassen und mit dem Spontanverlauf in anderen Risikogruppen zu vergleichen sowie prognostisch bedeutungsvolle Parameter zu erarbeiten, die die Prognose eines individuellen Patienten abschätzen lassen. Hierbei steht vor allem die Frage, ob die HIV-Infektion in dieser Risikogruppe anders als bei Angehörigen anderer Risikogruppen verläuft, im Mittelpunkt (s. auch KAMRADT et al. 1986 in diesem Band).

Patienten und Methoden

Patienten

Seit Beginn des Jahres 1986 bis Oktober 1986 wurden im Klinisch-Immunologischen Arbeitsbereich der Medizinischen Universitätsklinik Bonn von 487 mittels ELISA und Western Blot-Technik als HIV-seropositiv erkannten Patienten mit Hämophilie A, Hämophilie B und von Willebrand-Syndrom 109 Patienten klinisch und immunologisch untersucht, davon konnten 79 ausgewertet werden.

Klassifizierung

Die klinische Klassifizierung erfolgte nach dem Schema, das von BRODT u. HELM (1986) vorgeschlagen wurde:

Gruppe 1b: Patienten, bei denen in mindestens zwei Testsystemen Antikörper gegen HIV nachgewiesen wurden, ohne klinische Symptome zu zeigen.

Gruppe 2a: Patienten mit klinisch nachgewiesenen Zeichen eines Lymphadenopathie-Syndroms und mehr als 350 Lymphozyten vom Helferzellphänotyp ($CD4^+$) im Mikroliter peripheren Blut.

Gruppe 2b: Patienten mit Lymphadenopathie-Syndrom und weniger als 350 $CD4^+$-Zellen/μl Blut.

Gruppe 3: Patienten mit AIDS nach den Kriterien der CDC.

Bestimmung der Lymphozytensubpopulationen

Die Differenzierung der Lymphozytenpopulationen erfolgte durch indirekte Immunfluoreszenztechnik nach Markierung der über Dichtegradientenzentrifugation isolierten mononukleären Zellen mittels kommerzieller monoklonaler Antikörper (OKT3, OKT4, OKT8, OKM1 von Ortho Diagnostics sowie Leu7, Leu10 und Leu16 der Firma Becton Dickinson) mit der in an anderer Stelle (Niese, et al. 1986) beschriebenen Methodik. Zur Auswertung wurden die Marker OKT3, OKT4 und OKT8 herangezogen. Jeweils 200 mononumleäre Zellen wurden differenziert.

Lymphozytentransformationstests

Die Stimulierbarkeit der peripheren Lymphozyten wurde in Zellkulturen mit den Lektionen PHA-P (Welcome Indust.), PHA-M (Sigma Chemic.), Concanavalin A (Seromed) und PWM (Seromed) durch Bestimmung der DNA-Synthese mit 3H-Thymidin gemessen. Die Durchführung der Untersuchungen erfolgte mittels einer anderweitig (Niese et al. 1986) publizierten Standardtechnik. Alle Versuche wurden in Dreifachansätzen gemessen, zur Auswertung wurde der Median der gemessenen Zählrate herangezogen.

Statistische Auswertung

Alle Daten wurden mit Hilfe eines Datenbanksystems (dBase III, Ashton Tate) erfaßt. Die Auswertung erfolgte mit Hilfe der Crosstabulation (Mehrfelder Chiquadrattest), Kreuzkorrelation (Spearman Rangkorrelationskoeffizient) sowie dem Mann-Withney U-Test. Das Signifikanzniveau wurde auf 5% festgesetzt. Als Normalbereich wurde der dreifache Standardbereich festgesetzt (Mittelwert ± 3* Standardabweichung).

Ergebnisse

Klinische Untersuchungen

Die untersuchten Patienten verteilten sich auf die vier Stadien wie in Abb. 1 angegeben. Dabei muß bemerkt werden, daß es sich hierbei nicht um eine repräsentative Stichprobe des Gesamtkollektivs handelte. Die Patienten wurden vielmehr nach praktischen und aktuell-klinischen Kriterien überwiesen. Es ist daher möglich, daß die symptomatischen Patienten in der untersuchten Gruppe eventuell überreprä-

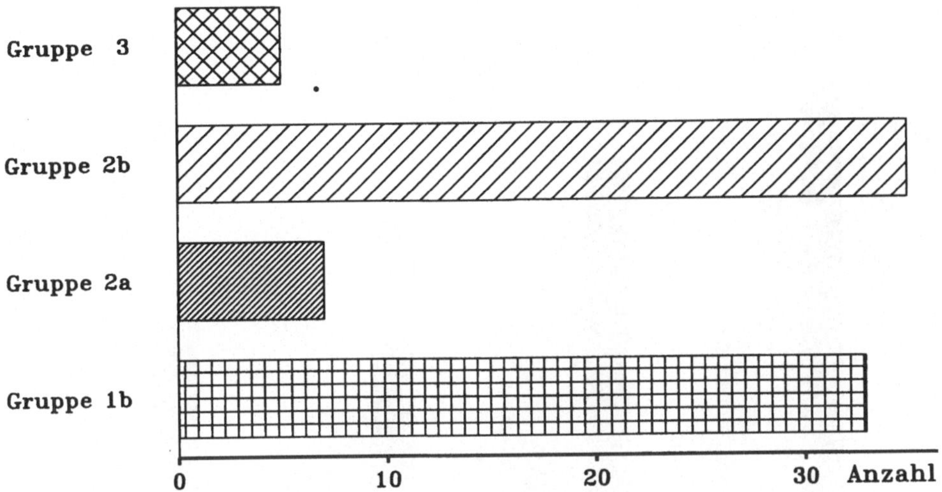

Abb. 1. Verteilung der untersuchten Patienten auf die Stadien nach Brodt u. Helm

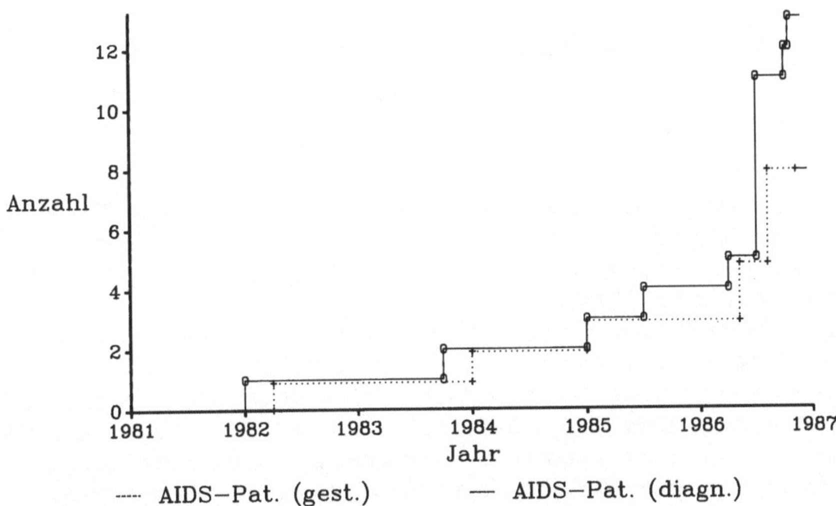

Abb. 2. Zeitliche Incidenz von Erkrankungen an AIDS und Todesfälle bei Hämophilie-Patienten aus Bonn 1982 bis Oktober 1986

sentiert sind. Insgesamt erkrankten seit 1983 dreizehn der in unserem Zentrum behandelten Hämophiliepatienten an dem Vollbild des AIDS nach der CDC-Klassifikation (WHO 1986). Die zeitliche Inzidenz wird in Abb. 2 dargestellt.

Bestimmung der Lymphozytensubpopulationen

Auffällig in allen untersuchten Gruppen war eine signifikante Vermehrung der CD8-positiven Zellen (Abb. 3). Lediglich in der Gruppe 3 lagen die $CD8^+$-Zellen durch die

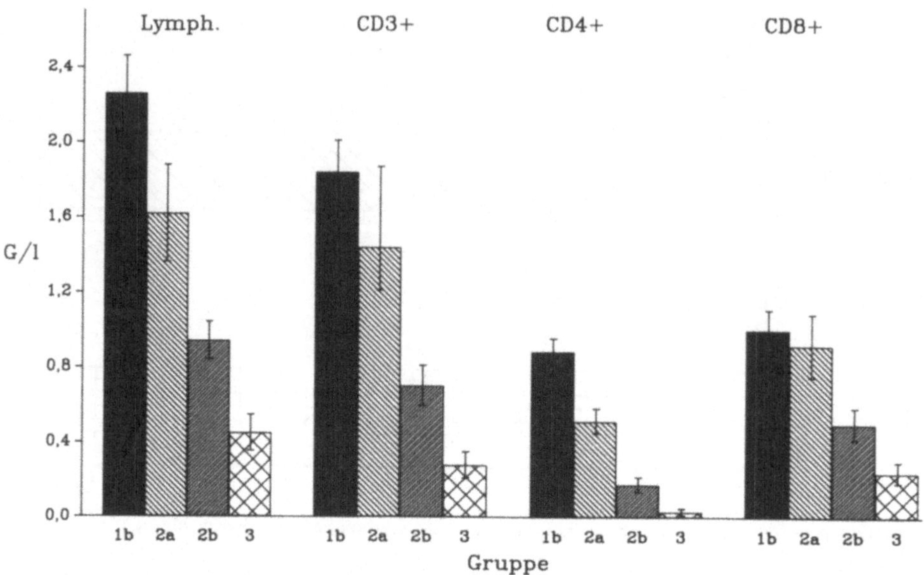

Abb. 3. Lymphozytensubpopulationen bei HIV-infizierten Hämophilen (absolute Zellzahlen, Mittelw. ± Std. Abw.)

in dieser Gruppe vorherrschende Lymphopenie im Normbereich. Die Abnahme der absoluten Zahlen an $CD3^+$-Zellen (Gesamt-T-Zellen) beruht in erster Linie auf einer drastischen Abnahme an Zellen des Helferzellphänotyps ($CD4^+$). Während der relative Anteil der $CD4^+$-Zellen in der Gruppe 1b sich von der normalen Kontrollgruppe nicht signifikant unterscheidet, ist von Gruppe 2a bis Gruppe 3 ein signifikanter Rückgang sowohl im Mittelwertvergleich wie auch in der Frequenzanalyse zu erkennen ($p < 0,05$). Das Verhältnis der $CD4^+$-/$CD8^+$-Zellen ist in allen Gruppen pathologisch. Dies wird jedoch in der Gruppe 1b nicht durch den Mangel an Helferzellen, sondern durch die Vermehrung der $CD8^+$-Zellen hervorgerufen. Das Helfer-/Suppressor-Verhältnis ist bei über 39% der untersuchten Patienten auch in der Gruppe 1b unterhalb des Normalbereiches, nur bei 12% liegen die Werte innerhalb des einfachen Standardbereiches eines Normalkollektives.

Lymphozytentransformation

Frequenzanalytisch wie auch im Mittelwertvergleich fanden wir für alle untersuchten Lektine einen signifikanten Zusammenhang zwischen proliferativer Antwort der Lymphozyten und klinischem Stadium der HIV-Infektion (Abb. 4 PHA: Chiqu. = 15,9 dF = 4, p = 0,003; ConA:Chiqu. = 24,6, p < 0,0001; PWM: Chiqu. = 16,1, p = 0,0028) (Abb. 4). Die Korrelation zwischen der proliferativen Antwort der peripheren Lymphozyten auf Mitogene und der Zusammensetzung der Subpopulationen ist jedoch schlecht, die beste Korrelation ergab sich zwischen der proliferativen Antwort

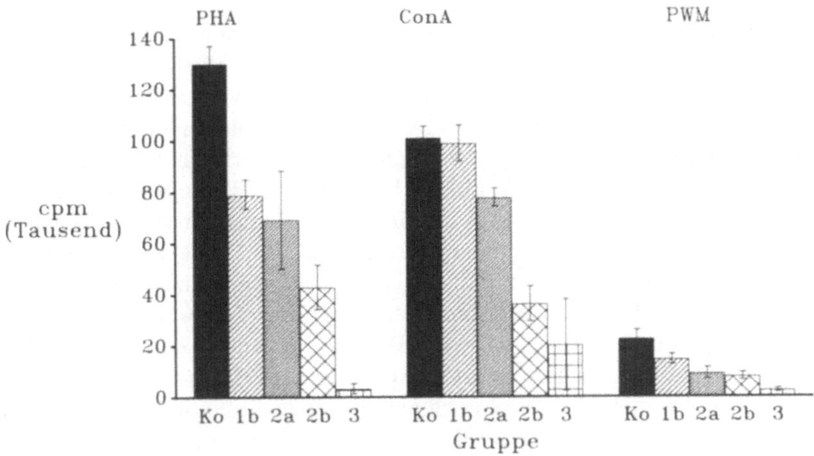

Abb. 4. Stimulierbarkeit peripherer Lymphozyten von HIV-infizierten Hämophilen und gesunden Kontrollpersonen durch Mitogene

auf Pokeweed Mitogen (PWM) und der absoluten (R = 0,45) und relativen (R = 0,65) Zahl an $CD4^+$-Zellen. Die anderen Ergebnisse waren mit Korrelationskoeffizienten unter 0,2 deutlich schlechter. So liegen in der Gruppe 1b bei 18% der Patienten die absoluten Zahlen an $CD4^+$-Zellen unterhalb der anderen Normalgrenze, während dies bei 21% der proliferativen Antworten auf PWM der Fall ist. Andererseits sind bei 25% der Patienten der Gruppen 2a und 2b die Lymphozyten durch PWM noch normal stimulierbar, während nur bei 7% dieser Patienten noch normale Zahlen an CD4-positiven Zellen gefunden wurden. Bei keinem der Patienten mit manifestem AIDS waren die Lymphozyten allerdings durch PWM oder PHA stimulierbar.

Diskussion

Über den Spontanverlauf der HIV-Infektion bei Hämophiliepatienten liegen bisher nur vergleichsweise wenig Befunde vor. Allerdings wurde die Vermutung geäußert, der Verlauf sei vom Verlauf in anderen Risikogruppen verschieden (Menitove et al. 1983). So wurde auch angenommen, Serokonversion bei hoch substituierten Hämophilen sei kein unbedingtes Indiz für eine *Infektion.* Als Hinweis wurde herangezogen, daß die Erkrankungsrate in bezug auf manifestes AIDS bei den Hämophilen geringer und auch Partnerinfektionen seltener seien (Kreiss et al. 1985). Während bei diesen Risikogruppen einige prognostisch bedeutsame Parameter wie z. B. die absolute Zahl an $CD4^+$-Zellen im peripheren Blut, der Plasma-IgA-Spiegel (Gottlieb et al. 1986) und die Stimulierbarkeit der peripheren Lymphozyten durch PWM (Hoffmann et al. 1986) definiert werden konnten, sollte dies bei Hämophilen nicht verwertbar sein, da bei diesen Patienten auch unabhängig von einer HIV-Infektion diese immunologischen Parameter gestört seien (Ablin et al. 1986). Hier finden sich vor allem Befunde über pathologische CD4-/CD8-Indices auch bei „gesunden“

Hämophilen. Die hier vorgelegten Befunde an einem recht großen Kollektiv zeigen, daß es zwar auch bei klinisch unauffälligen HIV-infizierten Hämophiliepatienten Normabweichungen zum Beispiel in bezug auf die Verteilung der Lymphozytensubpopulationen gibt, die relevanten Befunde wie absolute Helferzellzahl und Lymphozytenstimulierbarkeit zeigen bei Hämophilen jedoch das gleiche Verhalten, wie es z.B. von Gottlieb et al. (1986) bei anderen Risikogruppen (Homosexuellen) berichtet wird. Dies ist auch konform mit Angaben an kleineren Kollektiven hämophiler Patienten aus England (Jones et al. 1985). Der sogenannte „immunological noise" besteht lediglich in der auch in der Gruppe 1b deutlich erhöhten Zahl an $CD8^+$-Zellen. Dadurch verschiebt sich auch das CD4-/CD8-Verhältnis, das nicht zuletzt aus diesem Grunde nicht zur Bewertung der Funktion der zellulären Abwehr oder zur prognostischen Beurteilung einer HIV-Infektion herangezogen werden sollte. Hier fehlen allerdings noch ausreichende Befunde bei seronegativen Patienten. Die $CD4^+$-Zellen zeigen bei unseren Hämophilie-Patienten den gleichen Verlauf wie auch bei Angehörigen anderer Risikogruppen. Während in der Gruppe 1b noch kein signifikanter Unterschied zu gesunden Kontrollpersonen festzustellen ist, kommt es im weiteren Verlauf zu einer ständigen und schließlich drastischen Abnahme. Soweit bei unseren Patienten Befunde vorliegen, hatten unsere Patienten der Gruppe 3 vor Ausbruch der opportunistischen Infektion bis auf einen alle weniger als 100 Helferzellen, kein Patient mit mehr als 280 $CD4^+$-Zellen entwickelte manifestes AIDS. Dabei lagen die $CD8^+$-Zellen zum Teil noch im Normbereich beziehungsweise waren erhöht. Ähnliches Verhalten zeigt auch die Stimulierbarkeit durch Lektine: Kein Patient, dessen Lymphozyten eine normale proliferative Antwort auf PWM oder PHA zeigten, entwickelte AIDS. Betrachtet man die Häufigkeit pathologischer Befunde in bezug auf die gemessenen Parameter in Abhängigkeit vom klinischen Stadium, so zeigt sich, daß auch bei Hämophilen die absolute Helferzellzahl am besten mit dem Übergang in ein manifestes AIDS korreliert. Ob die Patienten, deren Lymphozyten ohne klinische Zeichen durch Lektine nicht mehr oder schlecht stimulierbar sind, eine schlechtere Prognose haben als die anderen, kann aufgrund unserer Daten noch nicht gesagt werden. Die Häufigkeit der Entwicklung des Vollbild eines AIDS nimmt bei unseren Patienten seit 1985 stetig zu. Von 487 nachgewiesenen Seropositiven waren bis Oktober 1986 dreizehn an AIDS erkrankt, von diesen waren neun bereits verstorben. Neunmal wurde die Diagnose im Laufe des Jahres 1986 gestellt. Dies entspricht einer Erkrankungsquote von zur Zeit 2,5%. Berücksichtigt man allerdings die lange mittlere „Inkubationszeit" für klinisch manifestes AIDS sowie die Tatsache, daß bei einem Teil unserer Patienten von 1981 bis 1984 Präparate Verwendung fanden, die infektionsfähiges Virus enthalten konnten, so kann aus diesen Befunden kein grundsätzlich anderer Verlauf der HIV-Infektion bei Hämophilen als bei anderen Risikogruppen abgeleitet werden. Insbesondere die Form der Häufigkeitskurve von manifesten Erkrankungen zeigt keinen grundsätzlich anderen Verlauf.

Die bisherigen, freilich noch unvollständigen und vorläufigen Daten lassen immerhin erkennen, daß der Spontanverlauf der HIV-Infektion bei Hämophilen und die Relevanz der in anderen Risikogruppen definierten prognostischen Parameter sich grundsätzlich von diesen Gruppen nicht unterscheidet. Bei der Beurteilung der prognostisch besonders wertvollen T-Zellsubpopulationen sollten nur die absoluten Zahlen herangezogen werden. Der viel zitierte T4-/T8-Index ist als Kriterium bei dieser Patientengruppe besonders unbrauchbar, er sollte gar nicht mehr verwendet werden (s. KREUZ et al. 1986). Entscheidende Hinweise werden durch die umfassende Untersuchung *aller Hämophilen* sowie ihrer Partner im Rahmen des vorgestellten Untersuchungsprogrammes zu erwarten sein. Unsere Daten stützen die Annahme, daß Seropositivität für HIV-spezifische Antikörper auch bei Hämophilie-Patienten mit einer manifesten Infektion gleichgesetzt werden muß.

Literatur

Ablin RJ, Bartkus JM, Gonder MJ (1986) Blood product immunosuppression and the aquired immunodeficiency syndrom. Ann Intern Med 104:30

Brodt HR, Helm EB, Werner A, Joetten A, Bergmann L, Klüver A, Stille W (1986) Spontanverlauf der LAV/HTLV III-Infektion. Verlaufsbeobachtungen bei Personen aus AIDS-Risikogruppen. DMW 111:1175–1180

Gottlieb MS, Fahey JL (1986) The clinical laboratory in the diagnosis and management of AIDS and HTLV III/LAV infections. 2nd Intern Conference on AIDS, Paris

Hoffmann B, Lindhart BØ, Gerstorft J, Pedersen CS, Platz P, Svejgard A et al. (1986) The lymphocyte transformation response to PWM is highly predictive for the development of clinical symptoms in HTLV III antibody positive individuals 2nd Intern. Conference on AIDS, Paris

Jones P, Hamilton PJ, Bird G et al. (1985) AIDS and hemophilia: morbidity and mortality in a well defined population. Br Med J 291:695–699

Kamradt T, Niese D, Rüddel H, Clarenbach P, Brackmann HH, Steinbeck A (1986) Ein integriertes Konzept zur Betreuung HIV-infizierter Hämophiler. 17. Hämophilie-Symposion Hamburg

Kreiss JK, Kasper CK et al. (1984) Nontransmission of T-cell subject abnormalities from hemophiliacs to their spouses. J Am Med Ass 251:1450–1454

Kreuz W, Ebener U, Krackhardt B, Kornhuber B, Kurth R (1986) Hämophilie und HTLV III/LAV-Infektion bei Kindern. In: Helm EB, Stille W, Vanek E (eds) AIDS II, pp 21–30. Zuckschwerdt Verlag, München

Menitove JE, Aster RH, Casper JT, Lauer JS, Gottschall JK, Williams JE, Gill JC, Wheeler DV, Piaskowski P, Kirchner P, Montgomery RR (1983) T-lymphocyte subpopulations in patients with classic hemophilia treated with cryoprecipitate and lyophilized concentrates. New Engl J Med 308:83–86

Niese D, Gilsdorf K, Hiester E, Dressen P, Michels S, Dengler HJ (1986) Immunomodulating properties of the uremic pentapeptide. H-Asp-Leu-Trp-Glu-Lys-Ac in vitro. Klin Wschr 64:642–648

World Health Organization (WHO): Acquired immuno deficiency syndrom (AIDS): WHO/CDC case definition for AIDS. Wkly epidem Rec 61:69–76

HIV-Infektion bei Kindern mit Hämophilie und von Willebrand-Syndrom – Klinische und immunologische Verlaufsbeobachtungen seit 1984

B. Krackhardt, U. Ebener, W. Kreuz, B. Kornhuber (Frankfurt)

In der Hämophiliesprechstunde des Zentrums der Kinderheilkunde Frankfurt werden sieben Kinder mit Hämophilie A und von Willebrand-Syndrom betreut, die eine Infektion mit HIV aufweisen. Seit 1984 führen wir bei diesen Kindern engmaschige klinische und immunologische Untersuchungen durch, um die Dynamik dieser Infektion beurteilen zu können.

Auf Abb. 1 ist der Zeitraum der Substitutionsbehandlung von 1978 bis 1983 dargestellt, der wohl für den Erwerb des Virus maßgeblich war.

Bei den ersten drei Patienten handelt es sich um Kinder mit schwerer Hämophilie A. Die Patienten K. M. und Sch. T. wurden im Rahmen einer Hemmkörpereliminationstherapie mit hohen Dosen eines nicht virusinaktivierten Faktor VIII-Konzentrates aus amerikanischer Herstellung behandelt.

Die folgenden vier Patienten leiden an einem schweren von Willebrand-Syndrom; die Substitutionsbehandlung erfolgte anfänglich mit nicht virusinaktiviertem Kryopräzipitat.

Ab Mitte 1983 standen hitzebehandelte Präparate der amerikanischen Hersteller zur Verfügung. Der Patient B. D. konnte bei seinem mild ausgeprägten von Willebrand-Syndrom 1981 auf ein schon damals verfügbares hitzebehandeltes Faktor VIII-Konzentrat umgestellt werden. Aus Gründen der Infektionssicherheit fand dieses Präparat ab 1983 auch für unsere Patienten mit schwerem von Willebrand-Syndrom

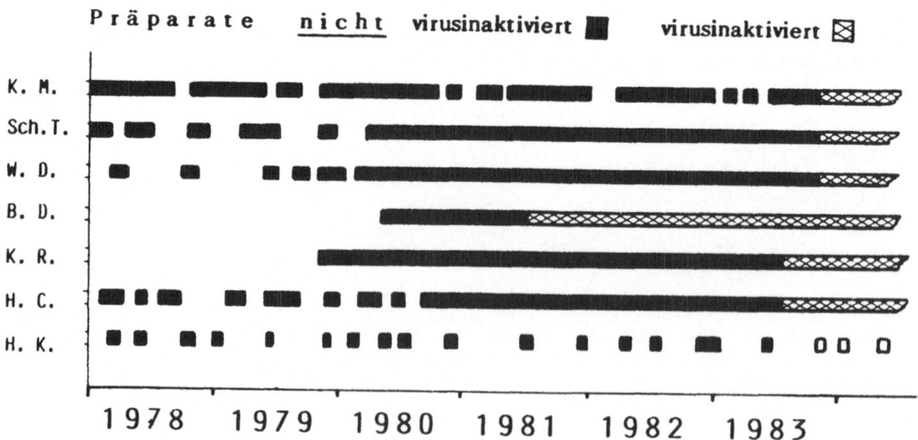

Abb. 1. Substitutionsbehandlung mit nicht virusinaktivierten und virusinaktivierten Gerinnungspräparaten seit 1978

Verwendung, nachdem die Wirksamkeit auch bei diesem Krankheitsbild nachgewiesen werden konnte. Ein hitzebehandeltes Kryopräzipitat war weltweit erst ab Oktober 1984 verfügbar.

Aus der Darstellung ergibt sich, daß bei fünf unserer Patienten HIV-Infektionen schon seit 1978 bestehen könnten und damit bis zu 8jährige Verläufe vorliegen würden.

Ein wichtiges Untersuchungskriterium in der Kinderheilkunde ist das körperliche Wachstum. Im Rahmen von HIV-Infektionen werden in der amerikanischen Literatur körperliche Entwicklungsrückstände als häufiges Symptom beschrieben, häufiger beispielsweise als die chronische Diarrhoe.

In Abb. 2 und 3 sind die Gewichtsperzentilen unserer Patienten aufgetragen. Fünf Kinder zeigen bislang eine normale Gewichtsentwicklung, zwei befinden sich an bzw. unter der 3er-Perzentile. Dies korreliert recht gut mit dem klinischen Bild. Der in seiner Gewichtsentwicklung auffällige Junge (▽) befindet sich in einem fortgeschrittenen Erkrankungsstadium im Übergang zum Vollbild des AIDS und wird in den folgenden Abbildungen noch häufiger auffallen.

Ein typischer Befund der HIV-Infektion ist die polyklonale Hypergammaglobulinämie.

Auf Abb. 4 ist der Verlauf des Serum-IgG-Spiegels im Beobachtungszeitraum dargestellt. Alle Patienten liegen über bzw. um den oberen Normalbereich. Wir sehen auch weit überschließende Werte, die in ihrem Verlauf durch Linien verbunden sind. Eine eindeutige Entwicklungstendenz dieses Parameters ist nicht zu beobachten, auch kann eine Beziehung zur Schwere des Krankheitsbildes nicht hergestellt werden.

Abbildung 5 zeigt eine entsprechende Darstellung des Serum-IgA-Spiegels. Ins Auge fällt der weit abgehobene Verlauf der Kurve (▽). Sie repräsentiert den schon vorher erwähnten Jungen mit weit fortgeschrittenem Erkrankungsstadium. Bis zur Jahresmitte 1985 war er klinisch unauffällig. Ohne die Zeichen eines Lymphadenopathie-Syndroms zu entwickeln, verschlechterte er sich dann kontinuierlich. Zum Zeitpunkt des Abfalls des Serum-IgA-Spiegels im zweiten Quartal 1986 entwickelte der Patient zwei unmittelbar aufeinanderfolgende Bronchopneumonien mit allergischer Reaktion auf verschiedene Antibiotika.

Die übrigen Patienten zeigen uncharakteristische Werte um den oberen Normbereich.

In den folgenden Abbildungen zeigen wir Verlaufsbeobachtungen der immunologischen Parameter. Jede dieser Untersuchungen stellt eine Momentaufnahme der immunologischen Situation dar, die bekanntermaßen durch vielerlei Einflüsse variiert werden kann. Dementsprechend sind zwischen den einzelnen Untersuchungsterminen oft erhebliche Sprünge zu verzeichnen, die die Darstellung auf den ersten Blick wirr erscheinen lassen. Im Gesamtbild kristallisieren sich jedoch gewisse Entwicklungstendenzen heraus.

Auf Abb. 6 ist die Entwicklung der T4-Helferzellzahl dargestellt: Insgesamt zeigt sich im Beobachtungszeitraum ein abfallender Trend zu niedrigen Zellzahlen. Der Medianwert, der Mitte 1984 bei 800 Zellen lag, ist bis zum 4. Quartal 1986 auf 550 abgefallen. Es schälen sich zwei Patientengruppen heraus, die auch klinisch unterschieden werden können.

Die beiden oberen Verlaufskurven repräsentieren einen 10jährigen Hämophilen (▲), der bislang klinisch und immunologisch völlig unauffällig blieb, sowie ein jetzt

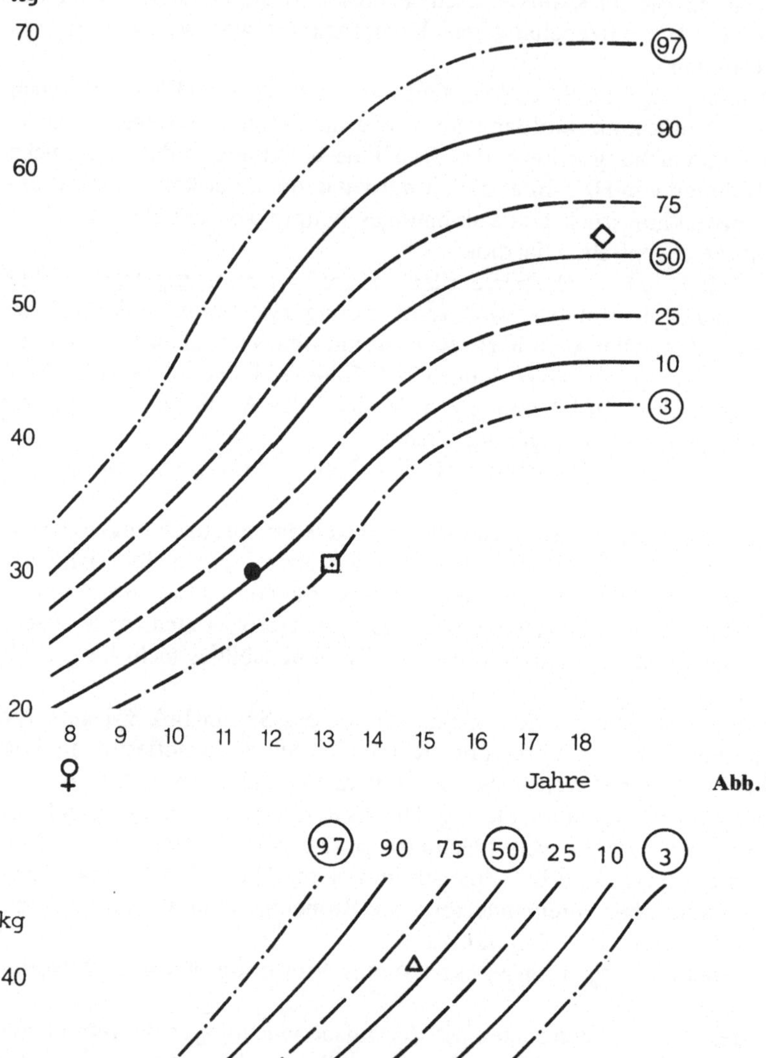

Abb. 2

97 90 75 50 25 10 3

kg
40
30
20

5 6 7 8 9 10 11 12 13 14 15 16
Jahre
♂

Abb. 2, 3. Körperliches Wachstum: Gewichtsperzentilen

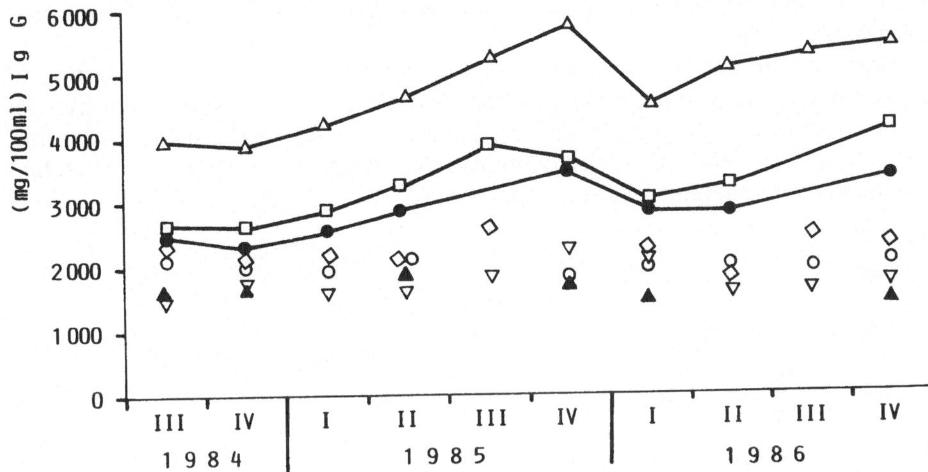

Abb. 4. Serum-IgG-Spiegel, Verlaufsbeobachtung

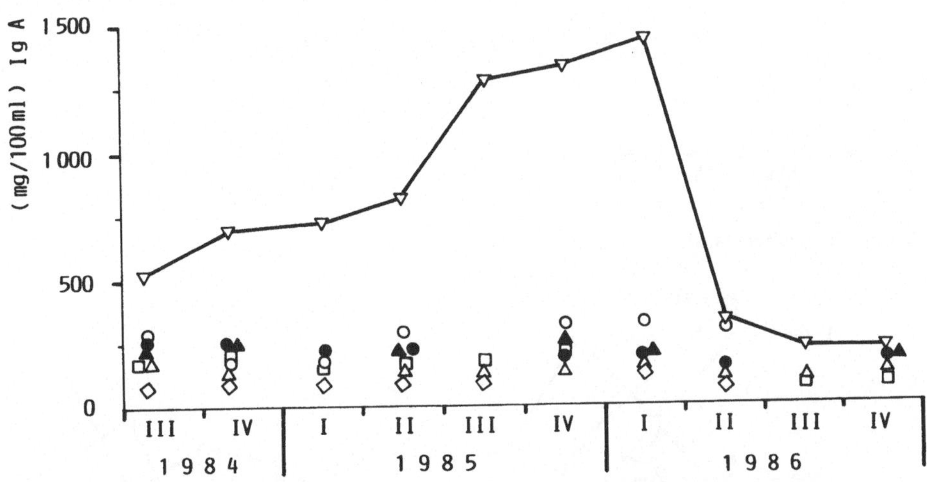

Abb. 5. Serum-IgA-Spiegel, Verlaufsbeobachtung

16jähriges Mädchen mit von Willebrand-Syndrom (◇), das klinisch nur einzelne Lymphknotenvergrößerungen bietet und ansonsten unbeeinträchtigt ist.

Die weiteren vier Verlaufskurven enden mittlerweile enggestaffelt in einem Bereich unter 600 T4-Helferzellen/μl. Diese Kinder zeigen verschieden weit entwikkelte Stadien des Lymphadenopathie-Syndroms und des AIDS-related complex. Die konstant schlechtesten Werte weist auch hier der schon mehrfach erwähnte Patient (▽) auf.

Hinsichtlich der Verlaufsdarstellung der T8-Suppressorzellen (Abb. 7) ist keine einheitliche Tendenz zu beobachten. Insgesamt scheint die Absolutzahl eher abzunehmen, eine Korrelation zum klinischen Bild kann in den meisten Fällen nicht hergestellt werden.

Der Verlauf der T4/T8-Ratio wurde häufig als wertvoller Indikator für die Dynamik einer HIV-Infektion angesehen. Auch in unseren Verlaufsbeobachtungen (Abb. 8) sind gute Korrelationen zum klinischen Gesamtbild möglich. Allerdings kann dieser Quotient auch zu Fehldeutungen Anlaß geben, wie das im oberen rechten Bildausschnitt angeführte Beispiel zeigt:

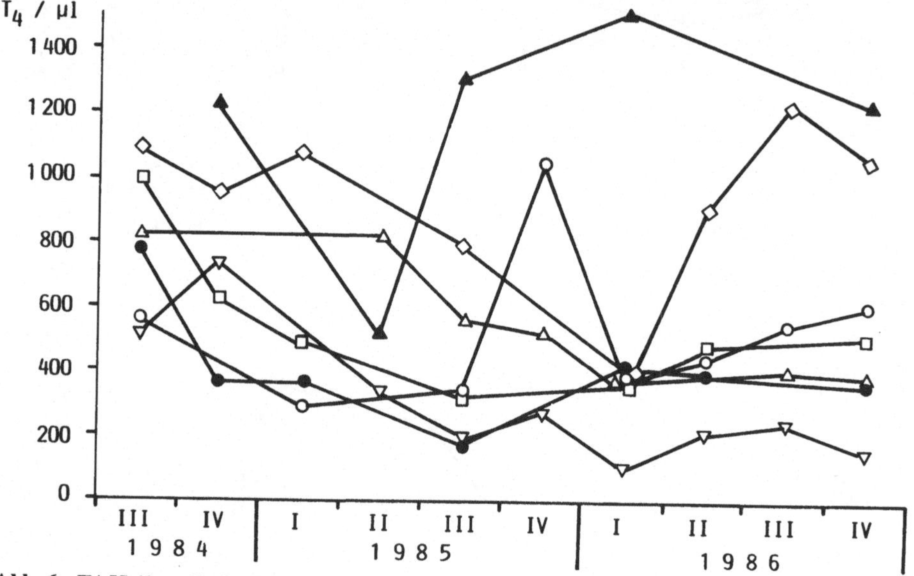

Abb. 6. T4-Helferzellzahl, Verlaufsbeobachtung

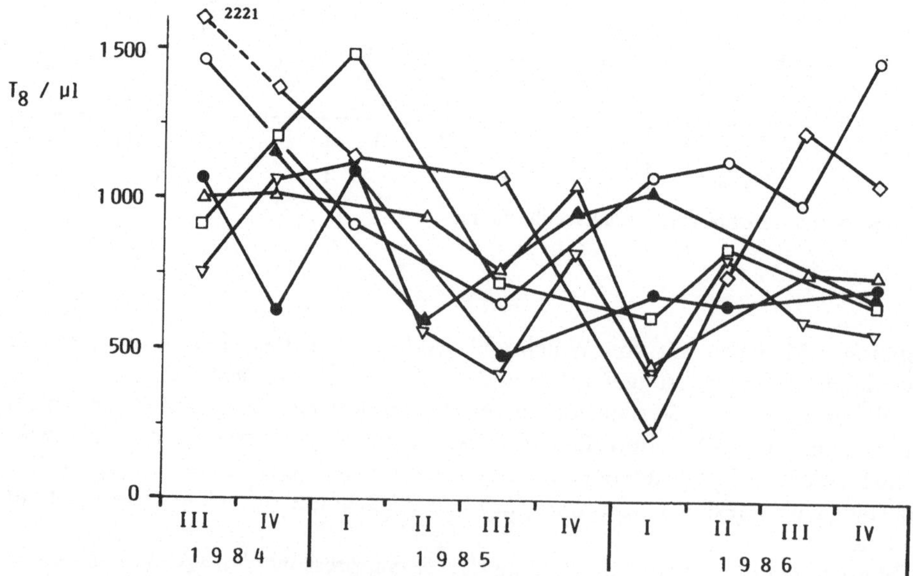

Abb. 7. T8-Helferzellzahl, Verlaufsbeobachtung

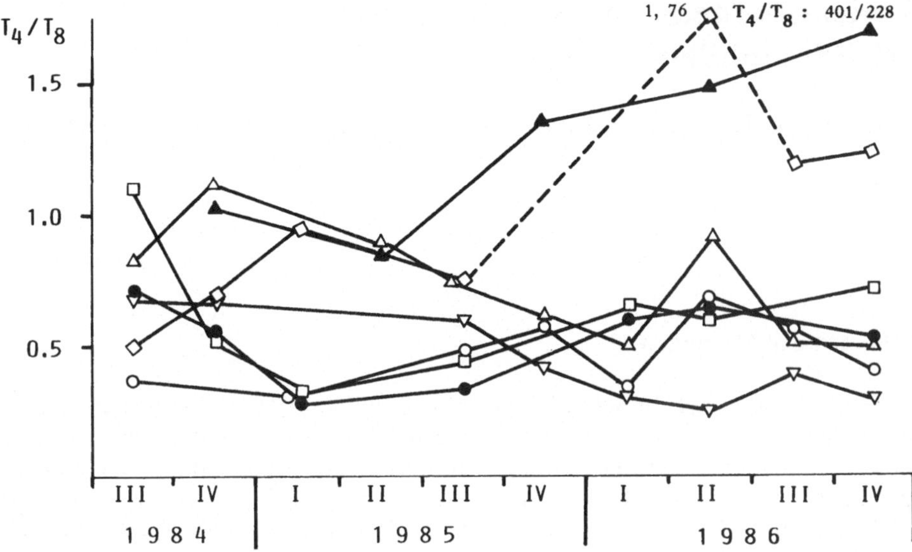

Abb. 8. T4/T8-Ratio, Verlaufsbeobachtung

Die auf den ersten Blick normale T4/T8-Ratio von 1,76 verdeckt eine tatsächlich kritische Situation, nämlich eine T4-Zellzahl von 400 Zellen. Der hohe Absolutwert resultiert aber aus der weit abgefallenen T8-Zellzahl von 228 Zellen im Nenner des Quotienten.

Welches Gesamtbild weisen unsere sieben HIV-infizierten Hämophilen auf?

- Ein körperlicher Entwicklungsrückstand ist nur bei zwei Patienten festzustellen, er korreliert hierbei mit dem klinischen Bild.
- Eine polyklonale Gammaglobulinerhöhung ist bei fast allen Patienten in verschiedener Ausprägung nachweisbar. Prognostisch aussagekräftig im Sinne einer Verschlechterung erscheint uns besonders die Erhöhung des IgA zu sein, was auch von anderen Autoren bestätigt wird.
- Die immunologischen Parameter zeigen innerhalb des Beobachtungszeitraumes bei fünf von sieben unserer Patienten einen stetigen Trend zur Verschlechterung. Dies trifft insbesondere auf die absolute T4-Helferzellzahl zu, die bei uns eine gute Korrelation zum klinischen Bild bietet.
- Zur Beurteilung der immunologischen Situation bevorzugen wir die absolute T4-Helferzellzahl gegenüber der T4/T8-Ratio. Eine kritische untere Grenze sehen wir bei T4-Zahlen von 300/μl.

Insgesamt gesehen, zeigt die Mehrzahl unserer Patienten eine stetige Verschlechterung der immunologischen Parameter bei gleichzeitig stabilem klinischen Bild; die Dynamik dieser Entwicklung ist jedoch noch nicht abzusehen.

Verlaufsbefunde von T-Zell-Subpopulationen bei Hämophilen

K.-H. Leppik, K. Mang, P. Jakob, U. Glöckl, J. Beck, K. Stehr (Erlangen)

Patienten und Methoden

Insgesamt wurden 37 Hämophile im Alter von 1–36 Jahren ($\bar{x}$ = 16 Jahre) untersucht. Davon hatten 27 eine Hämophilie A, 11 von ihnen waren unter Dauertherapie bzw. hatten einen hohen Faktorenverbrauch, 16 waren unter Bedarfstherapie mit niedrigem Faktorenverbrauch (Tabelle 1).

Hämophilie B-Patienten wurden 7 untersucht, davon stand einer unter Bedarfstherapie, die übrigen waren unter Dauertherapie und hatten einen hohen Faktorenverbrauch.

2 weitere Patienten hatten ein von Willebrand-Syndrom mit niedrigem Faktorenbedarf.

1 Patient hatte einen Faktor X-Mangel und steht unter Dauertherapie mit einem PPSB-Präparat. Bei allen Patienten erfolgte 1984 die Umstellung auf „hitzebehandelte Präparate", 2 Patienten haben vorher schon diese Präparate erhalten.

Neben den üblichen Blutuntersuchungen (Blutbild, Transaminasen, Eiweißelektrophorese) kontrollierten wir bei den Patienten in 3–6monatigen Abständen insbesondere die Immunglobuline sowie die Anzahl der gesamten T-Zellen und die T-Helfer- und T-Suppressorzellen. Bei erniedrigten T-Helferzellen führten wir eine Hauttestung mit Recall-Antigenen durch.

Tabelle 1. 37 Hämophiliepatienten im Alter von 1–36 Jahren ($\bar{x}$ = 16 Jahre)

– Hämophilie A		27
Dauertherapie hoher Faktorenbedarf	11	
Bedarfstherapie niedriger Faktorenbedarf	16	
– Hämophilie B		7
Dauertherapie hoher Faktorenbedarf	6	
Bedarfstherapie niedriger Faktorenbedarf	1	
– von Willebrand-Syndrom		2
– Faktor X-Mangel Dauertherapie		1

Neben den üblichen virologischen Titern (Hepatitis B, EBV und CMV) ermittelten wir den HIV-Status der Patienten im ELISA und Western Blot (Virologisches Institut Erlangen, Prof. Dr. B. FLECKENSTEIN).

Ergebnisse

Zu Beginn der Untersuchung waren von den 11 Hämophilie-Patienten, die einen hohen Faktorbedarf hatten, 9 HIV-positiv, bei den 16 Patienten mit der Bedarfstherapie war nur 1 positiv. Dieser Patient hatte im Rahmen eines Unfalls 1980 größere Mengen von Faktor VIII benötigt und wurde seither mit geringen Mengen substituiert.

Bei den Hämophilie B-Patienten waren 4 HIV-positiv, alle 4 hatten einen hohen Faktorenverbrauch. Die Patienten mit von Willebrand-Syndrom waren HIV-negativ. Der Patient mit Faktor X-Mangel war ebenfalls HIV-positiv. Insgesamt waren somit von den 37 Patienten 15 HIV-positiv (40%). Betrachtet man nur die Patienten mit hohem Faktorenbedarf, so sind von 18 Patienten insgesamt 14 HIV-positiv (77%). Von den 4 negativen Patienten mit hohem Faktorenbedarf hatten 2 Patienten bisher nur hitzebehandelte Präparate erhalten.

Erhöhte Immunglobulinspiegel, insbesondere IgG und IgM, fanden wir bei 7 Hämophilie A-Patienten unter Dauertherapie. 4 Patienten von den 16 mit niedrigem Faktorenbedarf hatten allerdings ebenfalls hohe Immunglobulinspiegel. Bei den Hämophilie B-Patienten hatten 5 von den unter Dauertherapie erhöhte Immunglobuline, der Patient unter Bedarfstherapie zeigte ebenfalls erhöhte Spiegel. Die Patienten mit von Willebrand-Syndrom hatten auch hier normale Werte. Der Patient mit Faktor X hatte erhöhte Spiegel (Tabelle 2).

Insgesamt hatten 18 Patienten (48%) deutlich erhöhte Immunglobulinspiegel, eine direkte Korrelation zum HIV-Status konnten wir nicht sehen.

Ein erniedrigtes Verhältnis von T-Helfer- zu Suppressorzellen unter 1 fanden wir bei allen HIV-positiven Hämophilie A-Patienten. Ein weiterer HIV-negativer Patient hatte ebenfalls ein Verhältnis unter 1, dieser Patient leidet allerdings an einer

Tabelle 2

Patienten		HIV-pos.	OKT4/T8 ≤ 1	Erhöhte Immunglobuline	AIDS/ARC
Hämophilie A					
Dauertherapie	11	9	9	7	1 AIDS
Bedarfstherapie	16	1	2	4	2 ARC
Hämophilie B					
Dauertherapie	6	4	3	5	Tinea corporis
Bedarfstherapie	1	0	0	1	Soor-Pharyngitis
von Willebrand-Syndrom	2	0	0	0	
Faktor X-Mangel	1	1	1	1	
	37	15 (40%)	15 (40%)	18 (48%)	

chronisch persistierenden Hepatitis B. Bei den HIV-positiven Hämophilie B-Patienten hatten 3 ein pathologisches Verhältnis, ebenso wie der Patient mit Faktor X-Mangel. Insgesamt zeigten somit 15 Patienten ein pathologisches Verhältnis der T-Helfer- zu Suppressorzellen unter 1 (Tabelle 2).

Im Laufe des Beobachtungszeitraumes von 2 Jahren kam es zu keiner weiteren HIV-Konversion. Die Immunglobulinwerte der Patienten zeigten nur unwesentliche nicht signifikante Schwankungen.

1 Hämophilie A-Patient entwickelte bereits 1984 ein AIDS und verstarb im August 1986 an einer atypischen Pneumonie.

2 Hämophilie A-Patienten entwickelten ein Lymphadenopathie-Syndrom, bei 1 Patienten sind die Lymphknotenschwellungen nach einem Jahr in Rückbildung begriffen.

1 HIV-positiver Hämophilie B-Patient leidet an einer rezidivierenden Tinea corporis ohne sonstige Veränderung.

Eine rezidivierende Soor-Pharyngitis zeigt ein HIV-negativer Patient mit Hämophilie B. Alle übrigen Patienten blieben während dieser 2 Jahre klinisch unauffällig.

Die Gesamt-T-Zellen sowie die T-Zell-Subpopulation konnten wir inzwischen bei 22 Patienten vollständig untersuchen.

Für die Patienten mit Hämophilie A und niedrigem Faktorenverbrauch fanden wir keine statistisch signifikanten Veränderungen weder der gesamten T-Zellenzahl noch der Subpopulationen. Lediglich der Patient, der HIV-positiv ist, zeigt eine fallende Tendenz der T4-Helferzellen und ein pathologisches Verhältnis der T-Helfer- zu T-

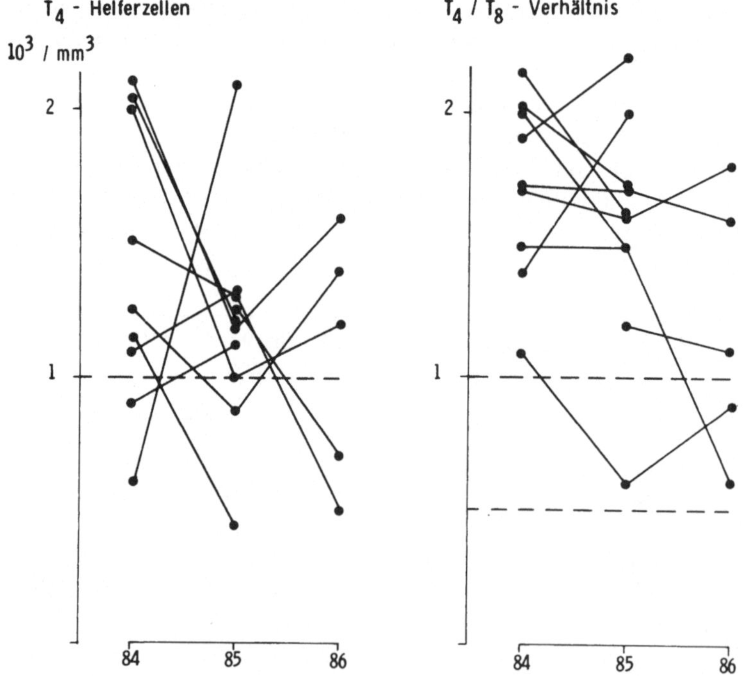

Abb. 1. T4-Helferzellen und das Verhältnis T4/T8 bei 10 Patienten mit Hämophilie A und niedrigem Faktorenbedarf

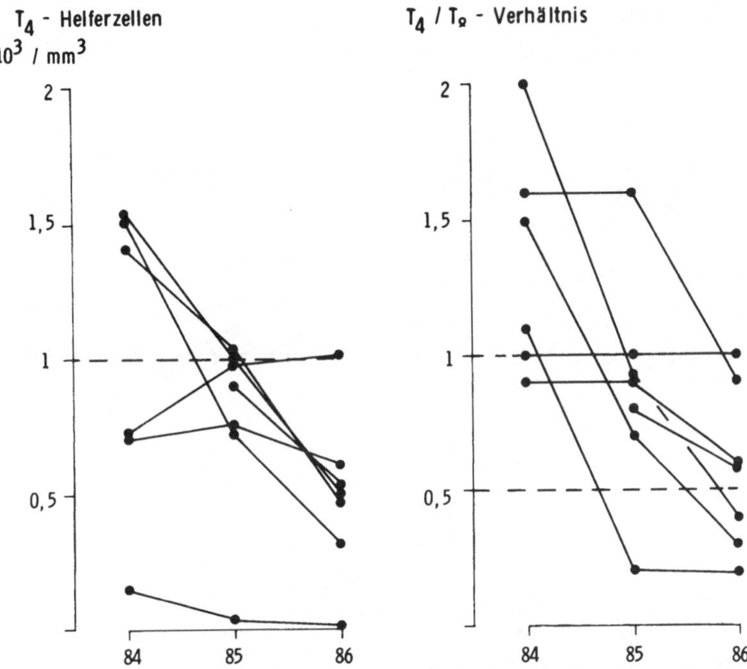

Abb. 2. T4-Helferzellen und das Verhältnis T4/T8 bei 7 Patienten mit Hämophilie A und hohem Faktorenbedarf

Suppressorzellen. Dieser Patient leidet auch an einem Lymphadenopathie-Syndrom (Abb. 1).

Bei den HIV-positiven Hämophilie A-Patienten zeigte sich ein deutlicher Abfall der gesamten T-Zellen sowie der T-Helferzellen, daraus ergab sich ein pathologisches Verhältnis der T-Helfer- zu T-Suppressorzellen (Abb. 2). Der Patient mit AIDS hatte die niedrigsten Werte. Am Ende des Beobachtungszeitraums hatten auch 3 weitere Patienten T4-Helferzellen unter $0{,}5 \times 10^3$ mm³.

Bei diesen Patienten untersuchten wir die Interleukinproduktion, sie war bis auf den Patienten mit AIDS normal. Auch die Antwort auf die Recall-Antigene war bis auf den Patienten mit AIDS normal.

Bei den Hämophilie B-Patienten zeigte sich die gleiche Tendenz, alle HIV-positiven Patienten zeigten eine fallende Tendenz der Gesamt-T-Zellen und der T4-Helferzellen (Abb. 3). Ein HIV-negativer Patient zeigte ebenfalls leicht fallende Werte ohne klinische Sk. Auch bei den Hämophilie B-Patienten hatten zuletzt 3 T4-Helferzellen unter $0{,}5 \times 10^3$ mm³.

Beurteilung

Hämophiliepatienten, die bisher einen hohen Faktorenverbrauch an nicht „hitzebehandelten Präparaten" hatten, sind zu einem wesentlich höheren Prozentsatz HIV-

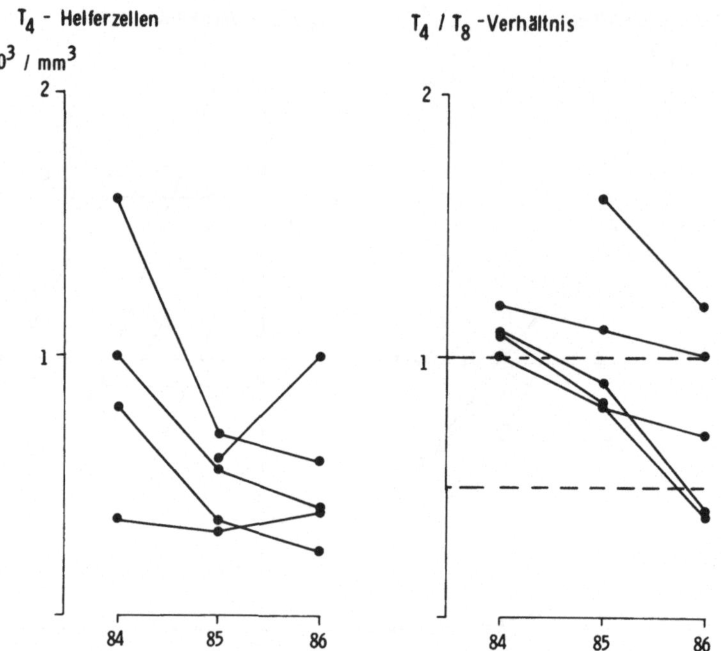

Abb. 3. T4-Helferzellen und das Verhältnis T4/T8 bei 5 Patienten mit Hämophilie B

positiv als Patienten mit einem niedrigen Faktorenverbrauch. Alle unsere HIV-positiven Patienten zeigten deutlich fallende Gesamt-T-Zellen sowie T4-Helferzellen. Obwohl die Patienten derzeit klinisch unauffällig sind, besteht für sie unserer Meinung nach eine sehr hohe Wahrscheinlichkeit, bei weiter fallender T4-Helferzellzahl in nächster Zeit an AIDS zu erkranken. Neben der Verwendung von hitzebehandelten Faktorenkonzentraten sollte auch eine gezielte bedarfsangepaßte Behandlung durchgeführt werden, um weitere Nebenwirkungen durch die Faktoren möglichst gering zu halten.

Immunologische und virologische Parameter bei Hämophilie-Patienten vor und nach Umstellung auf virusinaktivierte Gerinnungspräparate

V. Daniel, G. Opelz, Kl. Schimpf (Heidelberg)

Hämophilie-Patienten leiden an einem Immundefekt, der zum Teil durch die Infektion mit dem HTLV III induziert wird. Um der Infektion mit HTLV III vorzubeugen, dürfen seit 1985 nur noch virusinaktivierte Gerinnungspräparate appliziert werden. Der Großteil unserer Patienten wurde 1984 und 1985 auf virusinaktivierte Präparate umgestellt. In der vorliegenden Studie verglichen wir verschiedene Parameter der zellulären Immunität vor und nach Umstellung auf virusinaktivierte Gerinnungsfaktoren.

Patienten

Für diese Studie wählten wir 140 Hämophilie-Patienten aus, die ausnahmslos mit lyophilisierten Gerinnungspräparaten behandelt und auf virusinaktivierte Präparate von 4 verschiedenen Herstellern umgestellt worden waren. 4 Patienten entwickelten das Vollbild von AIDS und verstarben.

Methoden

Die T-Lymphozytensubpopulationen wurden mit den monoklonalen Antikörpern OKT4 und OKT8 im Vollblut mittels Durchflußzytometrie bestimmt [1].

Das Serumneopterin wurde mit einem RIAcid (Hennige, Berlin) gemessen. Serumneopterinspiegel > 15 nmol/l gelten als pathologisch erhöht [2].

HTLV III-Antikörper wurden von Herrn Prof. Dr. F. Deinhardt (Max-Pettenkofer-Institut, München) bestimmt.

Für statistische Auswertungen benutzten wir den Student's *t*-Test. Die Mittelwerte der einzelnen Parameter wurden als x±SEM angegeben.

Die in-vitro-Stimulierbarkeit von Patientenlymphozyten wurde mit den Mitogenen Pokeweed Mitogen (PWM), Concanavalin A (ConA), Phytohämagglutinin (PHA) und dem monoklonalen Antikörper OKT3 ausgetestet [3].

Ergebnisse

Patienten, die mit nicht virusinaktivierten Gerinnungspräparaten behandelt wurden, hatten häufiger pathologisch erhöhte Serumneopterinspiegel als Patienten, die auf

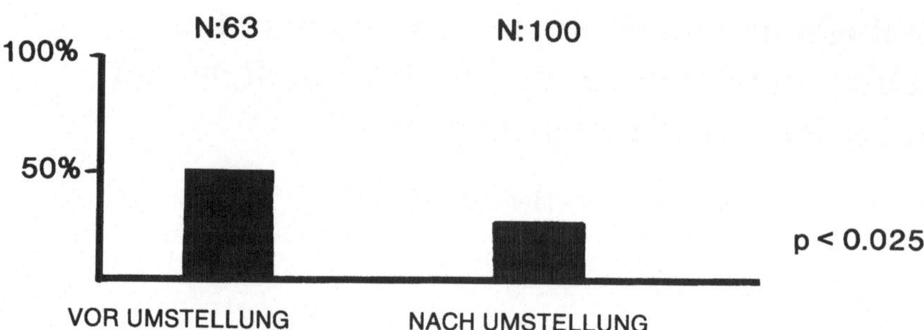

Abb. 1. Anteil von Patienten mit pathologisch erhöhten Serumneopterinspiegeln über 15 nmol/l vor (n = 63) und nach Umstellung auf virusinaktivierte Gerinnungspräparate (n = 100). Der Großteil der Patienten wurde ca. 1 Jahr nach Umstellung untersucht

virusinaktivierte Präparate umgestellt worden waren (Abb. 1). Vor Umstellung auf virusinaktivierte Präparate hatten 48% (n = 63) der untersuchten Hämophilie-Patienten erhöhte Serumneopterinspiegel, nach Umstellung nur noch 28% (n = 100) (p < 0,025).

Die T4/T8-Quotienten der Patienten veränderten sich kaum durch die Umstellung auf virusinaktivierte Präparate (Abb. 2). Vor Umstellung lagen die T4/T8-Quotienten im Mittel bei 1,1 ± 0,1 (n = 77), innerhalb von 12 Monaten nach Umstellung bei 1,0 ± 0,1 (n = 79), mehr als 24 Monate nach Umstellung bei 1,2 ± 0,1 (n = 26).

Wurde jedoch zwischen HTLV III-positiven und -negativen Hämophilie-Patienten unterschieden, so zeigte sich, daß HTLV III-negative Patienten vor und nach Umstellung T4/T8-Quotienten im Normbereich, d. h. über 1,0 aufwiesen, während bei HTLV III-positiven Patienten der T4/T8-Quotient von im Mittel 1,0 ± 0,1 (n = 45) vor Umstellung auf Werte von 0,6 ± 0,1 (n = 49) nach Umstellung abfiel (Abb. 3).

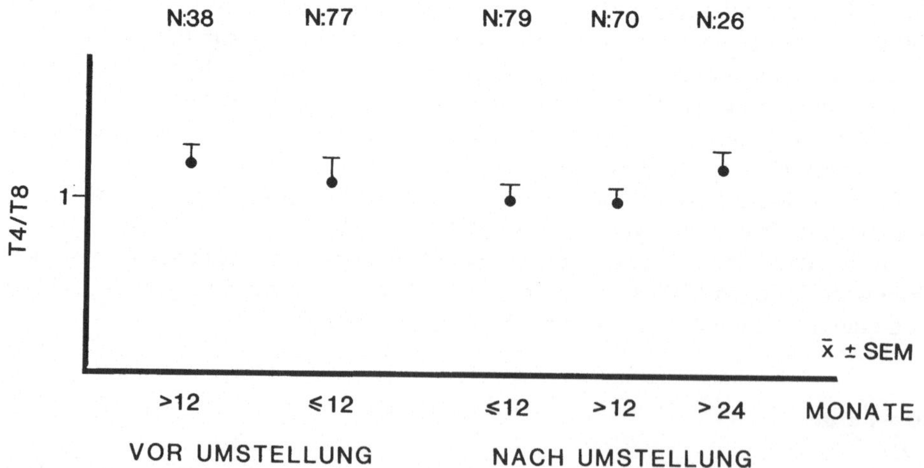

Abb. 2. T4/T8-Quotienten zu verschiedenen Zeitpunkten vor und nach Umstellung auf virusinaktivierte Gerinnungspräparate

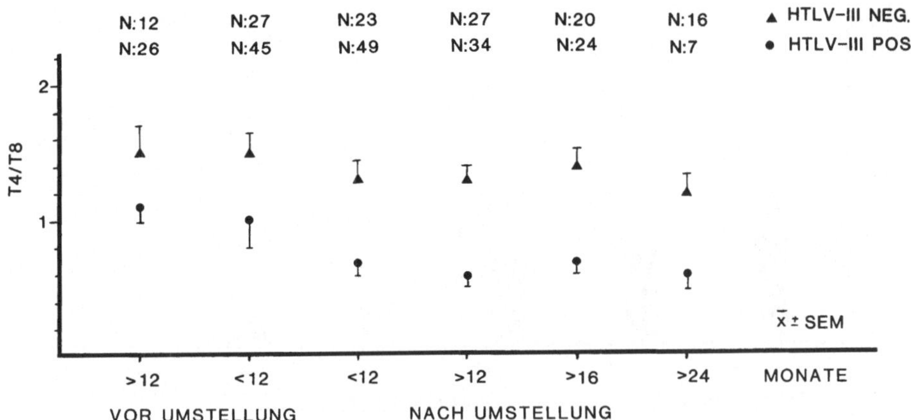

Abb. 3. T4/T8-Quotienten zu verschiedenen Zeitpunkten vor und nach Umstellung auf virusinaktivierte Gerinnungspräparate in Abhängigkeit vom HTLV III-Antikörperstatus

Der Anteil von Patienten mit pathologisch erniedrigten T4/T8-Quotienten unter 0,5 änderte sich kaum nach Umstellung auf virusinaktivierte Gerinnungspräparate. Vor Umstellung hatten 33,3% (15/45) der HTLV III-positiven Patienten pathologisch erniedrigte T4/T8-Quotienten, innerhalb des ersten Jahres nach Umstellung 22,4% (11/49), mehr als 2 Jahre nach Umstellung 28,6% (2/7) (Abb. 4). Von den HTLV III-negativen Patienten hatten 7,4% (2/27) vor Umstellung, 4,3% (1/23) innerhalb des ersten Jahres nach Umstellung und 0% (0/16) mehr als zwei Jahre nach Umstellung T4/T8-Quotienten unter 0,5.

Der Anteil von Patienten mit normalen T4/T8-Quotienten über 1,0 reduzierte sich bei HTLV III-positiven Patienten von 28,9% (13/45) vor Umstellung auf 26,5% (13/

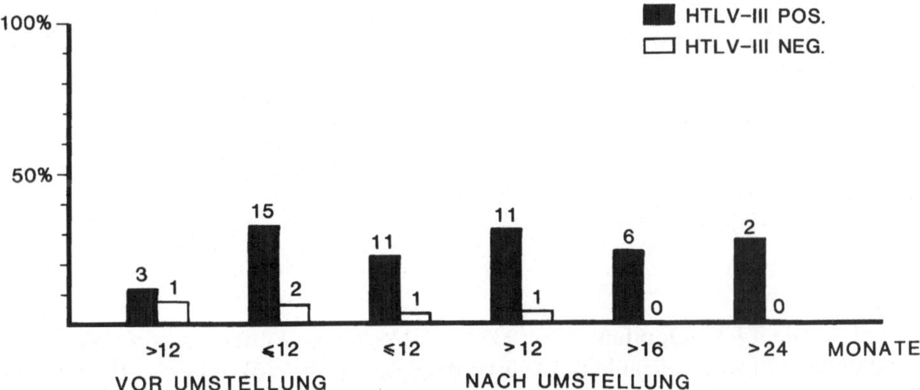

Abb. 4. Anteil von Patienten mit pathologisch erniedrigten T4/T8-Quotienten unter 0,5 zu verschiedenen Zeitpunkten vor und nach Umstellung auf virusinaktivierte Gerinnungspräparate in Abhängigkeit vom HTLV III-Antikörperstatus. Die Anzahl der Patienten mit erniedrigten T4/T8-Quotienten unter 0,5 findet sich über den entsprechenden Säulen

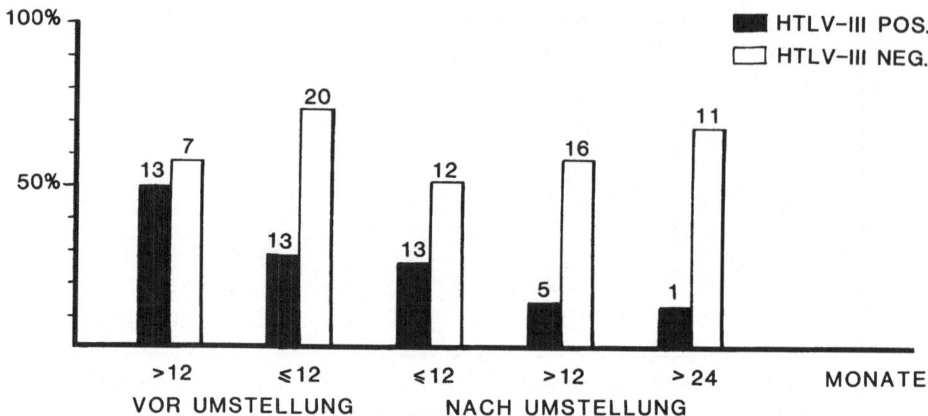

Abb. 5. Anteil von Patienten mit normalen T4/T8-Quotienten über 1,0 zu verschiedenen Zeitpunkten vor und nach Umstellung auf virusinaktivierte Gerinnungspräparate in Abhängigkeit vom HTLV III-Antikörperstatus. Die Anzahl der Patienten mit normalen T4/T8-Quotienten über 1,0 findet sich über den entsprechenden Säulen

49) innerhalb des ersten Jahres bzw. 14,3% (1/7) mehr als zwei Jahren nach Umstellung (Abb. 5). Bei HTLV III-negativen Patienten fiel der Anteil von Patienten mit normalen T4/T8-Quotienten von 74,4% (20/27) vor Umstellung auf 52,2% (12/23) innerhalb des ersten Jahres nach Umstellung ab, stieg jedoch 2 Jahre nach Umstellung wieder auf 68,8% (11/16) an.

51 Patienten wurden mehrfach nach Umstellung untersucht. 31 Patienten waren HTLV III-positiv, 20 Patienten HTLV III-negativ (Tabelle 1). Die Mehrzahl der Patienten zeigte gleichbleibende T4/T8-Quotienten nach Umstellung. Bei 8 HTLV III-positiven Patienten stieg der T4/T8-Quotient an, bei 6 Patienten fiel er ab und bei 17 Patienten blieb er konstant. In der Gruppe der HTLV III-negativen Patienten stieg er bei 3 Individuen an, bei 3 Patienten fiel er ab und bei 14 Patienten blieb er konstant.

Tabelle 1. T4/T8 nach Umstellung mehrfach untersucht

T4/T8	HTLV III-positiv	HTLV III-negativ
▲	8	3
▼	6	3
▶	17	14

Abfallende T4/T8-Quotienten bei HTLV III-positiven Patienten korrelierten mit abfallenden Absolutzellzahlen $T4^+$-Lymphozyten (Abb. 6). HTLV III-negative Patienten hatten vor und nach Umstellung durchschnittlich mehr als 500 $T4^+$-Zellen/µl (Normwert: 760 ± 419 $T4^+$-Zellen/µl). Bei HTLV III-positiven Individuen hingegen sank die Absolutzahl $T4^+$-Zellen von 513 $T4^+$-Zellen/µl im Mittel vor Umstellung kontinuierlich auf 241 $T4^+$-Zellen/µl nach Umstellung ab.

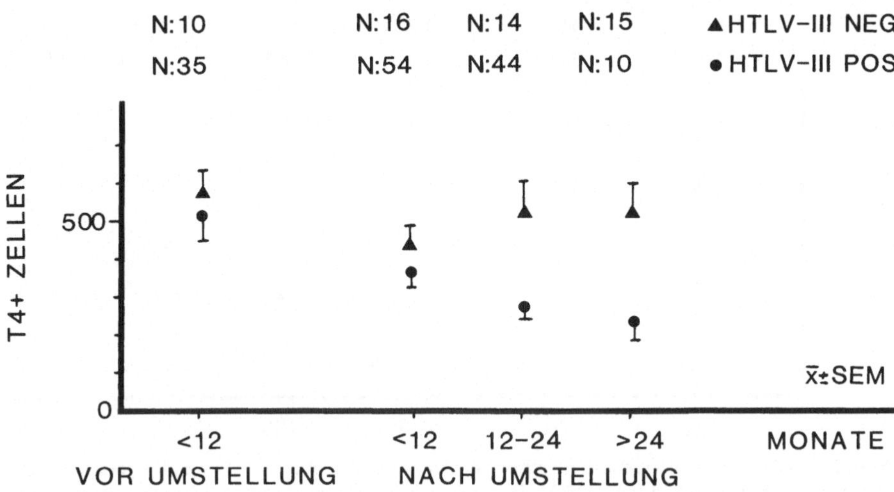

Abb. 6. Absolutzellzahlen $T4^+$-Lymphozyten/µl zu verschiedenen Zeitpunkten vor und nach Umstellung auf virusinaktivierte Gerinnungspräparate in Abhängigkeit vom HTLV III-Antikörperstatus (Normwert: 760 ± 419 $T4^+$-Lymphozyten/µl)

47 Patienten wurden nach Umstellung mehrfach untersucht. Bei der Mehrzahl der HTLV III-positiven Patienten (16/34) kam es zu einem Abfall von $T4^+$-Zellen, bei 6 Patienten zu einem Anstieg und bei 12 Patienten blieb die Zellzahl konstant. Von den HTLV III-negativen Patienten zeigten 6 Patienten einen Abfall $T4^+$-Zellen, 5 einen Anstieg und 2 Patienten gleichbleibende Zellzahlen (Tabelle 2).

Die in vitro-Stimulierbarkeit von Patientenlymphozyten wurde mit den Mitogenen PWM, ConA, PHA und OKT3 getestet. Vor Umstellung auf virusinaktivierte Präparate war die in vitro-Stimulierbarkeit bei 0/1 HTLV III-negativen Patienten und 2/7 HTLV III-positiven Patienten mit mindestens einem der 4 benutzten Mitogene gestört. Nach Umstellung zeigten 11/24 HTLV III-negative und 34/69 HTLV III-positive Patienten eine erniedrigte in vitro-Stimulierbarkeit (Tabelle 3).

Tabelle 2. $T4^+$-Zellen mehrfach untersucht nach Umstellung

	HTLV III-positiv	HTLV III-negativ
▲	6	5
▼	16	6
▶	12	2

Tabelle 3. Patienten mit erniedrigter in-vitro-Stimulierbarkeit

	Vor Umstellung	Nach Umstellung
HTLV III^-	0/1	11/24
HTLV III^+	2/7	34/69

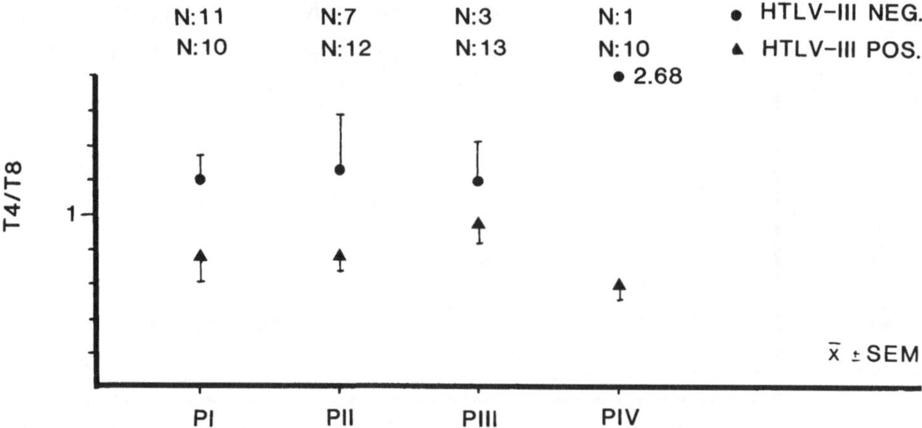

Abb. 7. T4/T8-Quotienten innerhalb eines Jahres nach Umstellung auf virusinaktivierte Gerinnungspräparate in Abhängigkeit von HTLV III-Antikörperstatus und verabreichtem Gerinnungspräparat (Präparate PI, PII, PIII und PIV)

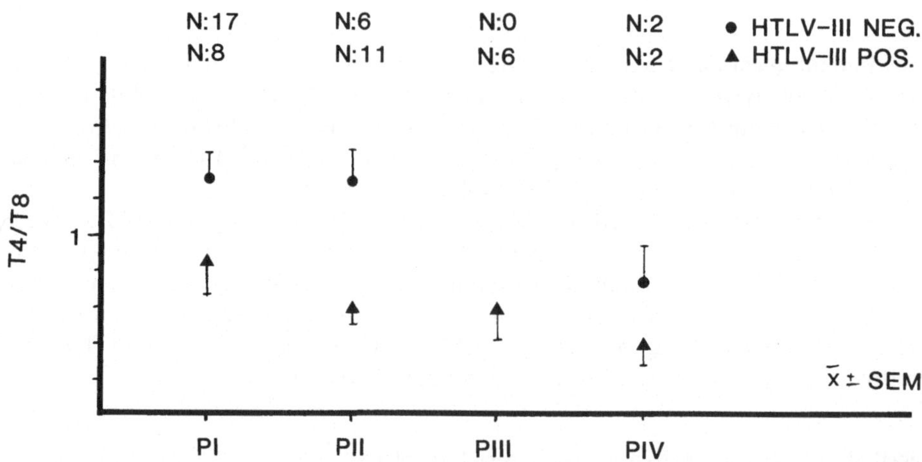

Abb. 8. T4/T8-Quotienten mehr als 1 Jahr nach Umstellung auf virusinaktivierte Gerinnungspräparate in Abhängigkeit von HTLV III-Antikörperstatus und verabreichtem Gerinnungsfaktor (Präparat PI, PII, PIII und PIV)

Alle Patienten wurden auf virusinaktivierte Präparate von 4 verschiedenen Herstellern umgestellt (Abb. 7 und 8). HTLV III-negative Patienten hatten nach Umstellung unabhängig vom benutzten Präparat T4/T8-Quotienten über 1,0 im Mittel, HTLV III-positive Patienten hatten hingegen T4/T8-Quotienten unter 1,0. Lediglich 2 HTLV III-negative Patienten, die mit Präparat IV behandelt wurden, hatten mehr als ein Jahr nach Umstellung pathologisch erniedrigte T4/T8-Quotienten.

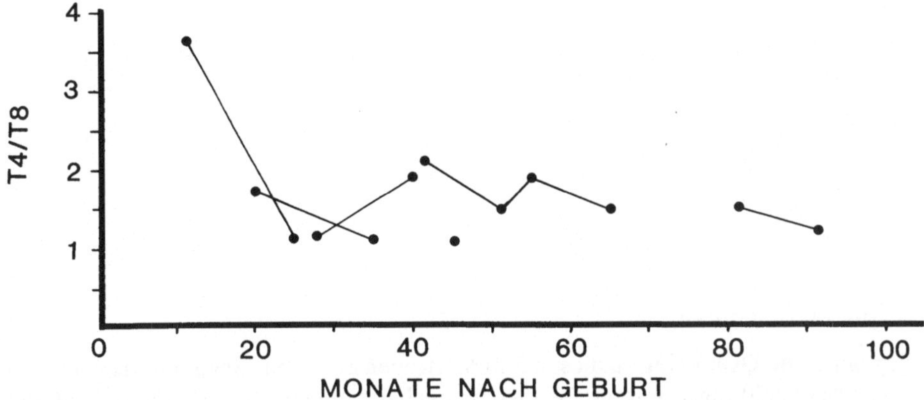

Abb. 9. T4/T8-Quotienten von 6 Patienten, die ausschließlich mit virusinaktiviertem Präparat PI behandelt wurden. Der jeweils erste Wert wurde vor Beginn der Substitutionstherapie gemessen

Patienten, die ausschließlich mit virusinaktivierten Präparaten behandelt wurden, hatten immer T4/T8-Quotienten über 1,0 (Abb. 9).

Zusammenfassend läßt sich feststellen, daß HTLV III-negative Hämophilie-Patienten vor und nach Umstellung auf virusinaktivierte Gerinnungspräparate normale T4/T8-Quotienten und nur leicht erniedrigte Absolutzellzahlen von $T4^+$-Lymphozyten aufwiesen, während HTLV III-positive Patienten nach Umstellung kontinuierlich mit ihren T4/T8-Quotienten und Absolutzahlen $T4^+$-Zellen absanken. Interessanterweise zeigten nach Umstellung etwa die Hälfte der HTLV III-positiven und -negativen Patienten eine gestörte in-vitro-Stimulierbarkeit mit Mitogenen. Wir fanden keine Unterschiede zwischen den einzelnen Patientengruppen, die mit virusinaktivierten Präparaten verschiedener Hersteller substituiert worden waren. HTLV III-negative Patienten hatten nach Umstellung im Mittel T4/T8-Quotienten im Normbereich, HTLV III-positive Patienten T4/T8-Quotienten im pathologischen Bereich. Patienten, die ausschließlich mit virusinaktivierten Präparaten behandelt wurden, hatten immer normale T4/T8-Quotienten. Aus unseren Ergebnissen schließen wir, daß bei HTLV III-positiven Patienten nur eine partielle Verbesserung des Immunstatus durch Applikation von virusinaktivierten Präparaten erzielt werden kann. Der Haupteffekt dieser Präparate besteht in der Vermeidung einer Infektion von HTLV III-negativen Hämophilie-Patienten.

Literatur

1. Daniel V, Opelz G, Schäfer A, Schimpf Kl, Wendler I, Hunsmann G (im Druck) Immunologische und virologische Parameter bei Hämophilie-Patienten. Kongreßband des 16. Deutschen Hämophiliesymposions 1985.
2. Schäfer AJ, Daniel V, Dreikorn K, Opelz G (1986) Assessment of plasma neopterin in clinical kidney transplantation. Transplantation 41:454–459
3. Daniel V, Opel G, Schäfer A, Schimpf Kl, Wendler I, Hunsmann G (1986) Correlation of immune defects in hemophilia with HTLV III antibody titers. Vox Sang 51:35–39

Diskussion

LANDBECK (Hamburg):

Ich möchte die Diskussion zu diesen fünf Vorträgen eröffnen. Bei der insgesamt noch kurzen Beobachtungszeit ist mit Wahrscheinlichkeit am ehesten hervorzuheben, daß die absolute Zahl der T-Helferzellen eine prognostische Aussage erlaubt. Ein Absinken unter 400/µl wird wohl als ungünstiges Zeichen zu werten sein.

Frau EIBL (Wien):

Herr Leppik hat in seinem Vortrag sehr gut gezeigt, daß bei Patienten unter Dauerbehandlung häufiger eine HIV-Antikörper-Serokonversion aufgetreten ist als bei jenen, die nach Bedarf behandelt worden sind. Das ist sehr gut mit dem vereinbar, was Herr Dr. Gürtler gesagt hat.

GÜRTLER (München):

Bezüglich der T4-Zellzahl ist in amerikanischen Studien bei Homosexuellen festgelegt worden, daß Zahlen unter 400/µl als pathologisch einzustufen sind und bei 150/µl das Auftreten von AIDS zu erwarten ist. Nach den eben gehörten Vorträgen wird es sinnvoll sein, auch für HIV-infizierte Hämophile eine an der Zahl der T4-Zellen orientierte einheitliche Risikoabstufung des Infektionsverlaufs vorzunehmen, sofern die Daten von Homosexuellen nicht doch übertragbar sind.

DANIEL (Heidelberg):

Ich habe den Wert von 250 aus einem einfachen Grund genommen. Von 5 unserer jetzt 13 AIDS-Patienten haben wir Daten vor und nach Manifestation des AIDS. Bei 4 von diesen handelt es sich um eine Pneumocystis carinii bzw. Mykobacterium avium intercellulare Erkrankung. Ihre T4-Zahl lag deutlich unter 100 und entsprach damit der Definition. Bei einem Patienten mit progressiver multifokaler Leukencephalopathie betrug die T-Helfer-Zellzahl im Stadium der klinischen Manifestation 200, und zwar bei mehrfachen Messungen. Unterschiede können Meßfehler bzw. kalkulierte Werte sein, die erheblich schwanken. Ich bin schon der Meinung, daß die Daten von Homosexuellen auf Hämophile übertragbar, also keine Unterschiede vorhanden sind.

SCHIMPF (Heidelberg):

Es fiel auf, daß die Patienten, die auf ein virusinaktiviertes Präparat umgestellt worden waren, wesentlich seltener einen pathologischen Neopterinwert gehabt haben. Könnte das dadurch vorgetäuscht sein, daß wir in dieser Gruppe mehr Patienten hatten, die von vornherein mit virusinaktivierten Präparaten behandelt und nicht von vorher konventionellen später auf virusinaktivierte umgestellt worden waren?

Daniel (Heidelberg):

Es waren ausschließlich Patienten, die auf virusinaktivierte Präparate umgestellt worden sind, also vorher mit nicht-virusinaktivierten Konzentraten behandelt worden waren.

Schimpf (Heidelberg):

Die Deutung ist schwierig. Wir wissen, daß die Hämophilen mit chronischer Hepatitis, besonders die mit chronisch aggressiver Hepatitis durch ihre Bindegewebsneubildung ebenfalls höhere Neopterinwerte haben.

Die zweite Stellungnahme, die ich aus Ihnen hervorlocken möchte, betrifft folgendes: Die Umstellung von konventionellen auf virusinaktivierte Präparate brachte in bezug auf die von Ihnen gezeigten Parameter nicht viel. Die Patienten, welche vorher Anti-HIV-negativ waren, haben gute Werte behalten, die, welche vorher schon Anti-HIV-positiv waren, haben sich leider trotz Umstellung der Präparate zu schlechteren Werten fortentwickelt.

Daniel (Heidelberg):

Das ist richtig. Bei Patienten, die bereits vor Umstellung HIV-positiv waren, hat man keine Verbesserung, z. B. bezüglich der T4-Zellen, gesehen.

Frau Eibl (Wien):

Herr Vinazzer, ich möchte Sie hinsichtlich der zwei Gruppen noch genauer befragen. Aus einem der Dias hatte ich den Eindruck, daß die Serumimmunglobulinkonzentration, die IgG-Ausgangswerte in den zwei Gruppen am Anfang schon unterschiedlich waren und die schlechtere Gruppe höher lag. Es stellt sich die Frage nach einer vorangegangenen Hepatitis- oder Epstein-Barr-Infektion.

Vinazzer (Linz):

Über Epstein-Barr-Infektion kann ich nichts sagen. Eine vorangegangene Hepatitis hat irgendwann bei allen diesen Patienten stattgefunden, weil die entsprechenden Marker positiv sind. Die Patienten waren zum größten Teil schon zehn Jahre unter Dauerbehandlung.

Frau Eibl (Wien):

Die beiden Gruppen, Gruppe 2 und 3, sind im Hinblick auf T4 und T8 etwa über 30 Monate fast parallel gelaufen, und zwischen 30 und 36 Monaten war dann plötzlich ein großer Unterschied da. Ich wollte Sie fragen, wie Sie sich das erklären.

VINAZZER (Linz):

Ob das mit der Umstellung von TIM2- auf S-TIM3-Konzentrate zusammenhängt, möchte ich vorläufig noch nicht interpretieren.

WENZEL (Homburg/Saar):

Zeigen Ihre HIV-positiven Gruppen, die sich unterschiedlich verhalten, die gleiche Tendenz bei allen Parametern oder gibt es Unterschiede, z.B. daß bei einigen Patienten die Immunglobuline abfallen und die Lymphozyten nicht?

VINAZZER (Linz):

Es waren bei diesen Gruppen selbstverständlich entsprechende Streuungen da, die ich auch als Standarddedikation eingezeichnet habe. Aber es war nicht der Fall, daß z.B. bei der jetzt „besseren" Gruppe ein Patient wesentlich herausgefallen wäre.

Zum klinischen Teil kann ich sagen, daß sämtliche Patienten in beiden Gruppen keinerlei klinische Erscheinungen gezeigt haben, also keine Anzeichen von ARC, kein Fieber, keine Lymphdrüsenschwellungen, bis jetzt nicht.

LÖWER (Frankfurt):

Ist versucht worden, Virus anzuzüchten, und, wenn ja, gab es Unterschiede in diesen beiden Gruppen?

VINAZZER (Linz):

Bis jetzt hatten wir die Möglichkeit leider nicht, aber ich möchte das gern noch nachholen, wenn Sie mir dazu Gelegenheit geben.

Frau BARTHELS (Hannover):

Wie unterscheiden sich beide Gruppen durch ihre Leberenzymmuster? Gerade die hohen Gammaglobuline haben wir bei Patienten mit Befundmustern wie bei der chronisch aggressiven Hepatitis gesehen.

VINAZZER (Linz):

Nein, in diesem Fall waren keine wesentlichen Unterschiede zwischen den beiden Gruppen festzustellen.

KURTH (Frankfurt):

Eine kurze Frage zum letzten Vortrag von Herrn Daniel: Sie sagten, daß von den gut 50 Patienten nach Umstellung ein Teil sich im T4/T8-Verhältnis verbesserte, ein Teil sich verschlechterte, ein Großteil konstant blieb. Vielleicht habe ich nicht aufgepaßt: Waren diese Veränderungen durch eine T8-Veränderung oder tatsächlich durch Anstiege bzw. Abfälle der T4-Zahlen bedingt?

DANIEL (Heidelberg):

Bei HIV-positiven Patienten fielen die T4-Zellen nach Umstellung weiter ab. Unter den HIV-negativen Patienten waren 6, bei denen diese Werte abfielen, 5, bei denen sie anstiegen und 3 mit konstant bleibenden Zahlen.

KURTH (Frankfurt):

Wenn Sie sagen „ansteigen" oder „abfallen", bei welcher Gruppe konnte das beobachtet werden? Mit anderen Worten: Welchen Verlauf würden Sie, von individuellen Schwankungen abgesehen, über Monate erwarten?

DANIEL (Heidelberg):

Wir haben einen Teil dieser Patienten über zwei Jahre und mehr verfolgen können, und die individuellen Abstände waren in etwa halbjährlich oder jährlich.

SCHRAMM (München):

Sie haben 24 Patienten oder etwas mehr, die negativ waren, untersucht. Sie hatten keinerlei Serokonversion beobachtet?

DANIEL (Heidelberg):

Das „negativ" bezog sich nur darauf, daß die Patienten nach Umstellung bei der nächsten Untersuchung negativ waren.

SCHRAMM (München):

Dann geht die Frage an Herrn Schimpf: Sie haben auch im späteren Verlauf keine Serokonversion beobachtet?

SCHIMPF (Heidelberg):

Nein.

Thrombocytopenia in HIV Seropositive Haemophiliacs: A Study of Platelet Associated Immunoglobulins

E. Taaning, E. Scheibel, B. Laurens, J. Ingerslev
(Kopenhagen, Aalborg, Aarhus/Denmark)

The danish haemophilic population consists of 320 persons. Among 244 haemophiliacs examined for HIV-antibodies, 82 were positive and 162 negative. 6 patients have developed AIDS.

In 1983, thrombocytopenia among haemophiliacs was describe in 5 patients [4].

Since then, further cases of idiopathic thrombocytopenic purpura in HIV-antibody positive haemophiliacs have been published [1, 3]. We have investigated platelet count, platelet bound immunoglobulins, and serum immunoglobulins in HIV-antibody positive and HIV-antibody negative haemophiliacs.

The total number of patients investigated was 52, 41 with haemophilia A and 11 with haemophilia B. 36 were positive for HIV-antibodies and 16 negative (Table 1).

Table 1. Association between anti-HIV and thrombocytopenia in 52 haemophiliacs

36 HIV positive		
18	+	thrombocytopenia
18	–	thrombocytopenia
16 HIV negative		
0		thrombocytopenia

Of the seropositive patients 18 had thrombocytopenia.

Figure 1 illustrates the percentage of the 36 HIV-positive and 16 HIV-negative patients who had increased platelet bound immunoglobulin, serum immunoglobulins and low platelet count.

The investigation for platelet associated immunoglobulins was done with the microplate enzyme-linked immunosorbent assay [5]. The immunoglobulin G subclasses were characterized by incorporating of extra layer of monoclonal antibodies specific to the human IgG subclasses.

100% of the HIV-antibody positives had increased platelet bound immunoglobulin G compared to 25% in the seronegative group. 63% in the seropositive group had increased serum immunoglobulin G compared to 17% in the seronegative group. 50% of the HIV-antibody positive haemophiliacs had low platelet count compared to none in the seronegative group. The differences in these three parameters between the seropositives and seronegatives were statistically significant.

Increased amounts of platelet bound immunoglobulins were found in all of the 18 HIV-positive thrombocytopenic haemophiliacs. Increased amounts of platelet bound immunoglobulins were also found in 22 patients with normal platelet counts. 18 of these 22 patients were HIV-positive.

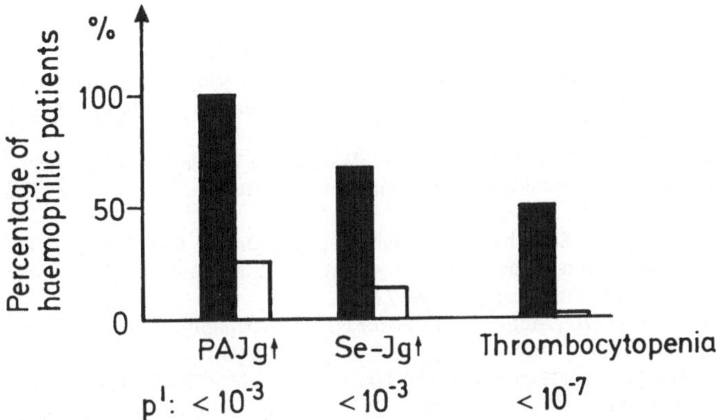

Fig. 1. Percentage of platelet and serum immunoglobulins abnormalities in 52 haemophiliacs seronegative and seropositive for HIV-antibodies. ■ patients seropositive for anti-HIV (n = 16); □ patients seronegative for anti-HIV (n = 36); PAIg↑ Increased amounts of platelet associated immunoglobulin; Se-Ig↑ Increased level of serum immunoglobulins; p′ Fisher's exact test

In the thrombocytopenic haemophiliacs all classes of immunoglobulins were found on the platelets and in half of the cases, all subclasses of IgG were represented. For comparison, 33 patients with autoimmune thrombocytopenic purpura were investigated. In 30 of these patients platelet associated immunoglobulin nearly exclusively presenting immunoglobulin G1 and immunoglobulin M were found. Immunoglobulin was eluated from the platelets in 13 haemophiliacs. None of these eluates had platelet specific reactivity and in none of the eluates HIV-antibodies could be detected.

The mean serum concentration of the 3 classes of immunoglobulins in HIV-positive and in HIV-negative haemophiliacs are shown on Table 2. The serum concentration of immunoglobulin G was increased and there was statistically significant difference between the HIV-antibody positive and negative patients. The differences in the concentration of immunoglobulin A and immunoglobulin M were no significant.

In conclusion, these results provide evidence that the pathogeneses of the low platelet count in haemophiliacs and in autoimmune thrombocytopenic purpura are different. Presumably the HIV-positive haemophiliacs contract thrombocytopenia not caused by antiplatelet antibodies but probably by a non-specific deposition of immune complexes on the platelet surface due to non-specific immunoglobulins secreted by polyclonally activated B-cells [2, 6].

Table 2. Serum immunoglobulin concentrations in 52 haemophiliacs

	HIV positive n = 36	HIV negative n = 16	P**
*S-IgG	24.1	15.4	< 0.001
*S-IgA	2.81	2.33	n.s.
*S-IgM	2.70	1.94	n.s.

* Median serum concentration (g/l)
** Wilcoxon's rank sum test

References

1. Jones P, Hamilton PJ, Bird G, Fearns M, Oxley A, Tedder R, Cheingsong-Popov R, Codd A (1985) AIDS and haemophilia: morbidity and mortality in a well defined population. Br Med J 291:695–699
2. Lane RC, Masur H, Edgar LC, Whalen G, Rook AH, Fauci AS (1983) Abnormalities of B-cell activation and immunoregulation in patients with the acquired immunodeficiency syndrom. N Engl J Med 309:453–458
3. Panzer S, Zeitelhuber U, Hach V, Brackmann HH, Niessner H, Mueller-Eckhardt C (1986) Immune thrombocytopenia in severe haemophilia A treated with high-dose intravenous immunoglobulin. Transfusion 26:69–72
4. Ratnoff OD, Menitove JE, Aster RH, Ledermann MM (1983) Coincident classic haemophilia and "idiopathic" thrombocytopenic purpura in patients under treatment with concentrates of antihaemophilic factor (Factor VIII). N Engl J Med 308:439–442
5. Taaning E (1985) Microplate enzyme immuno-assay for detection of platelet antibodies. Tissue Antigens 25:19–27
6. Walsh CM, Nardi MA, Karpatkin S (1984) On the mechanism of thrombocytopenic purpura in sexually active homosexual men. N Engl J Med 311:635–639

Diskussion

SCHIMPF (Heidelberg):

Welchen unteren Grenzwert der Thrombozytenzahl haben Sie zur Definition einer Thrombozytopenie gewählt?

Frau SCHEIBEL (Kopenhagen):

Der Grenzwert liegt bei 160.000. Die Thrombozytenzahl der Patienten lag zwischen 10.000 und 120.000 mit einem Mittelwert von 78.000/µl.

BRUHN (Kiel):

Haben Sie Zeichen einer Verbrauchskoagulopathie beobachtet oder handelt es sich nur um infektiöse Thrombozytopathien?

Frau SCHEIBEL (Kopenhagen):

Zeichen eines Verbrauchs von Gerinnungsfaktoren haben wir nicht gefunden. Ich glaube, daß es sich um eine Infektionsfolge handelt.

Frau SCHARRER (Frankfurt):

Wie viele Ihrer Patienten hatten zusätzlich eine Leber-Erkrankung?

Frau SCHEIBEL (Kopenhagen):

Alle Fälle hatten erhöhte Leberenzyme, aber kein Patient klinische Zeichen einer Leber-Erkrankung. Einer der Patienten starb an AIDS, alle anderen waren asymptomatisch.

v. KRIES (Düsseldorf):

Würden Sie aus Ihren Daten schließen, daß eine Thrombozytopenie bei einem HIV-infizierten Hämophilen als Zeichen eines AIDS-related complex gelten kann?

Frau SCHEIBEL (Kopenhagen):

Ich nehme an, daß eine enge Beziehung zwischen HIV-Infektion und niedriger Plättchenzahl besteht. Eine Klassifikation dieses Befundes als ARC ist eine andere Frage, die bis heute nicht entschieden ist.

v. KRIES (Düsseldorf):

Ich glaube, daß die Thrombozytopenie bei HIV-positiven Hämophilen in die Klassifikation der HIV-Infektion einbezogen werden sollte. Eine ARC-verbindliche Definition ist nötig.

SCHIMPF (Heidelberg):

Es dürfte sehr schwierig sein, die Thrombozytopenie nach Gruppen zu unterscheiden. Viele Patienten, die HIV-positiv sind, haben gleichzeitig eine chronische Leber-Erkrankung. Nach meiner Meinung können wir diese Folgerung aus der Studie nicht ziehen.

GÜRTLER (München):

Es ist nicht richtig, die Thrombozytopenie zum ARC zu zählen, aber die Thrombozytopenie steht in Beziehung zur HIV-Infektion.

Es wird angenommen, daß während der Antikörper-Produktion bei HIV-Infizierten auch Antikörper gebildet werden, die gleichzeitig Thrombozyten attackieren. Warum nehmen Sie nach Ihren Ergebnissen an, daß Immunkomplexe auf der Plättchenoberfläche vorhanden sind und nicht nur Antikörper, die sich gegen die Plättchenoberfläche richten?

Frau SCHEIBEL (Kopenhagen):

Es besteht ein Unterschied zwischen Thrombozytopenie mit oder ohne Immundefekt. Wir haben das Immun-IgG von den Plättchen eluiert, und wir fanden keine spezifischen Plättchen-Antikörper im Eluat.

NIESE (Bonn):

Ich möchte einige eigene Daten zu Ihren anfügen. Dr. AUCH und Dr. BUDDE von unserer Arbeitsgruppe haben vor einigen Jahren die Immunclearance bei thrombozytopenischen Hämophilen ausgewertet und publiziert. Später haben wir die Auswertung dieser Daten durch HIV-Tests ergänzt. Alle thrombozytopenischen Patienten waren in der HIV-positiven Gruppe und keiner in der negativen.

BRACKMANN (Bonn):

Wir haben jetzt etwa 70 Patienten mit einer Thrombozytopenie. Davon sind 9 HIV-negativ und 6 von diesen haben ein positives HBs-Antigen und eine eindeutige Leberzirrhose.

SCHIMPF (Heidelberg):

Sie haben aber keine Analyse der an die Thrombozyten gebundenen Gammaglobuline gemacht, wie sie von Frau Scheibel berichtet worden ist.

BRACKMANN (Bonn):

Nein, nicht in jedem Fall.

LECHLER (Köln):

Wir haben zwei Hämophilie B-Patienten mit sehr niedrigen Plättchenzahlen unter 10.000/μl. Ich möchte Sie fragen, welche Erfahrungen bzw. Versuche Sie gemacht haben, um die Plättchen zu beeinflussen.

Frau SCHEIBEL (Kopenhagen):

Es ist sehr schwierig, diese Patienten zu behandeln. Wir haben es zunächst mit Prednison versucht, aber es wurde nicht gut vertragen. Einem Patienten gaben wir intravenös Immunglobulin, 14tägig, um die Plättchenzahl über 10.000 zu halten. Der Erfolg war unzureichend. Wir konnten 20.000/μl erreichen, aber nicht mehr.

LECHLER (Köln):

Wieviel Immunglobulin geben Sie als Einzeldosis?

Frau SCHEIBEL (Kopenhagen):

Wir verabfolgen 0,4 g/kg in 5 Tagen, wie es bei Thrombozytopenien beschrieben ist.

LECHLER (Köln):

Sie haben die Therapie nicht fortgesetzt?

Frau SCHEIBEL (Kopenhagen):

Nein, wir haben dann abgewartet bis die Plättchenzahl um 30.000 lag, dann gaben wir eine weitere Dosis, aber nur für einen Tag. Das war nicht erfolgreich, und wir können dieses Vorgehen nicht empfehlen. Man muß alle 3 Monate einen vollen Therapieblock geben, um den Therapieeffekt aufrechtzuerhalten, denn mit jeder Immunglobulin-Verabfolgung wird ein Anstieg der Plättchenzahl erreicht. Wir haben bis jetzt keinen Patienten splenektomiert.

v. KRIES (Düsseldorf):

Wir haben den Eindruck, daß Prednison effektiv ist bei Säuglingen und Kindern mit HIV-assoziierter Thrombozytopenie. Bei einem 3 Monate alten, thrombozytopenischen, HIV-infizierten Säugling konnte die Thrombozytopenie durch Prednison in üblicher Dosis rasch behoben werden. Bei einem anderen 9 Jahre alten Hämophilen mit Thrombozytopenie haben wir die gleiche Erfahrung gemacht.

Frau SCHEIBEL (Kopenhagen):

Wir versuchten zunächst Prednison, doch stellten sich Nebenwirkungen ein. Die Patienten bekamen eine schwere Candida-Infektion des Mundes, und wir mußten die Therapie abbrechen.

BUDDE (Hamburg):

Die Splenektomie ist bei unseren Patienten in Bonn das übliche Vorgehen, weil man nicht mit Prednison behandeln kann, da zu hohe Dosen benötigt werden. Man kann für kurze Zeit mit intravenösen Immunglobulinen behandeln, aber wenn es sich nicht um ein sehr kleines Kind handelt, ist bei schwerer Thrombozytopenie die Splenektomie nicht zu umgehen.

Wenzel (Homburg/Saar):

Ich möchte Dr. Budde zustimmen. Wir haben 1983 darüber berichtet, daß Patienten auf hohen Dosen IgG, wie sie bei Thrombozytopenie empfohlen werden, ansprechen können. Einem Patienten haben wir 1 Jahr mit intermittierenden Dosen behandelt, um die Thrombozytenzahl immer wieder um einige Plättchen anzuheben. Schließlich hatten wir auch diesen Patienten zu splenektomieren.

Wir sind von Prednison zu hochdosiertem IgG übergegangen, weil wir vermutet hatten, daß diese Patienten mit dem noch unbekannten AIDS-Virus infiziert sind und zu Infektionen neigen.

Gürtler (München):

Prednison oder Hydro-Cortison kann in Kulturen eine Virusreplikation in Lymphozyten bewirken. Deshalb kann es gefährlich sein, diese Patienten mit Prednison zu behandeln.

2. *Längsschnittstudien zur prognostischen Relevanz hämatologischer, klinisch-chemischer, immunologischer und mikrobiologischer Verlaufsbefunde*

2.2 bei Hämophilen mit Frühzeichen einer klinischen Manifestation der HIV-Infektion (ARC/LAS-Kriterien)

Vorstadien der AIDS-Erkrankung bei drei jugendlichen Patienten mit schwerer Hämophilie A – Eine Verlaufsbeobachtung über 3 Jahre

W. Baden, H. Thaiss, H. Schneider, A. H. Sutor,
W. Künzer (Freiburg/Breisgau)

Im Jahre 1981 wurden in den USA die ersten Krankheitsfälle des acquired immunodeficiency syndrome – AIDS – bekannt (CDC 1981). Während zunächst vorwiegend Erwachsene erkrankten, die einer der bekannten Hochrisikogruppen angehörten (Tabelle 1), wurden bereits 1983 die ersten AIDS-Fälle bei Säuglingen und Kindern beschrieben (Rubinstein 1983). Ende 1985 waren neben 15719 Jugendlichen und Erwachsenen mit AIDS auch 229 Kinder unter 13 Jahren dem CDC bekannt geworden. Der Kinderanteil unter den ca. 715 AIDS-Kranken in der Bundesrepublik wird mit 2% angegeben (Eichenlaub 1986).

Bei den pädiatrischen AIDS-Erkrankungen sind es neben den vertikal infizierten Neugeborenen und Säuglingen vor allem die Kinder mit substitutionsbedürftigen Blutungsübeln, die mit dem HIV-Virus infiziert wurden. Hier bilden die Hämophilen als Empfänger von Blutprodukten die größte Gruppe (Curran 1984, Heckmann 1986, Scott 1984). Es handelt sich hauptsächlich um jene jugendlichen Hämophilen, die lange und hochdosiert mit Faktor VIII-Präparaten der ersten Generation behandelt wurden.

Tabelle 1. AIDS-Risikogruppen (BGA 1983)

- Männliche Homosexuelle
- Personen mit häufig wechselndem heterosexuellen Intimpartner
- Einwanderer und Reisende aus Zentralafrika, Haiti und Karibik
- Empfänger von Blutprodukten (Hämophile, Polytransfundierte)
- Kinder von HIV-infizierten Müttern bzw. Müttern aus Risikogruppen
- Personen, deren Intimpartner einer der Risikogruppen angehören

Tabelle 2. ARC – Klinische Symptome

Chronischer Zustand (> 3 Monate) von ≥ 2 der folgenden Kriterien:

- Lymphadenopathie (> 2 extrainguinale Lokalisationen)
- Hepatosplenomegalie
- Gewichtsverlust (> 7 kg/10% KG)/Gedeihstörung
- Fieber > 38°C (intermittierend/Kontinua)
- Chronische nichtinfektiöse Diarrhoe
- Müdigkeit, Unwohlsein, Leistungsschwäche, Wesensveränderung
- Nachtschweiß

Tabelle 3. ARC – Laborbefunde

Wiederholter Befund von ≥ 2 der folgenden Kriterien:

- Anämie, Leukozytopenie, Thrombozytopenie/Lymphozytopenie
- Verringerte Anzahl der T-Helferzellen
- Vermindertes Verhältnis T-Helfer:T-Suppressorzellen
- Verminderte Stimulierbarkeit der Lymphozyten durch Mitogene
- Verminderte durch NK-Zellen vermittelte Zytotoxizität
- Kutane Anergie auf verschiedene Hauttestantigene
- Nachweisbare zirkulierende Immunkomplexe
- Erhöhte Serumglobulinwerte

Aus dieser Gruppe der älteren, polytransfundierten Hämophilen möchten wir 3 Patienten vorstellen, die in einem Zeitraum von nunmehr 3 Jahren Symptome aufweisen, die dem Vorstadium von AIDS, dem AIDS-related complex – ARC – zuzuordnen sind, jedoch nicht dem Vollbild der erworbenen Immunschwäche entsprechen (Tabelle 2).

Zur Diagnose eines ARC sollten dabei mindestens je zwei der folgenden klinischen und der Laborkriterien erfüllt sein, wobei in der Pädiatrie geringfügige Modifikationen berücksichtigt werden sollten (BGA Mai 1983, Ebbesen 1983, Koch 1985, Quinn 1984; Tabelle 3):

Kasuistiken (Tabellen 4, 5, 6)

Patient Th. W.

Bei unserem ersten Patienten Th. W. handelt es sich um einen nunmehr 16jährigen Jugendlichen, dessen Großvater mütterlicherseits bereits an einer schweren Hämophilie A litt. Bei Th. liegt eine seit dem 2. Lebensjahr bekannte schwere Hämophilie A vor, bei der bis zum 10. Lebensjahr regelmäßig Faktor VIII substituiert wurde.

Tabelle 4

	Patient Th. W., 16 Jahre alt	Patient M. H., 11 Jahre alt	Patient D. W., 19 Jahre alt
Familien-anamnese:	Großvater mütterlicherseits schwere Hämophilie A	Bruder der Mutter Hämophilie A	Leer
Eigen-anamnese:	Seit dem 2. Lj. bekannte *schwere Hämophilie A*. Dauersubstitution bis zum 10. Lj., seither nur bei Bedarf. Faktorenverbrauch ca. 5000 E AHG/Jahr. Rez. Knie- und obere Sprunggelenksblutungen	Erstmanifestation einer *schweren Hämophilie A* am 2. Lt. mit Kephalhämatom. Dauersubstitution bis 10. Lj., jetzt nur bei Bedarf. Faktorenverbrauch ca. 10000 E AHG/Jahr. Rez. Muskel-/Gelenk- und Zungenblutung	Erstmanifestation einer *schweren Hämophilie A* mit 2 Jahren. Substitution nur bei Bedarf. Faktorenverbrauch ca. 7000 E AHG/Jahr. Rez. Muskel-/Sprunggelenksblutungen

Tabelle 5

Klinische Parameter	Patient Th.W. (16 J.)	Patient M.H. (11 J.)	Patient D.W. (19 J.)
Lymphadenopathie	Cervikal, axillär re.	Axillär bds., submandibulär, cervikal rechts	Axillär, cervikal, nuchal
Gewichtsverlust	(– 4 kg, 49 kg)	∅	(– 8 kg, 66 kg)
Fieber > 38°C	∅	∅	(+)
Durchfälle	∅	∅	+
Müdigkeit, Leistungsschwäche, Wesensveränderung	+	+	+
Hepatosplenomegalie	+/–	+/– (diffuser Parenchymumbau)	–/+
Infektionen	∅	Rezidivierende Otitiden mit atypischen Erregern	Rezidivierend, grippeähnlich

Tabelle 6

Laborparameter	Patient Th.W. (16 J.)	Patient M.H. (11 J.)	Patient D.W. (19 J.)
LAV/HTLV III/HIV	1:25600	1:25600	1:25600
Leukozyten/mm^3	4100	4700	5600
Lymphozyten	40	55	59
T-Helferzellen/mm^3	377	982	231
T-Helfer:T-Suppressor-Zellen	0,44	0,88 (0,13)	0,19
Mitogenstimulation (PHA/PWM)	Reduziert	Reduziert	Reduziert
Immunglobuline (Gammagl. %)	20,9	24	28,9
Polyklonale Gammopathie	+	+	+++
Transaminasen (GOT/GPT U/ml)	29/55	38/81	80/168
C-reaktives Protein	∅	∅	∅
Serologie HBsAg	∅	+	∅
anti-HBs	+	+	+
anti-HBc	+	HBe +	+
CMV/EBV	∅/∅	∅/∅	1:1280/1:256 IgG 1:32 IgA

Seither erhält er nur noch im Bedarfsfall AHG und hat einen Faktorenverbrauch von ca. 5000 E AHG/Jahr. Hauptblutungsorte sind rezidivierend die Knie- und Sprunggelenke.

Vor 3½ Jahren beobachtete Th. erstmals eine druckdolente retroaurikuläre Schwellung. Bei näherer Untersuchung fanden sich auch nuchale, axilläre und präthorakale Lymphknotenschwellungen. Im Rahmen einer umfangreichen Diagnostik konnten eine lokale Infektion des Hals-Nasen-Rachen-Raumes sowie eine systemische infektiöse oder neoplastische Genese als Ursachen ausgeschlossen werden. Die Schwellungen waren zunächst ohne spezifische Therapie rückläufig, rezidivierten jedoch und sind in den letzten Monaten fast konstant.

Als Zeichen der serologisch faßbaren abgelaufenen Hepatitis B-Infektion findet sich eine Hepatomegalie von + 2 cm. Nach einem Gewichtsverlust von 4 kg im vergangenen Jahr wiegt Th. jetzt konstant 52 kg bei 164 cm Körpergröße. In den letzten Monaten fühlt er sich auch wieder zunehmend leistungsfähiger.

Im Dezember 1984 wurde erstmals ein positiver HIV-Antikörpertiter von 1:25600 im ELISA- und Immunoblot-Verfahren nachgewiesen (Deinhardt 1985). Seither besteht auch eine reduzierte T-Helfer-Zellzahl bei normaler Gesamtlymphozytenzahl mit erniedrigtem OKT4/OKT8-Verhältnis um 0,5 (Mitrou 1983). Die Immunglobulin G-Fraktion ist mäßiggradig erhöht, die leichte Transaminasenerhöhung entspricht der abgelaufenen Hepatitis B, weitere Titererhöhungen (CMV, EBV, HSV) liegen nicht vor. Die Mitogenstimulierbarkeit der Lymphozyten ist konstant reduziert.

Patient M. H.

M. H. ist ein 11 Jahre alter Junge, dessen Onkel mütterlicherseits ebenfalls an einer Hämophilie A leidet. Bei M. manifestierte sich die Hämophilie A bereits am 2. Lebenstag in Form eines ausgedehnten Kephalhämatoms. Er wurde bis zum 10. Lebensjahr regelmäßig mit Faktor VIII substituiert, seither nur noch bei Bedarf. Sein Faktorenverbrauch liegt seither bei 10000 E AHG aufgrund einer ausgeprägten Zungenblutung, einer Zahnextraktion und rezidivierenden Muskel- und Sprunggelenksblutungen der unteren Extremitäten.

Vor 1¾ Jahren fielen bei ihm erstmalig kirschgroße nuchale Lymphknoten auf, die zunächst im Rahmen rezidivierender Otitiden nach traumatischer Trommelfellperforation gedeutet wurden. Im weiteren Verlauf zeigte er jedoch zusätzlich konstante submandibuläre, cervikale und axilläre Lymphknotenschwellungen. Seit einigen Wochen bemerkt die Mutter eine allgemeine Leistungsschwäche mit häufiger depressiver Verstimmung. Eine Hepatomegalie von + 4 cm unter dem rechten Rippenbogen mit sonografisch gesichertem diffusem Parenchymumbau beruht wahrscheinlich auf der chronisch-persistierenden Hepatitis B-Infektion mit allen Zeichen einer floriden Entzündung.

Auch bei M. findet sich seit knapp 3 Jahren ein erniedrigter OKT4/OKT8-Quotient, der bei ihm allerdings auf einer Erhöhung der T-Suppressor-Zellzahl beruht und zwischen 0,13 und 0,9 schwankt, je nach Aktivitätsgrad der lokalen Entzündungsreaktion, wobei das Erregerspektrum der Otitis von Streptokokken bis zu atypischen Hefen wechselt. Fehlende in-vitro-Stimulierbarkeit der Lymphozyten und kutane Hypoergie auf Recall-Antigene sowie eine IgG-Gammopathie zeigen auch hier die beginnende Immundefizienz. Der Nachweis der veränderten Lymphozytensubpopulationen und der HIV-Antikörper gingen bei ihm dem Auftreten der beschriebenen Krankheitszeichen voraus.

Patient D.W.

D.W. ist ein nunmehr 19jähriger junger Mann mit leerer Familienanamnese. Bei ihm wurde im Alter von 2 Jahren die Diagnose einer schweren Hämophilie A gestellt. Er wurde nur im Rahmen seiner rezidivierenden Muskel- und Sprunggelenksblutungen substituiert, wobei sein durchschnittlicher Faktorenverbrauch an Faktor VIII 7000 E/Jahr beträgt.

Während der stationären Behandlung einer rechtsseitigen Quadrizepsblutung vor 3½ Jahren fielen erstmals die massiven axillären und inguinalen Lymphknotenpakete auf. Zu diesem Zeitpunkt bestand bereits eine sonografisch gesicherte Splenomegalie von + 3 cm, während sich die cervikalen und nuchalen Lymphknoten erst im Laufe des folgenden Jahres entwickelten, so daß D. schließlich ein mononukleoseähnliches klinisches Bild bot (Wahn 1986). Seither hat er 8 kg abgenommen und wiegt nunmehr 69 kg bei 180 cm Körpergröße. Wiederholte Fieberschübe mit grippeähnlichen Bildern, einem maculopapulösem Stammexanthem sowie Durchfällen wechselten in den letzten 2 Jahren mit längeren Phasen körperlichen Wohlbefindens und zunehmender Leistungsfähigkeit bei relativer Konstanz von Lymphadenopathie und Splenomegalie.

Wie in den ersten beiden Fällen wurde auch bei D. im Dezember 1984 erstmals ein positiver HIV-Titer gemessen. Er weist einen konstant niedrigen T4/T8-Quotienten von 0,19 auf. Neben einer ausgeprägten polyklonalen Gammopathie besitzt er spezifische CMV- und EBV-Antikörpertiter, die anfänglich das mononukleoseähnliche klinische Bild zu erklären schienen. Jedoch fehlt zur Diagnose einer chronisch persistierenden EBV-Infektion der Nachweis der Antikörper gegen das Viruskapsidantigen und das early-Antigen, so daß die ebenfalls vorhandene Mitogenstimulierbarkeit der Lymphozyten und die cutane Anergie auf Recall-Antigene eher dem Vollbild der ARC entsprechen und auch die serologischen Befunde hier einzuordnen sind (Jilg 1986). Die axilläre Lymphknotenbiopsie dieses Patienten ergab lediglich die bekannte unspezifische Aktivierung des lymphatischen Gewebes in Form von follikulärer Hyperplasie; der Versuch einer Virusanzüchtung schlug – aus technischen Gründen – fehl (Koch 1985).

Diskussion

Diese klinischen, laborchemischen, serologischen und immunologischen Befunde unserer 3 Patienten erfüllen die Kriterien eines AIDS-related complex und müssen diesem zugeordnet werden.

Keiner unserer Hämophilen erfüllt jedoch das Vollbild der erworbenen Immundefizienz; eine eindeutige Progredienz der Symptomatik ist bislang bei keinem der vorgestellten Patienten zu erkennen.

In der Gruppe unserer älteren, seit mehr als 10 Jahren mit Faktor VIII-Präparaten substituierten Hämophilen, die zu über 65% HIV-Antikörper-seropositiv sind, bilden diese 3 vorgestellten Patienten jedoch eine Minderheit.

Die Patienten sind altersspezifisch über ihre Befunde, deren Relevanz und die sich daraus ergebenden notwendigen Konsequenzen für die Lebensführung aufgeklärt.

Erfreulicherweise haben wir bislang bei den Kontaktpersonen im Rahmen der Routinekontrollen keinen positiven HIV-Antikörpertiter als Zeichen einer horizontalen oder vertikalen Infektion feststellen können.

Literatur

Bundesgesundheitsamt (1983/1985) Merkblatt: Das erworbene Immundefektsyndrom

Centers for disease control CDC (1982) Diffuse, undifferentiated non-Hodgkins lymphoma among homosexual males – United States. Morbid Mortal Wk Rep 31:277

Curran J, Lawrence D, Jaffe K, Kaplan J, Zyla L, Chamberland M, Weinstein R, Lui K, Schonberger L, Spira T, Alexander J, Swinger G, Ammann A, Solomon S, Auerbach D, Midvan D, Stoneburner R, Jason J, Haverkos H, Evatt B (1984) Acquired immunodeficiency syndrome (AIDS) associated with transfusions. N Engl J Med 310/2:69

Deinhardt F, Eggers H, Habermehl K, Koch M, Kurth R (1985) Die Bestimmung von Antikörpern gegen HTLV III/LAV. Deutsch Ärzteblatt 34:2424

Ebbesen P, Biggar R, Melbye M (1983) AIDS in Europe. Br Med J 287:1324

Eichenlaub D (1986) AIDS und Human Immunodeficiency Virus (HIV)-Antikörpernachweis bei Neugeborenen und Säuglingen. Sozialpädiatrie 8:527

Heckmann F, Klingler K (1986) HTLV III-Infektion durch Bluttransfusion. Med Klinik 81:583

Jilg W (1986) Serologische Kriterien der infektiösen Mononukleose. DMW 111:1339

Koch M, L'Age-Stehr J (1985) AIDS: Der heutige Stand unseres Wissens. Deutsch Ärzteblatt 36:2560

Mitrou P, Bergmann L (1983) Subpopulationen thymusabhängiger Lymphozyten des Blutes. DMW 108:1888

Quinn T (1984) Early symptoms and signs of AIDS and the AIDS-related complex. In AIDS, Ebbesen, Biggar, Melbe Munksgaard 69

Rubinstein A (1983) Acquired immunodeficiency syndrome in infants. Am J Dis Child 137:825

Schneider H, Thaiss-Pancochar H, Sutor AH (1983) Lymphozytensubpopulationen unter Therapie mit antihämophilem Globulin. Vortrag anl 14. Hämophilie-Symposion, Hamburg 1983. Landbeck, Marx, Schattauer Verlag

Scott G, Buck B, Leterman J, Bloom F, Parks W (1984) Acquired immunodeficiency syndrome in infants. N Engl J Med 310:76

Thaiss H, Sutor AH, Schneider H, Künzer W (1985) Serologischer, immunologischer und klinischer Status von Hämophilie-Patienten mit und ohne Vorbehandlung durch nichtinaktivierte Faktorenkonzentrate. Vortrag anl 16. Hämophiliekongreß 8./9. 1. 1985 Hamburg

Wahn V, v Kries R, Kreth H (1986) AIDS bei Kindern. Sozialpädiatrie 8:518

Diskussion

GÜRTLER (München):

Sind diese 3 Patienten tatsächlich bereits über einen Zeitraum von 3 Jahren einem ARC zuzuordnen mit unveränderter Symptomatik?

BADEN (Freiburg):

Es wurden Schwankungen in den Befunden beobachtet, doch zeigen diese keine Tendenz zu einer Verschlechterung.

MÖSSELER (Göttingen):

Ich habe Zweifel, ob der zweite Patient in die ARC-Gruppe einzuordnen ist. Es scheint mir fraglich, rezidivierende Otitiden bei einem Kind als opportunistische Infektion zu bewerten.

BADEN (Freiburg):

Ich würde Ihnen zustimmen, wenn es sich nicht um Mykosen handeln würde, die uns veranlassen, das Kind doch einem ARC zuzuordnen.

GASTPAR (München):

Bei einem Kind im Alter zwischen 3 und 10 Jahren sind Mykosen im Gehörgang keineswegs ungewöhnlich.

SCHIMPF (Heidelberg):

Ist bei einer Mykose im Ohr auch gleichzeitig eine im Rachen und Ösophagus vorhanden oder treten diese Lokalisationen getrennt auf?

GASTPAR (München):

Letzteres ist zutreffend. Mykose im äußeren Gehörgang sind außerordentlich häufig, haben erheblich zugenommen, vor allem in den Sommermonaten, und rezidivieren immer wieder. Dabei sind sowohl Lymphadenopathien als häufig auch Adenoide vorhanden.

SCHIMPF (Heidelberg):

Verursachen Mykosen im Gehörgang Symptome oder sind sie stumm?

GASTPAR (München):

Symptome treten durchaus auf, doch wird die Mykose oft überhaupt nicht erkannt, wenn kein Abstrich gemacht wird. Die Diagnose lautet entsprechend häufig: Otitis externa.

MÖSSELER (Göttingen):

Bei hämophilen Kindern wird die Adenotomie mit besonderer Zurückhaltung gesehen. Wir wissen, daß Adenoide in diesem Lebensalter häufig zu rezidivierenden Infekten der oberen Luftwege führen und daher sollten diese Folgeerscheinungen bei HIV-infizierten Kindern sehr zurückhaltend beurteilt werden. Eine Zuordnung zum ARC ist entsprechend sehr problematisch und sollte mit großer Skepsis gesehen werden.

BADEN (Freiburg):

Ich würde Ihnen zustimmen, wenn die Lymphadenopathie wie üblich nach 4–6 Wochen abgeklungen und nicht wie in diesem Fall über mehr als 4 Monate konstant geblieben wäre.

LANDBECK (Hamburg):

Der Einwand von Herrn Mösseler ist sicher zutreffend. Solange kein einheitliches und akzeptables Klassifikationssystem des ARC definiert ist, das auch das Kindesalter und seine Besonderheiten berücksichtigt, werden wir aus dieser Problematik nicht herauskommen. Eine Abgrenzung der Symptomgruppen des ARC von einer symptomlosen HIV-Infektion wie auch einem klinisch manifesten AIDS bei Hämophilen ist entsprechend ein Hauptanliegen unserer Symposien. Die Zuordnungsschwierigkeiten bei Kleinkindern und jungen Schulkindern, insbesondere deren ohnehin erhöhte Infektanfälligkeit, sind sicherlich Anlaß genug, diese Altersgruppe aus der Gesamtgruppe HIV-infizierter Hämophiler herauszunehmen und in Verlaufsstudien getrennt zu führen. Verlaufsähnlichkeiten werden hier am ehesten mit HIV-infizierten Kindern von Müttern aus anderen Hochrisikogruppen gegeben sein.

Frau MINGERS (Würzburg):

Bei Kindern mit persistierenden Lymphknotenschwellungen im Halsbereich sollten auch atypische Tuberkuloseerkrankungen bedacht werden. Bei Lymphknotenexstirpation werden nicht selten unspezifische mykobakterielle Infektionen gefunden.

SCHIMPF (Heidelberg):

Darf ich fragen, wie man zur Lymphknotenexstirpation steht? Uns starb ein Patient an AIDS, bei dem mir einige Zeit vorher auf meine Frage zur Lymphknotenexstirpation geantwortet wurde, daß bei AIDS doch nur ein unspezifischer Befund zu erwarten ist. Die Sektion ergab eine Ausbreitung von Mykobacterium avium intracellulare in sämtlichen Lymphknoten, in Milz und Leber. Sollte man bei einem möglicherweise HIV-bedingten Lymphadenopathie-Syndrom generell eine Lymphknotenexstirpation vornehmen?

Frau SCHARRER (Frankfurt):

Es ist eigentlich selbstverständlich, daß man den Lymphknoten entfernt, dazu noch bei HIV-positiven Patienten; denn es könnte ja noch alles andere dahinterstecken, u.a. auch eine therapierbare Toxoplasmose.

NIESSNER (Wien):

Ich möchte mich dem anschließen, geht es letztlich doch um die Lymphomdiagnostik.

Frau STÖRKEL (Frankfurt):

Wir haben bei einem HIV-positiven Patienten mit generalisierter Lymphknotenschwellung bei Lymphadenektomie eine Tuberkulose gefunden, wenngleich wir diese auch nicht sehr erfolgreich behandeln konnten.

WENZEL (Homburg/Saar):

Bei einem 16jährigen HIV-positiven Patienten mit Hämophilie A, bei dem eine Lymphknotenschwellung bestand, haben wir nach Auftreten von Fieber und Gewichtsverlust einen Lymphknoten exstirpiert und eine Tuberkulose festgestellt, die mit einer Dreierkombination ein halbes Jahr behandelt wurde und vollständig zurückgegangen ist.

SCHIMPF (Heidelberg):

Nach diesen Kasuistiken ist eine Lymphknotenexstirpation in entsprechenden Fällen also angeraten.

KURTH (Frankfurt):

Herr Landbeck hat mich soeben in die Pflicht genommen, noch einmal zusammenzufassen, was nun gute und schlechte prognostische Marker sind. Wenn ich das tue, könnten wir die Diskussion wahrscheinlich von vorne anfangen.

Nach meinem Eindruck der letzten zwei Stunden könnte man vielleicht folgendes ganz vorsichtig formulieren: Eine gute Prognose würde dann gegeben sein, wenn es z.B. nicht gelingt, ein Virus zu isolieren. Wir haben wie viele andere Laboratorien die Erfahrung gemacht, daß in der Frühphase die Virusanzüchtung sehr viel schwieriger ist als in der späten Phase, im voll ausgebildeten Krankheitsbild AIDS. Zweiter Punkt: Gute Prognose: Solange die Pokeweed-Mitogenstimulation der B-Zellen gut funktioniert, scheint es halbwegs garantiert zu sein, daß sich das Krankheitsbild nicht verschlechtert. Dritter Punkt: Solange die zellgebundene Immunität oder, vorsichtiger ausgedrückt, die Lymphozytenproliferation durch HIV-Antigene vorhanden ist, kann man sicher sein, daß die Infizierten in den nächsten Wochen kein AIDS entwickeln werden. Wenn die Stimulierbarkeit verschwindet, gilt natürlich die umgekehrte Schlußfolgerung. Viertens: Solange die absolute Zahl der T-Helferzellen über 350/µl beträgt, sind die Patienten vor dem Abrutschen ins Vorbild halbwegs sicher.

Andererseits gibt es auch vier Anzeichen einer schlechten Prognose: Bei der Mehrzahl der Patienten, deren Anti-p24 Western-Blot-Antikörper verschwindet, scheint sich eine klinische Verschlechterung anzubahnen. Zweitens: Bei Patienten, bei denen man in vitro keine Synthese von Gammainterferon mehr induzieren kann, kommt es ebenfalls zu einer Verschlechterung des Krankheitsbildes. Drittens: Wenn die polyklonale IgG-Synthese abnimmt, zeugt dies von einer nicht mehr funktionierenden T-B-Kooperation, was auch als schlechter Marker zu bezeichnen ist. Viertens kann man die Aussage der absoluten T4-Zellzahl auch umdrehen. Die Patienten, deren Zellzahl unter 300/µl fällt, sind sicherlich hochgradig gefährdet.

Sie sehen, daß diese Laborparameter alle nicht wasserdicht sind. Zumindest was die schlechte Prognose betrifft, muß man sich dann vielleicht auch rechtzeitig von den Laborparametern lösen. Die Klinik wird bei der Verschlechterung des Krankheitsverlaufs oft sehr viel eindeutiger sein als die hämatologischen Untersuchungen.

3. Therapie bei Frühzeichen einer klinischen Manifestation der HIV-Infektion (ARC/LAS-Kriterien)

Ansätze zur Therapie der HIV-Infektion

J. Löwer (Frankfurt)

Ende Oktober 1985 feierte die französische Gesundheitsministerin, Frau G. Dufoix, auf einer Pressekonferenz die Behandlung von AIDS-Patienten mit Cyclosporin A, einem sehr wirksamen Immunosuppressivum, als große französische Entdeckung. In der Tat war eine Woche zuvor eine Behandlung mit diesem Medikament bei sechs AIDS-Patienten begonnen worden und war in einem dieser Patienten die Absolutzahl an $T4^+$-Zellen von 4 auf 400 pro Mikroliter angestiegen. Dieser Einzelbefund sowie die subjektive Besserung im Empfinden dieses Patienten reichten bereits aus, die neue Therapie als hoffnungsvoll zu bezeichnen. Tragischerweise jedoch verstarb gerade dieser Patient etwa eine Woche nach der Pressekonferenz.

Dieses Beispiel ist nicht unbedingt charakteristisch für die Art und Weise, mit der nach einer Therapie des erworbenen Immundefizienzsyndroms AIDS gesucht wird. Es zeigt jedoch, welcher Erwartungsdruck besteht und welche Hektik auf diesem Gebiet herrscht. Es ist meines Erachtens aber notwendig, sehr viele Ansätze sowohl mit unterschiedlichen Medikamenten als auch nach unterschiedlichen Konzepten zu erproben, auch wenn dies im Moment zu einem Zustand führt, der für all die, die auf eine praktikable Therapie warten, ausgesprochen verwirrend ist.

Die Aufgabe dieser Übersicht ist es, die unterschiedlichen Therapieansätze systematisch aufzuführen und die bisherigen klinischen Erfahrungen zusammenzufassen. Dabei erhebt sie keinen Anspruch auf Vollständigkeit. Gleich zu Beginn muß aber festgehalten werden, daß eine allgemein anwendbare, einigermaßen erfolgversprechende Therapie zur Zeit nicht möglich ist.

Bei der Therapie des AIDS werden im wesentlichen zwei Strategien verfolgt. Die eine zielt auf eine direkte Bekämpfung des Erregers, des Humanen Immundefizienzvirus HIV. Die andere ist darauf gerichtet, die zahlreichen Funktionen des Immunsystems, die in den Patienten gestört sind, wieder zu normalisieren. Sie wurde bereits in Angriff genommen, als das verursachende Virus noch nicht bekannt war.

Wiederherstellung der Funktion des Immunsystems

Als eine Möglichkeit, das Immunsystem positiv zu beeinflussen, bietet sich der Einsatz von Mediatoren (Lymphokine oder Interferone) an, die infolge der Fortschritte der Gentechnologie in ausreichender Menge und in hoher Reinheit zur Verfügung stehen. Insbesondere liegt es nahe, Interferon gamma therapeutisch einzusetzen, da es einerseits antiviral, andererseits immunmodulatorisch, z. B. durch die Stimulation von Monozyten und Makrophagen, wirkt. Eine frühe Studie mit 25 Patienten am National Institute of Health verlief jedoch enttäuschend. Auch bei hoher Dosierung konnte mit Interferon gamma keine klinische Besserung beobachtet

Tabelle 1. Konzepte zur Therapie der HIV-Infektion (mit Beispielen bereits klinisch untersuchter Wirkstoffe)

1. Wiederherstellung der Funktionen des Immunsystems
   a) Immunsubstitution
      z.B. Interferon γ, Interferon α2A,
      Interleukin 2, Thymopentin
   b) Immunstimulatoren
      z.B. Dithiocarb, Inosine Pranobex
2. Immunsuppression
   z.B. Cyclosporin A
3. Antivirale Therapie
   a) Hemmstoffe der viralen RNS-abhängigen DNS-Polymerase
      z.B. Suramin, Phosphonoformiat, Azidothymidin
   b) Viruselimination

werden. Das gleiche galt für Studien, die versuchten, mit Interferon gamma vielmehr durch zahlreiche Nebenwirkungen (Durchfälle, Schüttelfröste, Fieber usw.) belastet.

Ähnliche Therapieversuche wurden mit Interferon alpha 2A durchgeführt. Hier zeigt gerade die Studie von Abrams et al. [1], wie wichtig das Mitführen einer placebobehandelten Kontrollgruppe ist. Wird z.B. die Größe der Lymphknoten bei Patienten mit Lymphadenopathie-Syndrom als Erfolgskriterium gewertet, so könnte Interferon alpha 2A als wirksam eingestuft werden, da bei 5 von 7 behandelten Patienten die Lymphknoten kleiner wurden. Das gleiche galt jedoch auch bei 4 von 7 Patienten, die ein Placebo erhalten hatten. Auch die Verschiebung des durchschnittlichen $T4^{+}/T8^{+}$-Verhältnisses von 0,51 auf 0,63 könnte als eine Erholung des Immunsystems betrachtet werden. Sie trat jedoch bei der Kontrollgruppe auf, während sie bei der mit Interferon alpha 2A behandelten von 0,63 auf 0,61 sank. Abrams schließt aus seinen Daten, daß Interferon alpha 2A bei der Behandlung von AIDS nicht wirksam ist. Daß sein Ergebnis so eindeutig ausfällt, liegt daran, daß von vornherein eine Kontrollgruppe mitbeobachtet wurde. Diese sollte zwar selbstverständlich sein, doch fehlt sie bei vielen Therapiestudien. Dadurch wird die Interpretation und die Bewertung der entsprechenden Ergebnisse sehr erschwert.

Der Einfluß von Interferon alpha 2A auf den Verlauf des Kaposi-Sarkoms bei AIDS-Patienten wurde bisher leider nur in einer Studie ohne Vergleichsgruppe untersucht [2]. Hier wurde bei 24% von 51 Patienten eine komplette oder partielle Remission beobachtet. Als prognostisch günstige Voraussetzungen wurden das Fehlen von opportunistischen Infektionen, der Erhalt der Reaktion auf Recall-Antigene und das Fehlen einer endogenen Interferonaktivität angegeben. Aber solche Patienten haben auch unabhängig von einer Therapie eine relativ gute Prognose. Es ist daher auch den Untersuchern klar, daß ihre Ergebnisse in einer kontrollierten Studie überprüft werden müssen.

Im Zentrum der Immunabwehr steht die T-Helfer-($T4^+$)-Zelle, deren Anzahl in AIDS-Patienten, wie schon lange bekannt ist, erheblich verringert ist. Eine ihrer Funktionen ist es, Interleukin 2 zu sezernieren, das seinerseits die Proliferation von T-Zellen stimuliert. Führt man bei AIDS-Patienten eine Substitution mit Interleukin 2 durch, so können in der Tat Veränderungen bei einer großen Zahl immunologischer Parameter beobachtet werden, z.B. eine Verbesserung der Hautreaktion. Das $T4^+/T8^+$-Verhältnis aber bleibt unbeeinflußt und der klinische Effekt ist sehr gering, wenn überhaupt vorhanden.

Auch Thymopentin, ein Pentapeptid, das die Wirkung des Thymopoetins nachahmt, gehört zu den Mediatoren des Immunsystems. Wird es bei AIDS-Patienten eingesetzt, ist keine Wirksamkeit festzustellen. Werden jedoch Patienten mit Lymphadenopathie-Syndrom damit behandelt, so nimmt die Gesamtzahl der Lymphozyten in vivo und ihre Stimulierbarkeit in vitro zu [3]. Aus diesem Ergebnis kann jedoch nicht unbedingt auf eine klinische Wirksamkeit geschlossen werden.

Die bisher besprochenen Substanzen sind natürliche Mediatoren des Immunsystems. Es sind jedoch auch einige synthetische Substanzen bekannt, die immunmodulatorisch wirken. Zu diesen Immunstimulantien zählen Dithiocarb und Inosine Pranobex. Ihre in-vitro-Effekte (Hemmung der Vermehrung von HIV in peripheren Lymphozyten, Zunahme der $T4^+$-Zellen in T-Zellkulturen von AIDS-Patienten, s. Ref. 4, 5) rechtfertigen ihren klinischen Einsatz. In vorläufigen Untersuchungen mit Dithiocarb wurde ein Trend zur klinischen Verbesserung beobachtet, der jedoch noch statistisch abgesichert werden muß. In einer randomisierten Doppelblindstudie [6] an 63 AIDS-Patienten führte Inosine Pranobex dagegen nicht nur zu einer klinischen Verbesserung, sondern auch zu einer Normalisierung einer Reihe von immunologischen Parametern. Sollten sich diese Ergebnisse bestätigen, müssen diese Substanzen bei einer Therapie von AIDS-Patienten berücksichtigt werden.

Immunsuppression

Zwei Überlegungen sprechen jedoch gegen die therapeutische Stimulation des Immunsystems bei AIDS-Patienten. Zum einen ist vorstellbar, daß es dabei lediglich zu einer zusätzlichen Bereitstellung von $T4^+$-Zellen kommt, in denen sich das Virus vermehren kann. In-vitro-Beobachtungen zeigen nämlich, daß HIV nur in solchen $T4^+$-Zellen repliziert, die durch Antigene oder Mitogene stimuliert sind. So deutet auch die erhöhte Neopterinausschüttung, die bei AIDS-Patienten, aber auch bei Hämophilen gemessen werden kann, auf eine Aktivierung des Immunsystems hin. Zum anderen ist es möglich, daß eine Autoimmunkomponente bei der Erkrankung eine entscheidende Rolle spielt. Es gibt z.B. Hinweise dafür, daß das Virus sehr viel Hüllprotein produziert, ohne daß Viruspartikel gebildet werden. Dieses Hüllprotein könnte sich dann an T4-Rezeptoren von nicht infizierten Zellen anlagern und diese so der eigenen Immunabwehr ausliefern. Diese beiden Überlegungen bilden die theoretische Grundlage für den Versuch, AIDS-Patienten mit Immunsuppressiva, z.B. Cyclosporin A, zu behandeln. Die bisherigen klinischen Experimente führten jedoch nicht zu einem eindeutig positiven Ergebnis. Vielmehr muß man davon ausgehen, daß dieser Weg nicht weiter beschritten werden sollte.

Antivirale Therapie

Alle Versuche, das Immunsystem von AIDS-Patienten wieder ins Gleichgewicht zu bringen, müssen letztlich daran gemessen werden, inwieweit sie in der Lage sind, den Erreger selbst unter Kontrolle zu halten. Es erscheint daher sinnvoller, nach Substanzen zu suchen, die unmittelbar die Virusvermehrung hemmen oder eine Elimination des Virus aus dem Patienten bewirken. Als Angriffspunkte für eine solche Chemotherapie bieten sich Funktionen an, die nur dem Virus eigen sind. Nun besitzt HIV mindestens 4 spezifische Steuergene (sor, 3'-orf, tat, art). Die Funktion und die Wirkungsweise ihrer Genprodukte sind jedoch noch nicht so detailliert bekannt, daß eine Suche nach Hemmstoffen durchgeführt werden kann. Dagegen ist eine lange Liste von Substanzen bekannt, die das Retrovirus-typische, damit auch HIV-spezifische Enzym RNS-abhängige DNS-Polymerase (Reverse Transkriptase) hemmen. Dieses Enzym katalysiert die Transkription der viralen RNS in doppelsträngige DNS, ein Schritt, der für die Vermehrung des Virus unumgänglich ist. Da die so gebildete virale DNS sich jedoch in das Genom der Wirtszelle einlagert und dort verbleibt, können einmal infizierte Zellen durch eine Hemmung der Reversen Transkriptase nicht mehr vom Virus befreit werden. Eine therapeutische Inhibition dieses Enzyms kann daher nur die Neuinfektion von Zellen verhüten und muß daher lebenslang durchgeführt werden. Daher sollte eine solche Substanz praktisch keine Nebenwirkungen zeigen.

Suramin wurde als erstes Medikament dieser Art in einem klinischen Versuch eingesetzt. Seine hemmende Wirkung auf die virale RNS-abhängige DNS-Polymerase ist bereits seit den sechziger Jahren bekannt. Noch älter sind klinische Erfahrungen, die jedoch bei der Behandlung der Schlafkrankheit gewonnen wurden. In-vitro-Versuche zeigten nun, daß durch Suramin die Neuinfektion von Lymphozyten mit HIV verhindert werden kann [7]. Dieses Ergebnis schien sich im klinischen Versuch [8] zu wiederholen, da bei 19 von 63 Patienten, bei denen der Erreger zunächst isoliert werden konnte, während der Therapie kein Virusnachweis möglich war. Nach Abbruch der Behandlung wurde aber auch bei diesen Patienten das Virus wieder gefunden. Dieses Ergebnis entspricht den oben aufgeführten Voraussagen aufgrund des Vermehrungsweges von Retroviren. Alle Therapieversuche mit Suramin mußten jedoch wegen der starken Nebenwirkungen abgebrochen werden. Diese reichen von Fieber über Übelkeit bis hin zu allergischen Reaktionen. Dominierend sind aber die nephrotoxische und die hepatotoxische Wirkung und die Depression des Knochenmarks.

Die Toxizität von Suramin könnte eventuell dadurch erklärt werden, daß neben dem viralen Enzym auch zelluläre Enzyme gehemmt werden. Aus diesem Grund wurden am Paul-Ehrlich-Institut neben der HIV-spezifischen Reversen Transkriptase die zellulären DNS-Polymerasen alpha, beta und gamma isoliert und in vitro der Einfluß von über hundert Substanzen auf diese Enzyme getestet.

Die Experimente zeigten unter anderem, daß Suramin alle vier Enzyme im gleichen Konzentrationsbereich inhibiert. Noch unspezifischer scheint HPA 23 zu wirken, das insbesondere von französischen Arbeitsgruppen klinisch getestet wurde. In unserem Vergleich hemmt es das virale Enzym schlechter als die zellulären. Nur eine Substanz wurde bisher gefunden, die sehr spezifisch auf die Reverse Transkriptase wirkt: Phosphonoformiat. Zur Hemmung der empfindlichsten zellulären DNS-

Polymerase ist eine über 1300fach höhere Konzentration notwendig. Diese Substanz wird zur Zeit auch im klinischen Versuch bei AIDS-Patienten eingesetzt, jedoch wurden bisher keine Ergebnisse veröffentlicht.

In den letzten Wochen machte jedoch eine andere Verbindung von sich reden, die ebenfalls zu den Inhibitoren der Reversen Transkriptase zählt. Es handelt sich um Azidothymidin, das im Gegensatz zum Thymidin, einem Nukleinsäurebaustein, anstelle einer 3-OH-Gruppe im Riboseanteil eine Azidogruppe trägt. An die 3-OH-Gruppe wird bei der DNS Polymerasereaktion der nächste Nukleotidphosphatrest angelagert, ein Schritt, der beim Azidothymidin nicht mehr ablaufen kann. Es wird also ein Kettenabbruch induziert, der die Transkription der viralen RNS in DNS unmöglich macht. In vitro verhindert Azidothymidin ebenso wie Suramin die Neuinfektion von Lymphozyten [9]. Die klinischen Erfahrungen sind jedoch günstiger. In einer Phase 1-Studie an 19 Patienten [10] konnte gezeigt werden, daß sich im untersuchten Dosisbereich immunologische Parameter (z. B. die Absolutzahl an $T4^{+}$-Zellen) besserten und das Medikament ohne schwere Nebenwirkungen vertragen wurde. Daraufhin wurde eine placebokontrollierte Studie an 282 Patienten begonnen [11]. Schon frühzeitig konnte eine positive Wirkung in der Gruppe der behandelten Patienten festgestellt werden. Nicht nur, daß weniger Patienten verstarben (einer gegen sechzehn), auch die Inzidenz an Lymphomen, an Kaposi-Sarkomen und an opportunistischen Infektionen war sehr viel geringer. Im September 1986 kam man zu dem Schluß, daß es ethisch nicht mehr zu vertreten sei, die Placebogruppe unbehandelt zu lassen. Inzwischen wurde auch in Mitteleuropa ein Therapieversuch an 300 Patienten gestartet. Mit den ersten Ergebnissen ist Mitte 1987 zu rechnen.

Zwei Nachteile dieser Substanz dürfen jedoch nicht vernachlässigt werden. Ein Problem ist die Produktion selbst, die von Heringssperma ausgeht. Nach Angabe des Herstellers reicht das zur Verfügung stehende Ausgangsmaterial nicht aus, um Azidothymidin in der Menge zu produzieren, die zur Behandlung aller AIDS-Patienten notwendig wäre. Sollte sich seine Wirksamkeit jedoch bestätigen, kann wohl davon ausgegangen werden, daß Mittel und Wege gefunden werden, die Substanz auch auf andere Weise zu synthetisieren.

Problematischer erscheint die Frage nach den Nebenwirkungen. Mit zunehmender Anwendung entwickeln sich in einer steigenden Zahl von Patienten Knochenmarkdepressionen, die intensiv mit Bluttransfusionen behandelt werden müssen. Diese Entwicklung konnte schon bei den in-vitro-Versuchen vorausgesehen werden, bei denen Azidothymidin in höheren Konzentrationen zytotoxisch wirkt. Dieser Effekt kann ebenfalls durch die Inhibition der zellulären DNS-Synthese erklärt werden und führt eventuell zu einer Beschränkung in der Anwendbarkeit von Azidothymidin, das, wie oben erläutert, lebenslang eingesetzt werden müßte.

Das optimale Ziel einer antiviralen Therapie ist zweifellos die vollständige Elimination des Erregers aus dem Körper des Patienten. Wie dies erreicht werden könnte, ist zur Zeit nur Gegenstand von Spekulationen. Experimentelle oder klinische Erfahrungen liegen nicht vor, als Beispiel kann das folgende Konzept [12] dienen: Voraussetzung ist zunächst eine virostatische Therapie, vielleicht mit Inhibitoren der Reversen Transkriptase, die sicherstellen, daß eine Neuinfektion von Zellen nicht möglich ist. Gleichzeitig wird das Immunsystem stimuliert, und zwar unter der Vorstellung, daß es in den das Virusgenom beinhaltenden Lymphozyten nach der Stimulation zur Virusreplikation kommt und diese Replikation einen zytotoxischen, d.h. zellzerstörenden Effekt auf die Wirtszelle ausübt. Durch diese Kombinationstherapie sollten alle die Zellen, die das Virus beinhalten, zerstört werden, während nachwachsende Zellen nicht infiziert werden können. Dieses Modell wird seine Anwendbarkeit in der Zukunft zeigen.

Eine kausale Therapie der HIV-Infektion ist zwar in Ansätzen hier und dort erkennbar, eine Einführung in den klinischen Alltag ist jedoch noch nicht möglich. Eine Überlegung soll jedoch vorgestellt werden, deren praktische Konsequenzen vielleicht zu einer verzögerten Progredienz des Krankheitsverlaufes führen. Ausgangspunkt ist die in den letzten Monaten immer deutlicher gewordene Beobachtung, daß ein wesentlicher pathogenetischer Faktor die Stimulation der Lymphozyten ist, die zur Verschlechterung der Krankheit beiträgt. Daraus folgt, daß alles unternommen werden sollte, was eine Antigenstimulierung des Immunsystems von HIV-Infizierten vermeidet. Zwei Vorschläge sollen zur Diskussion gestellt werden.

1. Alle Infektionen sind zweifellos eine erhebliche Belastung für den HIV-Infizierten. Zwar ist auch eine Vakzinierung eine gewisse Stimulierung, doch wird postuliert, daß diese geringer ist als bei einer natürlichen Infektion. Aus diesem Grunde sollte auf eine vollständige Impfung von HIV-Infizierten geachtet werden.
2. Bei den Faktor VIII-Präparaten handelt es sich nicht um hochgereinigte Produkte, vielmehr enthalten sie zahlreiche Antigene. Es ist daher zu untersuchen, ob eine massive Behandlung zu einer zusätzlichen Stimulierung der Lymphozyten und damit zu einem progredienteren Verlauf der HIV-Infektion führt. Wenn dem so ist, sollte die Dosierung der Gerinnungspräparate so gering wie möglich gehalten werden.

Literatur

1. Abrams DI, Andes WA, Kisner DL, Golando JP, Volberding PA (1986) A trial of alpha-2 interferon in a benign reactive lymphadenopathic syndrome. Abstrakt, Int Conf AIDS, Paris
2. Krown SE, Real FX, Gold JWM, Vadhan-Raj S, Lester TJ, Armstrong D, Oettgen HF (1986) Therapeutic trials of interferon alfa-2a (IFN-α2a) in AIDS-related Kaposi's sarcoma (KS/AIDS). Abstrakt, Int Conf AIDS, Paris
3. Clumeck N, Cran S, Van de Perre P, Mascart-Lemone F, Duchateau J, Bolla K (1985) Thymopentin treatment in AIDS and pre-AIDS patients. Surv Immunol Res 4, Suppl 1:58–62
4. Pompidou A, Delsaux MC, Telvi L, Mace B, Coutance F, Falkenrodt A, Lang JM (1985) Isoprinosine and imuthiol, two potentially active compounds in patients with AIDS-related complex symptoms. Canc Res 45 (Suppl), 4671s–4673s
5. Pompidou A, Zagury D, Gallo RC, Sun D, Thornton A, Sarin PS (1985) In-vitro inhibition of LAV/HTLV-III infected lymphocytes by dithiocarb and inosine pranobex. Lancet II:1423
6. Bekesi JG, Wallace JI, Roboz JP, Glaski A (1986) Double blind clinical study on the immunorestorative effects of isoprinosine. Abstrakt, Int Conf AIDS, Paris
7. Mitsuya H, Popovic M, Yarchoan R, Matsushita S, Gallo RC, Broder S (1984) Suramin protection of T cells in vitro against infectivity and cytopathic effect of HTLV-III. Science 226:172–174
8. Cheson BD, Levine A, Mildvan D, Kaplan L, Rios A, Wolfe P, Groopman J, Hawkins MJ (1986) Suramin therapy in AIDS and related diseases: Initial report of the U. S. Suramin working group. Abstrakt, Int Conf AIDS, Paris
9. Mitsuya H, Weinhold KJ, Furman PA, St Clair MH, Nusinoff Lehrman S, Gallo RC, Bolognesi D, Barry DW, Broder S (1985) 3′-Azido-3′deoxythymidine (BW A509U): An antiviral agent that inhibits the infectivity and cytopathic effect of human T-lymphotropic virus type III/lymphadenopathy-associated virus in vitro. Proc Natl Acad Sci USA 82:7096–7100

10. Yarchoan R, Klecker RW, Weinhold KJ, Markham PD, Lyerly HK, Durack DT, Gelmann E, Nusinoff Lehrman S, Blum RM, Barry DW, Shearer GM, Fischl MA, Mitsuya H, Gallo RC, Collins JM, Bolognesi DP, Myers CE, Broder S (1986) Administration of 3′-azido-3′-desoxythymidine, an inhibitor of HTLV-III/LAV replication, to patients with AIDS or AIDS-related complex. Lancet I:575–580
11. Wright K (1986) AIDS therapy: First tentative signs of therapeutic promise. Nature 323:283
12. Öberg B (1986) Antiviral chemotherapy against HTLV-III/LAV infections. J Antimicrob Chemother 17:549–552

Diskussion

NIESE (Bonn):

Ich möchte auf das Problem der Impfung eingehen, denn es wird wohl zu unterscheiden sein, zwischen dem, was wir uns theoretisch vorstellen, und noch nicht ausschließbaren unerwünschten Folgen einer Impfung. Meines Wissens gibt es bislang keine Studien über den Verlauf einer HIV-Infektion bei geimpften oder häufiger geimpften Personen. Man sollte nicht vergessen, daß es sich bei den Lymphozyten nicht um eine homogene Population von Zellen handelt und auch das Virus nicht nur gleichartige Zellen befällt. Das Lymphozytensystem ist klonal aufgebaut, und es kann durchaus sein, daß das Virus in dem Klon sitzt, den wir mit unserer Impfung aktivieren. So kann es zumindest theoretisch zu einer Verschlechterung der Erkrankung bzw. zu einer vermehrten Virusproduktion kommen. Ähnliches ist bei den Studien mit Interleukin-2 passiert, in denen zum Teil auch eine vermehrte Virusproduktion unter der Behandlung aufgetreten ist. Nicht zuletzt deshalb hat man diese Versuche bleiben lassen. Ich möchte die Impfung mit Zurückhaltung sehen, doch müssen wir uns schon darüber Gedanken machen.

LÖWER (Frankfurt):

Es ist gar keine Frage, daß man sich darüber Gedanken machen soll oder muß. Es ist nur so: Die Wahrscheinlichkeit, mit einer Impfung einen einzelnen Klon anzustoßen, der zufälligerweise von HIV infiziert ist, ist sehr viel geringer als bei einer breiten Stimulierung, zum Beispiel bei einer Infektion. Sie haben aber sicherlich recht: Es gibt noch keine klinische Erfahrung in dem Sinne, daß eine Impfung vor einem progredienteren Verlauf schützt.

Frau SCHARRER (Frankfurt):

Das gleiche Problem wurde in Mailand auf dem diesjährigen Hämophiliekongreß auch diskutiert. Von jenen Gruppen, die eine Hepatitis-Impfung durchgeführt haben, sind keine Verschlechterungen des Verlaufs beobachtet worden. Aus eigener Erfahrung kann ich sagen, daß auch wir unter der Hepatitis-Impfung keine Verschlechterung des HIV-Infektionsverlaufs gesehen haben.

SCHIMPF (Heidelberg):

Sie haben ja hauptsächlich von Medikamenten berichtet, die auf den Virusstoffwechsel einwirken. Ich darf auf meine Frage zurückkommen, die ich Herrn Gürtler schon gestellt habe: die Tarnung der Rezeptoren. Herr Gürtler antwortet in bezug auf monoklonale Antikörper. Wir wissen, daß wir die Rezeptoren auch mit Phenylhydantoin blockieren können. Haben Sie in dieser Beziehung auch schon in vitro-Erfahrungen?

LÖWER (Frankfurt):

Ich habe ein Bedenken, das ich noch an das, was Herr Gürtler angeführt hat, anhängen möchte. Wenn Sie Rezeptoren mit monoklonalen Antikörpern blockieren, können Sie ggf. auch zu einer Aktivierung des Rezeptors beitragen, der schließlich irgendeine biologische Funktion hat. Eine Störung des Gleichgewichts wäre die Folge. Ich wäre also skeptisch, den Rezeptor mit monoklonalen Antikörpern zu blockieren, weil damit auch dessen physiologische Funktion gestört wird.

Es ist tatsächlich gezeigt worden – in vitro zumindest; wir selbst haben keine Experimente damit gemacht –, daß mit Phenylhydantion die Virusadsorption an die Zelle verhindert wird. Allerdings liegen größere klinische Erfahrungen noch nicht vor. Es gibt wohl Einzelfälle. Aber ich sagte schon: Aus Einzelfällen ist es doch sehr schwer, eine Konsequenz zu ziehen. Wie bei dem Phenylhydantoin muß man auch bei vielen anderen Substanzen noch bessere Studien, kontrollierte Studien, abwarten. Aber eine Möglichkeit ist es.

RISTER (Kiel):

Foscarnet wird auch bei der Therapie von Zytomegalie-Infektionen verwandt und empfohlen. Führt der Einsatz dieser Substanz zur Ausheilung der HIV-Infektion oder zur Prophylaxe weiterer Infektionen?

LÖWER (Frankfurt):

Die Idee ist, daß es virustatisch bei HIV-Infektionen wirkt. Zu einer Heilung im Sinne, daß das Virus eliminiert wird, kann es als Inhibitor der Reversen Transkriptase nicht führen, sondern nur eine Virusausbreitung verhindern. Ich sagte schon: Mir liegen noch keine klinischen Erfahrungen mit dieser Substanz vor. Die entsprechenden klinischen Experimente sind am Laufen, aber ich kann noch keine Ergebnisse nennen.

KURTH (Frankfurt):

Mit Foscarnet, das von den Asta-Werken hergestellt wird, laufen derzeit in England klinische Studien. Ergebnisse liegen noch nicht vor. Foscarnet hat offenbar die Eigenschaft, sich direkt an das Molekül der Reversen Transkriptase zu binden. Wenn das so ist – und diese Untersuchungen laufen in verschiedenen Laboratorien, auch bei uns –, dann sollte Foscarnet ein sehr guter Kandidat zur Therapie sein, denn die Reverse Transkriptase ist für die Zelle sicherlich nicht von Nutzen. Man würde also inhibieren, ohne Nebenwirkungen zu erzeugen. Der Nachteil dieser Substanz ist jedoch ihre sehr kurze Halbwertzeit von etwa 1 Stunde. Es ist kaum vorstellbar, daß Patienten über Nacht jede Stunde oder jede zweite Stunde therapiert werden können. Der Hersteller versucht zur Zeit, Foscarnet in Tablettenform herzustellen, damit man wenigstens von der Infusion wegkommt. Nachdrücklich ist jedoch nochmals festzustellen, was Herr Löwer wiederholt ausgeführt hat, daß es sich um laufende Studien handelt und verbindliche Aussagen noch nicht getroffen werden können.

Frau Eibl (Wien):

Die Annahme, daß es zu einer allogenen Stimulierung kommt, wird ja immer wieder erwähnt. Aber welche harten Daten haben Sie, die zeigen, daß es durch die Faktor VIII-Gabe zu einer höheren Stimulierung kommt als durch die Gabe von Impfstoff?

Löwer (Frankfurt):

Wie ich gesagt habe, handelt es sich um eine Spekulation. Unsere Erfahrung ist nur, daß Faktor VIII-Präparate eben nicht nur aus Faktor VIII bestehen, daß sie auch noch viele andere Proteine beinhalten und daß es dadurch zu einer Antigen-Belastung bei der häufigen Gabe kommen kann. Im Gegensatz zur Impfung, die vielleicht dreimal, vielleicht viermal gegeben wird, wird Faktor VIII ja sehr viel häufiger appliziert.

Mösseler (Göttingen):

Nach den erwähnten virustatischen Behandlungsmöglichkeiten gibt es vor allem bei HIV-infizierten Säuglingen eine vielleicht eher als supportive Maßnahme zu verstehende Behandlung mit Immunglobulinen, die nach den Studien von Rubinstein in Amerika erfolgversprechend sind. Könnten Sie sich auch bei Erwachsenen einen positiven Effekt vorstellen?

Löwer (Frankfurt):

Letztlich entscheidend ist immer die Klinik und nicht die Theorie. Man könnte sich aber durchaus vorstellen, daß Gammaglobulingaben hilfreich sind, zumindest dann, wenn sie auch Anti-HIV-Antikörper enthalten. Wenn es so ist, daß ein Teil der Zytopathogenität dadurch bedingt ist, daß viel Virus-Hüllprotein produziert wird, daß sich dann an anderen Zellen anlagert, könnte zum Beispiel eine Gammaglobulingabe diese Anlagerung verhindern und damit auch einen Autoimmunmechanismus. Aber das ist jetzt Spekulation.

Mösseler (Göttingen):

Noch eine Zusatzfrage bezüglich der Funktion der Gammaglobuline. Wir wissen ja, daß viele der HIV-positiven Patienten eine zum Teil extreme Hypergammaglobulinämie haben. Gibt es Ihnen bekannte Untersuchungen, die deren Funktion belegen oder in Frage stellen?

Löwer (Frankfurt):

Ich glaube, daß zu dieser polyklonalen B-Zell-Stimulierung noch keine Erklärung vorliegt. Mir ist das zumindest nicht bekannt.

Frau Eibl (Wien):

Es gibt etliche Untersuchungsergebnisse bezüglich der Hypergammaglobulinämie und der gleichzeitig bestehenden Antikörperbildungsstörung. Es ist vielfach nachgewiesen, daß diese polyklonale Vermehrung der Gammaglobuline bei HIV-Antikörper positiven Patienten mit ihrer Antikörperbildungsfähigkeit in keiner Weise korreliert. Es ist eine Reihe von Untersuchungen bekannt, bei denen man Antikörperbildungsstörungen festgestellt hat, trotz der erhöhten Gammaglobulinspiegel im Serum.

Hier möchte ich zu den Impfungen noch etwas sagen. Es wird üblicherweise die Immunisierung bei Kindern, zum Beispiel mit Diphterie-Tetanus, empfohlen. Aber in vielen Fällen sind die Kinder trotz der Immunisierung nicht geschützt.

LAUFS (Hamburg):

Ich wollte nur ganz kurz zu zwei Ihrer Spekulationen einen kurzen Kommentar abgeben.

Das erste betrifft die Stimulierbarkeit. Da das Genom in zahllosen Klonen zu finden ist und sich sozusagen nur nach statistischer Wahrscheinlichkeit verteilt, müßten wir Tausende und Abertausende von Antigenen, die unser Immunsystem stimulieren können, in Schach halten. Das Normale bei jedem Menschen ist, daß er unentwegt durch viele Antigene stimuliert wird. Ich darf nur erinnern an die bakteriellen Degradationsprodukte etc. Hepatitis und Influenza sind ja nur ein Miniausschnitt von Antigenen, mit denen wir es Tag für Tag bei unserem Immunsystem zu tun haben.

Der wichtigste Teil aus meiner Sicht besteht in der Überlegung: Wie sieht es denn aus mit Lebendvakzinationen? Da wissen wir, daß Immunsupprimierte möglicherweise eine besondere Gefahr laufen, weil es nicht zur Selbstlimitierung dieser gesetzten Infektionen kommt. Bei Totvakzinen würde ich, einfach aus diesen Überlegungen heraus, eher zur Impfung raten. Bei Lebendvakzinen sieht die Sache anders aus.

Zur zweiten Spekulation, nämlich zur Elimination der Provirus-DNS möchte ich anmerken, daß es virale Erkrankungen beim Menschen gibt, bei denen es nicht zur Persistenz des Virus kommt. Die Persistenz ist die Regel, sehr im Unterschied zu unseren früheren Auffassungen, z.B. bei Röteln, Masern usw. Das Virusgenom persistiert und die Elimination des Genoms ist bei Abklingen einer Virusinfektion eher die Ausnahme, z.B. Enteroviren. Es ist im Tiersystem weder mit onkogenen Viren oder mit Herpesviren nie gelungen, integrierte Genome zu eliminieren. Einer der Gründe dafür ist, daß in aller Regel eben nicht nur ein Zelltyp betroffen ist. Beim HIV ist es, glaube ich, genauso. Selbst wenn wir die Lymphozyten stimulieren könnten, wäre das Genom in Monozyten, Makrophagen. So sollte man im Hinblick auf diese hoffnungsvollen Spekulationen zur Zurückhaltung raten, so sehr wir uns auch einen Erfolg wünschen.

LÖWER (Frankfurt):

Herr Laufs, ich danke Ihnen. Sie haben gerade mit Ihrem zweiten Kommentar exakt den wunden Punkt dieser Theorie getroffen. Selbst wenn alle Lymphozyten stimulierbar sind, sitzt das Virus vermutlich auch noch in anderen Zellen. Ich meine nur, daß es auf diesem Gebiet fast überall möglich ist, Überlegungen anzustellen, die die Schwierigkeiten aufzeigen. Das führt leicht zu einer Inhibierung der Arbeit überhaupt. Man muß es trotz aller theoretischen Wenn und Aber diese und jene und vielleicht dritte Therapie ausprobieren.

Sicherlich haben Sie auch im ersten Punkt recht. Wir müßten sehr viele Antigene ausschließen, um eine Stimulierung durch Antigene bei den Patienten zu verhindern. Das ist nicht möglich. Es ist aber trotzdem die Frage, ob man nicht das, was möglich ist, durchführen soll, um eine Stimulierung zu verhindern. Die Reduzierung des Einsatzes von Faktor VIII wird in vielen Fällen den Ausbruch der Krankheit sicherlich nicht verhindern. Sie wird ihn aber vielleicht verzögern. Das wäre meiner Ansicht nach schon viel.

Was Ihre Überlegungen hinsichtlich Lebendimpfstoff und Totimpfstoff betrifft, so liegen mir darüber keine Erfahrungen vor. Aber aus theoretischen Überlegungen heraus würde ich Ihnen da auch zustimmen.

Gürtler (München):

Bezüglich Lebendimpfstoffen sind Erfahrungen bei HIV-positiven Patienten vorhanden. Solange keine Immunschwäche vorliegt, die sich über die zuvor genannten Laborparameter erfassen läßt, können auch Lebendimpfstoffe angewendet werden mit Ausnahme von BCG. Wenn Zeichen der Immunschwäche vorhanden sind, sind Lebendimpfstoffe kontraindiziert, doch kann man mit Totimpfstoffen impfen.

Marx (München):

Die Forderung, so wenig virusinaktiviertes Faktor VIII-Konzentrat wie möglich zu geben, ist für den Kliniker von erheblichem Gewicht. Sie haben ihm damit den Schwarzen Peter zugeschoben und sich auf die Theorie zurückgezogen. Sie müßten also praktisch belegen können, daß die vermutete Antigenüberschwemmung tatsächlich zu einer höheren Rate an AIDS-Erkrankungen und -Todesfällen führt.

Löwer (Frankfurt):

Ich muß Ihnen voll zustimmen, da nur das klinische Experiment diese Überlegungen bestätigen oder widerlegen kann. Man muß jedoch nach dem Strohhalm greifen, solange keine erfolgreiche Therapie der HIV-Infektion möglich ist. Die notwendigen Untersuchungen stehen also noch aus.

Frau Scharrer (Frankfurt):

Gibt es Verlaufsunterschiede virologischer Parameter in den Patientengruppen, die einer blutungsvorbeugenden Substitution (Dauerbehandlung) zugeführt worden sind gegenüber solchen, die nach Bedarf behandelt wurden oder jenen, die bei Operationen einmalig eine hochdosierte Behandlung erfahren haben?

Löwer (Frankfurt):

Ich kann darauf nur theoretisch antworten. Da würde ich sagen, daß die unterschiedliche Zahl von Antigenen ein erhöhtes Risiko verursacht. Es würde also in dem Sinne sein, wie es Herr Laufs auch gesagt hat, daß viele verschiedene Antigene die Wahrscheinlichkeit erhöhen, daß der Klon stimuliert wird, in dem das Virus sitzt. Das würde wiederum bedeuten: Wenn Sie innerhalb einer Charge bleiben, dann ändert sich die Anzahl der Antigene nicht, die diesem Patienten gegeben werden. Wenn Sie die Chargen wechseln, ändern sich damit auch die Antigene.

Frau SCHARRER (Frankfurt):

Sind in Bonn unter Dauerbehandlung mehr HIV-Positive, mehr immunologisch Gestörte als nach Bedarfsbehandlung gesehen worden?

BRACKMANN (Bonn):

Von unseren 40 Hemmkörperhämophilen, die bekanntlich die höchsten Dosen erhalten haben, sind 8 HIV-negativ geblieben.

KÖSTERING (Göttingen):

Als Kliniker und Hämophiliebetreuer fällt mir auf, daß die HIV-Infektion bei Hämophilen weniger dramatisch verläuft als bei Patienten aus Hochrisikogruppen. Ich stimme in etwa mit der Aussage von Herrn Brackmann überein, daß auch Patienten mit Hemmkörperhämophilie, die sehr hohe Konzentratmengen über Jahre hinweg erhalten haben, nicht wesentlich gefährdeter sind als jene, die konventionelle Dosen erhielten. Ist der Verlauf der HIV-Infektion bei Hämophilen wirklich vergleichbar mit dem von Patienten aus der Drogenszene oder Homosexuellen?

LÖWER (Frankfurt):

Einen Vergleich kann ich Ihnen derzeit nicht geben. Ich war jedoch überrascht zu hören, daß die Zahl der AIDS-Erkrankungen, und auch der Todesfälle, bei Hämophilen jetzt auch in der Bundesrepublik zugenommen hat. Diese Zunahme mit entsprechend zeitlichem Abstand gegenüber den USA kommt nicht unerwartet. Ob der klinische Verlauf beim Ausbruch der Krankheit unterschiedlich ist, kann ich nicht beurteilen.

LANDBECK (Hamburg):

Auf diese Frage kann meines Wissens noch niemand eine Antwort geben, doch sollten auch wir alles tun, um hierzu unseren Beitrag zu leisten.

KURTH (Frankfurt):

Der Verlauf bei Hämophilen scheint etwas benigner zu sein als bei Patienten aus anderen Risikogruppen, vor allem den Homosexuellen, so daß die Antigenüberladung durch Faktor VIII oder andere Blutprodukte womöglich nicht so gravierend ist wie die vielen Infektionen, die bei homosexuellen Männern gesehen werden. Therapiebedingte Infektionen bei Hämophilen sollten heute bei ausschließlicher Verwendung virusinaktivierter Konzentrate jedoch kaum mehr eine Rolle spielen. Die Frage konzentriert sich daher auf unterschiedliche Verläufe der HIV-Infektion in Abhängigkeit von der Konzentratdosierung bzw. Antigen-Überladung, und darauf werden wir zur Zeit noch keine verbindliche Antwort erhalten können.

Eine weitere Frage wäre, ob die Untersuchungen in New York wie auch von Frau HELM und Herrn STILLE in Frankfurt, nach denen nach 3 Jahren 35% der homosexuellen Männer das vollentwickelte Krankheitsbild AIDS zeigen, auch auf Hämophile zutreffen, d.h. auf jene, die Ende 1983 infiziert worden sind. Verfügen die Bonner Kollegen über eine ausreichende Zahl, um dieses zu bestätigen?

Brackmann (Bonn):

Das ist mit Sicherheit zu verneinen.

Kurth (Frankfurt):

Was auf einen benigneren Verlauf bei Hämophilen hinweisen könnte.

Intravenöse Gammaglobulintherapie von Kindern mit AIDS und AIDS-related complex (ARC) – Erste Erfahrungen

W. Kreuz, U. Ebener, B. Krackhardt, E. S. Gussetis, R. Wönne, B. Kornhuber, R. Kurth (Frankfurt)

Wir möchten über einen Therapieansatz bei Kindern berichten, den wir aufgrund des außergewöhnlichen Verlaufes bei einem unserer Patienten wählten. Es handelt sich um einen 4jährigen Jungen, dessen Eltern bis 1979 beide jahrelang drogenabhängig waren. Beide sind Anti-HIV-positiv und weisen klinisch ein Lymphadenopathie-Syndrom auf, Stadium 2b (nach Brodt et al.). Schwangerschaft, Geburtsverlauf und Gedeihen des Jungen waren bis zum 2. Lebensjahr relativ unauffällig, nur statomotorisch und geistig fiel eine leichte Entwicklungsverzögerung auf. Seit Ende des 2. Lebensjahres erkrankte der Junge an rezidivierenden Infekten der oberen Luftwege und häufigen Otitiden, in der Folgezeit traten immer wieder Fieberschübe, Nachtschweiß, kolikartige Bauchschmerzen und Durchfälle auf. Ein Gewichts- und Wachstumsstillstand waren die Folge. Im Februar 1985 wurde das Kind wegen Lymphknotenschwellungen und Hepatosplenomegalie in einer auswärtigen Kinderklinik aufgenommen. Im Juli 1985 erfolgte eine erneute Vorstellung des Jungen in dieser Klinik. Es wurde eine schwere Lungenentzündung diagnostiziert, die bei Verdacht auf eine Pneumocystis carinii-Infektion, mit Co-Trimoxazol behandelt wurde. Durch diese Therapie konnte eine Stabilisierung der klinischen Symptomatik erreicht werden. Der Junge war in der Folgezeit dennoch körperlich kaum belastbar und zeigte radiologisch weiterhin massive Lungenveränderungen. Im Oktober 1985 wurde das Kind bei uns zum ersten Mal vorgestellt.

Auf den Röntgenbildern kann man erkennen, daß im Alter von 9 Monaten zunächst nur die Lungenhili etwas verdichtet waren (Abb. 1).

Im November 1985 fanden sich diffuse miliare Fleckschattenbildungen in beiden Lungen, die sich bis in die Peripherie verfolgen ließen (Abb. 2). Dieser Röntgenbefund änderte sich praktisch nicht unter Co-Trimoxazol-Prophylaxe.

Die wichtigsten Laborbefunde haben wir in zwei Tabellen zusammengefaßt: Zunächst zur Tabelle 1:

Solange uns Untersuchungsbefunde vorliegen, besteht eine deutliche Erhöhung der BSG und eine Anämie leichten Grades. Eine Leukopenie wurde erst Anfang 1986 festgestellt. Erhöhte Serum-IgG-Werte fanden sich bei allen Untersuchungen.

Die HIV-Serologie fiel in allen durchgeführten Tests positiv aus (ELISA, IFT, Western Blot). Die immunologischen Untersuchungsergebnisse werden im Verlauf später dargestellt.

Außergewöhnlich war bei diesem Patienten die Epstein-Barr-Virus-Serologie (unterste Spalte, Tabelle 1). Im Februar 1985 wurden auswärtig folgende Bestimmungen durchgeführt:

EBV-Early-Antigen, Virus-Capsid-Antigen und EBV-IgM. Die Befundkonstellation ließ auf eine abgelaufene Epstein-Barr-Virus-Infektion schließen. Zu diesem

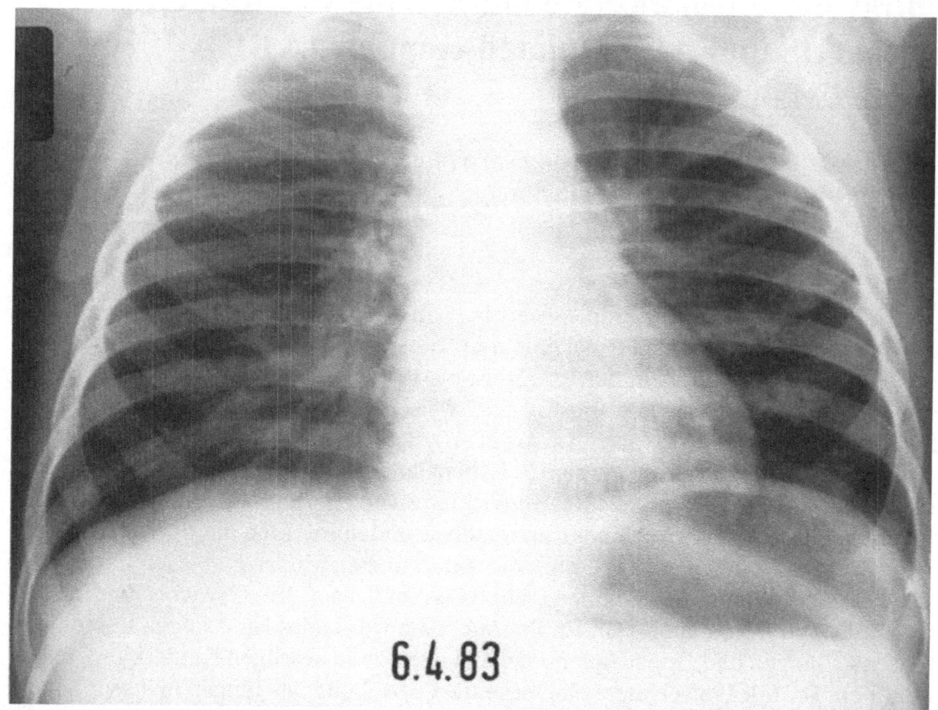

Abb. 1. Röntgenthorax im Alter von 9 Monaten: etwas verdichtetes Lungenhili

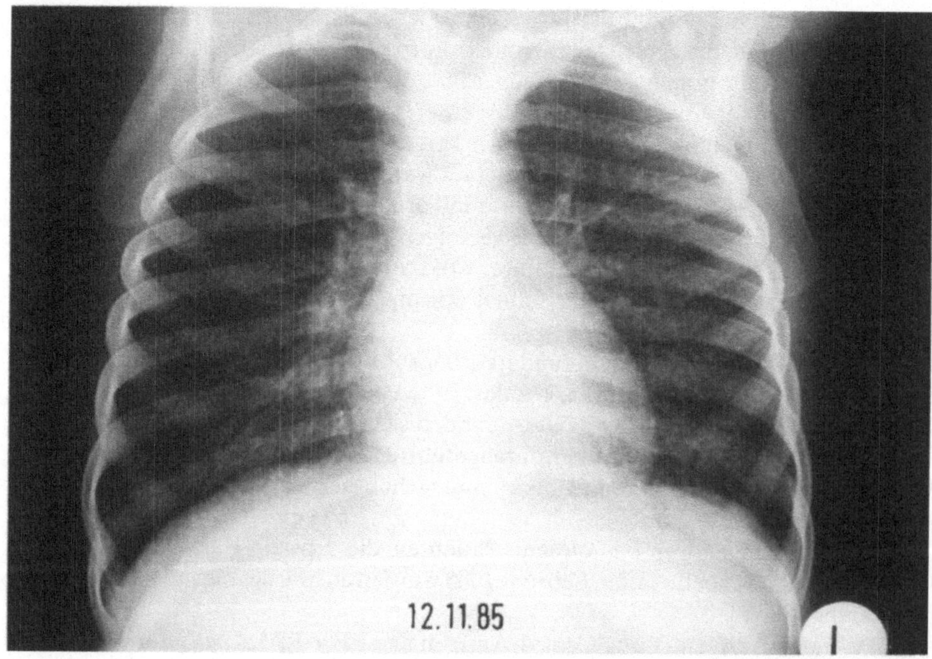

Abb. 2. Röntgenthorax im Alter von 2½ Jahren: Diffuse miliare Fleckschattenbildung

Tabelle 1. Laborchemische und immunologische Untersuchungen des Patienten F. M.

Datum:	8/84	2/85	5/85	10/85	11/85	1/86	2/86	3/86
BSG [mm/h]	30/66	70/170	104/138	42/66	70/104		40/76	
Hb [g%]	10,9	10,0	9,5	11,9	11,5	10,5	11,4	
Thrombozyten/mm^3	311000		402000	220000	136000	170000	170000	
Leukozyten/mm^3				4500	4400		5800	2900
IgG [mg/100ml]		3300	3260	3420	3200		2820	3410
T4/T8				0,66	1,39	0,5	0,89	0,82
LAV/HTLV III								
ELISA/IFT			pos/1:1024	pos/pos			pos/pos	pos/pos
Western Blot			(pos)	pos				
EBV - EA		64	> 64					
- VCA		8192		320		320	320	320
- IgM		< 10		pos		pos	pos	pos
EBNA (IFT)						neg		

Zeitpunkt war das EBV-IgM nicht nachzuweisen. Im Mai 1985 wurde ein Wiederanstieg des Early-Antigens beobachtet, den man als Reaktivierung deutete. Seit Oktober 1985 zeigte sich in der in Frankfurt durchgeführten Virusserologie ein positiver EBV-IgM-Titer, der auch im weiteren Verlauf erhöht blieb. Ebenso fand sich hier konstant das EBV-Capsid-Antigen (VCA). Auffällig war, daß der Junge gegen das Nukleus assoziierte Antigen (EBNA) keine Antikörper bilden konnte (negativer IFT, Jan. 1986). Bei der Komplementbindungsreaktion fand sich bei EBNA seit Oktober 1985 eine Eigenhemmung.

Diese EBV-Serologie ließ vermuten, daß auch die Lungenveränderungen durch eine chronische Epstein-Barr-Virus-Pneumonie entstanden waren. Aus diesem Grunde wurde bei dem Jungen eine Bronchoskopie mit Lavage und transbronchialer Lungenbiopsie durchgeführt. Pneumocystis carinii konnten in der Grocott-Färbung nicht nachgewiesen werden. Mit Hilfe der transbronchialen Biopsie wurde immunhistochemisch eine Epstein-Barr-Virus-Infektion der Lungen nachgewiesen.

In der Lupenvergrößerung des bronchialen Biopsates fanden sich herdförmig dichte Infiltrationen von lymphatischen Zellen (Abb. 3).

Mit dem monoklonalen Antikörper Ki B 3 ließ sich zeigen, daß das entzündliche Infiltrat überwiegend aus B-Lymphozyten bestand (Abb. 4).

Ein monoklonaler Antikörper gegen das Kernantigen von EBV zeigt einzelne infizierte Lymphozyten in den Interalveolarsepten (Abb. 5).

In Tabelle 2 sind die immunologischen Untersuchungsergebnisse des Patienten zusammengestellt. Im Blutbild zeigt sich immer eine relative Lymphozytose. Die Absolutzahl der T4-Helferzellen schwankte zwischen 900 und 470 Zellen/µl. Die absolute T8-Suppressorzellzahl bewegte sich zwischen etwa 600 und 1200 Zellen/µl. Die aus diesen Werten berechnete T4/T8-Ratio schwankte in ihrem Verlauf zwischen

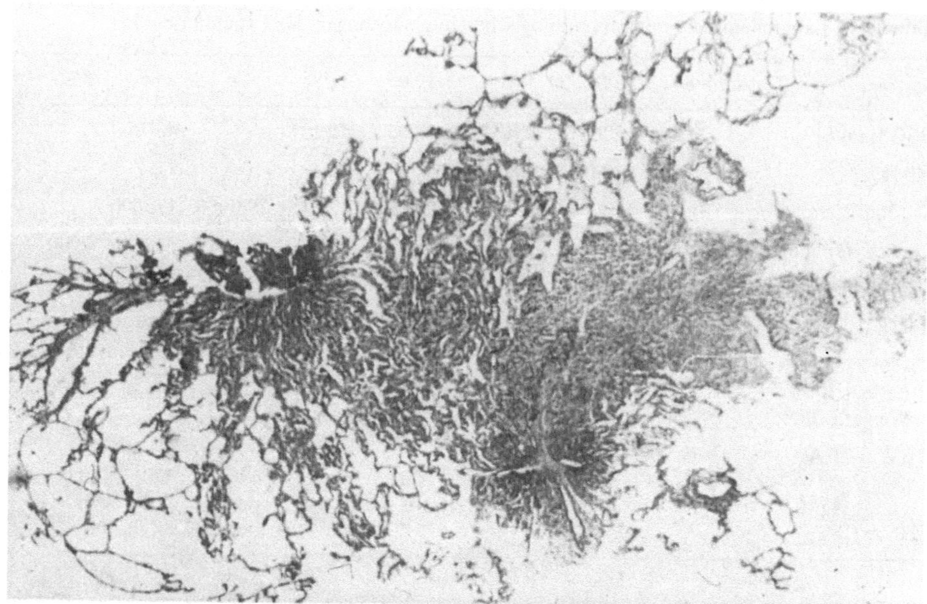

Abb. 3. Bronchialbiopsat, Lupenvergrößerung: Dichte Infiltration von lymphatischen Zellen

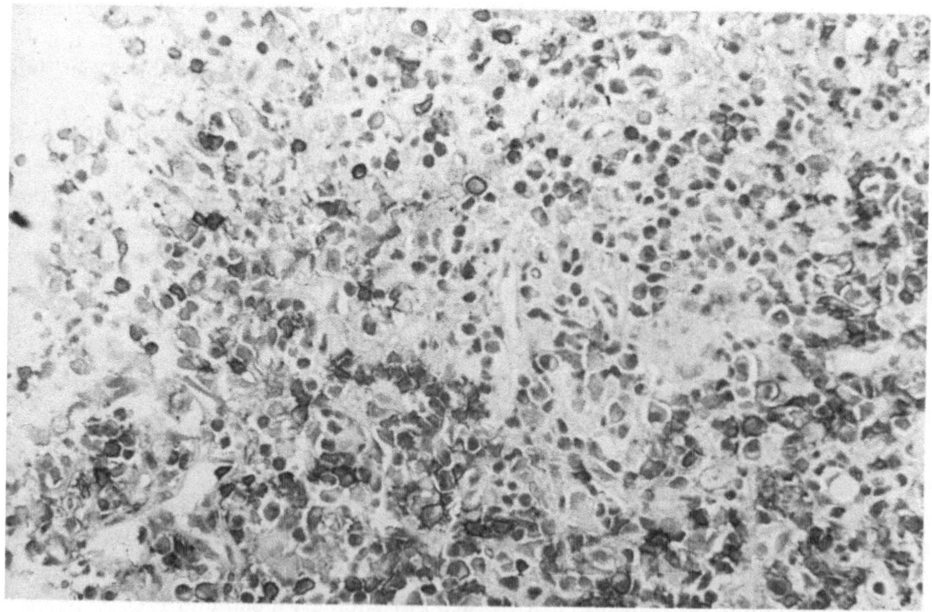

Abb. 4. B-Lymphozyteninfiltration, markiert durch den monoklonalen Antikörper Ki B 3

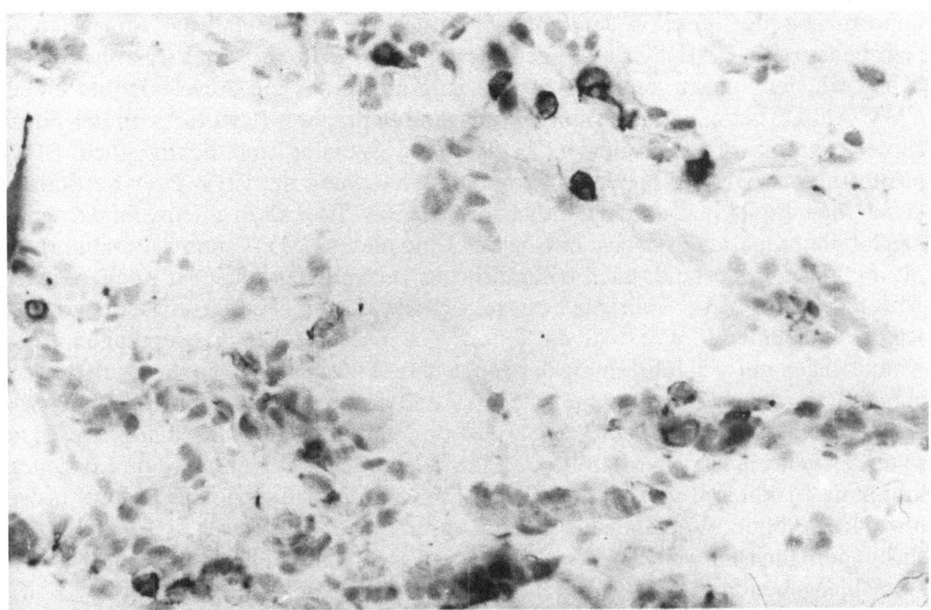

Abb. 5. Lymphozyten infiziert mit Epstein-Barr-Virus, EBV-Kernantigen markiert durch monoklonalen Antikörper

Tabelle 2. Immunologische Untersuchungsergebnisse des Patienten F. M.

Datum	Leuko	Lympho	B-Zellen	T4	T8	T4/T8	PHA	CON A	OKT3
7/85						1,2			
10/85	4500	3420	513	787	1197	0,66			
11/85	4400	2376		927	665	1,39	102300	53000	91000
1/86	4900	2842	426	483	966	0,5	66870		
2/86	5800	3596	611	899	1007	0,89	16700		

0,5 und 1,39. Die erniedrigte T4/T8-Ratio war sicherlich nicht nur durch die HIV-Infektion bedingt, sondern auch durch die Epstein-Barr-Virus-Infektion. Auch bei isolierten EBV-Infektionen haben wir deutliche Erniedrigungen der T4/T8-Ratio gesehen (bis 0,1).

Schließlich haben wir Lymphozytenstimulationstests mit Phytohämagglutinin (PHA), mit CON A und OKT3-Antikörpern als Mitogen durchgeführt. Die Stimulierbarkeit der Lymphozyten mit PHA hatte von November 1985 bis Februar 1986 stark abgenommen. Der direkte HIV-Nachweis aus peripherem Blut gelang bei diesem Patienten Herrn Dr. WERNER und Herrn Professor KURTH vom Paul-Ehrlich-Institut. Der Junge lebt also seit 4 Jahren mit diesem Virus. Dazu kommt als opportunistische Infektion der bioptisch gesicherte EBV-Befall der Lunge, somit liegt pädiatrisches AIDS vor. Wegen der schweren Epstein-Barr-Virus-Pneumonie haben wir den Jungen zunächst 5 Tage lang intravenös mit Acyclovir und einem CMV-Antikörper angereicherten Gammaglobulinpräparat (Cytotect von der Firma Biotest, Frankfurt) therapiert (CMV-positive Spender sind häufig auch EBV-positiv). Von Cytotect haben wir vor der Behandlung die EBV-Titer bestimmen lassen, man findet in Cytotect deutlich höhere EBV-Titer als in einem Standardgammaglobulinpräparat. Zunächst bekam das Kind dieses CMV-Gammaglobulinpräparat im 3tägigen Abstand; nach halbjährlicher Behandlungsdauer im wöchentlichen Abstand. Unter dieser Therapie besserte sich die körperliche Leistungsfähigkeit des Kindes zunehmend. Während die Eltern vor Therapie bei Spaziergängen einen Kinderwagen mit sich führten, da der Junge immer wieder nach kurzen Laufstrecken gefahren werden mußte, berichten sie jetzt, daß sie auf die Mitnahme des Kinderwagens ganz verzichten können. Das Kind kann jetzt, ohne auf Pausen angewiesen zu sein, den ganzen Tag „herumtoben". Eine Beeinträchtigung durch seine Lungenerkrankung ist klinisch nicht zu erkennen, obwohl der radiologische Befund bisher unverändert blieb. Wir gehen aber davon aus, daß die radiologischen Kontrolluntersuchungen auch im weiteren Verlauf keine wesentliche Änderung zeigen werden. Ausschlaggebend für uns ist die deutliche klinische Besserung.

Aufgrund dieses erfreulichen Verlaufs haben wir bei zwei weiteren Kindern mit dieser Therapie begonnen.

In Abb. 6–9 gehören die Kurven, die mit Kreisen gekennzeichnet sind, zu dem vorgestellten Patienten. Die mit Dreiecken gekennzeichneten Kurven zu einem ehemaligen Hemmkörperhämophilen, der von unseren Hämophilen, klinisch und immunologisch gesehen, am gefährdetsten erscheint. Er befindet sich im Stadium 2b des Lymphadenopathie-Syndroms (nach Brodt). Die mit Quadraten gekennzeichneten Kurven gehören zu einem 3jährigen Mädchen, das, ebenso wie das erste hier vorgestellte Kind, von Geburt an infiziert ist und von einer drogenabhängigen HIV-positiven Mutter geboren wurde. Dieses Mädchen befindet sich ebenfalls im Stadium

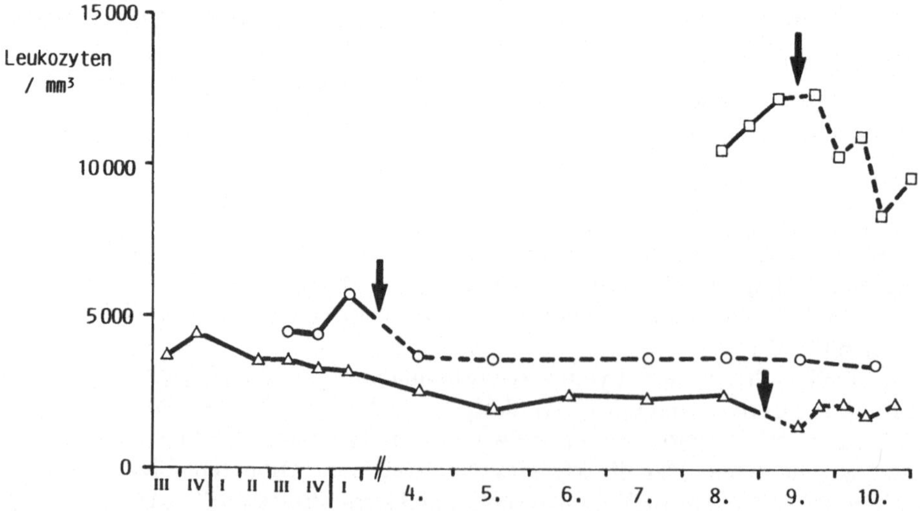

Abb. 6. Leukozytenzahl, Verlaufsbeobachtung vor und nach Gammaglobulintherapie

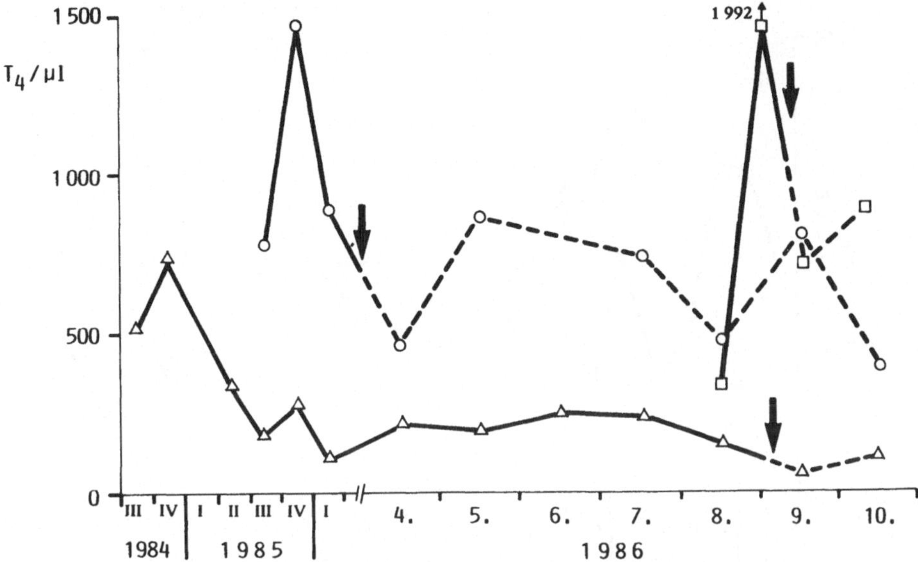

Abb. 7. T4-Helferzellzahl, Verlaufsbeobachtung vor und nach Gammaglobulintherapie

2b des Lymphadenopathie-Syndroms. Den Therapiebeginn mit intravenösen Immunglobulinen haben wir in Abb. 6–9 jeweils mit einem Pfeil markiert. Der Kurvenverlauf nach Beginn der Therapie wird gestrichelt dargestellt.

In Abb. 6 wird die Gesamtleukozytenzahl unserer Patienten dargestellt. Man erkennt nach Therapiebeginn bei allen drei Kindern zunächst einen geringen Leukozytenabfall, danach bei unserem am längsten beobachteten Patienten eine Plateaubildung bei 3700 Leukozyten/μl.

In Abb. 7 wird die absolute T4-Zellzahl dargestellt. Bei allen drei Patienten kommt es nach Therapiebeginn zu einem Abfall der T4-Helferzellen, später beobachteten wir eine leicht ansteigende Tendenz. Der von uns am längsten beobachtete Patient schwankt nach Therapiebeginn zwischen 400 und 800 T4-Zellen.

In Abb. 8 wollen wir das Verhalten der T8-Suppressorzellen (Absolutwerte) vor und nach Gammaglobulintherapie zeigen. Auch hier ist bei allen drei Patienten nach Therapiebeginn ein Abfall dieses Untersuchungsparameters zu sehen. Bei zwei Patienten finden wir bereits 4 Wochen später einen Wiederanstieg der absoluten T8-Zellen.

Wie bei einer Gammaglobulintherapie der ITP im Kindesalter beobachten wir bei zwei Patienten nach Therapiebeginn einen prompten Anstieg der Thrombozytenzahl, bei unserem dritten Patienten erfolgt der Anstieg verzögert (Abb. 9). In Notfallsituationen mit Auftreten einer Thrombozytopenie könnte dieser therapeutische Effekt genutzt werden.

In Tabelle 3 wird die Lymphozytenstimulation mit verschiedenen Mitogenen dargestellt. Bei unserem ersten Patienten ist eine deutliche Besserung der Lymphozytenstimulation nach Therapiebeginn zu verzeichnen. Bei unserem zweiten Patienten

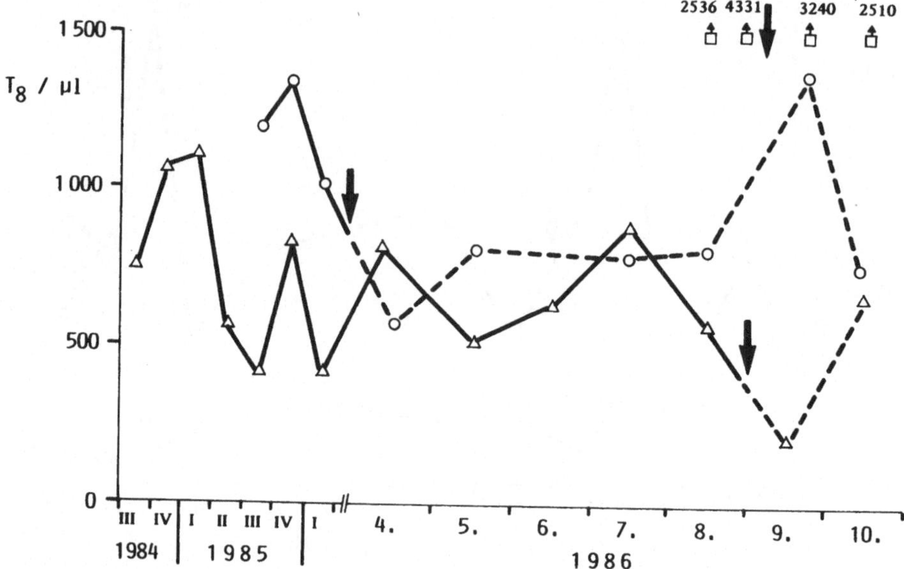

Abb. 8. T8-Suppressorzellzahl, Verlaufsbeobachtung vor und nach Gammaglobulintherapie

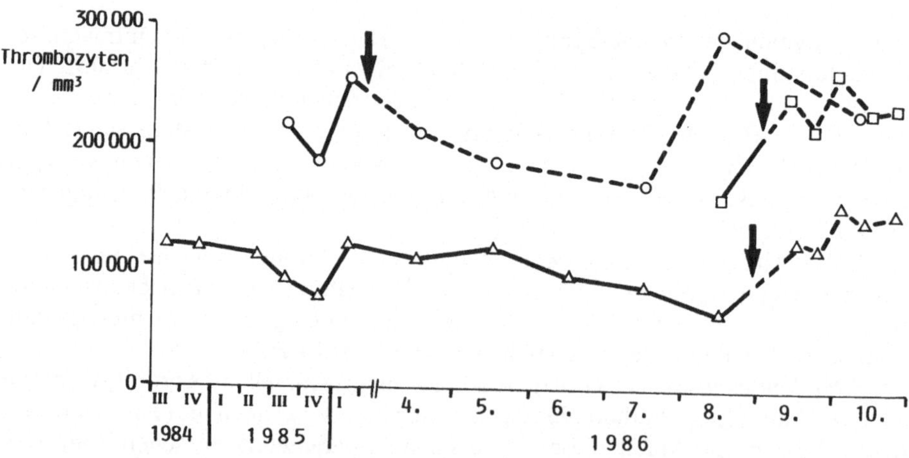

Abb. 9. Thrombozytenzahl, Verlaufsbeobachtung vor und nach Gammaglobulintherapie

hatten wir vor Therapiebeginn leider nur eine einzige Untersuchung bei einem Infekt vorgenommen. Diese Werte sind daher schwer mit denen nach Therapiebeginn zu vergleichen. Patient Nr. 3: Unser Hämophiliepatient zeigt 4 Wochen nach Therapiebeginn praktisch noch keine Veränderungen der Lymphozytenstimulierbarkeit. Acht Wochen nach Therapiebeginn ist auch bei ihm eine deutliche Besserung der Lymphozytenstimulationsrate zu erkennen.

Tabelle 3. Lymphozytentransformationstest vor und nach Gammaglobulintherapie

	PHA	CON A	PWM	OKT 3	
				– IL 2	+ IL 2
Pat. F.M.					
24. 2.1986	16700			1000	6902
26. 8.1986	61700	2700	9800	8300	40600
28.10.1986	56800	23200	7900	9500	23000
Pat. E.E.					
20. 8.1986	58100	280	19300	480	22500
24.10.1986	26800	3400	18600	670	1240
Pat. Sch.T.					
25. 8.1986	3950	120	110	190	840
26. 9.1986	1500	100	250	200	540
27.10.1986	30950	3350	5800	10600	13700

Zur Klinik:
Die deutliche klinische Besserung beim ersten Patienten wurde oben schon geschildert.

Interessant sind aber auch die klinischen Veränderungen bei dem 3jährigen Mädchen nach erst kurzer Behandlungszeit. Vor Behandlung hatte dieses Kind ständig Durchfälle und mindestens einmal pro Monat Fieberschübe um 40°C, die jeweils vier bis fünf Tage andauerten. Kurz nach Behandlungsbeginn sistierten die Durchfälle und es traten keine Fieberschübe mehr auf (das Kind wurde täglich rektal gemessen). Seit Therapiebeginn, vor 10 Wochen, ist das Mädchen 2 cm gewachsen, nachdem zuvor lange ein Wachstumsstillstand beobachtet worden war. Der 13jährige Hämophile hat sich bisher unter der Immunglobulintherapie nicht weiter verschlechtert.

Zunächst erscheint der Therapieansatz mit Immunglobulinen paradox, da die meisten Kinder schon eine Hypergammaglobulinämie aufweisen. Die eigenen Immunglobuline scheinen aber nicht ihre Funktion zu erfüllen, da bei diesen Kindern wiederkehrende schwere bakterielle Infektionen auftreten.

Unter Immunglobulintherapie haben wir bei keinem der drei Patienten bisher bakterielle Infektionen beobachtet.

Rubinstein, der in New York wohl weltweit die meisten pädiatrischen AIDS-Patienten betreut, hat vor kurzem über günstige Behandlungsergebnisse nach intravenöser Immunglobulinbehandlung bei Kindern berichtet. Nach seiner Meinung scheinen Immunglobulingaben die hohe B-Zellaktivierung zu kontrollieren. Immunglobuline vermindern oder eliminieren die erhöhten zirkulierenden Immunkomplexe und stellen die zuvor gestörte Suppressor-T-Zellfunktion wieder her. Wir haben unsere Behandlungsversuche in späten Krankheitsstadien begonnen. Ein Therapiebeginn in einem früheren Stadium der Erkrankung erscheint uns sinnvoller.

Als möglichen Mechanismus der Therapie kann man diskutieren, daß die Beseitigung von zirkulierenden Antigenen die Aktivierung von HIV-infizierten T-Zellen verhindern kann, und so die virale Replikation und T4-Zellzerstörung vermindert wird.

Die Röntgenbilder wurden dankenswerterweise zur Verfügung gestellt von der Städtischen Kinderklinik in Heilbronn (Abb. 1) und von Herrn Professor Ball, Leiter der Abteilung für Pädiatrische Radiologie der Universitätskliniken Frankfurt a.M. (Abb. 2).

Diskussion

v. Kries (Düsseldorf):

Ich möchte gern zwei Kommentare zu dem Beitrag von Herrn Kreuz geben.

1. Die Behandlungsversuche bei Patienten mit HIV-Infektion und Symptomen mit Immunglobulinen sind prinzipiell bei einem bestimmten Patientenkollektiv sinnvoll.
2. Ich bin nicht ganz sicher, ob Sie Ihr Patientenkollektiv nach geeigneten Kriterien ausgesucht haben. Sie sind darauf nicht eingegangen.

Wir sollten uns darüber im klaren sein, daß beim pädiatrischen AIDS erhebliche Störungen der B-Zell-Funktion vorkommen. Diese B-Zell-Funktionsstörungen sind dadurch gekennzeichnet, daß wir einerseits Zeichen der polyklonalen Aktivierung haben, andererseits aber sehen, daß diese Kinder auf Impfungen, zum Beispiel auch die DT-Impfung, kaum oder überhaupt keine Antikörper bilden können, also einerseits eine polyklonale Aktivierung, aber andererseits die Unfähigkeit, spezifische Antikörper zu bilden. In dieser Situation macht es durchaus Sinn, die Patienten zu behandeln.

Der Titel Ihres Vortrages lautet: Patienten mit ARC. Es ist vorhin schon angedeutet worden, daß der Begriff ARC unzureichend definiert ist, zumindest im Kindesalter, so daß Kriterien festgelegt werden müssen, wenn wir mehr Patienten dieser Therapie zuführen wollen. Was gefordert werden sollte, sind Untersuchungen zur B-Zell-Funktion. Diese sind gemacht worden. Es gibt gute Untersuchungen zur Überprüfung der primären Immunantwort mit einem Neoantigen wie auch zur Überprüfung der sekundären Immunantwort. Mit diesen Untersuchungen würde es einen Sinn machen, eine Gruppe mit Gammaglobulin zu substituieren. Denn das wären jene Patienten, die nicht in der Lage sind, eine spezifische Immunantwort zu bilden.

Kreuz (Frankfurt):

Wir haben zunächst unsere klinisch schlechtesten Patienten für diese Therapie ausgewählt sowie die Patienten, die die immunologisch schlechtesten Parameter aufwiesen.

v. Kries (Düsseldorf):

Haben Sie denn z.B. bei diesen Patienten Impftiter gegen Diphtherie/Tetanus geprüft und dann noch einmal nachgeimpft, um zu sehen, ob sich etwas tut? Dann könnten Sie erkennen, ob diese Kinder zumindest zu einer immunologischen Tertiär- oder Quintärantwort kommen.

KREUZ (Frankfurt):

Wir haben nicht nachgeimpft.

POLLMANN (Münster):

Handelt es sich da um das gleiche Therapieschema wie bei RUBINSTEIN?

KREUZ (Frankfurt):

Wir haben bei unseren Patienten einen milden Behandlungsbeginn gewählt mit 50 mg/kg Körpergewicht, sind dann allmählich zweimal die Woche auf 100 mg/kg Körpergewicht gegangen und schließlich auf 200 mg und 300 mg/kg Körpergewicht pro Woche bei zweimaligen Gaben in der Woche.

KURTH (Frankfurt):

Herr Kreuz, Sie wissen ja, daß wir in unseren Untersuchungen am Paul-Ehrlich-Institut viele Immunglobulinchargen mit Spezifität für EBV, Hepatitis B usw. gefunden haben, die auch Anti-HIV-Antikörper besaßen. Könnte es möglich sein, daß Sie diese Chargen, die auch heute noch auf dem Markt sind und bei denen wir auch keinen Grund sehen, sie vom Markt zu ziehen, verwendet haben? Und könnte vielleicht sogar der Effekt so zu erklären sein, daß man vorübergehend die HIV-Belastung im Organismus reduzierte und damit dem Immunsystem eine Chance gab, sich zu erholen?

KREUZ (Frankfurt):

Ja, den ersten Patienten, den wir hier mit dem achtmonatigen Verlauf vorgestellt haben, haben wir mit einem HIV-positiven Präparat behandelt. Herr Gürtler hat inzwischen aus dieser Charge neutralisierende Antikörper bestimmen können.

Es ist natürlich wünschenswert, hier fast ein Hyperimmunglobulinpräparat für HIV zu haben. Wir glauben schon, daß hier beides eine Wirkung gehabt hat, sowohl die EBV-Antikörper gegen das nukleusassoziierte Antigen, das das Kind nicht bilden konnte, als auch die HIV-neutralisierenden Antikörper.

MÖSSELER (Göttingen):

Ich habe noch eine Frage aus virologischer Sicht. Hat es überhaupt einen Sinn, ein Hyperimmunglobulin zu einem späten Zeitpunkt, der nicht mit der Infektion identisch ist, zu geben? Wenigstens bei Hepatitis B oder anderen Infektionen sind doch Hyperimmunglobulingaben lange nach der Infektion nicht wirksam.

KURTH (Frankfurt):

Sie haben völlig recht. Ein Einsatz von Immunglobulinen lange nach der Primärinfektion hat wenig Sinn. In diesem von Herrn Kreuz geschilderten Fall kann man bestenfalls erwarten – die Klinik deutet in die richtige Richtung –, daß man die Virämie, die Virusbelastung im Blut vorübergehend reduziert, so daß man den nachwachsenden Lymphozyten aus Knochenmark und Lymphknoten eine Chance gibt, nicht gleich infiziert zu werden.

KREUZ (Frankfurt):

Ich glaube, bei diesen Patienten war auch ganz entscheidend, daß in dem Präparat EBNA-Antikörper waren. Diese Antikörper konnte das Kind nicht bilden.

N. N.:

Eine Ergänzungsfrage: Von dem Hyperimmunglobulin gegen Hepatitis B wird vermutet, daß es zu einem späteren Zeitpunkt zu sehr unerwünschten Antikörper-Komplexreaktionen kommen kann, die sehr gefährlich sein können. Vorausgesetzt, daß es sich hier überhaupt um neutralisierende Antikörper handelt, wenigstens in ausreichendem Maße, würden Sie dann eine solche Reaktion für möglich halten?

KURTH (Frankfurt):

Diese Beobachtung gilt nicht nur für Anti-Hepatitis-Immunglobuline. Es hätte tatsächlich das Gegenteil eintreten können, nämlich eine Verlaufsverschlechterung.

KLOSE (München):

Ich glaube, der Sinn einer regelmäßigen Hyperimmunglobulintherapie liegt doch im wesentlichen darin, daß diese Immunglobuline antikörperreich im Hinblick auf Mikroorganismen für die Risikopatienten sind, wie Zytomegalie, Epstein-Barr und Pneumocystis carinii, und daß man die von den eventuellen Infektionen schützen kann, nicht unter dem Aspekt, jetzt sozusagen das HIV-Virus weniger aktiv zu machen.

KURTH (Frankfurt):

Ich möchte zu der Frage von Herrn Mösseler noch einmal Stellung nehmen. Es gibt zwei Antworten darauf: Erstens sind am Anfang der AIDS-Epidemie Patienten mit AIDS mit Hyperimmunglobulin therapiert worden, und zwar ohne irgendeinen positiven Effekt, und zweitens sind die Patienten, die Herr Kreuz hier vorgestellt hat, Kinder. Bei Kindern ist die Hyperimmunglobulingabe indiziert, und da bringt sie auch Verbesserungen, bei Erwachsenen nicht. Das sollte man unterscheiden.

4. Freie Vorträge

Neurologische Komplikationen bei AIDS

W. Tackmann, P. Clarenbach, H. Brackmann, T. Kamradt, A. Steudel (Bonn)

Neurologische Komplikationen bei AIDS kommen in einer Häufigkeit von 23 bis 40% vor (Koppel et al. 1985; Levy et al. 1985). In größeren Autopsieserien wurde aber mit über 70% ein wesentlich häufigerer Befall des Nervensystems nachgewiesen (Moskowitz et al. 1984). Neurologische Ausfälle können sich isoliert oder in Kombination im zentralen oder peripheren Nervensystem manifestieren.

Im folgenden wird über neurologische Symptome bei 21 Patienten berichtet. Im Gegensatz zu den in der Weltliteratur mitgeteilten Übersichten sind in dem eigenen Patientenkollektiv wesentlich häufiger Patienten mit Hämophilie (n = 12) als Homosexuelle (n = 7) enthalten; letztere machen in großen amerikanischen Statistiken etwa 70% aller AIDS-Kranken aus (Levy et al. 1985).

Bei 14 Patienten deutete die klinische Symptomatik auf einen ZNS-Befall hin. 7 Patienten wiesen ein hirnorganisches Psychosyndrom auf, 5mal kamen Halbseitensyndrome vor, bei je zwei Patienten wurden zerebelläre Symptome bzw. zerebrale Anfälle beobachtet. Ein Patient hatte eine Myelitis sowie eine Retrobulbärneuritis. Läsionen des peripheren Nervensystems traten bei 10 Patienten auf. Bei 3 von ihnen war gleichzeitig auch ein Befall des ZNS festzustellen.

Häufigste Form eines ZNS-Befalls bei AIDS ist die subakute Enzephalitis (Jordan et al. 1985; Snider et al. 1983). Hierbei werden ein hirnorganisches Psychosyndrom (HOPS), zerebrale Anfälle oder Halbseitensyndrome gesehen. Die Symptomatik beim HOPS ist sehr vielgestaltig. Sie reicht von leichten Antriebs-, Aufmerksamkeits- und Konzentrationsstörungen, Depressionen bis hin zu schweren Verwirrtheitszuständen und einem dementiellen Abbau. Diese Symptome entwikkeln sich meist subakut über mehrere Wochen. Die Ätiologie dieser Enzephalitis ist unklar. Diskutiert wurden ein zerebraler Befall mit opportunistischen Erregern oder dem HTLV III-Virus selbst. Von den opportunistischen Erregern kommen vor allem Viren aus der Herpes-Gruppe, Papova-Viren, Toxoplasma gondii und Pilze in Frage. Die Herpes simplex Enzephalitis zeichnet sich bei an AIDS erkrankten Patienten durch einen generalisierten zerebralen Befall aus (Levy et al. 1985), während sie bei Patienten mit intaktem Immunsystem als hämorrhagisch-nekrotisierende Enzephalitis mit bevorzugter Lokalisation im Temporallappen auftritt. Ein Befall mit Papova-Viren der Untergruppen JC und SV 40 führt zum Bild der progressiven multifokalen Leukenzephalopathie. Diese Enzephalitis wurde von uns bei einem Patienten mit Hämophilie A beobachtet. Dieser Fall ist durch den immunhistochemischen Nachweis von JG und SV 40 Antigenen in den Kernen von Oligodendrogliazellen gesichert (Ries 1985).

Von großer Hilfe kann bei der Beurteilung das EEG sein. Bei 10 von 17 Patienten fanden sich pathologische Veränderungen. Es handelte sich um leichtere Herdbefunde, leichte Allgemeinveränderungen bis zu schweren Allgemeinveränderungen. Zwei dieser 10 Patienten hatten klinisch keine Mitbeteiligung des ZNS erkennen lassen.

Eine Rückenmarksbeteiligung wurde bei einem Patienten gesehen, der nach einem Herpes zoster im Dermatom Th_2 links ein partielles Brown-Sequard-Syndrom entwickelte. Es bestand eine Analgesie im Dermatom Th_2 links, eine Hypalgesie und Thermhypästhesie kontralateral und eine Pallhypästhesie ipsilateral kaudal von Th_2. Bei einer magnetresonanztomographischen Untersuchung war auch im oberen Zervikalmark ein Herd mit veränderter Signalintensität nachweisbar. Dieser Patient wies als weitere Besonderheit eine Retrobulbärneuritis auf; über diese Komplikation ist in den bisherigen Publikationen nur sporadisch berichtet worden (Cordt et al. 1986).

Eine Radikulitis lag bei drei Patienten vor. Wie bereits von Eidelberg et al. (1986) mitgeteilt, weisen Radukulitiden bei AIDS in auffälliger Weise asymmetrische Paresen und Sensibilitätsstörungen auf. Hinzu kommen Harnretention, Inkontinenz und Impotenz.

Isolierte Hirnnervenausfälle sollen nach Snider et al. (1983) auf eine leptomeningeale Aussaat von Lymphomen hinweisen. Besonders betroffen sind der N. trigeminus, N. facialis und N. oculomotorius. In dem von uns untersuchten Patientengut wurde einmal eine Fazialisparese und in 4 Fällen eine N. oculomotorius-Schädigung gesehen, wobei zweimal nur der parasympathische Anteil affiziert war.

Mononeuropathien vom Multiplextyp oder Polyneuropathien werden häufig übersehen, wenn gleichzeitig Ausfälle des ZNS bestehen und diese das Krankheitsbild dominieren. Nach Snider et al. (1983), Levy et al. (1985) handelt es sich um vorwiegend sensible Polyneuropathien. Dabei können schmerzhafte Parästhesien ganz im Vordergrund stehen. Bei 5 Patienten beobachteten wir derartige Spontanschmerzen nur in zwei Fällen. Ein Patient hatte eine Mononeuropathie des N. femoralis, ein anderer eine symmetrische Neuropathie.

Literatur

Cordt A, Schlegel U, Jerusalem F (1986) Retrobulbärneuritis und Myelitis bei Immundefektsyndrom (AIDS). Akt Neurl 13:77–79

Eidelberg D, Sotrel A, Vogel H, Walker P, Kleefield J, Crumpacker CS (1986) Progressive polyradiculopathy in acquired immune deficiency syndrome. Neurology 36:912–916

Jordan BD, Navia BA, Petito C, Cho E-S, Price RW (1985) Neurological syndromes complicating AIDS. Front Radiat Ther oncol 19:82–87

Koppel BS, Wormser GP, Tuchman AJ, Maayan S, Hewlett D, Darras M (1985) Central nervous system involvement in patients with acquired immune deficiency syndrome (AIDS). Acta Neurol Scand 71:337

Levy RM, Bredesen DE, Rosenblum ML (1985) Neurological manifestation of the acquired immunodeficiency syndrome (AIDS): Experience at UCSF and review of the literature. J Neurosurg 62:475–495

Moskowitz LB, Hensley GT, Chan JC, Gregorius J, Conley FK (1984) The neuropathology of acquired immune deficiency syndrome. Arch Path Lab Med 108:867

Ries F (1985) Progressive multifokale Leukenzephalopathie bei Hämophilie A. Besteht ein Zusammenhang mit AIDS? Nervenarzt 56:442–448

Snider WD, Simpson DM, Nielsen S, Gold JWM, Metroka CE, Posner JB (1983) Neurological complications of acquired immune deficiency syndrome: analysis of 50 patients. Ann Neurol 14:403–418

Multiple Hirnabszesse bei HIV-Infektion bei einem Hämophilie A-Adoleszenten

E. Gugler, U. B. Schaad, E. Meili (Bern/Zürich)

Der Prozentsatz von Anti-HIV-positiven Hämophilen in der Schweiz beträgt bei Erwachsenen rund 25%. Bei Kindern scheint er wahrscheinlich infolge der häufigeren Faktorensubstitution höher zu liegen. Bisher sind aber erst zwei Hämophilie-Patienten manifest an AIDS erkrankt. Über den einen soll im folgenden berichtet werden.

Es handelt sich um einen 16jährigen Jungen mit schwerer Hämophilie A, welcher seit dem Alter von 4 Jahren mehr oder weniger regelmäßig mit Faktor VIII-Präparaten verschiedener Herkunft substituiert wurde. Mit 6 Jahren machte er eine Hepatitis B durch, mit 9 Jahren wurde er am rechten Knie synovektomiert, mit 15 Jahren fand eine zweite Synovektomie beider Ellbogengelenke statt.

Im *Mai 1986* erkrankte der Knabe mit Fieber, zunehmender Müdigkeit, Mundsoor und Genitalsoor. Auch trat eine leichte Diarrhoe auf. Dazu kamen in der Folge Kopfschmerzen vor allem frontal, ferner Erbrechen und eine zunehmende Apathie. Beim Spitaleintritt war der AZ reduziert, die Temperatur betrug 38,5°. Neben dem Mundsoor und der Genitalmykose fand man vergrößerte Lymphknoten axillär, eine Hepatomegalie von 5 cm sowie eine Splenomegalie. Die neurologischen Symptome waren diskret: Eine Facialisschwäche links, eine leichte Hyperreflexie des linken Patellarsehnenreflexes, eine angedeutete Stauungspapille bds. Hingegen war eine deutliche psychomotorische Verlangsamung vorhanden. Die Laborwerte ergaben eine leichte Anämie von 12,7 g%, eine Thrombopenie von 61 200/mm^3 sowie eine Leukopenie von 2500/mm^3. Mit diesen Befunden war die Verdachtsdiagnose AIDS gegeben.

Der Anti-HIV-Nachweis fiel dann auch deutlich positiv aus. Die Spezialuntersuchungen ergaben eine absolute Lymphozytenzahl von 650/mm^3. Die B-Zellen waren normal, bei den T-Zellen war der T4/T8-Quotient mit 0,05 deutlich erniedrigt. Die Stimulation mit 3 Mitogenen war negativ. Die Immunglobuline im Blut waren wenig verändert. IgG und IgA leicht erhöht. Dagegen war bei den Subklassen IgG^2 deutlich vermindert. Wegen der Kopfschmerzen wurde bei Eintritt auch ein Computertomogramm des Schädels durchgeführt. Zu unserem Erstaunen war bei neurologisch doch recht diskreten Befunden ein bereits stark fortgeschrittener Prozeß vorhanden (Abb. 1). Es fanden sich multiple Rundherde mit breiter Ödemzone, Kompression des Ventrikelseptums und diskreter Verlagerung der Mittellinienstrukturen nach links. Es handelte sich um multiple Abszesse. Primäre Blutungen waren unwahrscheinlich. Trotz breiter Abklärung konnte weder direkt noch indirekt ein Erreger nachgewiesen werden. Insbesondere fielen die Untersuchungen auf Zytomegalie, Herpes, EBV, Toxoplasmose, Cryptococcus und Histoplasmose alle negativ aus. Auf eine Hirnbiopsie wurde in Anbetracht der Situation verzichtet und mit einer breiten antibiotischen Therapie begonnen. Der Patient erhielt während insgesamt 4 Wochen Ceftriaxon

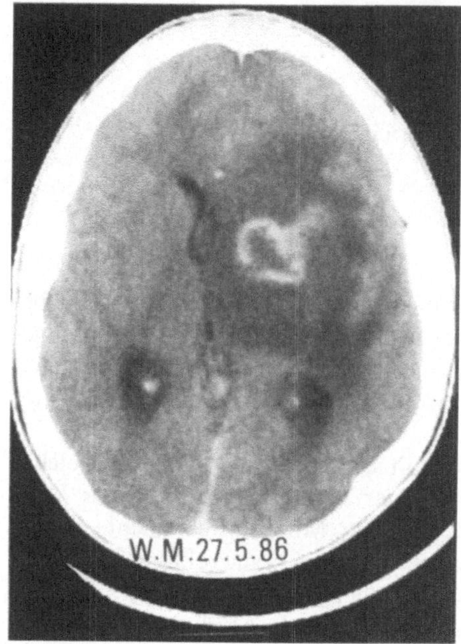

Abb. 1. Computertomogramm (mit Enhancement) vor Therapie. W. Markus, 1970

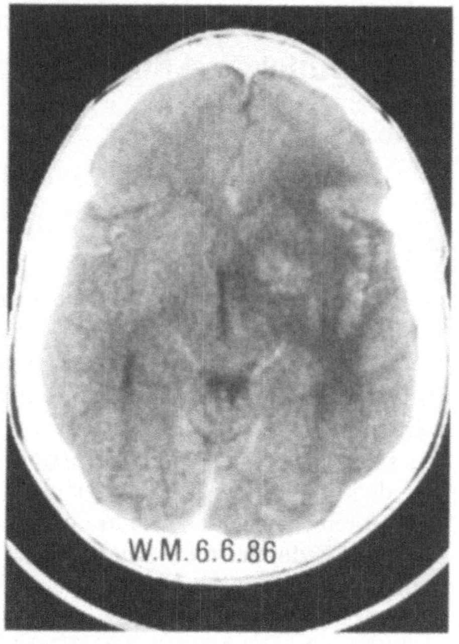

Abb. 2. Computertomogramm (mit Enhancement) 10 Tage nach Beginn der Therapie. W. Markus, 1970

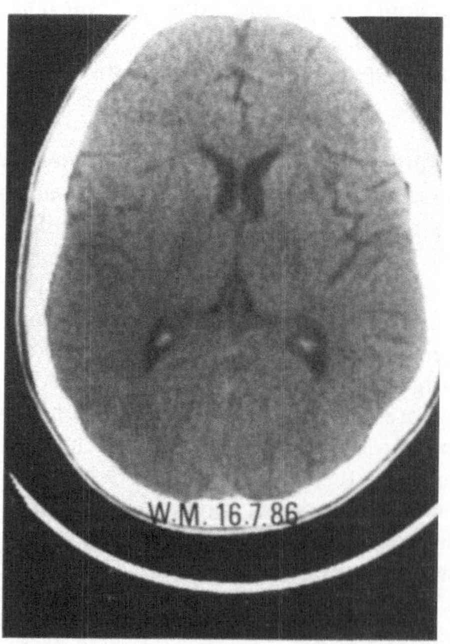

Abb. 3. Computertomogramm (mit Enhancement) nach 6 Wochen. W. Markus, 1970

(Rocephin) als Breitspektrumantibiotikum 4 g/Tag i.v., Metronidazol (Flagyl) gegen Anaerobier 2 g/Tag, dann Pyrimethamin (Daraprim) 25 mg/Tag und Sulfadizin 4 g/Tag gegen Toxoplasmose sowie Ketoconazol (Nizoral) 400 mg/Tag gegen die Soorinfektion. Daneben wurde ihm i.v.-Gammaglobulin 20 g an 5 aufeinanderfolgenden Tagen, dann alle 14 Tag 20 g verabreicht. Dies geschah im Rahmen einer vom Schweizerischen Roten Kreuz begonnenen Pilotstudie, in welcher bei Patienten mit HTLV-assoziierten Krankheiten hochdosiert i.v.-Gammaglobulin verabreicht wird. Schließlich erhielt der Patient als Faktor VIII-Substitution 1000 E Kryobulin S-Tim 3 täglich, wodurch ein Faktor VIII-Spiegel von durchschnittlich 50% erreicht wurde. Unter dieser Therapie besserte sich das klinische Bild erstaunlich rasch. Das Kontroll-CT nach 10 Tagen (Abb. 2) ergab eine deutliche Regredienz der Befunde. Nach 6 Wochen waren die Befunde praktisch wieder normalisiert (Abb. 3). Die immunologischen Werte blieben dagegen während der ganzen Behandlung unverändert. Die Leukopenie bestand weiter. Die Thrombozyten wiesen wechselnde Werte auf, teils normal, teils im thrombopenischen Bereich. Der T4/T8-Quotient war auch nach Abschluß der Therapie mit 0,01 unverändert tief.

Der günstige Verlauf der zerebralen Komplikation bei diesem Hämophilen mit manifester AIDS-Erkrankung legt die Vermutung nahe, daß es sich am ehesten um eine *multifokale Toxoplasmose-Encephalitis* gehandelt hat. Diese zwar seltene Infektion ist bei AIDS bekannt. Die negative Serologie schließt die Diagnose einer zerebralen Toxoplasmose jedoch nicht aus, wie auch Beispiele der Literatur bestätigen.

Als praktische Schlußfolgerung möchten wir festhalten, daß insbesondere bei HIV-positiven Hämophilen in Gegenwart von unklarem Fieber oder Kopfschmerzen frühzeitig ein Computertomogramm angefertigt wird. Dadurch kann eine eventuelle Toxoplasmose rechtzeitig erkannt und, wie in unserem Falle, auch erfolgreich behandelt werden.

Diskussion

SCHIMPF (Heidelberg):

Wir haben einen ganz ähnlichen Fall beobachtet. Es war ein Patient mit Enzephalitis, der im CT multifokale Herde zeigte und negativ in bezug auf Toxoplasmose-Antikörper war. Im Liquor war die Zellzahl nur gering vermehrt. Wir haben ihn wie eine Toxoplasmose mit Daraprim behandelt. Daraufhin bildete sich das gesamte klinische Bild einschließlich der CT-Befunde wieder vollkommen zurück. Ein Befall mit Pilzen im Nasen-Rachen-Raum, der ständig weiter behandelt wird, blieb bestehen.

AUERSWALD (Bremen):

Wir haben ebenfalls bei einem ähnlichen Fall im Computertomogramm multiple Herde auch mit diesen Ringstrukturen bei einer Tuberkulose gesehen, wobei der Primärherd dabei nicht sichtbar war. Das war ein Kind, das aus Pakistan kam und diesen auffälligen Befund hatte.

MARX (München):

Auf einem früheren Symposion haben wir über hämophile Hirnblutungen diskutiert und festgestellt, daß diese gar nicht selten auftreten. Nun hören wir, das ZNS-Infektionen ohne Hirnblutungen vorkommen. Da letzteres nicht als sicher zu unterstellen ist, sollte doch wohl genügend hoch substituiert werden. Andernfalls müßte es irgendeinen Mechanismus geben, der ein so betroffenes Gehirn vor Blutungen schützt.

Frau MEILI (Zürich):

Ich muß sagen, daß der Knabe vor der Diagnose bereits unter recht hoher Dauersubstitution gestanden hat. Möglicherweise hat das eine Rolle gespielt.

SCHIMPF (Heidelberg):

Der hohe Anteil an Hirnblutungen unter den Blutungstodesfällen ist nach wie vor verblüffend.

Frau EIBL (Wien):

Bei Patienten mit so niedrigen T4-Zahlen kommen multiple Infektionen im Gehirn gar nicht so selten vor. Wir hatten einen Patienten, bei dem autoptisch drei verschiedene Infektionen nebeneinander bestanden. So haben Sie mit Ihrer Therapie, die ganz breitbasig war, sehr gut gelegen.

Frau Meili (Zürich):

Ich glaube, wenn man die Toxoplasmose nicht nachweisen kann, was offenbar sehr häufig ist, sollte man sehr breit therapieren.

Tödlich verlaufene AIDS-Fälle bei einem Hämophilen (mit Kaposi-Sarkom) und seiner Lebenspartnerin

N. Maurin, H. Kierdorf, H. Schaar, H. Schäfer, F. Hofstädter
(Aachen, Stolberg)

Einleitung

Wir möchten über zwei Kasuistiken berichten: Zum einen über einen Patienten mit schwerer Hämophilie A, bei dem 1981 erstmals eine chronische Lymphadenitis mit follikulärer Hyperplasie diagnostiziert wurde, der Ende 1984 infolge einer atypischen Pneumonie bei AIDS verstarb und die Obduktion ein primär in einem Lymphknoten entstandenes Kaposi-Sarkom nachwies; zum anderen über die Lebenspartnerin dieses Hämophilen, die zehn Monate zuvor ebenfalls an AIDS verstarb.

Kasuistiken

Bei dem 1949 geborenen Mann, der glaubhaft angab, keine homosexuellen Kontakte gehabt und keinen Drogenabusus betrieben zu haben, war seit dem zweiten Lebensjahr eine schwere Hämophilie A bekannt. Wegen seit 1969 häufig rezidivierender Hämarthrosen in den großen Gelenken erfolgte zunächst eine Bedarfssubstitution mit Kryopräzipitat, ab 1975 die prophylaktische Gabe von Faktor VIII-Hochkonzentrat mit ca 3 × 500 IE/Woche.

1972 akute Hepatitis B. Bei HBs-Antigen-Persistenz seitdem häufig Hepatitisrezidive, die möglicherweise auch zusätzlich durch eine Non-A/Non-B-Hepatitis ausgelöst wurden. Im Februar 1983 erstmalig klinische Zeichen einer dekompensierten Leberzirrhose.

Im Juli 1981 erstmals zervikale Lymphome. Die histologische Beurteilung eines exstirpierten Lymphknotens erbrachte eine chronische Lymphadenitis mit follikulärer Hyperplasie (Abb. 1). Sämtliche mikrobiologischen Untersuchungen (Herpes simplex, CMV, EBV, Toxoplasmen, Listerien, Ornithose, Mykoplasmen etc.) waren negativ.

Im Mai 1982 Persistenz der zervikalen Lymphome; histologisch wurde der Vorbefund bestätigt. Im August 1983 stationäre Aufnahme mit zunehmender Adynamie, Belastungsdyspnoe, Fieber und Nachtschweiß. Bei jetzt generalisierter Lymphknotenvergrößerung erbrachte die Histologie eines Lymphknotenexstirpates erneut die Diagnose einer follikulären Hyperplasie bei chronischer Lymphadenitis. Bei normaler Leukozytenzahl von 4300/mm^3 bestand eine Lymphopenie von 600/mm^3 mit einer deutlich verminderten T-Zellzahl von 290/mm^3. Bei Untersuchung der isolierten T-Zellpopulation mit monoklonalen Antikörpern war die Zahl der Helfer-T-Zellen (OKT4) mit 110/mm^3 deutlich vermindert, die Zahl der Suppressor-T-Zellen (OKT8) betrug 135/mm^3, woraus sich ein OKT4/OKT8-Ratio von 0,8 errechnete. Die Thrombozyten waren auf 75000/mm^3 erniedrigt, die γ-Globuline auf

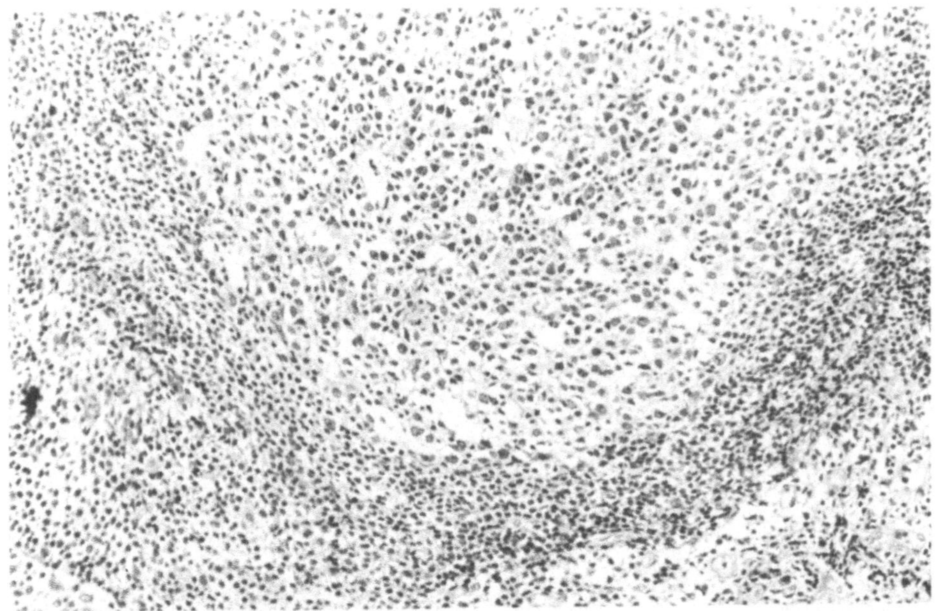

Abb. 1. Chronische Lymphadenitis mit follikulärer Hyperplasie und stark aktiviertem Keimzentrum (Paraffin, Hämatoxylin-Eosin-Färbung; 150fache Vergrößerung)

40 rel.% erhöht. IgG 35 g/l, IgA 5,3 g/l, IgM 3,6 g/l. Im Multitest Mérieux wurde eine absolute T-Zell-Anergie festgestellt.

Ende Oktober 1984 stationäre Wiederaufnahme in unsere Klinik wegen erneuter Dekompensation der Leberzirrhose. Jetzt war nur noch ein einzelner Lymphknoten inguinal links zu palpieren. Es fanden sich keine Hautinfiltrate. Die Leukozyten betrugen 4100/mm^3, die Lymphozyten 620/mm^3 und die Thrombozyten 52000/mm^3. γ-Globuline 43 rel.%; IgG 23,8 g/l, IgA 10,2 g/l, IgM 1,5 g/l. Im Multitest Mérieux erneut absolute Anergie. Der im Robert-Koch-Institut des Bundesgesundheitsamtes in Berlin mittels ELISA bestimmte HIV-Antikörpertiter war mit 1:25600 hoch positiv. Die übrigen mikrobiologischen Untersuchungen (Herpes simplex, CMV, EBV, Toxoplasmen, Listerien, Ornithose, Mykoplasmen etc.) waren erneut negativ.

Anfang November 1984 traten zwei Tage präfinal Fieber bis 39°C rektal und interstitielle pulmonale Infiltrate auf. Der Exitus erfolgte unter den klinischen Zeichen einer plötzlichen, massiven respiratorischen Globalinsuffizienz.

Bei der Obduktion war neben der postnekrotischen Leberzirrhose vor allem die Histologie der Lunge und des inguinalen Lymphknotens von Bedeutung. Pulmonal fand sich eine chronisch intraalveoläre Pneumonie mit starker Proliferation der Alveolarzellen und lichtmikroskopischen Einschußkörperchen im Sinne einer virusinduzierten atypischen Pneumonie; bei der elektronenmikroskopischen Untersuchung und der in-situ-Hybridisierung gelangt jedoch kein Nachweis eines Virus (Herpes simplex, CMV, EBV etc.). Der inguinale Lymphknoten war lymphozytenarm; das lymphatische Gewebe war ersetzt durch gefäßbildende Spindelzellen,

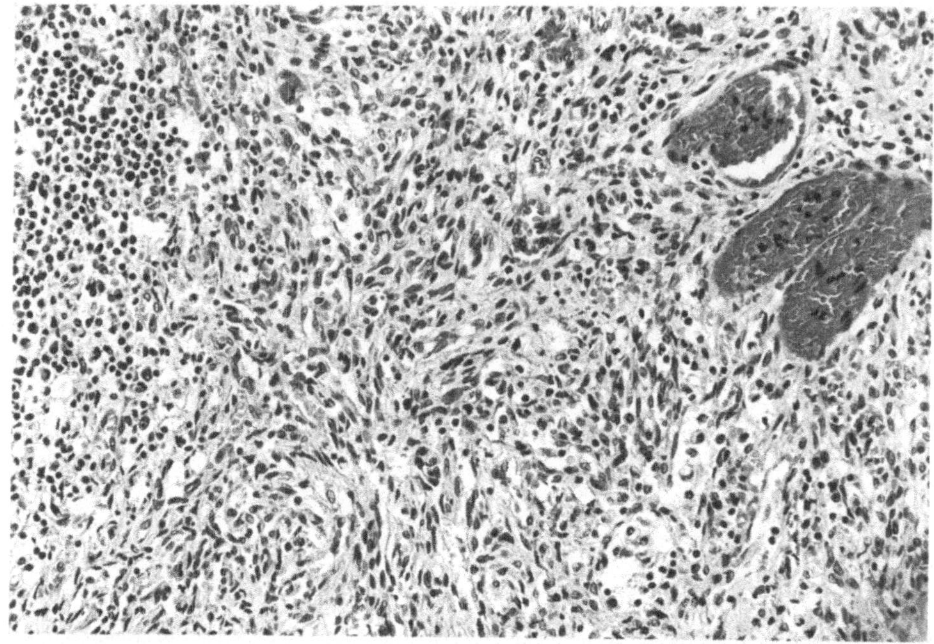

Abb. 2. Lymphozytenarmer Lymphknoten mit Ersatz des lymphatischen Gewebes durch gefäßbildende Spindelzellen im Sinne eines Kaposi-Sarkoms (Paraffin, Hämatoxylin-Eosin-Färbung; 200fache Vergrößerung)

entsprechend einem primär im Lymphknoten entstandenen Kaposi-Sarkom (Abb. 2); dieser Befund konnte auch elektronenmikroskopisch und immunhistochemisch durch Nachweis von Gerinnungsfaktor VIII-assoziiertem Antigen (Faktor VIII R:Ag) untermauert werden. Auch bei der Obduktion fanden sich keine der für ein Kaposi-Sarkom üblichen Hautmanifestationen.

Zehn Monate vor dem Exitus unseres Hämophilie-Patienten verstarb im Krankenhaus einer Nachbarstadt seine 37jährige Lebenspartnerin, die kein sonstiges HIV-Infektionsrisiko aufwies, nach Gewichtsverlust von 18 kg in 18 Monaten und rezidivierenden fieberhaften Infekten ebenfalls unter dem Bild einer therapierefraktären respiratorischen Globalinsuffizienz. Präfinal betrugen die Leukozyten 4200/mm^3, die Lymphozyten 400/mm^3, die T-Zellen 265/mm^3, die Helfer-T-Zellen 55/mm^3, die Suppressor-T-Zellen 130/mm^3 und der OKT4/OKT8-ratio 0,4. Bei der Obduktion fand sich eine exzessive Bronchopneumonie mit septischer Streuung ohne adäquate Lymphknotenbeteiligung; ein Kaposi-Sarkom konnte ausgeschlossen werden.

Diskussion

Nach Erstbeschreibung von AIDS bei homosexuellen Männern im Jahre 1981 [1] wurde im Juli 1982 erstmals über dieses Syndrom bei Hämophilen berichtet [2], die seitdem zu den Hauptrisikogruppen für AIDS gehören. Von unseren acht bereits vor 1984 mit Faktor VIII substituierten Hämophilie A-Patienten sind sechs (75%) HIV-Antikörper-positiv, was den Mitteilungen anderer Autoren entspricht [3, 5].

Im Januar 1984 wurde erstmals von AIDS bei einer Ehefrau eines Hämophilen berichtet [11]. Jones et al. [5] untersuchten die Sexualpartner von HIV-Antikörper-positiven Hämophilen; 3 von 36 dieser Partner waren HIV-Antikörper-positiv. Kreiss et al. [6] fanden in einer ähnlichen Untersuchung bei 2 von 42 Partnerinnen HIV-Antikörper. Melbye et al. [9] fanden bei 1 von 9 Partnerinnen von HIV-Antikörper-positiven Hämophilen HIV-Antikörper; da diese Frau mit ihrem Partner Analverkehr betrieben hatte, schließen Melbye et al. nicht aus, daß diese Tatsache die HIV-Infektion begünstigt hat. Unser Hämophilie-Patient, über den wir hier berichten, hatte keinen Analverkehr mit seiner Partnerin.

Bei unserem verstorbenen Hämophilie-Patienten ließ sich ein primär in einem Lymphknoten entstandenes Kaposi-Sarkom ohne Hautmanifestationen nachweisen. Das Kaposi-Sarkom ist ein multifokaler, systemischer neoplastischer Prozeß, der histologisch durch gefäßbildende Spindelzellen charakterisiert ist. 1983 machten Lechner et al. [7] darauf aufmerksam, daß bei Hämophilen mit AIDS im Gegensatz zu Homosexuellen mit AIDS kein Kaposi-Sarkom auftrete. Über die Ursachen dieser Diskrepanz läßt sich nur spekulieren. Cohn und Judson [4] meinen, daß bei den Homosexuellen bestimmte Kofaktoren wie eine aktive Zytomegalie-Infektion oder andere sexuell übertragene systemische pathogene Agentien, die das retikulohistiozytäre System beeinträchtigen, das Entstehen eines Kaposi-Sarkoms begünstigen. Safai et al. [12] führen den spezifischen homosexuellen Lebensstil als Ursache an. Nicholson et al. [10] fanden häufiger Kaposi-Sarkome bei Homosexuellen, die „unlabeled" Nitrite (ungebundene, freie Nitrite), als bei solchen, die „labeled" Nitrite (Nitritester mit aliphatischen Alkoholen) inhalierten.

Nach Lechner et al. [7] tritt eine Thrombopenie bei Hämophilen mit AIDS häufiger als bei Homosexuellen mit AIDS auf. Unser Hämophilie-Patient wies zwar auch eine Thrombopenie auf, diese kann jedoch genau wie die ausgeprägte Hypergammaglobulinämie durch die Leberzirrhose bedingt gewesen sein.

1984 [3] wurde über einen 31jährigen Patienten mit angeborenem Faktor V-Mangel (Parahämophilie) und ohne sonstige HIV-Infektionsrisiken berichtet, der an einem Kaposi-Sarkom erkrankte. Im September 1986 berichteten Mannucci et al. [8] von einem 30jährigen heterosexuellen Hämophilen ohne Drogenabusus, der an einem Kaposi-Sarkom verstarb, jedoch mehrfach kontrolliert HIV-Antikörper-negativ war. Unser Kasus ist somit der erste eines HIV-Antikörper-positiven, heterosexuellen und nicht drogenabhängigen Hämophilie A-Patienten mit Kaposi-Sarkom.

Literatur

1. Centers for Disease Control (1981) Pneumocystis pneumonia – Los Angeles. MMWR 30:250–252
2. Centers for Disease Control (1982) Pneumocystis carinii pneumonia among persons with hemophilia A. MMWR 31:365–367
3. Centers for Disease Control (1984) Update: acquired immunodeficiency syndrome (AIDS) in persons with hemophilia. MMWR 33:589–591
4. Cohn DL, Judson FN (1984) Absence of Kaposi's sarcoma in hemophiliacs with acquired immunodeficiency syndrome. Ann Intern Med 101:401

5. Jones P, Hamilton PJ, Bird G, Fearns M, Oxley A, Tedder R, Cheingsong-Popov R, Codd A (1985) AIDS and haemophilia: morbidity and mortality in a well defined population. Br Med J 291:695–699
6. Kreiss JK, Kitchen LW, Prince HE, Kasper CK, Essex M (1985) Antibody to human T-lymphotropic virus type III in wives of hemophiliacs. Ann Intern Med 102: 623–626
7. Lechner K, Niessner H, Bettelheim P, Deutsch E, Fasching I, Fuhrmann M, Hinterberger W, Korninger C, Neumann E, Liszka K, Knapp W, Mayr WR, Stingl G, Zeitlhuber U (1983) T-cell alterations in hemophiliacs treated with commercial clotting factor concentrates. Thromb. Haemost. 50:552–556
8. Mannucci PM, Quattrone P, Matturri L (1986) Kaposi's sarcoma without human immunodeficiency virus antibody in a hemophiliac. Ann Intern Med 105:466
9. Melbye M, Ingerslev J, Biggar RJ, Alexander S, Sarin PS, Goedert JJ, Zachariae E, Ebbesen P, Stenbjerg S (1985) Anal intercourse as a possible factor in heterosexual transmission of HTLV-III to spouses of hemophiliacs. N Engl J Med 312:857
10. Nicholson JK, McDougal JS, Jaffe HW (im Druck) Immunological abnormalities in asymptomatic homosexual men are related to HTLV-III/LAV exposure. Sex Transm Dis
11. Pitchenik AE, Shafron RD, Glaser RM, Spira TJ (1984) The acquired immunodeficiency syndrome in the wife of a hemophiliac. Ann Intern Med 100:62–65
12. Safai B, Johnson KG, Myskowski PL, Koziner B, Yang SY, Cunningham-Rundles S, Godbold JH, Dupont B (1985) The natural history of Kaposi's sarcoma in the acquired immunodeficiency syndrome. Ann Intern Med 103:744–750

Diskussion

GÜRTLER (München):

Hat die Lebenspartnerin Ihres Patienten irgendwelche andere Risikofaktoren gehabt bzw. gehörte sie zu anderen Risikogruppen, um dieses Virus zu erwerben?

MAURIN (Aachen):

Nein, keine.

GÜRTLER (München):

Dann muß er sie angesteckt haben, und sie ist vor ihm verstorben. Ein bemerkenswerter Verlauf.

Ein integriertes Konzept zur Betreuung HIV-infizierter Hämophiler

T. Kamradt, D. Niese, P. Clarenbach, H. Rüddel, H.-H. Brackmann, A. Steinbeck (Bonn)

Epidemiologie

Am Institut für Experimentelle Hämatologie der Universität Bonn werden zur Zeit etwa 780 hämophile Patienten betreut. Serum von 637 dieser Patienten konnte auf das Vorhandensein von Antikörpern gegen HIV (Human Immunodeficiency Virus) untersucht werden. 61% der Untersuchten wiesen Antikörper gegen HIV auf, was auf eine Gesamtzahl von etwa 475 HIV-infizierten Hämophilen schließen läßt.

Bis zum 31.10.1986 mußten an der Medizinischen Universitätsklinik Bonn 14 an AIDS (nach den CDC-Kriterien) [4] erkrankte Hämophile behandelt werden. Besonders alarmierend ist dabei die Tatsache, daß sich die Krankheit bei 8 dieser 14 Patienten 1986 erstmals manifestierte.

Organisation

Diese Ausgangslage konstituierte die Notwendigkeit einer umfassenden und speziellen Betreuung dieser Patienten. In enger Zusammenarbeit mit der Hämophilie-Ambulanz wurde ein Konzept entwickelt, in dessen Mittelpunkt die zwei- bis viermal jährliche Vorstellung (s. unten) der HIV-positiven Hämophilen in der immunologischen Ambulanz der Medizinischen Klinik steht. Dort erfolgt die klinische Untersuchung der Patienten und die Koordination der diversen Laboruntersuchungen. Von besonderer Bedeutung sind dabei die Bestimmungen der verschiedenen Lymphozytensubpopulationen (B-Zellen, T-Zellen, $CD4^+$/T-Helferzellen, $CD8^+$/T-Suppressorzellen sowie NK-Zellen und Monozyten). Weiterhin werden die Patientenlymphozyten in vitro mit T-Zellmitogenen (PHA, Con A), B-Zellmitogenen (PWM) und Recall-Antigenen (Candida Ag, PPD) stimuliert, um Aufschluß über die Funktionsfähigkeit der vorhandenen Lymphozyten zu erhalten. Die Serumkonzentrationen der Immunglobuline sowie der zirkulierenden Immunkomplexe werden routinemäßig bestimmt, wegen der bei diesen Patienten häufig beobachteten polyklonalen Immunglobulinvermehrung wird mit der Immunfixationselektrophorese nach monoklonalen Immunglobulinen gesucht. Zusätzlich werden die klinisch-chemischen Routineuntersuchungen (Blutbild, Enzyme, Elektrolyte, Urinstatus) ebenso durchgeführt wie virusserologische (Hepatitis, CMV und andere) und mikrobiologische (Rachenabstrich, Sputumuntersuchung, Stuhluntersuchung) Untersuchungen.

Nach dem Vorliegen der oben angeführten Befunde wird eine Klassifikation anhand der von Brodt und Helm [1] vorgeschlagenen Stadieneinteilung (Tabelle 1) vorgenommen.

Tabelle 1. Stadieneinteilung bei HIV-Infektion

Stadium	Definition
1b	Gesunde Personen mit positivem HIV-Antikörpernachweis
2a	Patienten mit HIV-Infektion sowie einem mäßigen, zellulären Immundefekt (mehr als 350 $CD4^+$-Zellen/µl)
2b	Patienten wie 2a, aber mit einem schweren zellulären Immundefekt (weniger als 350 $CD4^+$-Zellen/µl)
3	Patienten mit AIDS (CDC-Definition)

Patienten im Stadium 1b werden in halbjährlichen Abständen untersucht, Patienten in den Stadien 2a–3 in vierteljährlichen Abständen. Über die oben angeführten routinemäßigen Untersuchungen hinaus können weitere Untersuchungen angesetzt werden. Alle Patienten mit neurologischer Symptomatik werden fachärztlich von einem von uns (P.C.) untersucht. Routinemäßig gehört eine EEG-Ableitung zur klinisch-neurologischen Untersuchung. Ferner wird in der radiologischen Klinik eine Kernspinresonanz-Tomographie des Schädels durchgeführt. Bei entsprechendem Krankheitsverdacht kommen speziellere Untersuchungen wie Lumbalpunktion, EMG, evozierte Potentiale oder CT hinzu.

Neben den schon erwähnten Abteilungen für Mikrobiologie, Neurologie und Radiologie besteht eine enge Zusammenarbeit auch mit den Abteilungen für Parasitologie – wenige Stunden nach Eingehen der bronchoalveolären Lavageflüssigkeit wird telefonisch mitgeteilt, ob Pneumocystis carinii nachgewiesen werden konnte oder nicht –, Dermatologie, Orthopädie und der örtlichen AIDS-Hilfe.

Ziele

Mit der Patientenbetreuung im Rahmen der immunologischen Ambulanz sollen im wesentlichen drei verschiedene Ziele erreicht werden: Aufklärung und Beratung der Patienten (Infektionsprophylaxe), Früherkennung infektiöser Komplikationen, Verlaufsbeobachtung.

Ein wesentlicher Aspekt der Arbeit in der immunologischen Ambulanz besteht aus der intensiven Beratung und Aufklärung der HIV-positiven Hämophilen. Neben der individuellen Aufklärung über die Bedeutung des Nachweises von Antikörpern gegen HIV und der Beantwortung der vielfältigen, von den Patienten vorgebrachten Fragen steht dabei vor allem die regelmäßige Beratung über die Bedeutung und die mögliche Verhütung der sexuellen Übertragungsmöglichkeit der HIV-Infektion im Vordergrund. Von den 120 bisher am Institut für Experimentelle Hämatologie serologisch untersuchten Ehefrauen und Freundinnen von Hämophilen wiesen 10 (8,3%) Antikörper gegen HIV auf. Intensive und regelmäßig durchgeführte Aufklärung soll dazu beitragen, die Zahl der HIV-infizierten Sexualpartnerinnen von Hämophilen nicht weiter wachsen zu lassen.

Ein weiterer Aspekt liegt in der psychologischen Betreuung. Das Bewußtsein, HIV-positiv zu sein, stellt viele Betroffene vor erhebliche Probleme. Die individuellen Verarbeitungs- und Bewältigungsstrategien sind außerordentlich verschiedener Natur und unterschiedlich erfolgreich. Es besteht die dringende Notwendigkeit einer qualifizierten Unterstützung der Patienten auch in diesem Bereich. In Zusammenarbeit mit der psychosomatischen Abteilung unserer Klinik wurde daher ein Projekt entwickelt, auf dessen erster Stufe die unterschiedlichen Verarbeitungsstrategien mit Hilfe von Fragebögen und Interviews definiert werden sollen. Ab Anfang 1987 sollen dann psychotherapeutisch geleitete Kleingruppen zusammengestellt werden mit dem Ziel, dem einzelnen Patienten die Verarbeitung und Bewältigung der HIV-Infektion zu erleichtern.

Die regelmäßigen klinisch-immunologischen Untersuchungen der Patienten sollen ermöglichen, infektiöse Komplikationen eines Immundefektes frühzeitig zu behandeln. Dies gilt sowohl für die typischerweise mit dem LAS (Lymphadenopathie-Syndrom, Stadium II der HIV-Infektion) verknüpfte oropharyngeale Candidiasis als auch für die rasche Erkennung möglicherweise auftretender opportunistischer Infektionen. Wie Gottlieb et al. [2] zeigen konnten, besteht für HIV-infizierte Patienten mit weniger als 100 $CD4^+$-Lymphozyten/μl Blut ein 50%iges Risiko innerhalb der nächsten 18 Monate an AIDS zu erkranken. Für Patienten mit 301 bis 400 $CD4^+$-Lymphozyten/μl Blut beträgt dieses Risiko nur noch 7%. Regelmäßige immunologische Kontrollen ermöglichen somit eine individuelle Risikoabschätzung. Letztlich wird damit auch die Früherkennung möglicherweise auftretender opportunistischer Infektionen erleichtert.

Die Pneumocystis carinii Pneumonie ist die mit Abstand häufigste Erstmanifestation von AIDS bei Hämophilen. Die therapeutischen Möglichkeiten sind heute ausgezeichnet, sofern die Diagnose rechtzeitig gestellt wird. Bei verspäteter Diagnosestellung und verschlepptem Krankheitsbild sinken die Chancen der Patienten rapide. Nur noch etwa 3% der Patienten, die wegen respiratorischer Insuffizienz bei Pneumocystis carinii beatmet werden müssen, überleben die Therapie [3].

Erfahrungen an anderen Zentren haben gezeigt, daß solche Verläufe bei Patienten in regelmäßiger ambulanter Kontrolle weitgehend vermeidbar sind.

Neben diesen, direkt auf den individuellen Patienten bezogenen Zielsetzungen der ambulanten Betreuung erhoffen wir uns von den langfristigen Beobachtungen an einem relativ großen Kollektiv HIV-positiver Hämophiler Aufschluß über den Spontanverlauf der HIV-Infektion bei Hämophilen sowie damit zusammenhängend die Beantwortung der Frage, ob diese Erkrankung bei Hämophilen anders verläuft als bei Patienten aus anderen Risikogruppen. Erste Ergebnisse sind in dem Beitrag von Niese, Kamradt et al. in diesem Band dargestellt.

Literatur

1. Brodt HR, Helm EB, Werner A et al. (1986) Verlaufsbeobachtungen bei Personen aus AIDS-Risikogruppen bzw. mit LAV/HTLV III-Infektion. In: Helm EB, Stille W, Vanek E (Hrsg) AIDS II. Zuckschwerdt Verlag, München u. a.
2. Gottlieb MS (1986) IInd International Conference on AIDS. Paris
3. Haverkos HW (1984) Assessment of therapy for pneumocystis carinii pneumonia. PCP therapy project. Am J Med 76:501–508
4. World Health Organization (WHO) (1986) Aquired immunodeficiency syndrome (AIDS). WHO/CDC case definition for AIDS. Wkly epidem Rec 61:69–76

Diskussion

MÖSSELER (Göttingen):

Bei der interdisziplinär organisierten Betreuung Ihrer Patienten möchte ich Sie fragen, wer bezüglich Aufklärung der Patienten als Kontaktperson gilt?

KAMRADT (Bonn):

Die Betrdeuung kann nur funktionieren in enger Kooperation zwischen Hämophilie-behandelndem Arzt und uns, die wir die internistisch-klinische Untersuchung wahrnehmen. Wir nutzen beide die Gelegenheit immer wieder Informationen zu geben und können dabei feststellen, daß den Patienten die gleichen Informationen von Besuch zu Besuch wiederholt werden müssen

BRACKMANN (Bonn):

Die Patienten werden von beiden Einrichtungen aufgeklärt, doch ist es offensichtlich, daß sie nicht immer alles wahrhaben wollen. Die hinzugekommene internistische Aufklärung geschieht gewissermaßen über Dritte, was sich als durchaus hilfreich erweist.

Anti-HIV-Status med. techn. Assistentinnen

H. POLLMANN, H. BEESER, G. MAASS (Münster, Freiburg)

Einleitung

Im Juni 1985 wurden wir durch die Publikation von Peter JONES auf Anti-HIV-positive Mangelplasmen aufmerksam gemacht. Auch zwei bei uns verwendete Mangelplasmen zweier Hersteller waren Anti-HIV positiv.

Es lag nun die Überlegung nahe, ob die in der Hämostaseologie arbeitenden med. techn. Assistentinnen einerseits durch das Patientenplasma und andererseits durch Anti-HIV-positive Mangelplasmen infektionsgefährdet sind. Um möglichen Ängsten mit Daten entgegentreten zu können, wurden 161 med. techn. Assistentinnen aus fast allen Hämophiliezentren der Bundesrepublik Deutschland unter Wahrung der Anonymität auf HIV-Antikörper untersucht.

Um einen Vergleich mit einer bekannten Infektionsgefährdung des Laborpersonals zu haben, wurde bei 75 med. techn. Assistentinnen zusätzlich die Hepatitis B-Serologie untersucht.

Zur Minimierung eines jeden nur erdenklichen Infektionsrisikos des Personals wird seit einigen Monaten von der Firma Immuno/Heidelberg ein erhitztes Faktor VIII-Mangelplasma hergestellt. Da durch Erhitzung der Qualitätsstandard nicht beeinträchtigt werden darf, wurde das nichterhitzte mit dem erhitzten Mangelplasma gleicher Herkunft in einem direkten Vergleich mit Patientenplasma untersucht.

Probanden und Methoden

Nach einem Anschreiben vom Oktober 1985 wurden uns serologische Daten bzw. Serumproben aus 15 Hämophiliezentren in 14 deutschen Städten zugeschickt:

Bonn	Heidelberg	München
Frankfurt	Homburg	Münster
Freiburg	Kiel	Nürnberg
Hamburg (2)	Köln	
Hannover	Lübeck	

Zur Auswertung wurden nur Daten von den med. techn. Assistentinnen herangezogen, die länger als ein Jahr im Hämostaselabor arbeiten.

Von 75 med. techn. Assistentinnen wurden uns Serumproben zugeschickt, die im Landesuntersuchungsamt Münster durch Prof. MAASS im ELISA-Test auf Anti-HIV sowie auf Anti-HBc und Anti-HBs untersucht wurden. Von weiteren 86 med. techn. Assistentinnen wurden uns lediglich die Anti-HIV-Ergebnisse mitgeteilt, da sie bereits im Rahmen einer Personaluntersuchung getestet waren.

Anhand eines Fragebogens wurde der Hepatitis B-Impfstatus sowie eine bereits durchgemachte Hepatitis B-Infektion erfragt. Die Anonymität wurde durch Numerierung der Serumproben bzw. Daten durch die einzelnen Hämophiliezentren gewährleistet.

Die Faktor VIII:C-Bestimmung mit den zu untersuchenden Mangelplasmen erfolgte nach der Faktor VIII-DIN-Methode mit Imidazol-Pufferverdünnung. Bestimmt wurde die Gerinnungszeit in Sekunden nach Zugabe von Calciumchlorid mit dem Koagulometer. Der Testansatz erfolgte parallel mit unbehandeltem Faktor VIII-Mangelplasma und einem erhitzten Faktor VIII-Mangelplasma (STIM-D der Firma Immuno/Heidelberg) des gleichen Ausgangsmaterials. Die Faktor VIII:C-Prozentwerte wurden nach Erstellung einer Verdünnungskurve mit Referenzplasma der Firma Immuno/Heidelberg bestimmt. Die angegebenen Werte in Sekunden stellen den Mittelwert einer Doppelbestimmung dar.

Ergebnisse

Alle Serumproben von 75 med. techn. Assistentinnen, die im Landesuntersuchungsamt Münster untersucht wurden, waren Anti-HIV-negativ. Auch unter den mitgeteilten Untersuchungsergebnissen von weiteren 86 Probanden fand sich kein positives Ergebnis. Insgesamt konnte somit bei 161 med. techn. Assistentinnen ein negativer Anti-HIV-Titer bestimmt werden.

Von den 75 zugeschickten Serumproben zeigten 49 eine positive Hepatitis B-Serologie: 38 von 49 waren gegen Hepatitis B geimpft und somit Anti-HBs-positiv. 11 von 49 zeigten eine positive Hepatitis B-Serologie (Anti-HBs und/oder Anti-HBc) ohne geimpft zu sein. 25 von 75 med. techn. Assistentinnen wiesen eine insgesamt negative Hepatitis B-Serologie auf. Bei einer Probandin war eine durchgeführte Impfung bisher erfolglos, was sich an der negativen Serumprobe feststellen ließ.

In der Gesamtgruppe waren somit 38 von 75 (50,7%) erfolgreich gegen Hepatitis B geimpft, 25 von 75 (33,3%) sind bisher nicht geimpft. 11 von 75 (14,7%) hatten bereits eine Hepatitis B-Infektion durchgemacht (Abb. 1).

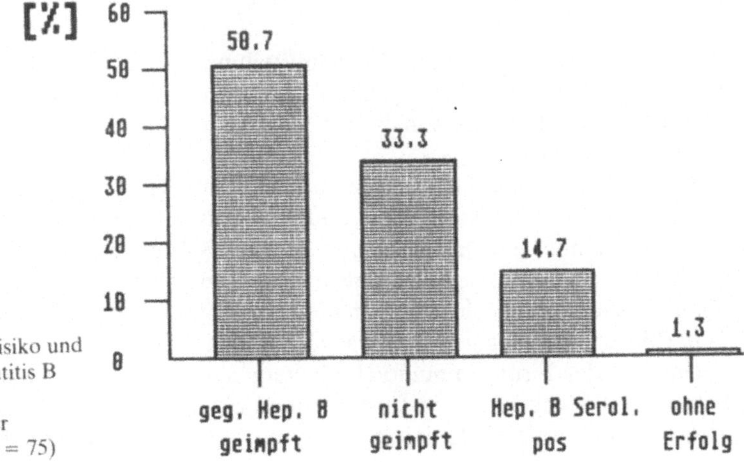

Abb. 1. Infektionsrisiko und Impfstatus der Hepatitis B bei med. techn. Assistentinnen in der Hämostaseologie (n = 75)

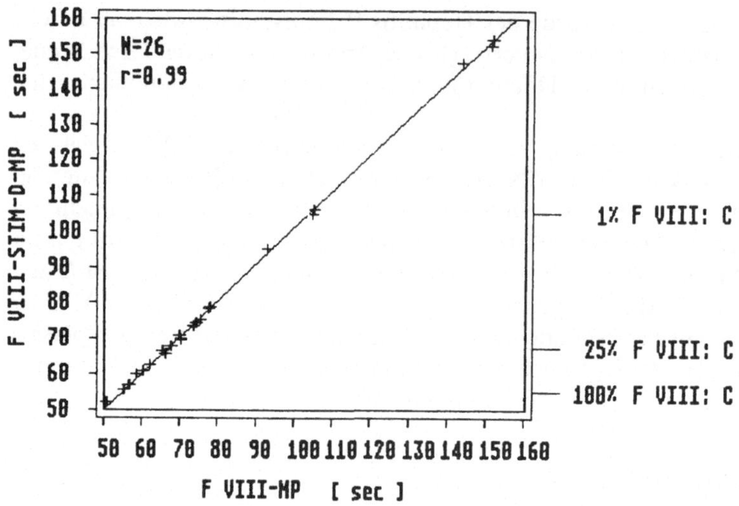

Abb. 2. Gerinnungszeit in Sekunden zur Bestimmung der Faktor VIII-Aktivtät mt erhitztem (STIM-D-MP) und nichterhitztem (E. VIII-MP) Mangelplasma

Vergleich von STIM-D- mit unbehandeltem Mangelplasma

Die Ergebnisse des Laborvergleichs im parallelen Ansatz von erhitztem (F. VIII-STIM-D-MP) und nichterhitztem (F. VIII-MP) Mangelplasma sind der Abb. 2 zu entnehmen.

Es wurden 17 Patientenplasmen im Bereich zwischen 0% und 25% und 7 Plasmen zwischen 26% und 100% Faktor VIII:C bestimmt. Der Faktor VIII:C-Gehalt von 2 Plasmen lag über 100%. Der Korrelationskoeffizient beträgt bei einer Probenzahl von 26 mit einem Korrelationskoeffizienten von r = 0,99 fast 1.

Diskussion

Weder nach uns bekannten Einzelmitteilungen der Literatur, noch nach dem Ergebnis dieser Untersuchung kann zum jetzigen Zeitpunkt auf eine Infektionsgefährdung des Laborpersonals durch Patientenplasma und/oder Mangelplasmen geschlossen werden.

Mit dem Ergebnis dieser Untersuchung kann zudem gezeigt werden, daß die Infektionsgefährdung durch HIV- und Hepatitis B-Viren nicht vergleichbar ist.

Da derzeit noch ein Drittel der med. techn. Assistentinnen nicht gegen Hepatitis B geimpft ist, obwohl diese Infektionskrankheit seit langem als Risiko für Laborinfektionen bekannt ist, möchten wir an die Laborleiter den Appell richten, das Personal weiterhin zur Impfung gegen Hepatitis B anzuhalten.

Das von der Firma Immuno/Heidelberg durchgeführte Erhitzungsverfahren für Faktor VIII-Mangelplasmen führt nicht zu einem Qualitätsverlust bei der Bestimmung der Faktor VIII-Aktivität. Da somit ohne Beeinflussung der Testergebnisse eine, wenn auch nur theoretische, Senkung des Infektionsrisikos durch Erhitzen der Mangelplasmen möglich ist, sollten von Blutspendern gewonnene Reagenzien den gleichen Inaktivierungskriterien unterliegen wie ein therapeutisch verwendetes Plasma.

Diskussion

Frau Barthels (Hannover):

Besteht Übereinstimmung in der Lagerungsstabilität bei inaktivierten und nichtinaktivierten Präparaten? Haben Sie das prüfen können?

Pollmann (Münster):

Dazu kann ich noch nichts sagen, da ich bislang keine großen Mengen von diesem Präparat erhalten konnte. Der Engpaß ist inzwischen überwunden. Vielleicht aber kann die Firma Immuno schon Näheres sagen. Soweit ich es bis jetzt übersehe, hat die Inaktivierung keinen Einfluß. Da es sich um ein Mangelplasma handelt, daß keinen Faktor VIII jedoch alle anderen Faktoren im Überschuß enthält, bewirkt die Erhitzung anscheinend keinen wesentlichen Verlust.

Frau Barthels (Hannover):

Faktor VIII-Mangelplasma hat normalen Gehalt an Faktor V. Was passiert mit dem Faktor V beim Erhitzungsprozeß? Werden die Gerinnungszeiten beeinflußt und nimmt die Aktivität bei Lagerung ab?

Pollmann (Münster):

Frau Barthels, wenn der Faktor V im Mangelplasma 100% beträgt und dieser durch das Erhitzen vielleicht auf 80% absinkt, so glaube ich, daß wir es hier nicht merken. Das ist noch zu wenig, obwohl es 20% sind.

Schuster (Heidelberg):

Die Stabilität ist genauso wie die Veränderung der Einzelfaktoren untersucht worden. Es ergeben sich keine wesentlichen Veränderungen. Das ist auch in den entsprechenden Broschüren zu den Mangelplasmen zu finden, in denen die einzelnen Ergebnisse abgedruckt sind.

Rister (Kiel):

Ich möchte noch etwas zu dem Faktor V-Gehalt sagen, den wir auch untersucht haben. Man kann sagen, daß beim Faktor V kein nennenswerter Abfall zu beobachten ist.

Immunhämatologische Befunde bei Hämophilen

G. Skrandies, V. Müller, J. Thürmer (Hamburg)

Isoagglutininbedingte Hämolysen bei Hämophilie A-Patienten mit den Blutgruppen AB, A oder B sind hinreichend bekannt.

Egberg und Blombæck beschrieben 1981 erniedrigte Haptoglobinwerte und LDH-Erhöhungen nach Faktor VIII-Prophylaxe sowohl mit Kryopräzipitaten als auch mit Hochkonzentraten oder mit isoagglutininarmen Präparaten. Für die Untersucher überraschend fanden sie entsprechende Veränderungen auch bei zwei Patienten der Blutgruppe 0. Sie vermuteten als Ursache die Anwesenheit irregulärer erythrozytärer Antikörper oder eine Kontamination bei der Herstellung der Präparate.

Hinweise auf Hämolysen durch Faktorensubstitution bei Patienten mit Hämophilie B fanden wir bisher nirgend beschrieben.

Wir fanden jetzt bei 9 Hämophilen (6 Patienten mit Hämophilie A und 3 Patienten mit Hämophilie B) im Alter von 23 bis 72 Jahren den direkten Coombstest schwach positiv bis positiv.

2 dieser 9 Patienten hatten die Blutgruppe 0, 5 Patienten hatten die Blutgruppe A und 2 die Blutgruppe B.

Bei allen untersuchten Patienten ist es vermutlich über eine Complementaktivierung sekundär zur Anlagerung von Complementfaktoren wie C 3b und C 3d gekommen.

Soweit die Temperaturamplitude bekannt ist, liegen sowohl kälte- als auch wärmewirksame nicht spezifizierte Antikörper vor. Eine Neuramidase-induzierte Polyagglutinabilität (ein Thomson-Friedenreich-Phänomen) konnte ausgeschlossen werden.

Eine Erklärung dafür, welches Agens bei den Hämophilen die Entwicklung des positiven Coombstestes ausgelöst haben könnte, haben wir bisher nicht. Medikamente wie Antirheumatika, die zu entsprechenden Complementanlagerungen führen können, wurden nicht von allen untersuchten Personen eingenommen. Zu diskutieren wären als auslösende Substanzen sämtliche Plasmaanteile. Wurden evtl. Fremdantikörper mit-„transfundiert“ oder Antigen-Antikörper-Komplexe – diese evtl. instabil – oder antigene Substanzen? Führt die Kontamination mit Lösungsvermittlern bei der Herstellung der Präparate zu solchen Phänomenen?

Dies sind Fragen an die Industrie. Unsere Patienten erhielten trocken- und dampfsterilisierte bzw. HS-Präparate von drei Herstellern.

Als bisherige klinische Konsequenz sollten die betroffenen Patienten – falls aus irgendeinem Grund bei ihnen eine Erythrozytensubstitution erforderlich werden sollte – aus Sicherheitsgründen keine Vollblutkonserven, sondern 3fach gewaschene Erythrozytenkonzentrate erhalten.

Literatur

Ashenhurst et al. (1977) Haemolysis after F. VIII administration (letter). Arch Int Med 137(8):1088–1089

Egberg N, Blombæck M (1981) High frequency of low plasma haptoglobin values found in hemophilia A patients on prophylactic treatment with factor VIII concentrates – a sign of hemolysis?

Lechner K (1980) Rationelle Substitutionstherapie bei Gerinnungsstörungen. Infusionsther Klin Ernähr 7(4):190–194

Diskussion

Schimpf (Heidelberg):

Uns ist ein paarmal aufgefallen, daß unsere Patienten trotz Blutgruppe 0 kein Haptoglobin hatten. Wir haben das aber nicht weiter verfolgt. Ich hoffe, daß wir jetzt die nachträgliche Erklärung bekommen.

Frau Skrandies (Hamburg):

Ich habe bei DIMDI ziemlich weit recherchiert und auch in der Literatur nichts weiter gefunden außer dieser Arbeit von Eggberg und Blombaeck.

Budde (Hamburg):

Haben Sie versucht, die Antikörper von den Erythrozyten zu eluieren und auf Blutgruppenspezifität zu untersuchen, und was ist Ihr Grund, diesen Patienten mit den Konserven kein Plasma zuzuführen, während sie jede Menge Plasmaprodukte injiziert bekommen?

Frau Skrandies (Hamburg):

Ich kann dazu leider nichts Genaueres sagen. Bei positivem Coombs-Test gab ich grundsätzlich gewaschene Erythrozyten um keine weiteren Reaktionen zu erhalten.

Marx (München):

Wie verhielt sich das Haptoglobin, und wie groß ist die Lebensdauer der Erythrozyten?

Frau Skrandies (Hamburg):

Die Überlebenszeit der Erythrozyten haben wir nicht bestimmt. Die Haptoglobinwerte waren erstaunlicherweise vermindert. Die LDH-Werte lagen bei allen grenzwertig im oberen Bereich. Das Bilirubin war bei zwei Patienten minimal erhöht, bei 1,1 und 1,2, im übrigen war keine Hyperbilirubinämie nachweisbar.

Gürtler (München):

Haben Sie eine Hämolyse beobachtet und irgendeine Abhängigkeit von der Faktorensubstitution gefunden?

Frau Skrandies (Hamburg):

Wir haben keine Anzeichen einer Hämolyse gefunden und keine Abhängigkeit von der Faktorensubstitution.

GÜRTLER (München):

Ist das Coombs-Serum wirklich ein Coombs-Serum, oder haben Sie irgend etwas anderes auf den Erythrozyten nachgewiesen das kein IgG ist?

Frau SKRANDIES (Hamburg):

Die Frage kann ich nicht beantworten, doch gehe ich davon aus, daß unsere Serologen dieses untersucht haben.

Frau EIBL (Wien):

Wie sieht der indirekte Coombs-Test aus?

Frau SKRANDIES (Hamburg):

Negativ.

Frau EIBL (Wien):

Sie sollten das Plasma der Hämophilen mit positivem Coombs-Test auf Autoantikörper gegen Erythrozyten prüfen.

Frau SKRANDIES (Hamburg):

Das werden wir nachholen.

LANDBECK (Hamburg):

Wenn keine weiteren Fragen gestellt werden, müssen wir die Diskussion mit einem noch unbefriedigendem Ergebnis abschließen.

II. Fortschritte in der orthopädischen Versorgung Hämophiler

Moderation: H. RÖSSLER, Bonn
H. EGLI, Bonn

Einführung in die orthopädische Themengruppe

H. Rössler (Bonn)

Thema der heutigen Runde sind Fortschritte in der orthopädischen Versorgung Hämophiler. Mehrere Jahre lang ist in diesem Kreise nicht mehr über Probleme der klinischen Morphologie und über therapeutische Maßnahmen an den Bewegungsorganen berichtet worden. In dieser Zeit sind keine dramatischen Neuerungen mehr erfolgt. Die Phase der Pionierleistungen in der Prophylaxe und Behandlung der Gelenk- und Muskelschäden bei Hämophilen ist im wesentlichen abgeschlossen. Sie begann mit der Möglichkeit, den Gerinnungsdefekt zu kontrollieren. Erst damit wurden die Voraussetzungen für den Einsatz aller differenzierten Maßnahmen der konservativen und operativen orthopädischen Therapie und Rehabilitation geschaffen. Heute sind wir in der glücklichen Lage, unter dem Schutz einer adäquaten Substitution den Hämophilen generell in gleicher Weise behandeln zu können, wie einen Blutgesunden – cum grano salis, denn es handelt sich natürlich nach wie vor um ein sehr spezielles Krankenkollektiv, dessen Besonderheiten bei der Wahl und Anwendung unserer Mittel entsprechend berücksichtigt werden müssen.

Darüber haben wir hier in früheren Jahren häufiger diskutiert. Über Fortschritte ist *jetzt* insbesondere aus dem Vergleich zunehmender Erfahrungen in der klinischen Praxis und hinsichtlich der Anwendung neuer Technologien in der Diagnostik und Therapie zu berichten. Dabei sind einige Entwicklungen, die allgemein in der Medizin bereits ihre Bewährungsprobe bestanden haben, auf unserem Sektor noch im Fluß und wir dürfen hoffen, daß uns die folgenden Ausführungen dazu einige neue Erkenntnisse und Anregungen vermitteln.

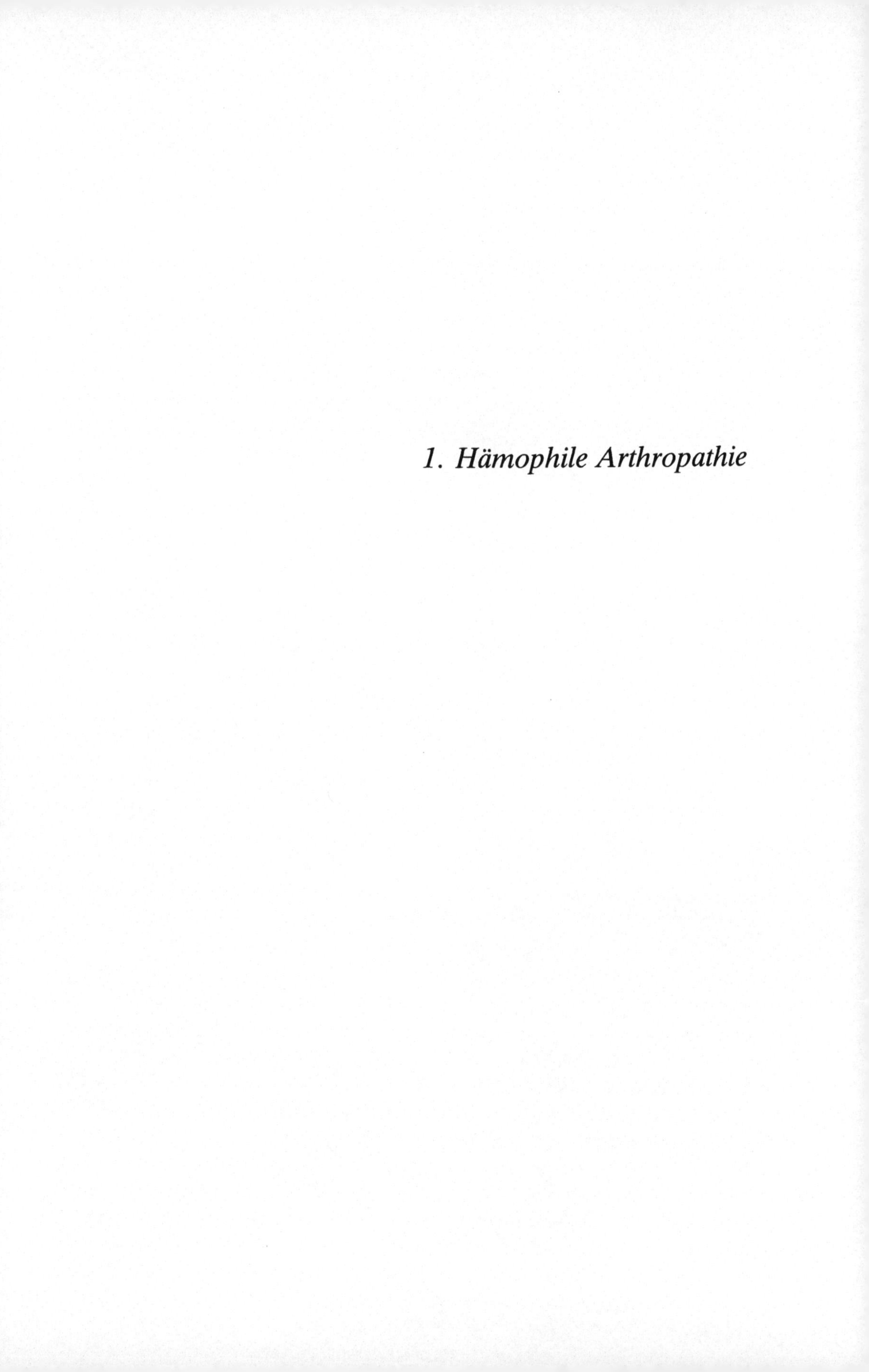

1. Hämophile Arthropathie

Das chronisch rezidivierende Hämarthros beim Blutungsnormalen

M. Barthels, G. Steitz, B. Soudah, H. Poliwoda (Hannover)

Allen Therapeuten hämophiler Gelenkblutungen stellt sich irgendwann einmal die Frage, welches der optimale Faktorenspiegel für die Behandlung eines chronisch rezidivierenden Hämarthros ist, um die Blutungsserie zum Stillstand zu bringen. Immer wieder kann man beobachten, daß die Blutungsneigung eines Gelenkes trotz subnormaler oder normaler Faktorenspiegel über Monate hin anhält. So war es naheliegend sich zu fragen, ob es nicht auch beim Blutungsnormalen lokale anatomische Veränderungen gibt, die ein rezidivierendes Hämarthros verursachen.

Ein chronisch rezidivierendes Hämarthros ist im chirurgischen Alltag ein seltenes Ereignis. Nach Myers [4] gibt es nur drei Ursachen, die eine rezidivierende Blutungsneigung des Gelenkes hervorrufen, nämlich:
- die Hämophilien,
- das synoviale Hämangiom,
- die Synoviitis villonodularis pigmentosa.

Steitz [5] wertete die Kasuistiken von 184 Patienten mit hämorrhagischen Kniegelenkergüssen aus den Jahren 1974–1982 in der Abteilung für Unfallchirurgie der Medizinischen Hochschule Hannover aus. Es fanden sich nur 5 Fälle mit chronisch rezidivierendem Hämarthros. Die Ursachen waren:
- eine unspezifische, chronische Synoviitis mit kapillarreichem Granulationsgewebe;
- ein kavernöses Hämangiom der Synovia,
- eine Synoviitis villonodularis pigmentosa,
- bei zwei weiteren Patienten mit chronisch rezidivierenden Hämarthros wurde erstmals ein Blutungsleiden diagnostiziert.

In dem hier genannten ersten Fall mit chronisch granulierender Synoviitis war es über 11 Jahre zu wiederholten Einblutungen in das linke Kniegelenk des jetzt 13jährigen Jungen gekommen, ohne daß eine Gerinnungsstörung vorlag. Bei der Erstuntersuchung hatte der Patient eine Einschränkung der Bewegungsfähigkeit des linken Kniegelenkes mit 5° der Streckfähigkeit und 130° der Beugefähigkeit. Die Kondylen waren vermehrt gewachsen, der m. quadriceps wies die klassische Atrophie auf. Es wurde eine Synovektomie durchgeführt. Die histologische Untersuchung ergab eine Entzündung der Synovia mit lymphozytärem Infiltrations-, besonders aber mit einem kapillarreichen Granulationsgewebe, in dem sich frische und ältere Blutungen mit Eisenpigmentspeicherungen finden. Dieser Befund (Abb. 1) unterscheidet sich nicht von der Frühphase der hämophilen Synoviitis, wie sie Storti [6] beschrieben hat (s. Abb. 2).

Im 2. Fall lag ein kavernöses Hämangiom des rechten Kniegelenkes vor. Die 26jährige Patientin hatte seit dem 12. Lebensjahr rezidivierende hämorrhagische

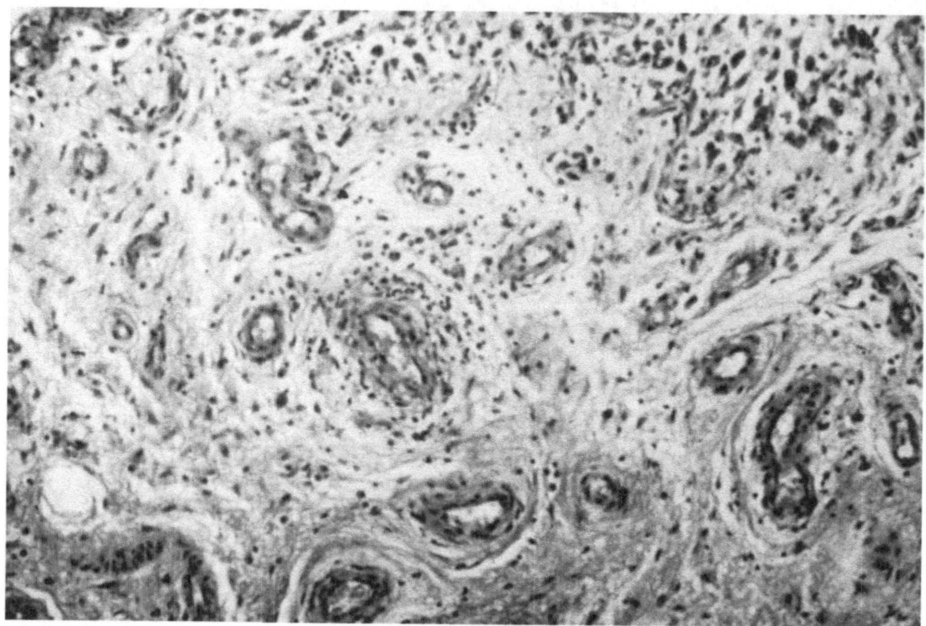

Abb. 1. Chronisch granulierende Synoviitis bei Pat. F.W. E. Nr. 16737/78, HE Färbung, 40fache Vergr.

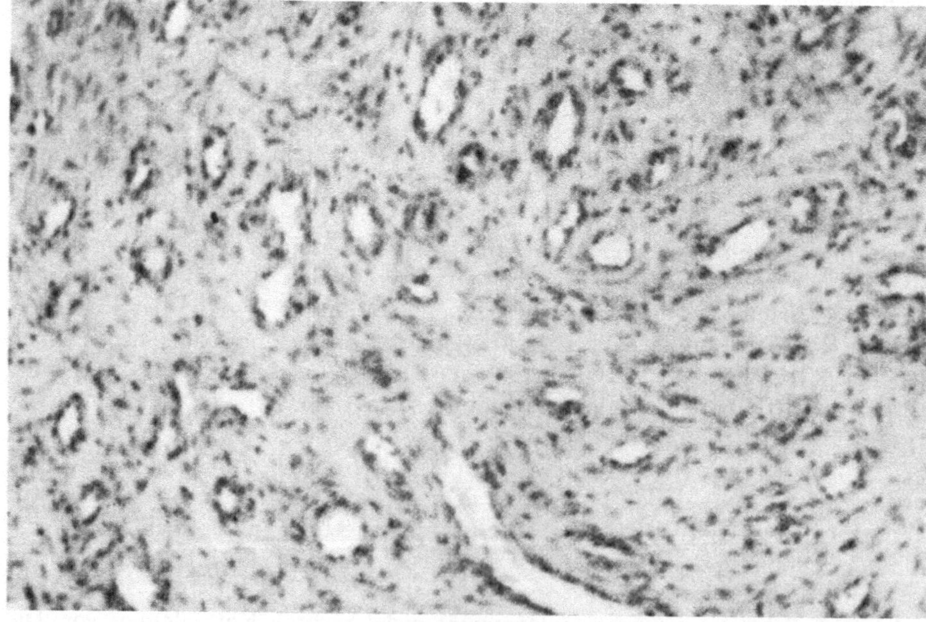

Abb. 2. Synovia eines Blutergelenkes, Gewebshypertrophie mit zahlreichen Gefäßneubildungen (aus Storti et al. [6])

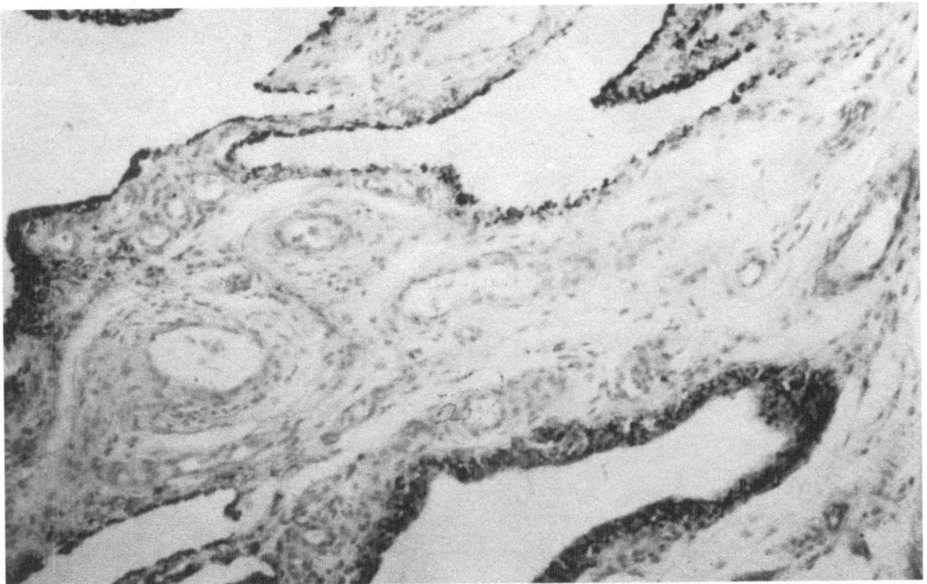

Abb. 3. Kavernöses Hämangiom der Synovia. Pat. M.S., E. Nr. 31536/77. HE Färbung, 40fache Vergr.

Kniegelenkergüsse. Bei der Erstuntersuchung war das Gelenk chronisch geschwollen und in Beugestellung fixiert. Röntgenologisch fand sich eine Chondropathia patellae. Die hämostaseologischen Befunde waren normal, abgesehen von einem Fibrinogenspiegel von 1,3 g/l, der sich nach der Operation normalisierte. Histologisch fand sich eine Synovia mit plumpen fibrinisierten Zotten und ausgeprägter streifiger Vernarbung der tieferen Anteile. Daneben finden sich Areale mit geschlängelten und erweiterten venösen Hohlräumen, die z.T. auch im Fettgewebe liegen. Eine wesentliche entzündliche Aktivität ist nicht zu beobachten. Stellenweise sind die Gefäßlumina thrombosiert. Die Diagnose lautet: Cavernöses Hämangiom. Betrachtet man das histologische Bild (Abb. 3), so bestehen auch hier Parallelen zu bestimmten organischen Veränderungen bei der hämophilen Arthropathie, die mit Gefäßerweiterungen und schließlich Gefäßrupturen einhergehen (Abb. 4). Das synoviale Hämangiom tritt sehr selten auf. Nach Moon [3] wurden bis 1973 nur insgesamt 173 Fälle in der Weltliteratur beschrieben. Es kann praktisch alle Gelenke befallen, am häufigsten jedoch das Kniegelenk. Die Erstbeschreibung erfolgte 1856 von Boucut [1]. Männer und Frauen sind gleich häufig betroffen, und zwar meistens schon in der Kindheit. Stets ist nur ein Gelenk befallen mit Bevorzugung des rechten Kniegelenkes. Histologisch finden sich gutartige Gefäßneubildungen von kapillaren oder venös-kavernösem Typ, letzterer vorzugsweise beim Kniegelenk. Die Diagnose kann bereits makroskopisch bei der Arthroskopie gestellt werden.

Der dritte, damals 28jährige Patient hatte seit 10 Jahren ein rezidivierendes Hämarthros. Bei der Erstvorstellung war das linke Kniegelenk leicht geschwollen mit

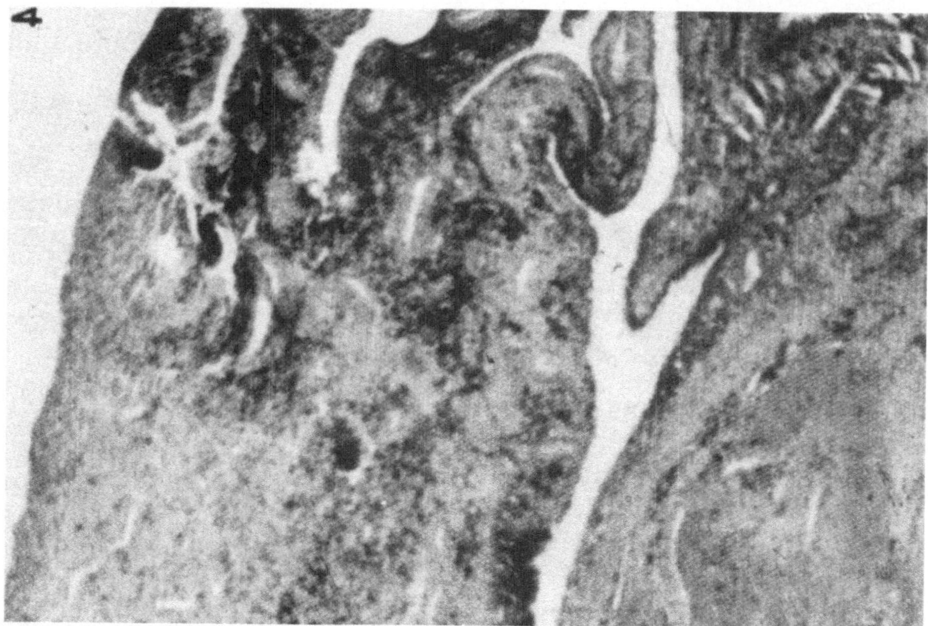

Abb. 4. Blutergelenk. Synovia mit Hypertrophie, Zottenbildungen, Gefäßruptur und Blutungen (aus Storti et al. [6])

ausgeprägter Beugekontraktur und Atrophie des m. quadriceps – das von der hämophilen Arthropathie her bekannte Bild. Eine Gerinnungsstörung lag nicht vor. Trotzdem kam es postoperativ noch zweimal zu hämorrhagischen Gelenkergüssen, die punktiert werden mußten. Intraoperativ fand sich eine villöse Synoviitis. Die histologische Untersuchung ergab ein braun pigmentiertes Gewebe mit Ödemsklerose, Vernarbungen und ausgedehnter Siderinspeicherung, daneben aber auch frische Blutungen, sowie örtlich eine dichte, rundzellige Infiltration. Abbildung 5 zeigt die villöse reaktive Hyperplasie.

Auf Abb. 6 ist als Pendant dazu die zottenförmige Gewebshypertrophie mit Gefäßneubildungen der Synovia eines Blutergelenkes zu erkennen. Die Synoviitis villonodularis wurde erstmals von Jaffe [2] 1941 beschrieben. Das histologische Bild ist eindeutig, jedoch gelegentlich schwer von einem Hämangiom zu unterscheiden. Im Vordergrund steht auch hier der Gefäßreichtum. Die Inzidenz wird von Myers [4] mit 1,8/1 Mio. Einwohner angegeben. Zu dem Komplex der Synoviitis villonodularis gehören die eigentliche, diffus ausgebreitete Synoviitis, der circumscripte, oft gestielte Knoten und der Riesenzelltumor der Sehnenscheiden. Von der diffusen Form werden Männer etwa doppelt so häufig befallen wie Frauen, Weiße mehr als Farbige. Das Alter der Patienten liegt bei Diagnosestellung im Durchschnitt bei 39 Jahren mit einer Spannbreite von 18 Monaten bis 86 Jahren. Die Dauer von der Erstsymptomatik bis zur Diagnosestellung liegt zwischen 2 Wochen bis 25 Jahre. Von

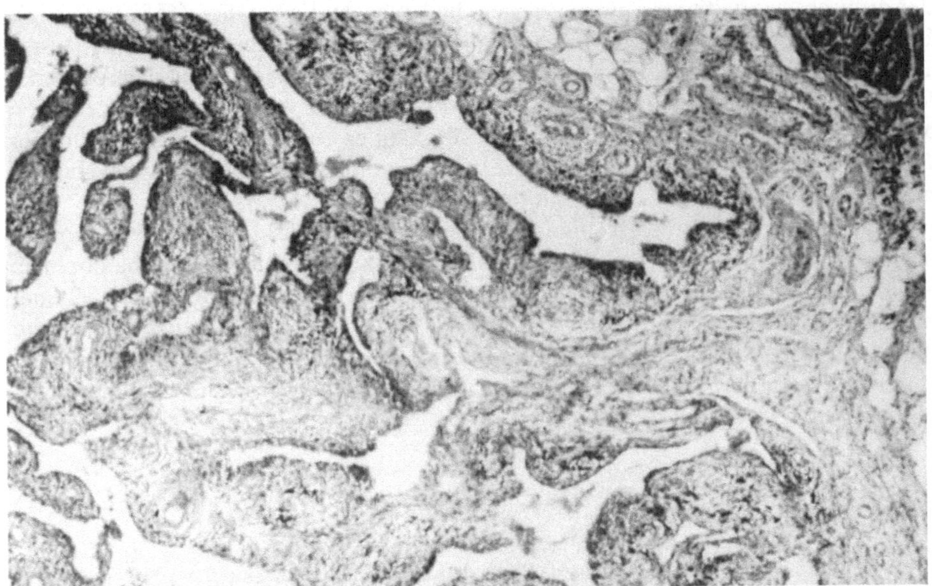

Abb. 5. Villöse reaktive Hyperplasie der Synovia. Pat. T. M., E. Nr. 12162/77. HE-Färbung, 16fache Vergr.

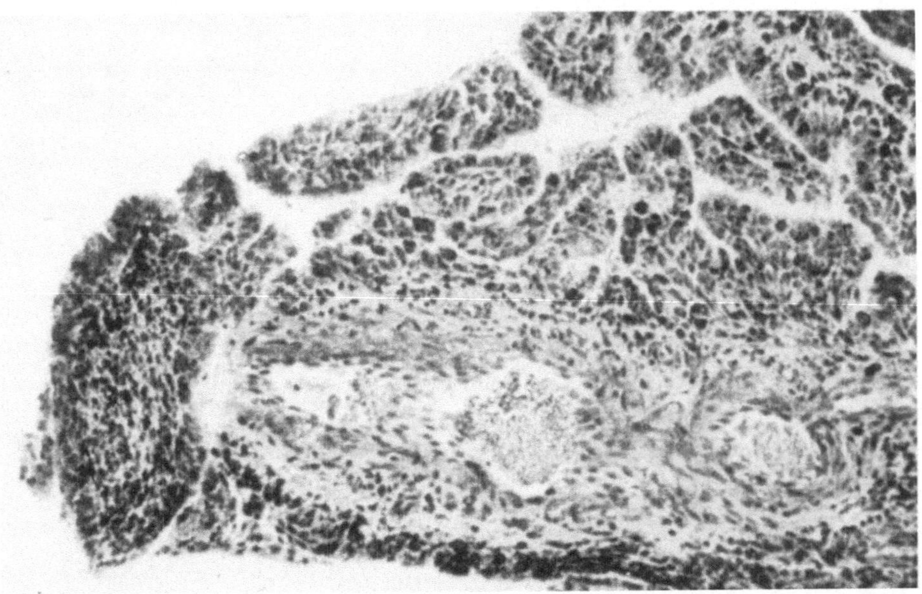

Abb. 6. Synovia eines Blutergelenkes mit hypertrophen Zottenbildungen und Gefäßneubildungen (aus STORTI et al. [6])

der diffusen Synoviitis sind am häufigsten die Kniegelenke befallen (66% der Fälle). Die Synovialflüssigkeit war in 70% der Fälle blutig (ausführliche Übersicht s. MYERS 1980). Entsprechend der oft langen Dauer des Krankheitsbildes finden sich röntgenologische Veränderungen in Form von Erosionen oder Zysten. So in 54% der von MYERS [4] zusammengestellten Fälle. In 7% kam es zu einer Verschmälerung des Gelenkspaltes und einer Osteoporose, also auch hier Veränderungen, wie sie bei der hämophilen Arthropathie beobachtet werden.

Die hier vorgestellten Kasuistiken gleichen sowohl in der klinischen Symptomatik als auch in den histologischen Befunden der chronischen Synoviitis der hämophilen Arthropathie. Die Unterschiede sind lediglich graduell, d.h. die Blutungen seltener in Relation zur Krankheitsdauer. Trotzdem weisen diese Krankheitsbilder darauf hin, daß die Blutungsneigung des Blutergelenkes nicht ausschließlich vom Hämostasedefekt, sondern auch von lokalen pathologisch-anatomischen Veränderungen mitbeeinflußt wird.

Literatur

1. Bouchut ME (1856) Tumeur érectile de l'articulation du genou. Gaz Hop Paris 29:379
2. Jaffe HL, Lichtenstein L, Sutro C (1941) Pigmented villonodular synovitis, bursitis and tenosynovitis. Arch Pathol. 31:731
3. Moon NP (1973) Synovial hemangioma of the knee joint. Clin Orthop 90:183
4. Myers BW, Masi AT (1980) Pigmented villonodular synovitis and tenosynovitis: A clinical epidemiology study of 166 cases and literature review. Medicine 59:223
5. Steitz G (1984) Das chronisch rezidivierende Hämarthros beim Blutungsnormalen und seine Bedeutung für die Beurteilung der hämophilen Arthropathie. Dissertation Hannover
6. Storti E, Traldi A, Tosatti E, Davoli G (1970) Synovectomy in hemophilia: a new therapeutic approach and efficient technique of hemostasis. Gazetta sanitaria: 19:11

Zur Frage der entzündlichen Reaktion der Synovialis bei hämophiler Arthropathie

F. STÖRKEL, S. STÖRKEL, L. HOVY, I. SCHARRER (Frankfurt, Mainz)

Die hämophile Arthropathie ist, trotz adäquater Therapiemöglichkeiten im Blutungsfalle bzw. einer blutungsminimierenden Prophylaxe, für den Patienten und den Hämophilietherapeuten nach wie vor ein aktuelles Problem.

Neben den klinisch-therapeutischen Fragestellungen ergibt sich auch stets die Frage nach der Pathogenese dieser Arthropathie. Insbesondere durch den direkten und wiederholten Kontakt der Synovialis mit Blut wurde von einigen Autoren die Frage aufgeworfen, inwieweit über das Blut vermittelte immunologische Reaktionen, im weitesten Sinne Reaktionen vom Typ II und/oder Typ III, für die Pathogenese von Bedeutung sind. So vermuteten beispielsweise ARNOLD und HILGARTNER (1977), daß Erythrozytenmembranen eine Autoimmunantikörperbildung induzieren können, wobei Antigen-Antikörperkomplexe den Stimulus zur Proliferation der synovialen Deckzellen darstellen. RIPPEY (1978) vermutet ebenfalls, daß die synovialen Veränderungen auch auf immunologische Veränderungen zurückgeführt werden können. Ebenso sind in diesem Zusammenhang unter anderem die Arbeiten von VERROUST und Mitarb. (1981) und POSKITT und Mitarb. (1981), die sich mit zirkulierenden Immunkomplexen und Änderungen des Komplementsystems bei Hämophilen beschäftigt, zu nennen.

Betrachtet man die o.g. Vermutungen, so müßten demzufolge zum Beispiel Immunglobuline oder Komplementfaktoren in der Synovialis nachweisbar sein. Aus diesem Grund untersuchten wir die bei Operationen gewonnene Synovialis von 6 Patienten (7 Fälle) mittels direkter Immunfluoreszenz am Paraffinschnitt auf das Vorhandensein von IgG, A, M, C1q C3, Fibrinogen und Alpha 1-Antichymotrypsin (α_1-ACT) (Tabelle 1).

Im folgenden werden zunächst kurz die lichtmikroskopischen Veränderungen der Synovialis dargestellt, wie wir sie bei den 6 von uns untersuchten Patienten vorfanden.

Die Synovialis zeigte in diesen Fällen eine feinzottige Hyperplasie, wobei oberflächlich gereizte Deckzellen und in tieferen Stromaabschnitten Gefäßproliferate zu sehen waren. Die Eisenfärbung ergab eine überaus kräftige Markierung, sowohl in der Deckzellschicht als auch in den synovialen Makrophagen und teilweise auch frei, hauptsächlich perivasal, im Stroma. Darüber hinaus fand sich neben einer wechselnd stark entwickelten Fibrose des Stratum synoviale häufiger ein dichtes entzündungszelliges Infiltrat aus Lymphozyten und Plasmazellen. Dieses war schwerpunktmäßig perivasal gelegen.

Inwieweit nun humoral vermittelte immunologische Prozesse, wie vom den eingangs erwähnten Autoren vermutet, bei dieser entzündlichen Reaktion auftreten, soll anhand der nachfolgenden immunhistologischen Untersuchung geklärt werden.

Tabelle 1. Patientendaten zu dem untersuchten Synovialisgewebe der hämophilen Patienten

Patient	Alter	Diagnose	Substitution seit	OP-Datum	Operation	Operiertes Gelenk
1	46 J.	F. VIII < 1%	1970	9/1979	Synovektomie, med. Meniskektomie	re. Kniegelenk
2	43 J.	F. VIII < 1%	1970	10/1981	Synovektomie	re. Kniegelenk
				4/1984	Teilsynovektomie Hemischlitten – Prothese medial	li. Kniegelenk
3	48 J.	F. VIII < 1%	1971	2/1982	Synovektomie, med. Meniskektomie	re. Kniegelenk
4	27 J.	F. VIII < 1%	1980	3/1984	Synovektomie	re. Ellenbogen
5	28 J.	F. IX < 1%	1972	3/1986	Synovektomie	re. Kniegelenk
6	26 J.	Hemmkörper (low resp.) gegen F. VIII	1978	6/1986	Synovektomie	re. Kniegelenk

Bezüglich des Vorkommens der Immunglobuline IgG, IgA, IgM in der Synovialis zeigten sich bei allen untersuchten Patienten jeweils positive Markierungen lediglich im Bereich der Gefäßlumina, d.h. in physiologische Lokalisation im Plasma, sowie jeweils vereinzelt in Plasmazellen des Stratum synoviale. Darüber hinausreichende interstitielle oder intrazytoplasmatische Immunglobulinmarkierungen an bzw. in synovialen Strukturen waren nicht nachzuweisen. Die bei Immunkomplexerkrankungen, wie z.B. der rheumatoiden Arthritis, in typischer Weise im Gewebe nachzuweisenden Komplementfaktoren waren bei unserer Untersuchung, überprüft am Vorhandensein von C1q und C3, im Gewebe ebenfalls nicht nachweisbar.

Betrachtet man Fibrinogen als Marker für eine unmittelbar zurückliegende Blutung, so fand sich eine bandartige Fluoreszenz auf der Oberfläche der synovialen Deckzellschicht sowie auch zwischen und in der Nähe von synovialen Kapillaren. Ein solcher Befund konnte in 4/7 Fällen erhoben werden (Abb. 1).

Zur Frage der Phagozytoseaktivität als Hinweis für einen resorptiven Prozeß ließen sich mit Hilfe von α_1-ACT, als einem lysosomalen Marker, in 3/7 Fällen deutliche Zellmarkierungen erkennen (Abb. 2).

Zusammengefaßt ist zu folgern, daß bei der hämophilen Arthropathie, entgegen der Mitteilung in der Literatur, keine sicheren Hinweise gegeben sind, die für eine humoral unterhaltene Entzündungsreaktion im Sinne einer Typ II- und/oder Typ III-Reaktion sprechen, da Immunglobuline und Komplementfaktoren im Gewebe nicht nachzuweisen waren. Zur gleichen Schlußfolgerung gelangten auch Andes und Mitarb. (1984). Vielmehr ist anzunehmen, daß die Entzündungsvorgänge in der Synovialis bei der hämophilen Arthropathie auf rezidivierende Einblutungen mit Freisetzung proteolytischer Enzyme, der Phagozytose von Degradationsprodukten und der Zunahme der synovialen Eisenakkumulation zurückzuführen sind. Inwieweit eine zellvermittelte, also T-Zell-abhängige, Entzündungsreaktion hierbei eine Rolle spielt, bleibt weiteren Untersuchungen vorbehalten.

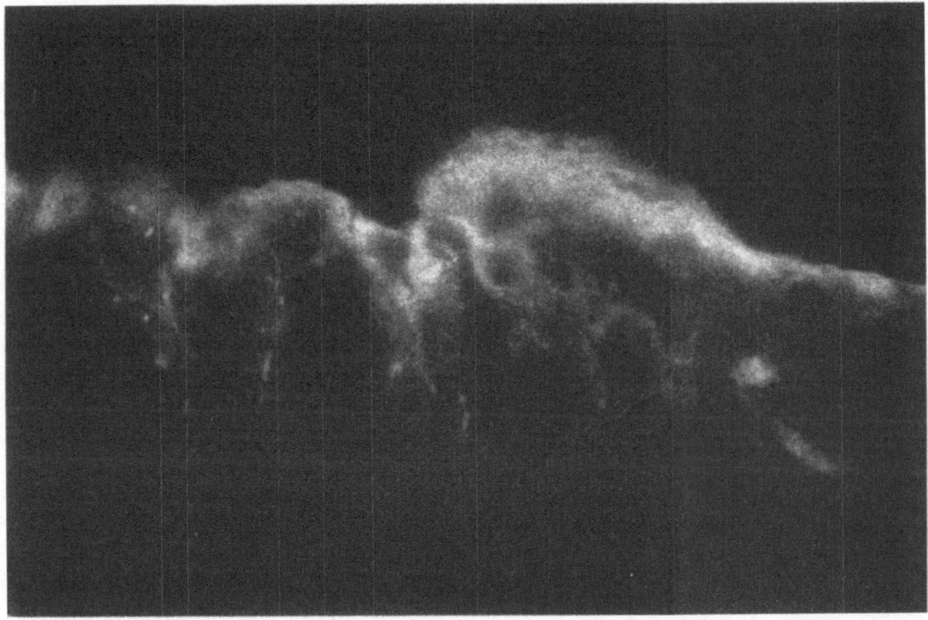

Abb. 1. Nachweis von Fibrinogen: bandartige, grüne Fluoreszenz (hier hell) in der synovialen Deckzellschicht und in der Nähe von synovialen Kapillaren (× 360)

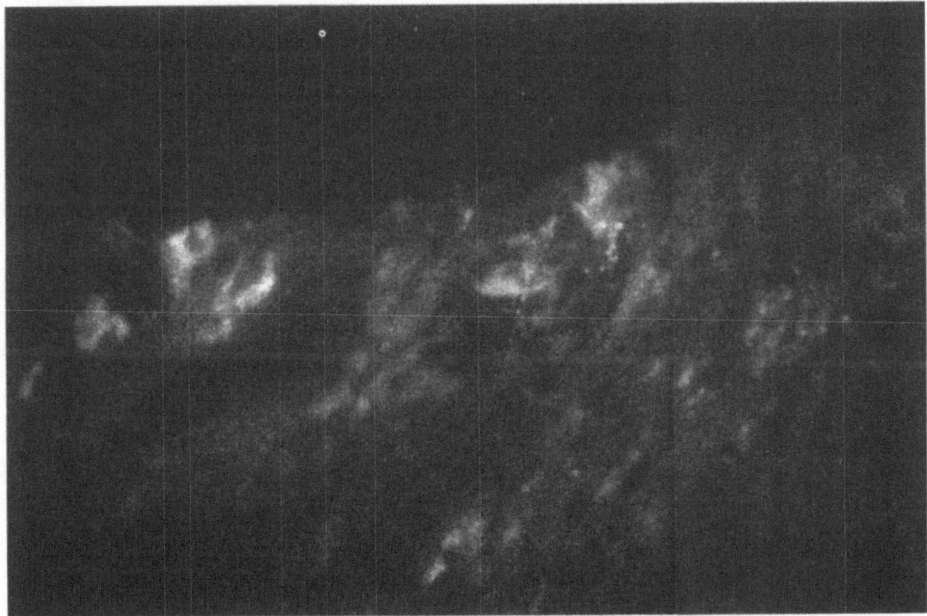

Abb. 2. α-1-ACT positive Zellen (grüne Fluoreszenz, hier hell) in der synovialen Deckzellschicht (× 230)

Literatur

1. Arnold WD, Hilgartner MW (1977) Hemophilic arthropathy. J Bone Joint Surg (AM) 59:287–305
2. Rippey JJ, Hill RRH, Lune A, Sweat MBE, Thonar EJ-MA, Handelsmann JE (1978) Articular cartilage degradation and the pathology of haemophilic arthropathy. S Afr J Med 54:345–351
3. Verroust F, Adam C, Konrilsky O, Allein JP, Verroust P (1981) Circulating immune complexes and complement levels in hemophilic children. J Clin Lab Immunol 6:127–130
4. Poskitt TR, Poskitt PKF, Bean CA, Arkel YS (1981) Immune Complexes in Hemophilia. Am J of Hematology 11:147–152
5. Andes WA, Walker PD, Edmunds JO, Wulff KM (1984) Hemophilic Arthropathy – An Immunologic Study of the Synovium. Scand J Haematol-Suppl 40, Vol 33:221–224

Diskussion

Marx (München):

Es wäre sehr interessant zu wissen, ob der Plasminogenaktivator des Gewebes bei chronischer Blutung in das Gelenk und benachbarte Gewebe abnimmt. Wenn das Blut zunächst auch etwas langsamer gerinnt, so bildet sich schließlich doch Fibrin, das normalerweise wieder aufgelöst wird. Bei diesen Ablagerungen von Blutresten, insbesondere Eisen, aber scheint das verzögert zu sein. Nach meiner Meinung ist die Fibrinolyse gestört.

Rössler (Bonn):

Auch Storty hat Anfang der 70er Jahre schon darauf hingewiesen, daß in diesen Schichten eine gestörte Funktion vorhanden ist, und darauf die chronische Synoviitis und evtl. auch rezidivierendes Bluten zurückgeführt. Aber das ist sicherlich eine gute Anregung. Gerade das, was Sie gesagt haben, nämlich nicht die humorale Entzündung, sondern die detritusinduzierte Entzündung im Gewebe wird wahrscheinlich das Entscheidende sein. Am freien Rand der Synovialis befindet sich keine Membran, sondern ein synzytiales Gewebe. Die Transitstrecke zwischen Gefäßen und Gelenkhöhle ist für den Durchgang von Stoffen sowohl ins Gelenk hinein als auch zurück sicherlich sehr wichtig. Da kommt dem Detritus und Reaktionen, die sich auf dieser entscheidenden Filterstrecke der Synoviales abspielen, eine entscheidende Rolle zu. Wahrscheinlich ist hier der Hebel anzusetzen. Wir bewegen uns also auf einem gemeinsamen Boden, der beide Vorträge verbinden könnte.

Frau Störkel (Frankfurt):

Ich möchte noch kurz zu Prof. Marx bemerken, daß wir diese Untersuchungen z. B. mit Antiurikinasen und Anti-TPA-Antikörpern gerne gemacht hätten. Es handelte sich zum Teil aber um recht alte Paraffin-Schnitte, an denen man weder dieses noch irgendwelche T-Zell-Reaktionen untersuchen kann. Dazu bedarf es frischgefrorenen Gewebes.

Ausmaß der Kniegelenksarthropathie anhand des Pettersson-Indexes bei jungen Patienten mit Hämophilie in den Jahren 1971–1985

M. PONIEWIERSKI, J. OESTMANN, M. BARTHELS, H. POLIWODA (Hannover)

Mit der Einführung der Faktor VIII-Hochkonzentrate Ende der 60er Jahre sowie der Heimselbstbehandlung Mitte der 70er Jahre konnte die Entstehung der hämophilen Arthropathie wesentlich verlangsamt werden.

Es wurde wiederholt versucht, die hämophile Arthropathie zu klassifizieren [1–3, 5]. 1980 entwickelte PETTERSSON et al. [4] einen radiologischen Index, der vom Orthopedic Advisory Committee of World Federation of Hemophilia als Standardmethode zur Beurteilung des Schweregrades der hämophilen Arthropathie übernommen wurde (Tabelle 1). Der Pettersson-Index wird gleichermaßen für alle großen

Tabelle 1. Pettersson-Index

Index	Befund	Punktzahl
Osteoporose	Nein	0
	Ja	1
Epiphysenvergrößerung	Nein	0
	Ja	1
Unregelmäßigkeit der subchondralen Oberfläche	Nein	0
	Gering	1
	Ausgeprägt	2
Gelenkspaltverengung	Nein	0
	Unter 50%	1
	Über 50%	2
Subchondrale Cysten	Nein	0
	1 Cyste	1
	Mehr als 1 Cyste	2
Erosionen an Gelenkoberflächen	Nein	0
	Ja	1
Nichtübereinstimmung der Gelenkoberflächen	Nein	0
	Gering	1
	Ausgeprägt	2
Verformung (Fehlstellung und/oder Verschiebung der Gelenkknochen)	Keine	0
	Gering	1
	Ausgeprägt	2
		Summe: (maximal 13 Punkte pro Gelenk)

Gelenke benutzt und erlaubt eine Graduierung von „0" (bei unauffälligem Gelenk) bis „13" (bei schwerster Destruktion bzw. Ankylose).

Nachfolgend berichten wir über 20 Patienten mit einer schweren Hämophilie A, deren Röntgenaufnahmen der Kniegelenke aus den Jahren 1971–1985 mittels des Pettersson-Indexes beurteilt wurden. Das Alter der Patienten lag zur Zeit der Röntgenuntersuchung zwischen 12 und 22 Jahren. Es wurden nur die Röntgenaufnahmen ausgewertet, die außerhalb einer akuten Blutungsepisode erfolgten. Entsprechend der jeweiligen Behandlungsära der Hämophilie (bis 1970 praktisch keine ausreichende Substitution möglich, 1970–1976 ambulant Kryopräzipitate, ab 1976 Heimselbstbehandlung), wurden die Patienten in drei etwa gleichaltrige Gruppen eingeteilt (Tabelle 2).

Tabelle 2. Altersstruktur des untersuchten Kollektivs (Jahre)

	n	Durchschnittsalter zur Zeit der Röntgenaufnahme	Maximale Altersspanne	Geburtsjahre
Gruppe 1	5	18,4	15–21	1950–1960
Gruppe 2	8	19,0	17–22	1961–1967
Gruppe 3	7	14,4	12–17	1968–1974

Patienten geboren zwischen 1950 und 1960, hatten zwischen dem 15. und 22. Lebensjahr einen Pettersson-Index von 9,8 ± 1,9, was einem Vollbild der hämophilen Arthropathie entspricht (Tabelle 3). Dieser Index reduzierte sich in der Patientengruppe geboren zwischen 1961 und 1967, d.h. bei denjenigen, die mit Beginn der modernen Behandlungsära nicht älter als 10 Jahre waren, auf 7,3 ± 3,2 und zeigte somit eine verlangsamte Entwicklung der Gelenkdestruktion an. Die Gruppe der jüngsten Patienten, geboren zwischen 1968 und 1974, die bereits in der modernen Behandlungsära aufwuchs, hatte einen Index von 5,0 ± 2,2. Dieser Index korrelierte mit einer relativ guten Beweglichkeit und Belastbarkeit der Kniegelenke.

Tabelle 3. Ausprägung der hämophilen Kniegelenksarthropathie bei den aufgestellten Patientengruppen

	Geburtsjahre	Pettersson-Index
Gruppe 1	1950–1960	9,8 ± 1,9
Gruppe 2	1961–1967	7,3 ± 3,2
Gruppe 3	1968–1974	5,0 ± 2,2

Auch die Zusammensetzung des Pettersson-Indexes war zwischen den aufgestellten Patientengruppen unterschiedlich (Tabelle 4). In der Gruppe 1, die noch vor der modernen Behandlungsära aufwuchs, war der Pettersson-Index, insbesondere bei fünf radiologischen Merkmalen, stärker als in den zwei übrigen Gruppen ausgeprägt. Dies waren: Unregelmäßigkeit der subchondralen Oberfläche, Gelenkspaltverengung, subchondrale Cysten, Erosionen an Gelenkoberflächen sowie Nichtübereinstimmung der Gelenkoberflächen. Hier betrug die mittlere Punktzahl 64–100% der

Tabelle 4. Mittelwerte einzelner Befundsqualitäten des Pettersson-Indexes als % deren maximalen Ausprägung

	Gruppe 3	Gruppe 2	Gruppe 1
Osteoporose	100	80	80
Epiphysenvergrößerung	80	70	85
Unregelmäßigkeit der subchondralen Oberfläche	85	60	40
Gelenkspaltverengung	70	65	35
Subchondrale Cysten	64	50	22
Erosionen an Gelenkoberflächen	100	31	35
Nichtübereinstimmung der Gelenkoberflächen	75	56	35
Verformung (Fehlstellung und/oder Verschiebung der Gelenkknochen)	40	31	50

jeweils maximal möglichen Punktzahl einzelner Befundsqualitäten des Pettersson-Indexes. Überwiegend finden sich also bei der Gruppe 1 schwerste Destruktionsmerkmale. Die am wenigsten betroffene Gruppe 3, nämlich Patienten geboren nach 1967, wies in den fünf genannten Punkten eine um rd. die Hälfte geringere Ausprägung des radiologischen Befundes auf. Bei der Osteoporose, Epiphysenvergrößerung und Verformung der Gelenkknochen konnten keine so eklatanten Unterschiede beobachtet werden. Eine Erklärung dafür könnte das beim Pettersson-Index vorliegende grobe Differenzierungsraster zwischen den unterschiedlichen Schweregraden eines Befundmerkmals sein, das insbesondere keine exakte Beurteilung der Osteoporose erlaubt.

Bei 15 von 20 Patienten (75%) war die hämophile Arthropathie, gemessen am Pettersson-Index, annähernd seitengleich ausgeprägt.

Mit Hilfe des Pettersson-Indexes kann ein meßbarer Effekt der modernen Hämophiliebehandlung in den letzten 15 Jahren erfaßt werden. Das langsamere Fortschreiten der hämophilen Arthropathie korreliert mit den späteren Geburtsjahrgängen, die am meisten von den neuen Behandlungsformen profitierten. Trotz deutlicher Einschränkungen in der Feindifferenzierung einzelner radiologischer Befundsqualitäten, scheint der Pettersson-Index den Anforderungen des Klinikers zu genügen und gibt ihm die Möglichkeit einer objektiven und leicht zu handhabenden Beurteilung der hämophilen Arthropathie.

Literatur

1. Arnold WD, Hilgartner MW (1977) Hemophilic arthropathy. Current concepts of pathogenesis and management. J Bone Joint Surg 59:287
2. DePalma AF, Cotler JM (1956) Hemophilic arthropathy. Arch Surg 72:247
3. Key JA (1932) Hemophilic arthritis. Ann Surg 95:198
4. Pettersson H, Ahlberg A, Nilsson IM (1980) A radiologic classification of hemophilic arthropathy. Clin Orthop 149:153
5. Wood K, Omer A, Shaw MT (1969) Hemophilic arthropathy. A combined radiological and clinical study. Br J Radiol 42:498

Diskussion

BRUHN (Kiel):

Ich möchte diese Ergebnisse auch als Erfolg der Therapie werten, doch fragt es sich natürlich, ob das allein zutrifft oder nicht doch vom Krankheitsverlauf bzw. Lebensalter abhängt.

PONIEWIERSKI (Hannover):

Ich habe altersgleiche Gruppen aufgestellt und dabei die neue Generation der Hämophilen, die während der modernen Behandlungsära geboren worden ist, mit der älteren verglichen. Daraus ergab sich dieser relevante Unterschied.

Frau BARTHELS (Hannover):

Ich möchte ergänzen, daß wir Röntgenaufnahmen aus den Jahren 1969/71 mit jenen aus den Jahren 1975–1983 verglichen haben. Weiterhin möchte ich darauf hinweisen, daß der Petterson-Index durch die ja/nein-Entscheidung bei der Osteoporose den Schweregrad nicht berücksichtigt, was ich für wesentlich halte. Diese Klassifikation weist also noch Lücken auf und ist verbesserungsbedürftig.

RÖSSLER (Bonn):

Das ist sicherlich richtig, doch ist die klinische Relevanz des Röntgenbefundes nicht ohne weiteres abzulesen. Wichtig erscheint mir auch, daß die unterschiedlichen Belastungsmodalitäten in den Altersgruppen eine Rolle spielen. Der kleine Junge wird seine Knie mehr belasten und mit seinen Gelenken umgehen, wie es ihm gefällt, während der ältere schon ein bißchen vorsichtiger und zurückhaltender geworden ist. Ein weiteres betrifft die Zahl der Blutungen. Eine statistische Relevanz wird sich daraus kaum ergeben, zumindest aber ein Trend, und dieser spricht für die bessere Situation, die wir mit der modernen Behandlung erreichen konnten.

WESELOH (Erlangen):

Ich möchte dazu anregen, auch Beckenübersichtsaufnahmen zu kontrollieren, da wir früher eine Coxa valga fanden mit entsprechendem Einfluß auf die Knieachse. Dieser Befund dürfte bei der jüngeren Generation nicht mehr vorliegen.

PONIEWIERSKI (Hannover):

Das ist eine sehr gute Anregung. Allerdings ist die Anzahl der verfügbaren Röntgenaufnahmen sehr gering.

Horrig (Oldenburg):

Haben Sie 100% aller in Ihrer Behandlung stehenden Patienten dieser Altersgruppe erfaßt, oder ist das ein Zufallskollektiv?

Poniewierski (Hannover):

Es sind alle Patienten in dieser Altersgruppe, deren Röntgenaufnahmen im Archiv vorhanden waren.

Horrig (Oldenburg):

Und wenn ein Hämophiler keine Kniebeschwerden hat, sind dann bei einem, im Jahre 1971, auch die Knie geröntgt worden?

Frau Barthels (Hannover):

Bei schwerer Hämophilie gab es 1971 keinen Patienten in unserem Kollektiv, der nicht auch Beschwerden in den Kniegelenken hatte, und hier handelt es sich ausschließlich um solche Patienten.

Langzeitergebnisse bei hämophiler Kniebeugekontraktur

G. Clauss, W. Rüther, H. Messler, H.-H. Brackmann (Bonn)

Die Kniebeugekontraktur, insbesondere die ligamentär und ossär fixierte Form, stellt wohl das häufigste und auch schwierigste orthopädische Behandlungsproblem dar. Die Pathogenese ist Ihnen soweit bekannt, so daß ich mir erlaube, hierauf nicht näher einzugehen.

Unsere Behandlungskriterien hinsichtlich der fortgeschrittenen Kontraktur als auch in der Frührehabilitation bei frischen Blutungen sind auf vorausgegangenen Symposien bereits ausführlich vorgetragen worden. Daß hierbei die krankengymnastische Behandlung eine exponierte Stellung einnimmt, ist allgemein anerkannt. Die Motivation der Patienten zum täglichen Training – auch zu Hause – ist eine wesentliche Voraussetzung für den Behandlungserfolg.

Wir haben, um die an unserem Zentrum durchgeführte Therapieform zu überprüfen, die Kniegelenke für diese Fragestellung nur hinsichtlich der Streckung untersucht, da die Beugung klinisch von untergeordneter Bedeutung ist (Tabelle 1).

Tabelle 1. Untersuchung der Kniestreckfähigkeit an Patienten mit Hämophilie A Restaktivität < 1% (n = 406)

Durchschnittlicher Beobachtungszeitraum:	9,4 Jahre
min.	4,0 Jahre
max.	13,0 Jahre
Befund verbessert:	134
unverändert:	186
verschlechtert:	86

An 406 untersuchten Kniegelenke bei Hämophilie A schwerer Verlaufsform mit unterschiedlichen arthropathischen Zuständen zeigten sich in einem Beobachtungszeitraum von durchschnittlich fast 10 Jahren die hier dargestellten Ergebnisse. Das Kollektiv umfaßte alle Altersgruppen. Um in Anbetracht der vielen Daten die Ergebnisse überschaubar darzustellen, haben wir uns darauf beschränkt, den Ausgangs- und Endwert zu betrachten. Die Einteilung erfolgte in Abständen von jeweils 5 Grad. Es zeigte sich in 134 Fällen eine Verbesserung. In 186 Fällen blieb die Beweglichkeit unverändert und 86 Kniegelenke verschlechterten sich (Tabelle 2).

Im folgenden zeigen wir auf der linken Abbildung die numerische Veränderung der Streckdefizite, wobei waagerecht die Streckfähigkeit zu Beginn der Behandlung und

Tabelle 2. Verbesserung der Streckfähigkeit (n = 134). Untersuchungsbefund bei Behandlungsbeginn

Jetziger Befund	Beginn der Behandlung 5	0	−5	−10	−15	−20	−25	>−30
5		17	6	5		1		
0			34	10	4	1		
−5				16	2	8		3
−10					6	4		2
−15						7	1	2
−20							1	4
−25								
>−30								

senkrecht der aktuelle Wert ermittelt wurde. Rechts die zugehörige graphische Darstellung (Abb. 1).

Die zahlenmäßig größte Gruppe mit einer zum Teil deutlichen Befundverbesserung rekrutierte sich aus den Patienten mit einem Ausgangsdefizit von bis zu −15 Grad. Mit zunehmendem Ausgangsdefizit wurde der Behandlungserfolg seltener und – wenn überhaupt – in der tabellarischen Darstellung nur trendmäßig erkennbar.

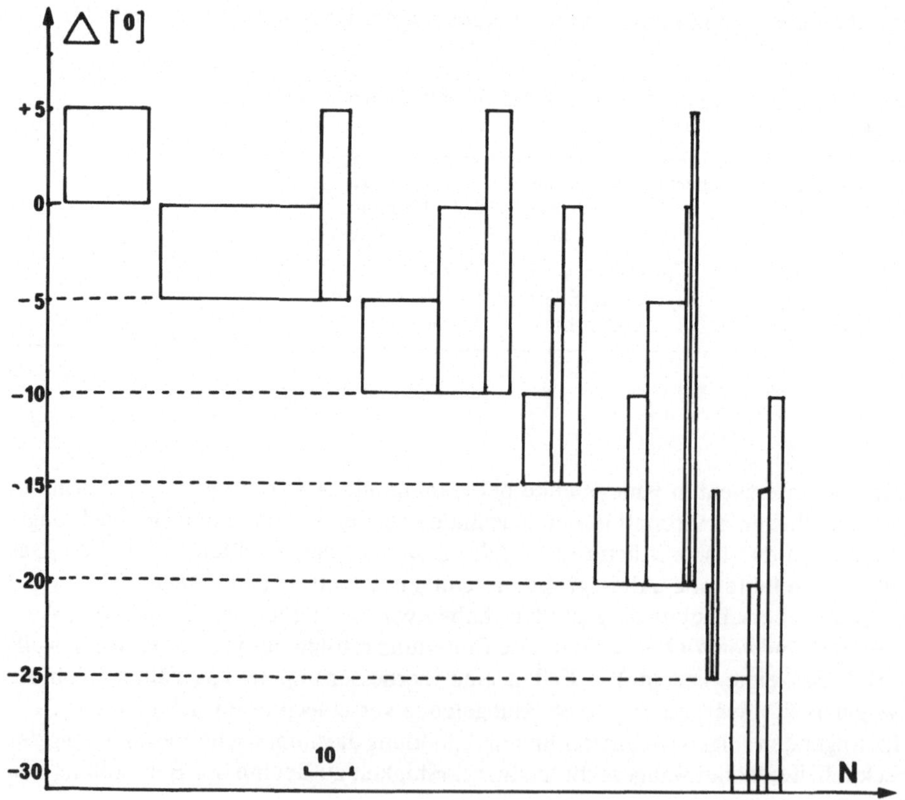

Abb. 1

Somit wird deutlich, daß die beginnenden Kontrakturen am besten therapierbar sind und mit zunehmendem Ausgangsdefizit nahezu therapieresistent werden. Deshalb dürfen gerade die endgradigen Funktionsdefizite nicht akzeptiert werden, sondern müssen einer orthopädisch-konservativen Behandlung zugeführt werden. Ebenso ist eine konsequente Langzeittherapie in beiden Fällen zwingend erforderlich. So kann, wenn auch nur in Einzelfällen, auch bei ausgeprägteren Funktionsdefiziten eine Verbesserung erreicht werden.

Tabelle 3. Unveränderter Befund (n = 186)

Winkelgrad	+10	+5	0	−5	−10	−15	−20	−25	≥ −30
Anzahl der Kniegelenke	1	30	76	42	18	7	6	3	—

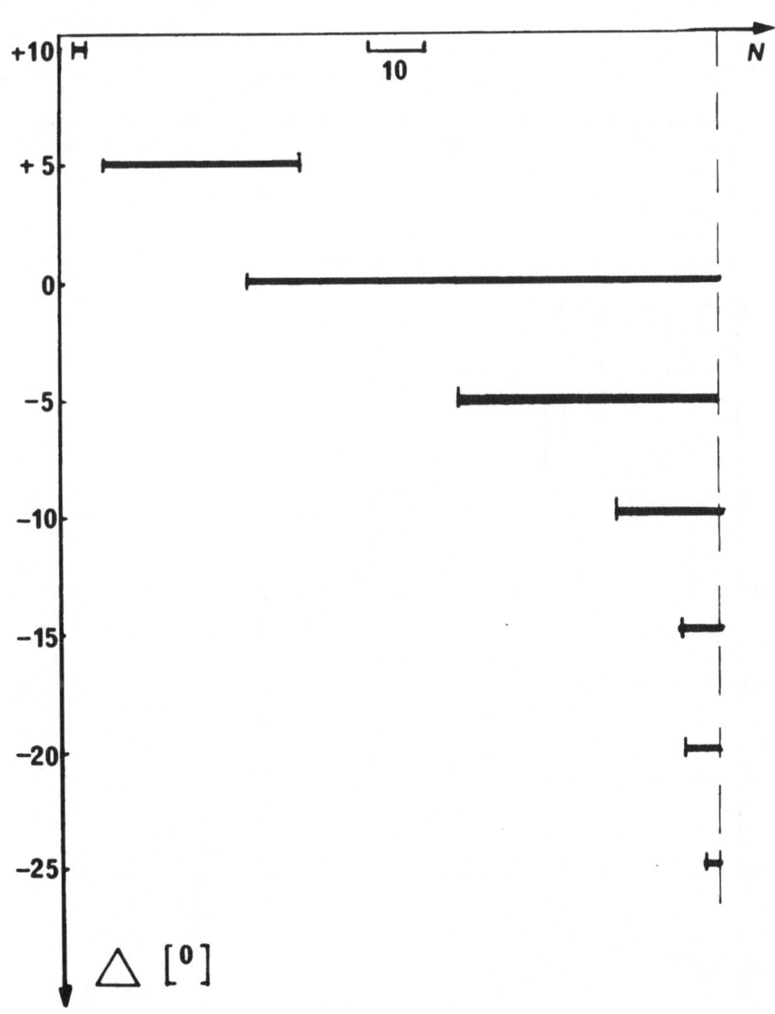

Abb. 2

Aus der Tabelle 3 ist ersichtlich, daß mehr als 100 Kniegelenke einen normalen Funktionszustand erhalten konnten. Wenn auch hier die Therapie eine Verbesserung der Ausgangssituation zum Ziele hat, so kann jedoch auch der Erhalt des Status quo einen Erfolg darstellen (Abb. 2).

Tabelle 4. Verschlechterung der Streckfähigkeit (n = 86). Untersuchungsbefund bei Behandlungsbeginn

Jetziger Befund	Beginn der Behandlung							
	5	0	−5	−10	−15	−20	−25	>−30
5		6						
0								
− 5		14						
−10		8	24		11	2		
−15			7			2	2	1
−20			1	4				1
−25			1					1
>−30								1

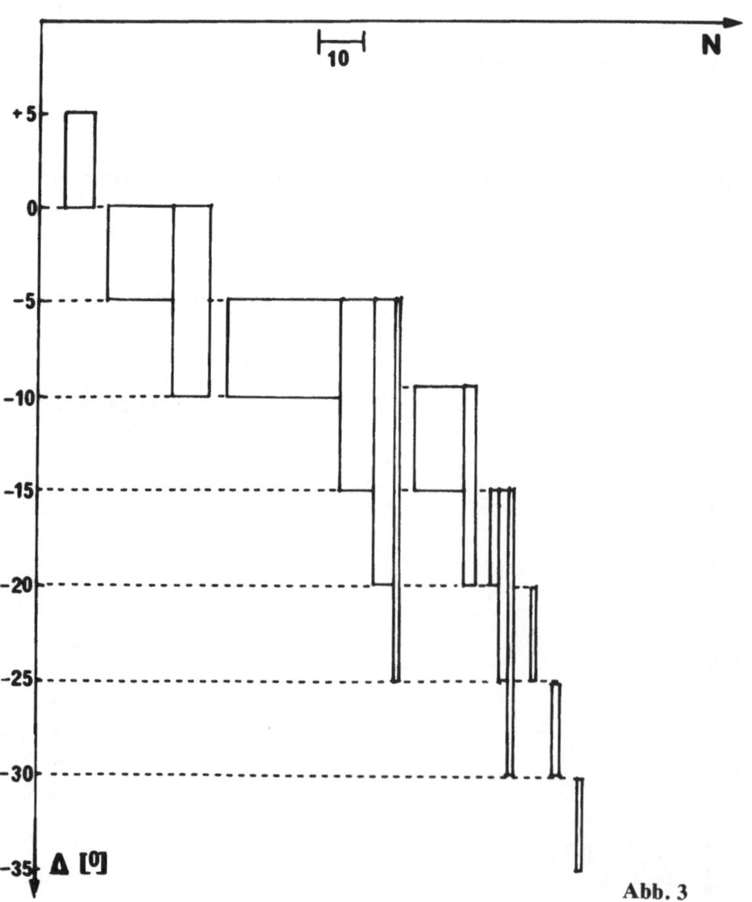

Abb. 3

86 Kniegelenke verschlechterten sich hinsichtlich der Streckung. Zu diesen Verschlechterungen ist festzuhalten, daß es sich überwiegend um Patienten handelte, die zu einer entsprechenden Therapie nicht motiviert werden konnten. Viele befanden sich nicht in einer Dauer-, sondern in einer Bedarfsbehandlung, so daß eine intensive krankengymnastische Langzeitbehandlung nicht konsequent durchgeführt werden konnte (Tabelle 4 und Abb. 3).

Fortgeschrittene, polyartikuläre Arthropathien sowie das Hinzutreten von anderweitigen Behinderungen reduzierten den Behandlungserfolg bzw. das Funktionsdefizit schritt weiter fort.

Zusammenfassend konnte bei weit mehr als ca. 80% der untersuchten Kniegelenke ein Behandlungserfolg festgestellt werden, was sich in einer Verbesserung der Streckung, aber auch durch Erhalten von funktionsfähigen Gelenken dokumentiert. Ein weiterer Kontrollparameter, der den Behandlungserfolg dokumentierte, ist der Zugewinn an muskulärer Kraft. Um den erreichten Funktionsgewinn nicht zu verlieren oder besser noch, Funktionsverluste gar nicht erst aufkommen zu lassen, ist eine kontinuierliche, orthopädische Betreuung in enger Kooperation mit den Hämatologen sowie die Motivation der Patienten erforderlich.

Somit sehen wir unser Behandlungskonzept als bestätigt und werden es weiter versuchen zu optimieren.

Diskussion

RÖSSLER (Bonn):

Das heißt also: Wehret den Anfängen! Je früher und umsichtiger mit einer optimalen Therapie begonnen wird, um so bessere Ergebnisse werden erhalten. Das korreliert auch mit dem vorangehenden Vortrag. Bei zögerlicher und unzureichender Behandlung kommt es zu Blutungsfolgen, bei denen auch die moderne Behandlung nur begrenzte Möglichkeiten hat.

Kontrolle und Dokumentation von Bewegungsabläufen durch Sensortechnik

G. Schumpe, H. Messler, G. Clauss (Bonn)

Die Bewegungsabläufe des Menschen unterliegen ökonomischen Optimierungsprinzipien, wie z. B. minimaler Energieverbrauch, geringe Belastung des Skelettapparates, minimaler Materialaufwand, optimale Knochen- und Gelenkkonstruktionen, angepaßte muskuläre Verhältnisse u. a. Die funktionelle Abstimmung und die zeitliche Koordination der einzelnen Elemente aufeinander kann nicht durch eine herkömmliche klinische Untersuchung oder eine Röntgenbefundung erfaßt werden. Eine visuelle Erfassung der komplexen Bewegung durch einen Arzt ist nur sehr ungenau, wie vergleichende Studien zeigten. Hierzu bedarf es neuer Meßmethoden, die es erlauben, den räumlichen und zeitlichen Bewegungsablauf beliebiger Körperteile exakt zu erfassen (Abb. 1).

Da der normale Gang eine wesentliche Rolle im Leben eines Menschen spielt, stehen Ganguntersuchungen auch im Mittelpunkt vieler biomechanischer Messun-

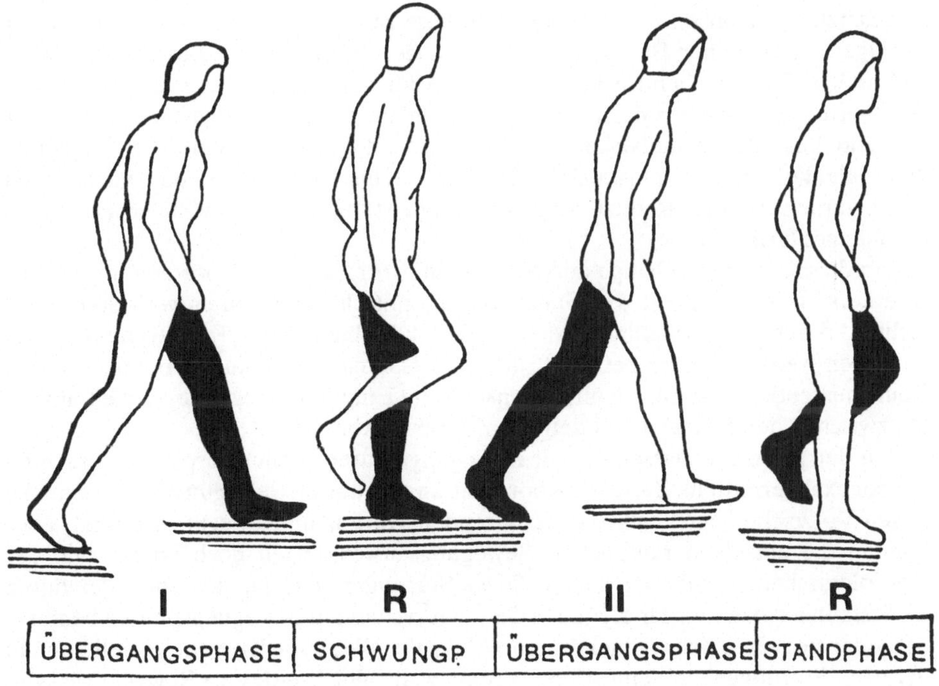

Abb. 1. Phaseneinteilung des menschlichen Ganges

gen. Hierzu wurden an der Orthopädischen Universitätsklinik Bonn objektive Kriterien ausgearbeitet, um den Bewegungszustand medizinisch zu beurteilen. Der menschliche Gang wird von uns in 6 Phasen für einen Doppelschritt unterteilt [1, 2, 3, 4]:

Übergabe R	Standphase R Schwungphase L	Übergabe L	Standphase L Schwungphase R
← T1 →	← T2 →	← T3 →	← T4 →

In den Übergabephasen R.L befinden sich beide Füße im Bodenkontakt; das Körpergewicht wird vom linken Bein auf das rechte Bein bzw. vom rechten Bein auf das linke Bein verlagert. Unter physiologischen Verhältnissen sind diese Phasenzeiten gleich (T1 = T3). In den Standphasen R. L hat jeweils nur ein Fuß Bodenkontakt. Der jeweiligen Standphase entspricht eine gegenseitige Schwungphase (St R = Sch L; St L = Sch R). Die Phasenzeiten sind gleich (T2 = T4). Es hängt von der Ganggeschwindigkeit ab, ob die Übergabephasen zeitgleich zu den Standphasen sind. Je langsamer die Gangbewegung ist, desto länger werden die Übergabezeiten. Für schnelle Laufbewegungen verschwinden die Übergabephasen. Das Gangbild eines Patienten mit Gelenkbeschwerden der unteren Extremitäten unterscheidet sich vom gesunden Probanden durch asymmetrische Verschiebungen der Phasenzeiten (T1 ≠ T3; T2 ≠ T4).

Diese asymmetrische Schrittkoordination erfordert vom Patienten ein hohes Maß an zusätzlicher Konzentration. Häufig ist diese rein zeitliche Koordination mit der Verlagerung einzelner Bewegungsabläufe in den benachbarten Bewegungsphasen verbunden. Entsprechend erhöht sich das Maß der Anforderung an das cortical gesteuerte, dynamische Gleichgewichtsempfinden. In vielen Fällen beobachten wir eine zunehmende Ermüdbarkeit des Patienten mit den Folgen einer Fehlbelastung der Gelenke und des muskulären Systems. Schließlich führen die wachsenden Beschwerden zu einer Reduzierung der Gangleistung bzw. zum völligen Einstellen des Ganges (Abb. 2).

Um diese Zusammenhänge aufzuklären und frühzeitig den Koordinationsverlust zu erkennen, erfassen wir das Gangverhalten mittels einer neu entwickelten Meßtechnik durch Ultraschallimpulse. An den verschiedensten Körperpunkten des Patienten werden Sender befestigt, die ca. 20–30mal pro Sekunde Impulse in den Raum aussenden. Vier im Raum, fest installierte Empfänger registrieren die Laufzeiten zwischen den Sendern und den Empfängern (Abb. 3).

Aus den Laufzeiten lassen sich die Bewegungsspuren der am Körper angebrachten Sender exakt ermitteln. Zeitliche Koordinationsstörung im Bewegungsablauf sind die ersten Vorzeichen einer sich manifestierenden Störung im Bewegungsapparat. Hier können die einzelnen räumlichen Bewegungsauslenkungen noch im Bereich der physiologischen Streubreite liegen. Diese Störungen machen sich entweder durch Verkürzungen bzw. Verlängerungen der entsprechenden Bewegungsphasen bemerkbar, oder sie zeigen sich in einer Stufenbildung der Weg-Zeit-Kurven. Visuell können derartige Störungen nur dann erfaßt werden, wenn gleichzeitig eine Bewegungsasymmetrie vorhanden ist (Abb. 4).

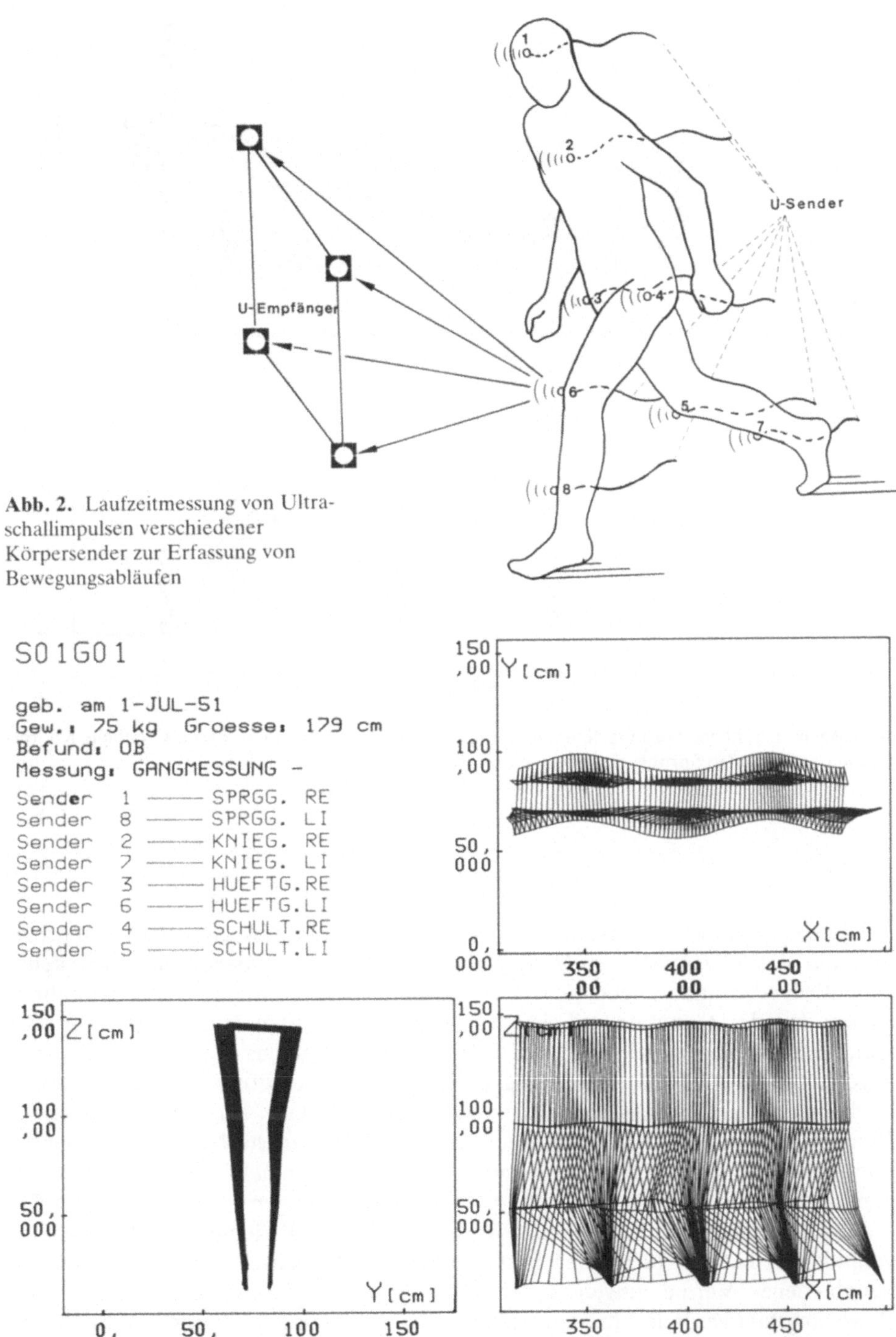

Abb. 2. Laufzeitmessung von Ultraschallimpulsen verschiedener Körpersender zur Erfassung von Bewegungsabläufen

Abb. 3. Gangvermessung eines gesunden Probanden an 8 Körperpunkten. Darstellung in drei Ebenen. Aufsicht (Y, X), Sagittalsicht (Z, X), Frontalsicht (Z, X)

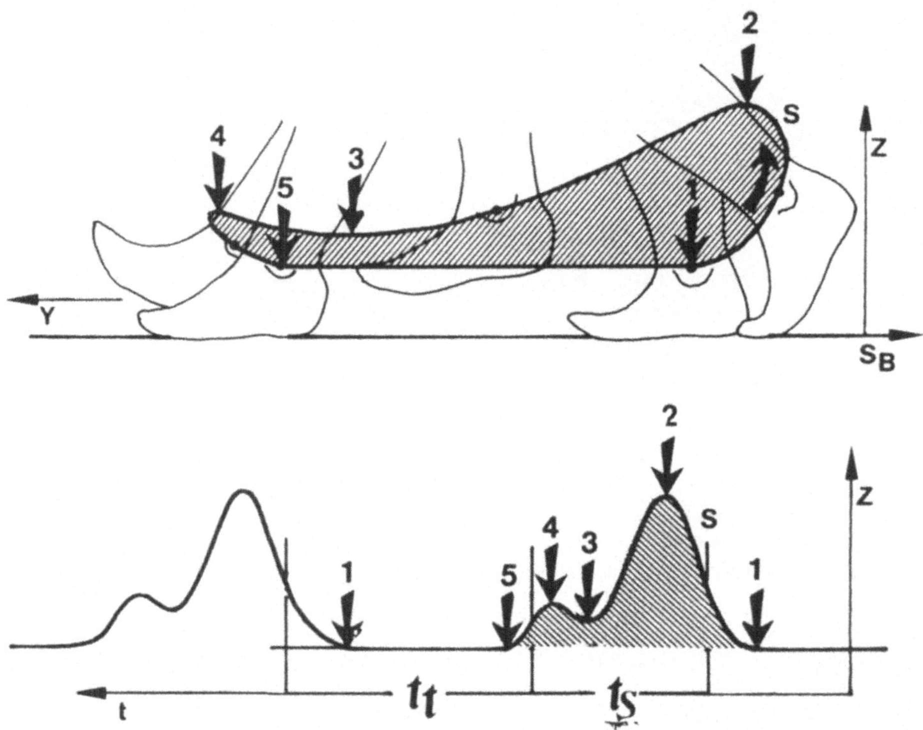

Abb. 4a, b. **a** Seitliche Sprunggelenkbewegung beim Gang auf einem Laufband; **b** zeitliche Koordination der vertikalen Sprunggelenkbewegung

Diese empfindliche Erfassung räumlicher Körperpunktbewegungen ist also geeignet, um das Gangbild von Hämophilie-Patienten zu erfassen, die noch keine wesentliche Veränderungen des Bewegungsapparates durch Blutungen erfahren haben. Da das Gangbild individuell interpretiert werden kann, sind frühzeitig Gefährdungsfaktoren zu ermitteln. Zum Beispiel zeigt das Gangbild nach einer abgeklungenen muskulären Blutung in dem M. iliopsoas bzw. in den M. vastus medialis, ob und welche Störung im Bewegungsablauf zurückgeblieben sind. Dementsprechend kann eine intensive krankengymnastische Nachbehandlung als notwendig oder als nur nützlich erkannt werden. Ein einmal festgehaltener Bewegungszustand ist jederzeit mit nachfolgenden Untersuchungen vergleichbar (Abb. 5).

Eine Aufzeichnung des Gangbildes von Hämophilie-Patienten mit bereits stark veränderten Knie-, Hüft- oder Sprunggelenken ist ebenso sinnvoll. Im Verlauf verschiedener Vermessungen im einzelnen kann gezeigt werden, wie sich das Bewegungsbild verändert hat und ob dies einer größeren oder geringeren Belastung entspricht. Da die Gangbildanalyse sehr viel früher greifbare Ergebnisse liefert als die klinische und die röntgenologische Analyse, kann die Bewegungsanalyse als Präventivmaßnahme eingesetzt werden (Abb. 6).

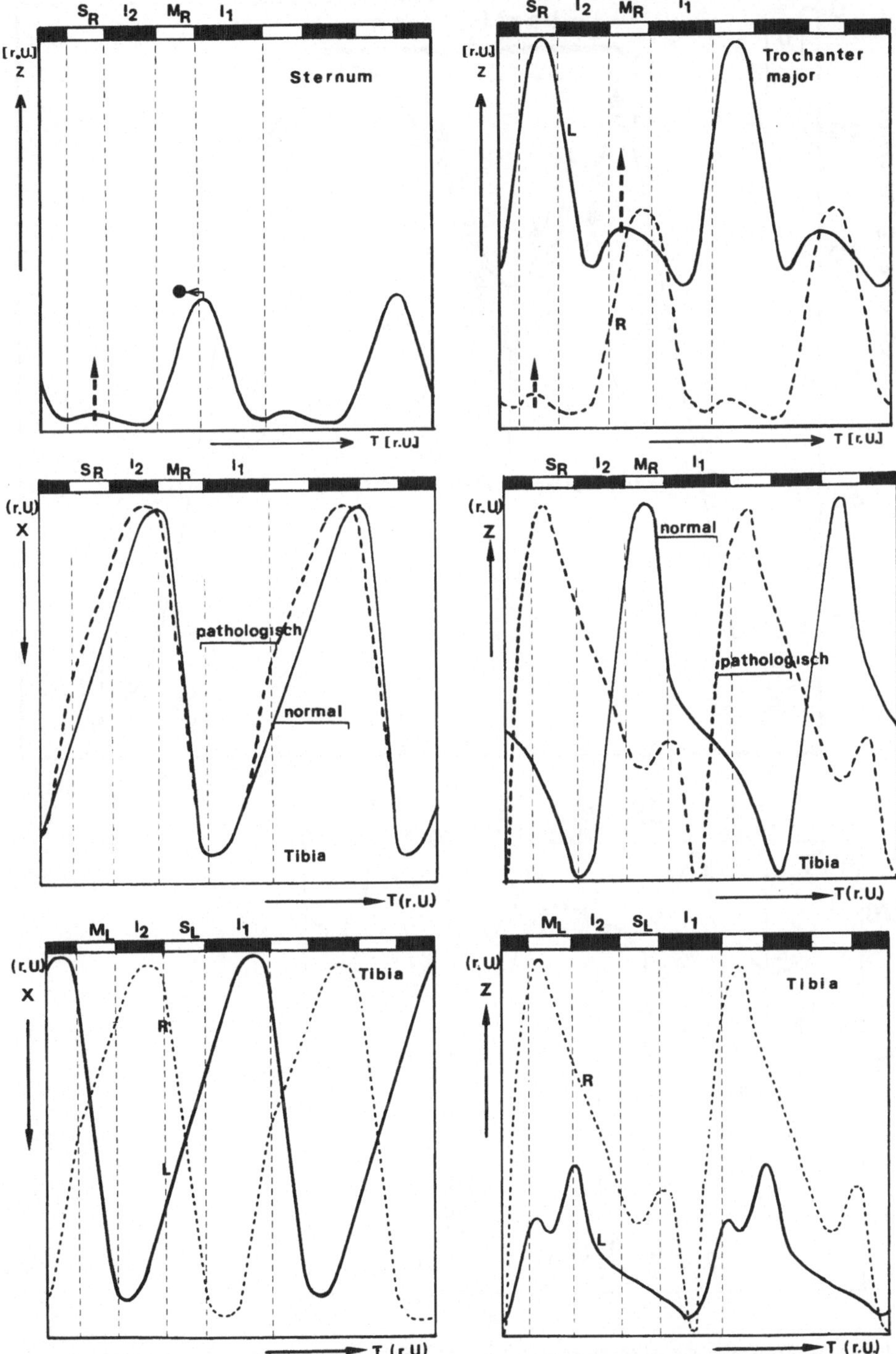

Abb. 5a–c. Gangvermessung am hämophilen Patienten mit Spitzfußstellung rechts von 30 Grad und kontrakten Kniegelenken beidseits. **a** Vertikalbewegung dreier Körperpunkte mit zugeordneter Phaseneinteilung (Sr: Standphase rechts, I2 = Übergabephase links, Mr Schwungphase rechts, I1 = Übergabephase rechts). **b, c** Vertikal- und Vorwärtsbewegung (Z, X) 2er Tipiapunkte mit zugeordneter Phaseneinteilung (rechts, links)

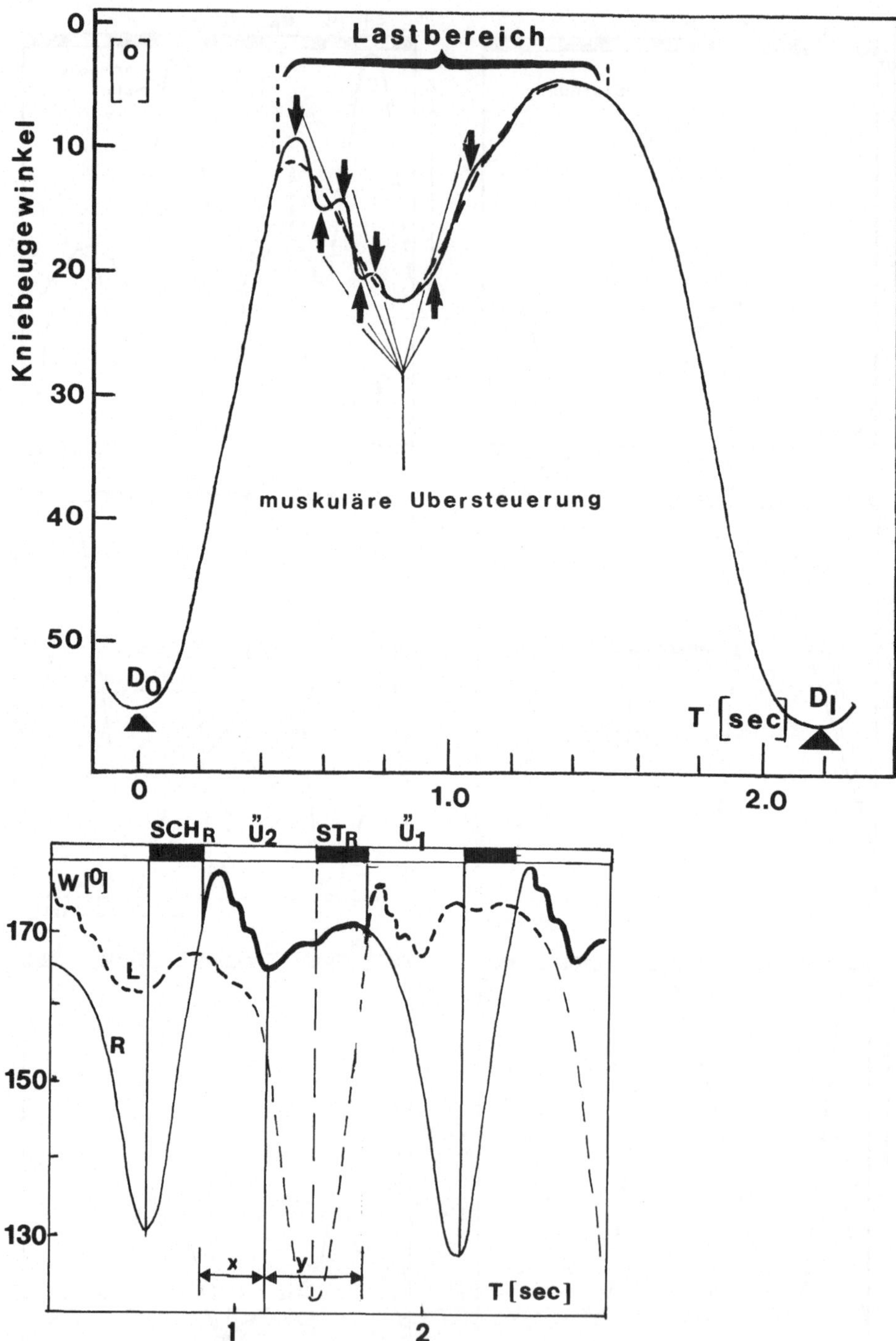

Abb. 6a, b. Winkelkoordination einer insuffizienten Kniebewegung während des Ganges (↓) (SCHr = Schwungphase rechts, Ü2 = Übergabephase links, Str = Standphase rechts, Ü1 = Übergabephase rechts; L = linkes, R = rechtes Bein; Lastphase = Ü2 + Str)

Im einzelnen lassen sich analytisch individuell differenzieren:
1. zeitliche Koordinationsstörungen,
2. phasenbezogene Bewegungseinschränkungen,
3. muskuläre Insuffizienzen und
4. gelenkspezifische Störungen.

Im Vergleich mehrjähriger Untersuchungen gewinnt man objektive Aussagen über die Bedeutung einzelner therapeutischer Maßnahmen. Ziel der Behandlung muß die Refunktionalisierung des Bewegungsapparates sein. Der Erfolg kann aber am besten dadurch aufgezeigt werden, wenn die Bewegungsfunktion selbst erfaßt wird.

Literatur

1. Schumpe G, Hansen M, Syndicus G, Rössler H (1979) Ganguntersuchungen und funktionelle Wirbelsäulenvermessungen mittels eines neu entwickelten Echtzeit-Ultraschall-Topometers (ESUT). In: Morscher E (Hrsg) Funktionelle Diagnostik in der Orthopädie. Stuttgart: Enke, 69–72
2. Schumpe G, Syndicus G, Schmitz W, Hofmann P (1981) Die Aussagekraft von Ganganalysen am Becken-Bein-Skelett. Z Orthop 119:305–314
3. Schumpe G, Hofmann P, Hansen M (1982) Differenzierung der funktionellen Kniebewegung von hämophilen Patienten mittels Ultraschalltopometrie. Z Orthop 120:125–131
4. Schumpe G (1984) Biomechanische Aspekte am Knie. Habilitationsarbeit an der medizinischen Fakultät der Universität Bonn.

Diskussion

Rösseler (Bonn):

Das wird für alle ungewohnt sein, die in biomechanischem Denken wenig bewandert sind. Herr Schumpe ist in erster Linie Physiker, und das erklärt die für uns Mediziner vielleicht etwas ungeläufige Darstellung. Für den Orthopäden liegt die Bedeutung darin, daß wir Abweichungen vom normalen Bewegungsvorgang bereits im Anfang erfassen können und vor allem auch einen recht guten Parameter zur Therapiekontrolle gewonnen haben, d.h. für die funktionelle Therapie, deren Erfolg objektiv meßbar wird.

Frau Meili (Zürich):

Wir haben diese Messungen in Zürich auch gemacht. Sie sind vom wissenschaftlichen Standpunkt her sehr interessant. Aber ich glaube, daß wir doch von der Klinik her zuerst eine intensive Physiotherapie indizieren können, da doch die Blutungen vor den Veränderungen im Schrittbild da sind.

Schumpe (Bonn):

Gerade das wollte ich Ihnen zeigen. Diese Veränderungen treten so früh auf und können mit keiner herkömmlichen klinischen Methodik erfaßt werden. Später, wenn man abnorme Bewegungsabläufe mit dem Auge sieht, sind diese Messungen nicht mehr so relevant, es sei denn zur Erfolgskontrolle der krankengymnastischen Behandlung, und hier können sie Beweise erbringen.

Frau Meili (Zürich):

Da kann ich Ihnen zustimmen, aber die Sprunggelenkblutungen, die beim Kleinkind mit 3 oder 4 Jahren beginnen, sollten diese auch sehr frühzeitig mit den Messungen verfolgt werden?

Schumpe (Bonn):

Da wir Kinder in diesem Alter noch nicht vermessen konnten, kann ich Ihnen leider keine Auskunft geben.

Rössler (Bonn):

Es wird in diesem Alter wahrscheinlich auch schwer sein. Dennoch sollten wir diese Messungen nutzen, um bessere Kontrollmöglichkeiten zu haben.

Erste Erfahrungen in der Behandlung der hämophilen Kniegelenksarthropathie mit kombinierten nieder- und mittelfrequenten Wechselströmen

H. Messler, G. Clauss, M. Grotepass, G. Schumpe (Bonn)

Das klinische Bild der hämophilen Arthropathie des Kniegelenkes wird neben der Beugekontraktur und der möglichen Achsenfehlstellung vor allen Dingen durch die Atrophie der Streckmuskulatur geprägt. Diese tritt vornehmlich an dem M. vastus medialis zuerst und am ausgeprägtesten auf (Rössler 1976, Hofmann 1981). Die Muskulatur ist schwach, schmächtig, schnell ermüdbar und wenig reaktionsfähig. Eine funktionelle Verkürzung der Beugemuskulatur bei Überdehnung der Streckmuskeln läßt sich regelmäßig finden. Rezidivierende Blutungen führen neben der Knorpelzerstörung über neuroreflektorische Pathomechanismen (de Andrade 1965) zu einer reflektorischen Blockade afferenter Axone. So entsteht die *reflektorische Innervationshemmung* mit Tonusminderung und weiterer Zunahme der Atrophie. Das Ergebnis ist die Unfähigkeit, das Gelenk sicher und genügend zu führen. Die Belastbarkeit wird vermindert, minimale Gelenkirritationen führen zu Traumatisierung des Gelenkes und der Synovialis und so zu einer weiteren Progredienz des arthropathischen Krankheitsbildes. Bei bestehendem Streckdefizit läßt gerade der Muskulus vastus medialis als physiologischer Endstecker nur eine mäßige Innervation zu. Er entzieht sich weitgehend der Krankengymnastik. Diese Entwicklung führt letztendlich zur vollständigen Atrophie des Muskel, der in vielen Fällen bei der Inspektion des Gelenkes in seiner Struktur kaum noch zu erkennen ist. Es ist bekannt, daß eine Verbesserung der Leistungsfähigkeit der das Kniegelenk bewegenden Muskeln das arthropathische Krankheitsbild positiv zu beeinflussen vermag. Prinzipiell bieten sich verschiedene Möglichkeiten der Behandlung des Muskels an:

- krankengymnastische Verfahren, hier isometrische Übungen und PNF sowie dosiertes Gewichtstraining und Bewegungsbad;
- elektrotherapeutische Methoden.

Neben diesen aktiven Einflußnahmen auf den Muskel wird das Behandlungsergebnis durch die Verwendung

- dorsaler Gipsschienen

außerhalb der aktiven Therapiezeit gesichert.

Als weitere passive Maßnahmen zur Aktivierung der Muskeldurchblutung bieten sich

- Muskelmassagen

an; diese werden von uns wegen möglicher Blutungsgefahr nicht durchgeführt.

Während vor allen Dingen die aktiven krankengymnastischen Verfahren ihren festen Platz im Behandlungsschema der Kniegelenksarthropathie seit Jahren innehaben, bedienen wir uns in letzter Zeit zunehmend zusätzlich der Elektrotherapie mit Wechselstrom zur direkten Muskelzellstimulation unter Umgehung der Innervation.

Gerätebeschreibung

Das von uns verwendete Elektrotherapieverfahren Wymoton erlaubt die gleichzeitige Anwendung eines niederfrequenten (nf, 250 Hz) analgetisch wirksamen und eines *mittelfrequenten muskelaktivierenden* Wechselstroms (mf, 11 kHz), indem diese beiden Wechselströme einander überlagert werden können (Senn 1980, Wyss 1976). Es vermeidet jede Art von Impulsreizung. Vielmehr basiert es auf einem mittelfrequenten Dauerstrom, dessen Stärke in verschiedenen Zeitdauern (6, 9, 12, 15 und 18 s) moduliert werden kann. Wir bevorzugen die Modulation über 6 s. Es erfolgt eine direkte fein dosierbare Muskelkontraktion. Die Durchströmung menschlicher Skelettmuskeln mit langsam moduliertem MF-Strom führt zu gut erträglichen, tiefen, unscharf begrenzten langsam an- und abschwellenden Muskelkontraktionen. Zur Aktivierung der Muskulatur wird ein Wechselstrom von 11 kHz als Drehstrom über drei Elektroden zugeführt. Die Elektroden werden in Körperlängsrichtung angelegt und die Durchströmung erfolgt in Querrichtung.

Damit die Behandlung simultan auch eine analgetische Wirkung beinhaltet, wird dem muskelaktivierenden Mittelfrequenzstrom ein Niederfrequenzstrom überlagert und in Drehstromschaltung über die drei Elektroden dem Patienten zugeführt. Der Niederfrequenzstrom erzeugt periodensynchrone Erregungen, durch deren Repetition nach dem Prinzip der Wedensky-Hemmung (Wedensky 1903) eine sedative Wirkung zustande kommt.

Das im Gerät integrierte EMG mit optischem und akustischem Monitor erlaubt dem Patienten und dem Therapeuten über das Erlernen der Reflexaktivität die Kontrolle der Willkürinnervation.

Patientengut

Die hier vorgestellte Untersuchung wurde mit 21 Patienten an 41 Kniegelenken (1 Kniegelenk arthrodesiert) durchgeführt. Bis auf einen Patienten mit Hämophilie B litten alle Untersuchten an Hämophilie A mit einer Restaktivität von unter 1%. Das durchschnittliche Alter der Patienten betrug 28,4 Jahre, der jüngste war 17, der älteste 51 Jahre alt. Die durchschnittliche Behandlungsdauer betrug 30,1 Tage, max. 42, min. 7 Tage.

Behandlungsablauf

Die Behandlung wurde unter stationären Bedingungen bei entsprechender Faktorensubstitution 3mal pro Tag über 30 Minuten täglich als Begleitmaßnahme zum bei uns eingeführten Therapieschema durchgeführt. Die Behandlung erfolgte im stufenweisen Aufbau unter Gewöhnung an die zunehmende Stromintensität.

Mit der EMG-Elektrode erfolgt zunächst die Objektivierung der lokalen Muskelpotentiale. Ebenso wurde die Ausgangskraft der Kniegelenksstrecker mit einer elektronischen Federwaage in maximal möglicher Streckung des Kniegelenkes (gehaltene Kraft) bestimmt. Über diesen Aufbau ist der Patient in der Lage, während des Behandlungsablaufes die Kraft zu messen und den Stellenwert als Maß der Leistung entsprechend zu verändern. Die Patienten erlernten zunächst die technische Handhabung des Gerätes. Spätestens nach zwei Tagen waren die Patienten in der Lage, mit dem Gerät selbständig umzugehen.

Die 30minütige Behandlung erfolgte in drei Phasen, nämlich

1. 10 Minuten in
   - maximaler Endstreckung und
   - Außenrotation im Kniegelenk.

   Die maximale Endstreckung unter Außenrotation des Kniegelenkes, soweit möglich, erlaubt die maximale Aktivierung des M. vastus-medialis.
2. 10 Minuten in
   - mittlerer Beugestellung (ca. 40 Grad),
   - bei elektrischer Stimulation der Strecker unter willkürlicher Innervation der Beuger.

   Durch die antagonistische Innervierung von Agonist und Antagonist erfolgt eine verbesserte neuromuskuläre Konditionierung.
3. Wie 1., unter dem Gesichtspunkt der Vorrangigkeit der Streckmuskulatur.

Ergebnisse

Kraft

Die Objektivierung der muskulären Kraft erfolgte mit einer elektronischen Federwaage in maximal möglicher Streckung des Kniegelenkes (gehaltene Kraft) zu Beginn und zum Ende der stationären Behandlung. Betrug die durchschnittliche Kraft im Kniegelenk vor der Behandlung 16,1 kp mit einem Minimum von 5 und einem Maximum von 28 kp, so war nach Behandlungsabschluß eine Kraft von durchschnittlich 23,4 kp, min. 5, max. 44 festzustellen. Dies entspricht einem Kraftzuwachs von durchschnittlich 7,3 kp, min. − 2, max. +31 kp (Abb. 1).

Schmerz und Gehfähigkeit

Die überwiegende Mehrheit der Patienten, nämlich 18, gab nach der Behandlung eine eindeutige Linderung der Schmerzen, vor allen Dingen beim Gehen, an. 1 Patient, bei dem es vorübergehend zu einer Blutung gekommen war, gab eine Verschlechterung an, während 2 Patienten ihren Zustand als unverändert bezeichneten. Ebenso verhielt es sich bei der subjektiven Beurteilung der Gangsicherheit, die von allen Patienten analog zum Schmerz bewertet wurde (Abb. 2).

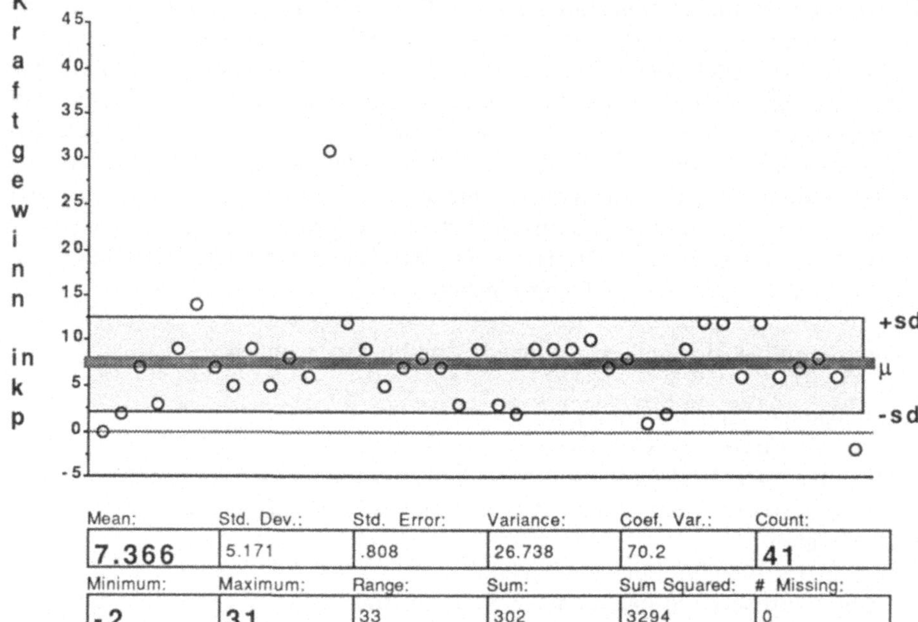

Mean:	Std. Dev.:	Std. Error:	Variance:	Coef. Var.:	Count:
7.366	5.171	.808	26.738	70.2	41
Minimum:	**Maximum:**	**Range:**	**Sum:**	**Sum Squared:**	**# Missing:**
-2	31	33	302	3294	0

Mode:
9

Abb. 1

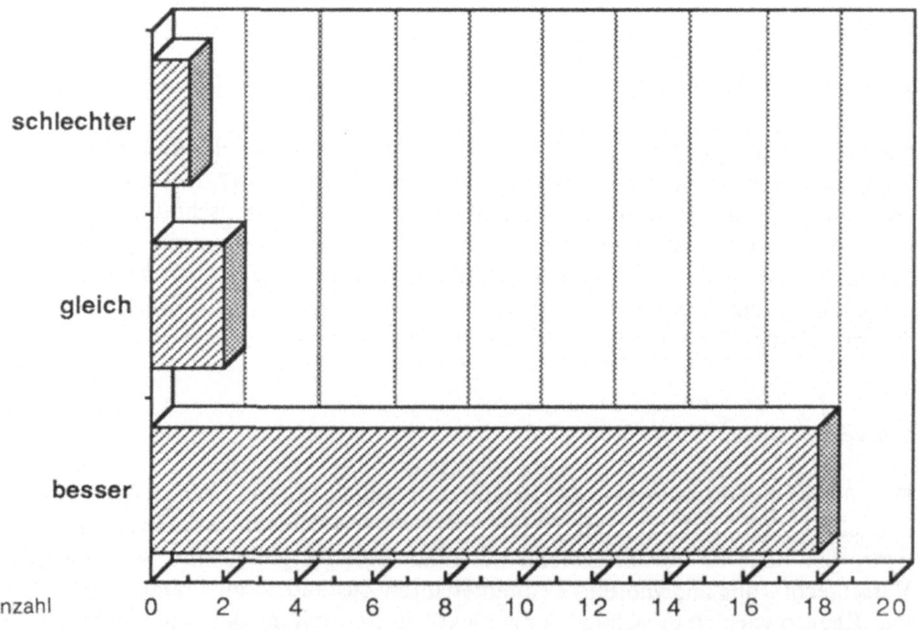

Abb. 2. Bewertung von Schmerz und Gehfähigkeit

Nebenwirkungen

An unerwünschten Nebenwirkungen sahen wir 2mal das erneute Auftreten einer Synovitis bzw. einer Blutung. 1 Patient klagte während der Behandlung über zunehmende Ischiasbeschwerden. Die Elektrobehandlung selbst wurde von keinem der behandelten Patienten als unangenehm empfunden.

Diskussion

Auch wenn sich der Kraftzuwachs und die Linderung der Schmerzen beim Gehen nicht ausschließlich auf die Wirkung der mittelfrequenten Wechselstrombehandlung zurückführen lassen, so ist diese mittlerweile zu einem festen Bestandteil in unserem Therapieplan der hämophilen Arthropathie geworden. Die Patienten sind in der Lage, auch außerhalb der Arbeitszeit der Krankengymnasten, z. B. an Abenden und an Wochenenden, die Therapie selbständig durchzuführen und den Kraftgewinn selbst zu kontrollieren. Dies setzt selbstverständlich eine entsprechende Compliance des Patienten voraus, die bei unserer Gruppe in der überwiegenden Mehrzahl der Fälle festzustellen war. Bei den Patienten, die keine Besserung unter der Therapie zeigten, war entweder die Therapiezeit zu kurz (1–2 Wochen), oder die Patienten verhielten sich wenig kooperativ (Abb. 3).

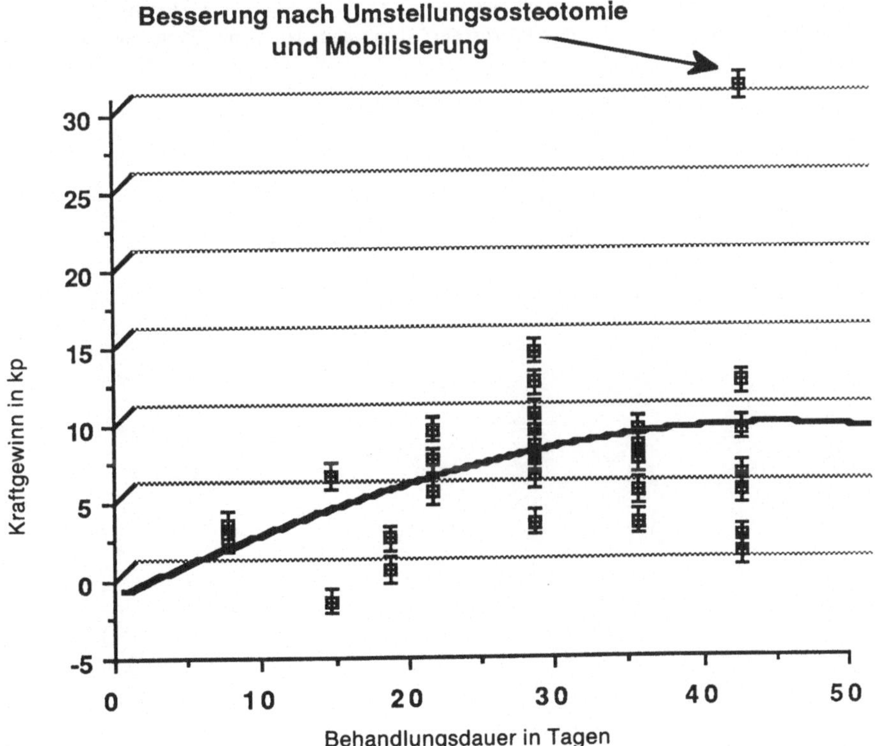

Abb. 3

Aufgrund der kostenintensiven Substitutionstherapie und der guten Ergebnisse sahen wir uns nicht in der Lage, Patienten aus unserem allgemeinen Therapieplan auszukoppeln und eine Kontrollgruppe ausschließlich mit der Elektrostimulation zu behandeln.

Zusammenfassung

Aufgrund unserer ersten Ergebnisse kann festgestellt werden, daß gerade an der Quadrizepsmuskulatur des Hämophilen, die trophisch unter den ungünstigen Einflüssen der reflexdystrophischen Wirkung des arthropathischen Kniegelenkes steht, gute Ergebnisse mit der kombinierten mittel- und niederfrequenten Wechselstrombehandlung als Ergänzung zur konservativen Therapie zu erwarten sind.

Literatur

Andrade D, Grant C, Dixon AStJ (1965) Joint distension and reflex muscle inhibition. J Bone Jt Surg 47 A:313

Hofmann P (1981) Gelenkbeteiligung bei Hämophilie. Habilschrift Bonn

Rössler H (1976) Die Behandlung der Hämophilen Arthopathie. In: Landbeck G, Marx R (Hrsg) 7. Hamburger Hämophilie-Symposion. Hamburg

Senn E (1980) Die gezielte Einführung der Wechselstromtherapie. Eular Verlag, Basel

Wedensky N (1903) Die Erregung, Hemmung und Narkose. Pflügers Arch 100:1–144

Wyss OAM (1967) Das apolaritäre Prinzip der Mittelfrequenzreizung. Experientia 23:601–608

Diskussion

MARX (München):

Das ist eine Renaissance, denn Ende des 19. Jahrhunderts wurde die Elektrotherapie, z. B. von meinem Großvater, empfohlen. Der Fortschritt besteht wahrscheinlich in der Apparatur. Die alten Ärzte waren auch nicht inaktiv.

CLAUSS (Bonn):

Sie haben grundsätzlich vollkommen recht. Es gibt zwei kleine, im ersten Augenblick vielleicht unscheinbar erscheinende Veränderungen. Aber letztendlich sind diese entscheidend für das hervorragende Gerät. Es befinden sich EMG-Elektroden im System, mit denen die Patienten, zwar nur lokal begrenzt, ihren aktuellen Status erkennen und im Laufe der Therapie – das sind immer mehrere Wochen – die Entwicklung ihrer muskulären Kraft erleben können. Weiterhin sind viele bunte Lämpchen vorhanden, mit denen ein Zeittakt und Zeitdauer vorgegeben werden, so daß kontinuierlich mitgearbeitet werden muß. Die Fälle mit schlechten Ergebnissen waren in der Mehrzahl Patienten, die, wenn man in das Zimmer kam, in den Fernseher oder aus dem Fenster schauten und das Gerät vor sich hin arbeiten ließen. Dann war der Kraftgewinn natürlich äußerst gering.

Frau MEILI (Zürich):

Es handelt sich um ein Schweizer Erzeugnis, und wir haben viele Hämophile, die sich zu Hause damit selbst behandeln, kombiniert mit aktiver Physiotherapie. Die Erfolge sind ausgezeichnet. Der überwiegende Teil der Hämophilen aber macht diese Behandlung ohne vorherige Substitution, und ich habe dabei noch nie eine Blutung erlebt, auch wenn mit aktiver Physiotherapie kombiniert wird.

CLAUSS (Bonn):

Wir sind auch dabei, dieses Verfahren neben der Heimselbstbehandlung zu Hause einzusetzen. Mir fehlen jedoch Angaben darüber, ob auf Dauer nicht doch neurophysiologische Veränderungen auftreten können. Wenn das über Monate ohne Kontrolle gehen sollte, könnte ich mir vorstellen, daß es auch zu pathologischen Veränderungen führt. Ich habe zwei Patienten, die mich geradezu bedrängt haben, das Gerät mit nach Hause zu nehmen, und sie sind in der Tat davon sehr begeistert. Wie viele Fälle haben Sie, und haben Sie unerwünschte Folgen gesehen?

Frau MEILI (Zürich):

Die beiden Fälle, die ich über die längste Zeit beobachte, sind zwei Patienten mit schwerer Hämophilie und Hemmkörpern. Diese behandeln sich jetzt über 5 Jahre mit diesem Gerät zu Hause, kombiniert mit aktiver Physiotherapie. Ich konnte nur eine Verbesserung des Zustandes und keine Komplikationen feststellen.

CLAUSS (Bonn):

Wie oft wenden die Patienten die Therapie an?

Frau MEILI (Zürich):

Jeden Tag, über Jahre.

Lasereinsatz in der Therapie der hämophilen Arthropathie: Fortschritt oder Wagnis?

H. M. Thaiss, W. Baden, A. H. Sutor, E. Signer, U. Hefti, W. Künzer
(Freiburg/Basel)

Eine der Spätkomplikationen bei Hämophilen nach langjährigem Krankheitsverlauf ist die chronische Arthropathie, meist der großen Gelenke. Sowohl durch konservative wie auch aggressive Methoden wurde bislang mit unterschiedlichem Erfolg versucht, die Blutungsfrequenz zu senken und so der fortschreitenden Gelenkdestruktion Einhalt zu gebieten [5].

Seit Ende der sechziger Jahre wird als eine dieser Methoden die Synovektomie propagiert [3, 8]. Ihr Stellenwert ist allerdings heftig umstritten [1, 6].

Neuerdings wurde dieses Verfahren nun durch den Einsatz eines Laserstrahls modifiziert [2, 4].

Im folgenden soll über zwei Patienten berichtet werden, die sich diesem Verfahren zur Koagulation ihrer Kniegelenkssynovia unterzogen haben. Die beiden jungen Männer, 18 und 21 Jahre alt, leiden beide an schwerer Hämophilie A und sind von klein auf in unserer Ambulanz betreut worden. Der erste Patient substituiert seit 16 Jahren, zunächst in Dauerprophylaxe, später nur noch bei Bedarf. Er beobachtete seit 6 Monaten rezidivierende Blutungen im linken Kniegelenk, zuletzt bis zu 8 Ereignisse pro Monat, die trotz frühzeitiger hochdosierter Substitutionstherapie und intensiver Physiotherapie nicht beherrschbar waren, so daß sein Faktorenverbrauch sprunghaft anstieg und er erhebliche Schulfehltage aufwies. Die übrigen Gelenke waren dagegen kaum betroffen, obwohl der junge Mann trotz mehrfach versuchter Reduktionsdiät an erheblichem Übergewicht leidet, das während seines jetzigen Internatsbesuchs noch zugenommen hat (mittlerweile +12 kg) (Tabelle 1).

Die Röntgenaufnahme des linken Kniegelenks zeigt deutliche Konturunregelmäßigkeiten der angrenzenden tibialen Gelenkfläche sowie die Entrundung beider Femurkondylen und auch im seitlichen Bild eine subchondrale Sklerose und die Bildung von kleinen Zysten und Osteophyten, was klinisch einem leichten Schonhinken und einer Restflexion von 25° bis 115° entsprach (Abb. 1, 2).

Tabelle 1

Patient I	Anamnese
	18 Jahre alter junger Mann schwere Hämophilie A substituiert seit 2. Lj. zuletzt ca. 5000 E/Monat Adipositas seit 10. Lj. *Hauptblutungsort:* linkes Knie

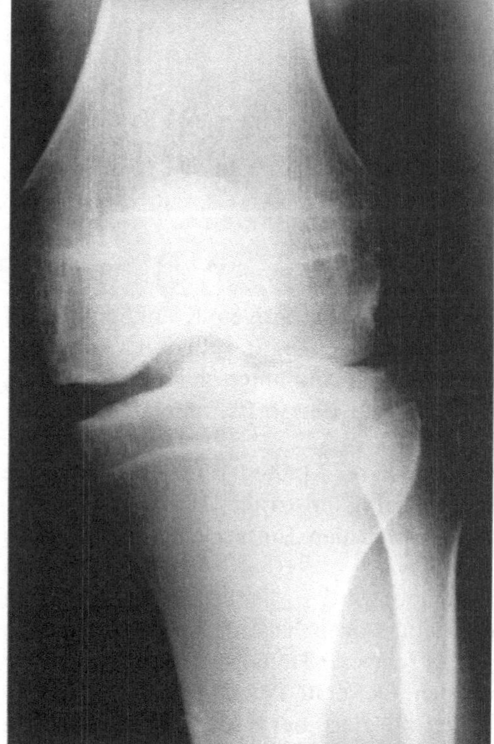

Abb. 1

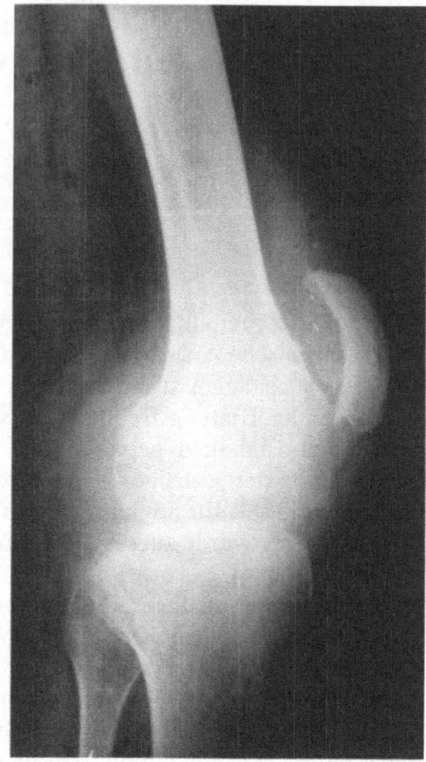

Abb. 2

Der zweite Patient ist 21 Jahre alt und hat eine schwere Hemmkörperhämophilie A vom high-responder Typ mit einem Titer zwischen 10 und 20 Bethesda-Einheiten. Auch er beobachtete seit einigen Monaten eine steigende Frequenz von Blutungen in beide Kniegelenke, die wegen des Hemmkörpertiters therapeutisch kaum mehr beherrschbar waren. In der Folge verschlechterte sich bei ihm die Gelenkfunktion so sehr, daß er sich in einer fixierten Streckhemmung bei etwa 20° nur noch an Krücken und unter größten Schmerzen fortbewegen konnte und dadurch seine Berufsausbildung erheblich gefährdet war (Tabelle 2). Radiologisch zeigte sich die deutliche

Tabelle 2

Patient II	Anamnese
	21 Jahre alter junger Mann schwere Hemmkörperhämophilie A substituiert seit 3. Lj. zuletzt ca. 8000 E FEIBA/Monat high-responder (Titer um 15 BU) *Hauptblutungsort:* beide Knie

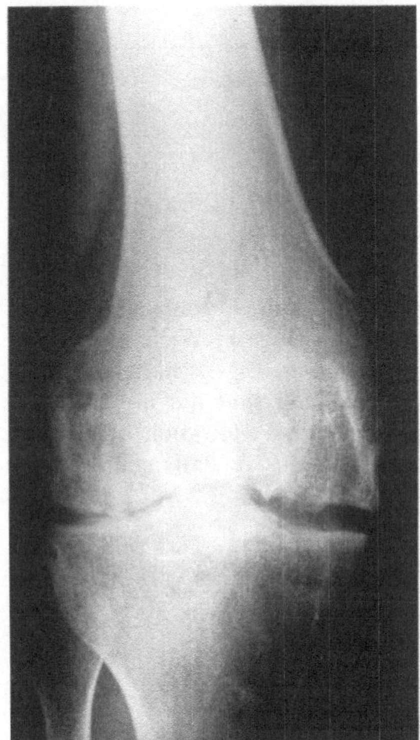

Abb. 3

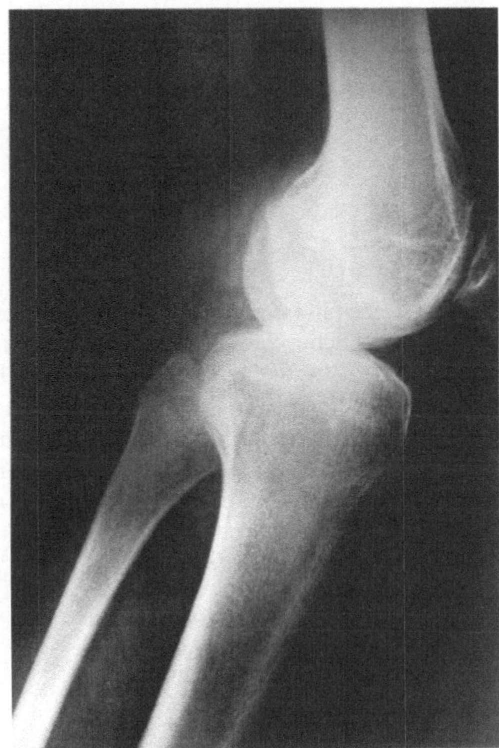

Abb. 4

Verschmälerung des Gelenkspalts mit erheblichen Konturunregelmäßigkeiten vor allem im Bereich beider Femurkondylen, am rechten Knie ausgeprägter als am linken, aber auch hier waren degenerative Veränderungen am Tibiakopf und an der Patellarückfläche zu sehen (Abb. 3, 4).

Beide Patienten boten demnach das Bild einer chronischen hämophilen Arthropathie, die konservativ-substitutiv nicht zu bessern war, so daß wir uns im Einvernehmen mit den Patienten zur Synovektomie aller drei betroffenen Kniegelenke entschlossen.

Da seit 1968 diese Therapieform erfolgreich praktiziert wird, jedoch bei radikalchirurgischem Vorgehen mit erheblicher Traumatisierung und reichlichem Blutverlust verbunden ist, wollten wir diesen Nachteilen durch Einsatz eines Laserstrahls begegnen.

Der LASER – die Abkürzung für „Lichtverstärkung durch erzwungene Aussendung von Strahlen hoher Energiedichte" – stellt eine Lichtpumpe für monochromatische kohärente Strahlen dar, die seit 1960 bekannt, sehr hohe Energien auf kleinstem Raum in kürzester Zeit erzeugen kann (Tabelle 3). Die Wellenlänge des ausgesandten Lichtstrahls wird dabei von der Art des Mediums bestimmt, in dem die elektromagnetische Welle erzeugt wird. Therapeutisch genutzt werden seit längerem

Tabelle 3. Laser

L ight
A mplification by
S timulation
E mission of
R adiation

Lasersysteme mit kurzer Wellenlänge (wie der Neodym-YAG-, Argon- und Krypton-Laser) und solche, wie auch bei unseren Patienten, mit längerer Wellenlänge (vor allem der CO_2-Laser), woraus unterschiedliche physikalische Eigenschaften resultieren. Allen gemeinsam mit unterschiedlicher Gewichtung sind die in Tabelle 4 aufgezeigten biologischen Effekte, die in ausgezeichneter Penetration in Wasser, guter Schnittkraft mit schmaler Nekrosezone und, für unsere Patienten wichtig, befriedigender hämostatischer Wirksamkeit resultieren.

Tabelle 4. Biologische Effekte des Laser-Strahls

Erwärmung
Dehydratation
Thermolyse
Vaporisation
Koagulation

Da jedoch das Kniegelenk auch bei diesem Verfahren beidseits eröffnet werden und der Synovialrest ausgeschält werden muß, sollte eine Gerinnungsfaktorenaktivität von mindestens 40% erzielt und auch für einige Zeit postoperativ aufrechterhalten werden. Dies wurde bei unserem ersten Patienten durch AHG-Gabe (initial 2500 E kurz vor der Operation) mühelos erreicht. Schwieriger gestaltete sich dies bei unserem Hemmkörperpatienten, bei dem zunächst der Versuch der Hemmkörperblockade durch intravenös verabreichtes hochdosiertes Immunglobulin fehlschlug, so daß wir erst nach dreimaliger Plasmapherese und anschließender Gabe von FEIBA (initial 2000 E) den gewünschten Aktivitätslevel erreichen konnten (Tabelle 5).

Tabelle 5. Klinischer Verlauf

	Patient I	Patient II
Vorbehandlung	Keine	Hochdosierte Immunglobuline Plasmapherese
Substitution	30 E F. VIII/kg KG/5 Tage 20 E F. VIII/kg KG/10 Tage	40 E FEIBA/kg KG/10 Tage 20 E F. VIII/kg KG/10 Tage
Post-OP-Phase	Stärkste Schmerzen	Stärkste Schmerzen
Komplikation	Wundinfektion	Hämolytische Anämie, Fieber
Ergebnis	Unbefriedigend	Ausgezeichnet

Der Eingriff in der orthopädischen Klinik verlief komplikationslos, massive Probleme traten jedoch postoperativ auf: beide junge Männer litten auch in den Ruhepausen der Frühmobilisation an stärksten lokalen Schmerzen, die trotz Opioiden und Neuroleptika nur schwer erträglich waren.

Gleichzeitig trat beim zweiten Patienten eine klassische isoimmunhämolytische Anämie (mit positivem direktem Coombs-Test, transfusionswürdigem Hb- und HTK-Abfall bis 5,7 g/dl und 19%, Retikulozytose und Anstieg der LDH, Temperaturen bis 40°C und Splenomegalie) auf, die bei Vorliegen der Blutgruppe A am ehesten auf die intra- und postoperative Substitutionstherapie, möglicherweise auch zusätzlich auf die vorausgegangene Plasmapherese zurückzuführen ist [7].

Trotz exzessiven Anstiegs des Hemmkörpertiters bei dieser massiven Boosterung bis über 1000 Bethesda-Einheiten trat unmittelbar postoperativ trotz intensiver aktiver und passiver Remobilisation und auch in den vergangenen Monaten in den sanierten Kniegelenken keine Blutung mehr auf, der Patient ist seither völlig beschwerdefrei, wieder ohne Hilfsmittel gehfähig und steuert mühelos selbst seinen Wagen. Beim ersten Patienten dagegen trat an der Drainagestelle und in den umgebenden Weichteilen eine lokale Infektion mit Streptokokkus viridans und Staphylokokkus albus auf, die eine arthroskopische Wundrevision sowie eine längerfristige antibiotische Behandlung erforderlich machte.

Möglicherweise steht diese Wundheilungsverzögerung nicht nur mit dem Laser, sondern auch mit der partiellen zellulären Immundefizienz dieses HIV-Antikörperpositiven, klinisch diesbezüglich jedoch völlig unauffälligen Patienten in Zusammenhang. Trotz intensiver krankengymnastischer Bemühungen mit elektronischer Bewegungsschiene, Unterwassertherapie und schließlich Remobilisation in Narkose ist das funktionelle Ergebnis unbefriedigend, die Restflexion bei fixierter Streckhemmung beträgt gerade 25°. Allerdings sind auch in diesem Gelenk erfreulicherweise keine erneuten Blutungen mehr aufgetreten.

Zusammenfassend möchten wir aus diesen beiden Kasuistiken folgern, daß sich hier

1. die Synovektomie zur Reduktion von Blutungsintensität und -frequenz bei diesen beiden konservativen Therapieversagern hervorragend bewährt hat;
   daß jedoch
2. der Lasereinsatz zur Reduktion von postoperativem Schmerz und Minimierung der Gerinnungstherapeutika in unseren beiden Fällen nicht den gewünschten Erfolg erbracht hat.

Ob hierfür die ungünstigen Voraussetzungen unserer beiden Patienten – HIV-Antikörper einerseits und Faktor VIII-Hemmkörper andererseits – die alleinige Ursache sind, kann aufgrund dieser beiden Kasuistiken wohl noch nicht endgültig beantwortet werden. Dafür sind sicher längerfristige und umfangreichere Erfahrungen notwendig.

Literatur

1. Bösch P, Nowotny Ch, Schwägerl W, Lechner K (1981) Langzeitergebnisse nach Kniegelenkssynovektomie bei Blutern. 12. Hämophilie-Symposion Hamburg, 30./31. Oktober 1981, S. 33. Schattauer-Verlag

2. Hefti F, Morscher E (1984) Anwendung von Laserstrahlen in der Orthopädie. Orthopädie 13:119
3. Morscher E, Steiger U, Sartorius J, Koller F (1979) Synovektomie und Synoviorthesis bei Hämophilen. Therapeutische Umschau 36:4, 311
4. Morscher E, Rittmann WW, Marbet GA, Koller F (1979) Die Anwendung von Laserstrahlen bei Operationen an Hämophilen. Therapeutische Umschau 36:4, 316
5. Rössler H et al. (1979) Orthopädische Probleme Hämophiler. 10. Hämophilie-Symposion Hamburg 1979, S. 151, Schattauer-Verlag
6. Schwägerl W, Niessner H, Nowotny Ch, Thaler E, Lechner K (1971) Die Synovektomie zur Prophylaxe rezidivierender hämophiler Gelenksblutungen. In: Deutsch E (ed) Haemophilia. Schattauer Verlag, S 345
7. Seeler RA (1972) Hemolysis due to anti-A and anti-B in factor VIII preparations. Arch Intern Med 130:101
8. Storti E, Traldi A, Tosatti E, Davoli TG (1969) Synovectomy in haemophilic arthropathy. Acta haemat 41:193

Diskussion

SCHRAMM (München):

Zur Wundheilungsstörung möchte ich anmerken, daß Herr Ackermann (München) die Blutstillung bei Zahnextraktionen sehr häufig mit dem Neodym-YAK-Laser durchgeführt hat. Dabei war es offensichtlich, daß die Wundheilung eine gegenüber der Norm verdoppelte Zeit in Anspruch genommen hat. Letztlich wird keine Koagulation, sondern eine Denaturierung vorgenommen, die diese Verzögerung verständlich macht.

RÖSSLER (Bonn):

Das ist eine interessante Beobachtung, die man auch experimentell weiterverfolgen sollte, wenngleich der Laser-Einsatz allein schon von den Kosten des Geräts her auf wenige Stellen beschränkt bleiben wird.

Weiterhin möchte ich sagen, daß sich der Einsatz der Synovektomie zur Behandlung weiterer Blutungen vielfach bewährt hat, obwohl die Akten darüber noch lange nicht abgeschlossen sind. Es gibt sicherlich zwei Lager. Die einen synovektomieren bei chronischer hämophiler Arthropathie mit rezidivierenden Blutungen, wenn konservativ-substitutiv keine Besserung zu erreichen ist. Wir selbst stellen das dynamische Moment stark in den Vordergrund, eine Vorgehensweise, die vor allem mit dem Namen HOFMANN weitgehend verbunden ist. Ich meine den Aufbau einer spezifischen Krankengymnastik gerade unter diesen Umständen und glaube, daß man Rezidivblutungen bei Hämophilen ohne Einsatz des Messers oder Lasers in solchen Fällen gut unter Kontrolle bekommen kann.

ACKERMANN (München):

Welchen Lasertyp haben Sie verwandt?

Frau THAISS (Freiburg):

Das war der CO_2-Laser.

ACKERMANN (München):

Gerade wenn man dicht an den Knochen kommt, steht immer das Problem der Ableitung der thermischen Parameter im Raum. Hier kommt es nämlich sehr schnell zu entsprechenden Wärmestaus und Schädigungen im Gewebe, die praktisch über lange Zeit eine Entzündung unterhalten und damit sehr leicht als Erklärung für den etwas zögerlichen Verlauf herangezogen werden können, der schon geschildert wurde.

Die Indikation zur Synovektomie versus Radiosynoviorthese bei der Hemmkörperhämophilie

L. Hovy, I. Scharrer, F. Störkel, L. Zichner (Frankfurt)

Einleitung

Die Hemmkörperhämophilie weist gegenüber den unkomplizierten Formen ein erhöhtes Blutungsrisiko auf [10].

Eine prompte Hämostase ist nur eingeschränkt unter z.B. FEIBA-Substitution möglich. Die rezidivierenden Gelenkblutungen führen dann zur schweren Arthropathie mit anhaltendem chronischen Reizzustand des Gelenkes. Konservative Behandlungsmaßnahmen, wie vorübergehende Ruhigstellung, lokale und systemische antiphlogistische Therapie, physikalische Maßnahmen, Bandagen und Krankengymnastik beeinflussen die schwere Synovialitis meist nur unzureichend.

In diesen Fällen erscheint die Radiosynoviorthese als Therapie der ersten Wahl, da sie trotz hoher Hemmkörpertiter unter FEIBA-Substitution gefahrlos durchgeführt werden kann.

Andererseits können unter bestimmten Umständen und strenger Indikationsstellung auch operative Maßnahmen wie die Synovektomie mit Gelenknettoyage indiziert sein.

Methodik

Radiosynoviorthese

In Zusammenarbeit mit dem Zentrum für Radiologie und Nuklearmedizin wird die Radiosynoviorthese mit ^{169}Erbium-citrat durchgeführt, wobei am Ellenbogengelenk zwei- bis drei mCi in colloidaler Lösung injiziert werden. Die Behandlung erfolgt immer unter Faktor- bzw. FEIBA-Substitution für 5 Tage. Nach der Injektion wird das Gelenk für einen Tag in einer Gipsschale ruhiggestellt und anschließend krankengymnastisch aktiv mobilisiert.

Synovektomie und Gelenknettoyage

Die operative Synovektomie wird an der Orthopädischen Universitätsklinik unter ausreichender Faktorsubstitution nach der von Mori [8] angegebenen Methode durch zwei parapatelläre Hautschnitte von ventral vorgenommen. Außer der vollständigen Snovektomie wird in der Regel auch eine sorgfältige Gelenknettoyage durchgeführt. 6 Stunden postoperationem wird nach Abnahme des Druckverbandes eine kontinuierliche Bewegungstherapie mit einer elektrisch betriebenen Motorschiene eingeleitet und durch aktive krankengymnastische Übungen 3mal pro Tag unterstützt.

Kasuistik

1. Bei einem 26 Jahre alten Hämophilen mit Hemmkörpertitern zwischen 3 und 20 BE traten von Mai 1984 bis November 1984 2 bis 3 Blutungen pro Monat in das linke Ellenbogengelenk auf. Daraus resultierte eine schwere chronische Synovialitis mit starker Gelenkschwellung, anhaltenden Schmerzen sowie Bewegungseinschränkung zwischen 0°–40°–100° (Streckung/Beugung) und eine erhebliche Muskelatrophie, die zur völligen Gebrauchsunfähigkeit des linken Armes führte. Neben antiphlogistischer Dauertherapie erbrachten zweimalige intraartikuläre und einmalige systemische Cortisontherapie keine Besserung. Radiologisch lag eine mäßige Arthropathie im Stadium II nach ARNOLD und HILGARTNER [2] bzw. ein Pettersson-Score [9] von 3 vor. Bei einem Hemmkörper von 5 BE wurde im November 1985 unter Substitution mit 200 E FEIBA/kg KG pro Tag die Radiosynoviorthese mit ^{169}Erbium-citrat vorgenommen. Die Gelenkschwellung bildete sich innerhalb von 4 Wochen vollständig zurück und das Bewegungsausmaß konnte mit intensiver Krankengymnastik bis jetzt auf 0–20–140 Grad Extension/Flexion sowie feier Pro- und Supination bei völliger Beschwerdefreiheit gebessert werden. Es trat bisher keine erneute Blutung auf. Radiologisch war jedoch nach 1 Jahr eine geringe Zunahme der degenerativen Veränderungen zu verzeichnen: Pettersson-Score jetzt 5 gegenüber 3.

Bei dem gleichen Patienten entwickelte sich seit Januar 1986 nach 5jährigem beschwerdefreien Intervall im Anschluß an ein Bagatelltrauma eine zunehmende Synovialitis am linken Knie mit fraglichen Einklemmungen und anschließender Blutung. Trotz maximaler konservativer Therapie bildete sich eine zunehmende, stark schmerzhafte Beugekontraktur aus mit einem Bewegungsausmaß von 0–40–75 Grad (Streckung/Beugung). Radiologisch konnte kein freier Körper nachgewiesen werden bei insgesamt schon fortgeschrittener Arthropathie im Stadium IV bis V bzw. einem Pettersson-Score von 11. Da durch die Radiosynoviorthese keine Beeinflussung der Einklemmungserscheinungen möglich war und bereits eine zu weit fortgeschrittene Gelenkzerstörung vorlag, stellten wir bei einem anhaltend niedrigen Hemmkörpertiter von 0,8 BE die Indikation zur Operation. Unter Substitution von 21600 E Faktor VIII konnte nach der ausführlichen Gelenknettoyage intraoperativ ein Bewegungsausmaß zwischen 15 und 100 Grad erreicht werden. Mit der passiv-motion-Schiene wurde eine kontinuierliche Bewegung zwischen 20 und 90 Grad Beugung toleriert.

Leider kam es am 6. postoperativen Tag zu einem Anstieg des Hemmkörpertiters auf 15 BE und entsprechendem Abfall der Faktor VIII-Konzentration unter 1%, so daß die Bewegungstherapie unterbrochen werden mußte. Auch unter immunsuppressiver Therapie mit Endoxan, Gammaglobulin und Faktor VIII [7] sowie einem Versuch mit Schweine-AHG war keine Beeinflussung des Hemmkörpers möglich. Nach weiteren 2 Wochen konnte bei stets reizlosem Gelenkbefund unter FEIBA-Therapie die Bewegungstherapie vorsichtig wieder aufgenommen werden. Der

Patient erreichte nach 4 Monaten wieder ein aktives Bewegungsausmaß zwischen 20 und 60 Grad ohne Beschwerden und ist wieder voll arbeitsfähig.

2. Bei einem 42 Jahre alten Hämophilen mit Hemmkörpertitern bis 25 BE gegen Faktor VIII treten seit 3 Jahren zunehmend häufig bis zu 15 Blutungen in das rechte Ellenbogengelenk auf.

Klinisch liegt ein chronischer Reizzustand vor mit einem aktiven Bewegungsausmaß von 0°–30°–110° (Streckung/Beugung) und einer Pro- und Supination von 60°–0°–70°. Radiologisch läßt sich das Gelenk ins Stadium III–IV mit einem Pettersson-Score von 9 einordnen. Die Radiosynoviorthese ist in diesem Fall trotz fortgeschrittener Arthropathie der Synovektomie vorzuziehen, um einen erneuten Hemmkörperanstieg nach insgesamt 3 abdominal-chirurgischen Noteingriffen in diesem Jahr zu vermeiden.

Diskussion

Außer Ahlberg [1] und Fernandez-Palazzi [5] berichteten zuletzt in Mailand mehrere Autoren über einen günstigen Effekt der Radiosynoviorthese bei der hämophilen Arthropathie. Über eine Radionekrose mit anschließender Fibrosierung kommt es zur Schrumpfung der entzündlichen Synovialis und damit zur Abschwellung und Verminderung der Blutungsneigung [3]. Die radiologischen Veränderungen werden aber offenbar nicht beeinflußt und waren bei unserem Patienten sogar progredient.

Bei der fortgeschrittenen Arthropathie wird die Hyperplasie der entzündeten Synovialis jedoch zusätzlich durch die sekundäre Arthrose mit abgeschilferten Knorpelknochenfragmenten sowie enzymatischen Abbauprodukten verursacht [4, 6]. Die operative Synovektomie mit der Möglichkeit der ausführlichen Gelenknettoyage bzw. Debridement stellt somit im Stadium IV und V auch für diese Teilursache der Synovialitis eine kausale Therapie dar. Als Nachteil ist die häufig auftretende Verminderung der Beugefähigkeit bei meist verbesserter Streckfähigkeit anzusehen [12]. Die Verbesserung der Streckfähigkeit des Knies muß aber bei schweren Beugekontrakturen über 30 Grad angestrebt werden zur Erhaltung der Gehfähigkeit [11].

Bei der Hemmkörperhämophilie ist ein operatives Vorgehen jedoch nur unter Vorbehalt und bei anhaltend niedrigen Hemmkörpertitern indiziert.

Zusammenfassend empfiehlt sich bei der Hemmkörperhämophilie folgendes Vorgehen:

1. Bei chronischer Synovialitis und rezidivierenden Einblutungen im Stadium II und III (2) ist die Radiosynoviorthese als Therapie der Wahl anzusehen.
2. Bei hohen Hemmkörpertitern kann auch in fortgeschritteneren Stadien als ultima ratio eine Radiosynoviorthese gefahrlos vorgenommen werden.
3. Nur bei niedrigen Hemmkörpertitern (low responder) ist bei strenger Indikationsstellung im Stadium IV und V [2] eine operative Synovektomie mit Gelenknettoyage zur Verbesserung der Funktion zu empfehlen.

Literatur

1. Ahlberg Ä, Pettersson H (1979) Synoviortheses with radioactive gold in hemophilices. Clinical and radiological follow-up. Acta Orthop Scand 50:513–517
2. Arnold WD, Hilgartner MW (1977) Hemophilic Arthropathy. J Bone and Joint Surg 59A:287–305
3. Erken EHW (1986) Radiocolloids: Joint protection in hemophilia? In: Döhring S, Schulitz KP (Hrsg) Orthopaedic problems in hemophilia. W. Zuckschwerdt, München
4. Faßbender HG (1985) Die Bedeutung von Intrinsic- und Extrinsic-Faktoren für die Entstehung der Osteoarthritis. Therapiewoche 35:2955–2965
5. Fernandez-Palazzi F, de Bosch NB, de Vargas AF (1984) Radioactive synovectomy in haemophilic haemarthrosis. Follow up of fifty cases. Scand J Haematol (Suppl 40) 33:291–300
6. Füzesi L (1984) Was liegt der Arthrosekrankheit zugrunde? Therapiewoche 34:1713–1718
7. Larrieu MJ (1986) Induction of immune tolerance in hemophilia. In: La Ricerca in Clinica e in Laboratorio XVI. Casa Editrice „Il Ponte", Milano
8. Mori M (1963) Anterior capsulectomy in the treatment of rheumatoid arthritis of the knee joint. Arthritis Rheum 8:130
9. Pettersson H, Ahlberg A, Nilsson JM (1980) A radiologic classification of hemophilic arthropathy. Clin. Orthop. 149:153–159
10. Scharrer I (1986) Erworbene Antikörper gegen Gerinnungsfaktoren. Hämostaseologie 6:89–92
11. Schwägerl W, Niessner H, Nowotny Ch, Thaler E, Lechner K (1976) Synovektomie zur Prophylaxe rezidivierender hämophiler Gelenkblutungen. Dtsch med Wschr 101:738–743
12. Schwägerl W, Niessner H, Nowotny Ch, Thaler E, Lechner K (1977) Synovektomie bei Blutern. Orthopäde 6:44–46

Diskussion

RÖSSLER (Bonn):

Ich möchte noch einmal zu bedenken geben, was ich vorhin schon grundsätzlich gesagt habe. Vor einer Operation sollten die konservativen Behandlungsmöglichkeiten voll genutzt werden.

HOVY (Frankfurt):

Das hatte ich versucht zum Ausdruck zu bringen. Die Operation war wirklich als Ultima ratio anzusehen, weil die Beugekontraktur des Kniegelenks progredient und nicht zu beeinflussen war. Der Patient gab fragliche Einklemmungserscheinungen an, die nicht durch einen freien Gelenkkörper, sondern durch abgeschilferte Knorpelfragmente bedingt waren. Er war seit über 1 Jahr deswegen arbeitsunfähig, und wir mußten uns zu diesem Vorgehen entschließen. Alle konservativen Behandlungsversuche waren vorgenommen worden.

WENZEL (Homburg):

Könnte man bei einem geplanten Eingriff nicht unter Umständen den Hemmkörper durch gezielte Plasmapherese vorher reduzieren?

Frau SCHARRER (Frankfurt):

Die Frage hatte ich erwartet. Bei diesem Patienten hatten wir bereits wegen eines früheren Eingriffs den Versuch gemacht, mit der Plasmapherese ein Absinken des Hemmkörpers zu bewirken. Das war erfolglos und hatte uns vor erhebliche Probleme gestellt. Auch mit Schweine-AHG konnte kein Erfolg erzielt werden.

Frau MEILI (Zürich):

Wie lange ist die Beobachtungszeit nach der Operation? Wir haben bei offenen Synovektomien in diesen Spätstadien die Beobachtung gemacht, daß nach etwa 5 Jahren häufig eine Arthrodese oder Gelenkimplantation notwendig wird.

HOVY (Frankfurt):

Diese Synovektomie ist jetzt ein halbes Jahr her und hat in der Tat, wie mehrere Autoren angeführt haben, zu einer Verschlechterung des Bewegungsausmaßes geführt, wobei die Streckfähigkeit besser war. Das erschien uns zunächst als ein sehr wesentlicher Fortschritt, was der Patient auch subjektiv als erhebliche Verbesserung seiner Lauffunktion und seiner Lebensqualität empfand.

Hinsichtlich einer Synovektomie im späten, fortgeschrittenen Stadium und langer Verlaufsbeobachtung habe ich keine eigenen Erfahrungen.

HORRIG (Oldenburg):

Ich möchte das noch etwas ergänzen und auch auf ihre Frage eingehen. Ich habe der Arbeitsgruppe auch mal angehört, und wir haben zahlreiche Synovektomien durchgeführt. Sie haben recht, die Frühsynovektomie ist indiziert, und von dieser Synovektomie können wir gute Ergebnisse erwarten. Auf der anderen Seite läßt sich die Frühsynovektomie häufig durch eine adäquate konservative Behandlung vermeiden; das haben wir auch gelernt. Wir haben aber auch in einigen Fällen sogenannte Spätsynovektomien durchgeführt, und glücklicherweise kam es in allen Fällen zu keiner Verschlechterung des Bewegungszustandes gegenüber dem präoperativen Bewegungsausmaß, sondern sogar zu einer Verbesserung der Bewegungsqualität. Das heißt, daß eine Beugekontraktur verbessert werden konnte, was für das Gangbild des Patienten sehr wichtig war. Natürlich ist die Spätsynovektomie hinsichtlich der Schmerzbeeinflussung problematisch.

2. Möglichkeiten und Grenzen der Arthroskopie

Probleme der transarthroskopischen Diagnostik und Therapie bei der hämophilen Arthropathie des Kniegelenkes

W. Rüther, G. Clauss, R. Venbrocks (Bonn)

Das Knie ist der häufigste Sitz der hämophilen Arthropathie und das Knie ist verantwortlich für die meisten orthopädischen Probleme des Hämophilen. Die Arthropathie präsentiert sich uns grob in drei klinischen Kategorien: als akute, subakute und als chronische Arthropathie. Jedes dieser Stadien geht einher mit unterschiedlichen Beschwerden und daraus resultierenden unterschiedlichen, typischen Problemen.

Im akuten Stadium wird das klinische Bild geprägt von der Gelenkblutung, die sich in der Regel im Anschluß an ein Bagatelltrauma oder auch spontan entwickelt. Schmerz und Bewegungseinschränkung stehen im Vordergrund. Solche akuten Gelenkblutungen können dann ein diagnostisches Problem werden, wenn sie Folge eines verletzungsadäquaten Traumas sind. Im frühen Stadium ist das Knie des Hämophilen grundsätzlich in gleichem Maße verletzungsgefährdet wie das Knie eines Gesunden, insbesondere bei vergleichbarer körperlicher Aktivität bzw. vergleichbarer sportlicher Betätigung. Gerade im Jugendalter stellt sich dann die Frage der ligamentären, der meniskealen und der chondralen Läsion. In diesen Fällen leistet die Arthroskopie auch bei der hämophilen Arthropathie unbeeinträchtigt gute Dienste. Trotzdem ist, wenn es um die Arthroskopie nach einem Trauma geht, die Indikation beim Hämophilen doch erheblich zurückhaltender zu stellen als beim Blutungsgesunden.

Daß bei Beschwerden auch an Ursachen zu denken ist, die ihre Wurzel nicht in dem Blutungsübel haben, soll das Beispiel eines 17jährigen Hämophilen verdeutlichen, der im arthroskopischen Bild einen rupturierten, inkompletten äußeren Scheibenmeniskus präsentierte.

Rezidivierende Gelenkblutungen sind die Grundlage für die persistierende, subakute Synovitis. Schmerzen sind hier zwar nicht das führende Symptom; aber trotzdem können synoviale Hyperplasie, Knorpelschäden und die Folgen muskulärer Insuffizienz Beschwerden veranlassen, die Interpretationsschwierigkeiten bereiten. Die Arthroskopie erlaubt auch in diesen Fällen die relativ problemlose Besichtigung des Kniebinnenraumes und bestimmt ggf. die Indikation zu einem operativen Procedere.

Gleichzeitig ist es das Stadium der subakuten persistierenden Synovitis, das den Gedanken an eine Synovektomie nahelegt. Eine Indikation sehen wir u. a. dann, wenn die langfristige konservative Behandlung mit adäquater Substitution und physikalischer Therapie versagt. Bei der offenen Synovektomie wird die Minderung der Blutungsfrequenz in den meisten Fällen mit einer Beweglichkeitsminderung erkauft. So wird in der Regel aus einem geschwollenen Knie ein trockenes, aber steiferes Knie. Transarthroskopisches Vorgehen scheint gegenüber den offenen

Verfahren Vorteile zu versprechen. Unsere Erfahrungen reichen auf diesem Felde nicht dazu aus, die Überlegenheit arthroskopischen Vorgehens zu propagieren. Mit Rücksicht auf die postoperative Blutungskomplikation haben wir bisher der offenen Synovektomie den Vorzug gegeben.

Mit zunehmender Progredienz der hämophilen Gonarthropathie stellen sich für arthroskopische Prozeduren typische Besonderheiten ein. Eng umschriebene Schmerzen, peripatellär oder besonders häufig im Bereich des Hoffa-Fettkörpers lokalisiert, sind es, die eine Arthroskopie indiziert erscheinen lassen. Die gar nicht so seltenen blockadeähnlichen Phänomene lassen an eine Meniskusläsion denken. Nach unserer Erfahrung ist aber die Meniskopathie selten das primäre Problem des Hämophilen. Jedenfalls kommt dem mechanisch relevanten Meniskusschaden bei weitem nicht der Stellenwert zu wie z.B. bei der Gonarthrose, wo wir ja das Zusammentreffen chondraler Schäden und schmerzauslösender Meniskopathien häufig beobachten. Auffällig ist die Diskrepanz zwischen dem gut erhaltenen Menuskuskörper und dem Zustand des Knorpels und des Knochens bei den chronischen Arthropathien. Solche Beobachtungen lassen sich bei kernspintomographischen Untersuchungen als auch bei Arthrotomien machen.

Darüber hinaus bietet die diagnostische Arthroskopie in solchen Stadien unserer Erfahrung nach nicht unerhebliche Probleme. Bewegungseinschränkung, kapsuläre Fibrose und ausgedehnte Briden können den Einblick in das Gelenkkavum erheblich erschweren oder ohne Lösung der Verwachsungen gar unmöglich machen. Erfahrungsgemäß bleibt die Übersicht im Gelenk meist unvollständig. Insgesamt leistet die Arthroskopie aus unserer Sicht wenig, wenn es darum geht, bei einer chronischen Arthropathie umschriebene Schmerzen oder Blockadephänomene abzuklären.

Ob die transarthroskopische Bridenentfernung als therapeutische Maßnahme Vorteile für das Gelenk verschafft, bleibt für uns noch unentschieden. Sicherlich ist diese Maßnahme nicht indiziert, will man allein eine Verbesserung der Gelenkbeweglichkeit bezwecken. Bei unseren, primär unter diagnostischen Aspekten durchgeführten Eingriffen stellte sich zwar eine von Fall zu Fall unterschiedliche Verbesserung der Beweglichkeit ein. Sie war aber kaum als wesentlicher therapeutischer Gewinn einzustufen. Außerdem bezog sich die Besserung weitgehend auf die Beugefähigkeit und kaum auf die mechanisch so wichtige Streckung. Für die Schmerzentstehung bei der chronischen Arthropathie spielen die intraartikulären Verwachsungen aber sicherlich nicht die wesentliche Rolle. In der Regel sieht man sich in solchen Fällen doch mit einem Gelenk konfrontiert, das Probleme bietet durch die straff geführte Patella, den knöchernen Einschliff der Kondylen, durch Exophyten und die Kapselfibrose. Hier hilft ein arthroskopisches Procedere meist nicht weiter; wir bevorzugen dann ggf. die offene Arthrotomie mit Gelenktoilette.

Zusammenfassend läßt sich sagen, daß arthroskopischen Prozeduren um so größere Zurückhaltung entgegenzubringen ist, je weiter die Arthropathie fortgeschritten ist. In frühen Stadien mit noch weitgehend erhaltener Beweglichkeit kann die Arthroskopie ähnlich erfolgreich eingesetzt werden wie beim Blutungsgesunden. Je weiter die charakteristischen Züge der chronischen Arthropathie in den Vordergrund treten, um so weniger ist das Gelenk für ein arthroskopisches Vorgehen geeignet, sowohl in diagnostischer wie auch in therapeutischer Hinsicht.

Diskussion

WESELOH (Erlangen):

Mich würde interessieren, wie viele Hämophile Sie arthroskopiert haben?

RÜTHER (Bonn):

Sechszehn.

WESELOH (Erlangen):

Waren das rein diagnostische, und wieviel therapeutische Arthroskopien haben Sie durchgeführt?

RÜTHER (Bonn):

Wir haben die Arthroskopien ausschließlich in diagnostischer Absicht durchgeführt. Nur haben wir bei unseren sechs Patienten mit einer ausgedehnten chronischen hämophilen Arthropathie, allein um einen Überblick zu gewinnen, natürlich auch eine gewisse Bridenlösung machen können. Deshalb meine Ausführungen zu dem, was die Bridenlösung bringt.

WESELOH (Erlangen):

Ich möchte Ihre Ausführungen unterstützen. Den Wert der Arthroskopie bei hämophiler Arthropathie muß man doch sehr reserviert betrachten, insbesondere dann, wenn es sich um fortgeschrittenere Fälle im Stadium III und höher handelt. Bei unklaren Beschwerden ist es sicherlich vernünftig, die Indikation wie beim Blutgesunden zu stellen. Wenn ich die therapeutischen Aspekte aus unseren Einzelbeobachtungen heranziehe, stimme ich mit Ihnen überein, daß man durchaus Glättungen durchführen kann. Für die Bridenlösung braucht man mehr Erfahrungen, um sagen zu können, ob das wirklich von Vorteil ist. Da haben Sie sicherlich recht.

RÜTHER (Bonn):

Wir haben bei einigen Patienten eine diagnostische Arthroskopie durchgeführt, weil eben recht eng umschriebene Beschwerden im medialen oder im lateralen peripatellären Bereich auftraten, so daß wir uns tatsächlich von der diagnostischen Arthroskopie etwas versprochen haben. Aber wir sind enttäuscht worden.

SCHIMPF (Heidelberg):

Auf dem Hämophilie-Kongreß in Mailand haben Orthopäden aus New York über Synovektomien per Arthroskopie berichtet und waren der Meinung, daß dieses eine gute Methode sei. Wenn man sich die Daten genauer ansah, waren die Komplikationen jedoch beträchtlich. Meine Folgerung war, daß Synovektomien, soweit möglich, bei offenem Gelenk durchgeführt werden sollten. Es würde mich interessieren, was Sie dazu sagen?

RÜTHER (Bonn):

Wir sehen das ähnlich wie Sie und bevorzugen die offene Synovektomie. Bei den nur wenigen Publikationen über die hämophile Arthropathie bleibt jedoch zu hoffen, daß die transarthroskopische Synovektomie vielleicht jedoch Vorteile bringt. Ich habe damit keine Erfahrungen.

RÖSSLER (Bonn):

Es ist ein Unterschied, ob man das als Frühsynovektomie oder eben bei fortgeschrittenen Fällen mit schweren intraartikulären Veränderungen macht. In frühen Fällen kann dieses Vorgehen indiziert sein, wenngleich auch mit Einschränkungen, in fortgeschrittenen Stadien sicherlich nicht. Weiterhin sollte man den Einfluß der Lavage relativieren. Es handelt sich nicht nur um wegspülbare Elemente, sondern vielmehr um morphologische Veränderungen im Kniegelenk, die diesen Effekt nicht mehr zum Tragen kommen lassen.

DÖHRING (Düsseldorf):

Zur Frage von Herrn Schimpf möchte ich anmerken, daß die Amerikaner ihre Bewertungen offenbar nach anderen Kriterien vornehmen als wir.

Hinsichtlich der Gelenklavage erinnere ich mich an einen jungen Hämophilen, der über lange Zeit sein Sprunggelenk nicht belasten konnte. Röntgenologisch wie auch in allen bildgebenden Verfahren inklusive Szintigraphie war kein pathologischer Befund zu erheben. Durch die diagnostische Arthroskopie mit Gelenklavage konnte er anschließend zu unserer Überraschung das Sprunggelenk völlig beschwerdefrei belasten. Insofern dürfte die Gelenklavage schon einen gewissen Stellenwert haben.

HORRIG (Oldenburg):

Nach Traumatisierung des Knies eines Bluters kann es zu einer massiven Hämarthosebildung kommen. In so einem Fall ist eine Arthroskopie mit Gelenklavage und Entfernung der Blutkoagel sicherlich indiziert.

RÖSSLER (Bonn):

Dem muß man sicher zustimmen.

3. Was leistet die Kernspin-Tomographie?

Was leistet die Kernspin-Tomographie beim Hämophilen? Dargestellt am Beispiel von occulten Blutungen im Kniegelenk

G. Clauss, A. Steudel, H. Messler, W. Rüther (Bonn)

Die Kernspin-(MR-)Tomographie ist ein neues, nicht invasives Diagnoseverfahren, das einen seit Jahrzehnten in der Wissenschaft bekannten Effekt ausnutzt, „die magnetische Resonanz". Wenn man Atomkerne in einem starken Magnetfeld durch hochfrequente elektromagnetische Impulse beeinflußt, geben sie Resonanzsignale ab, aus denen sich mit einem Computerprogramm Bilder rekonstruieren lassen. Bei der Untersuchung des menschlichen Körpers werden zur Bildgebung körpereigene Atomkerne, in der Regel der Wasserstoff, zur Aussendung hochfrequenter Signale veranlaßt, aus denen axiale, sagittale und koronare Schnittbilder des Körpers erstellt werden. Diese zeigen eine mit bisherigen Verfahren nicht erreichbare Informationsvielfalt.

Anläßlich des 17. internationalen Kongresses der World Federation of Hemophilia im Juni dieses Jahres in Mailand konnte ich bereits über erste MR-Ergebnisse hinsichtlich pathologischer Veränderungen der Kniebinnenstrukturen bei posthämorrhagischer Arthropathie berichten. Bei diesen Untersuchungen wurden als Nebenbefund mehrere occulte Kniegelenksblutungen festgestellt. Inzwischen konnten wir das Untersuchungskollektiv erhöhen und sind diesen Befunden weiter nachgegangen.

In der Zeit vom Januar bis Oktober 1986 wurden in unserer Klinik 74 Kniegelenke bei Hämophilie A, Restaktivität kleiner als 1% untersucht. Das Kollektiv umfaßte alle arthropathischen Schweregrade. Um eine radiologische Zuordnung zu haben, teilten wir den Pettersson-Score, unter besonderer Berücksichtigung von radiologisch erfaßbaren Frühveränderungen, in 4 Stadien ein (Tabelle 1).

Tabelle 1. Stadieneinteilung des Scores von Pettersson (1982) unter besonderer Berücksichtigung von Frühveränderungen

		Punkte
Stadium 0	Keine pathologischen Veränderungen	0
Stadium I	Vergrößerte Epiphysen, teilweise subchondrale Unregelmäßigkeiten, Gelenkspaltverschmälerung nicht unter 1 mm	1–3
Stadium II	Vergrößerte Epiphysen, ausgeprägte subchondrale Unregelmäßigkeiten, Gelenkspalt kleiner als 1 mm, Osteoporose, Usur/Randwulst, Achsenfehlstellung, leichte Gelenkinkongruenz, max. 1 Zyste	4–10
Stadium III	Ausgeprägte Gelenkinkongruenz, ausgeprägte Gelenkdeformität, mehr als 1 Zyste sowie die Kriterien von Stadium I und II	11–13

Tabelle 2. Ergebnisse der kernspintomographischen (MR)-Untersuchungen an 74 Kniegelenken (n = 74) bei Hämophilie A, Restaktivität < 1% (Januar bis Oktober 1986)

Radiologische Einteilung nach modifiziertem Pettersson-Score	Stadium	0	I	II	III
Anzahl (n = 74)		20	8	34	12
Durchschnittsalter		18.55	22.16	26.87	35
min.		12	18	16	27
max.		31	31	45	48

Die Untersuchungen erfolgten an einem MR-System, das während der Studie mit einer Feldstärke von anfänglich 0,5 und später mit 1,5 Tesla betrieben wurde. Durch sagittale Schichtdicken zwischen 5 und 8 mm in Einzelschicht und Multi-Slice-Technik konnte die Kniebinnenstruktur vollständig untersucht werden. Ergänzend kamen transversale und frontale Aufnahmeserien hinzu (Tabelle 2).

Ergebnisse

Von insgesamt 74 untersuchten Kniegelenken fanden wir in 39 Fällen den Hoffa'schen Fettkörper induriert, 21mal wurde eine Synovialisverdickung festgestellt und in 28 Fällen bestand ein Hämarthros (Tabelle 3 und Abb. 1).

Die Tabelle 4 zeigt die Anzahl der im MR erkannten Synovialisverdickungen, klinisch eingeteilt in tastbare und nicht tastbare Schwellungen.

5 Synovitiden hatten gleichzeitig einen Hämarthros. Insgesamt wurden 10 klinisch unerkannte Synovialisverdickungen festgestellt, hiervon waren 7 kombiniert mit einer occulten Blutung. Die Abb. 2 zeigt eine ausgeprägte Synovitis mit entsprechender Klinik.

Auf der linken Abbildung, dem T1-betonten Bild, sieht man retropatellar und im oberen Rezessus eine vermehrte Signalintensität, die das rechte T2-berechnete Bild als deutliche Blutung darstellt (Abb. 3a, b).

Tabelle 3. Ergebnisse der kernspintomographischen (MR)-Untersuchungen an Kniegelenken bei Hämophilie A. Restaktivität < 1% (n = 74)

Radiologische Einteilung nach modifiziertem Pettersson-Score		Stadium	0	I	II	III
MR-Ergebnisse (Januar–Oktober 1986)						
Hoffa'scher Fettkörper induriert	39		1	1	25	12
Synovialisverdickung	21		1	2	12	6
Intraartikuläres Blut	28		4	4	14	6

Die Abb. 4 zeigt im dorsalen Kniebereich eine Synovialisverdickung, hierbei handelt es sich um eine occulte Synovialitis.

Auch die im MR festgestellten Blutungen haben wir in tastbare und nichttastbare Schwellungen eingeteilt. Alle Patienten wurden hinsichtlich ihres Gefühls, eine Blutung zu haben, befragt. Insgesamt wurden 19 occulte Blutungen festgestellt. Die Abb. 5 zeigt ein Hämarthros bei frischer Patellafraktur, das Frakturhämatom ist deutlich sichtbar (Tabelle 5).

Auf dem linken T1-betonten Bild sind Zysten im distalen Femur und im Tibiaekopfbereich sichtbar. Rechts das T2-Bild zeigt Blut in den Zysten und im dorsalen Gelenk (Abb. 6a, b).

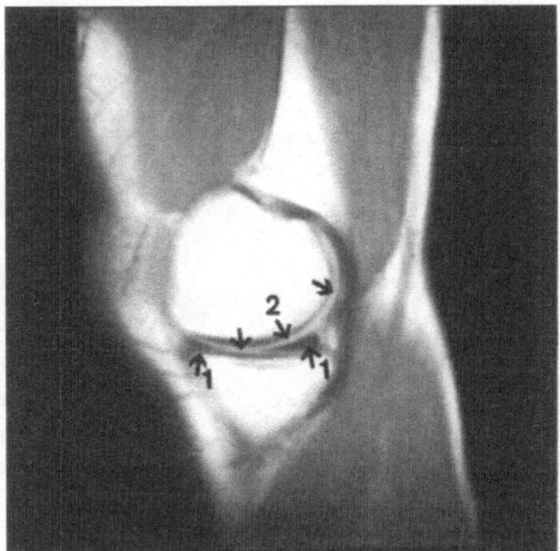

Abb. 1. Normalbefund. 1 = Vorder- und Hinterhorn des med. Menuskus; 2 = regelrechter hyaliner Gelenkknorpel

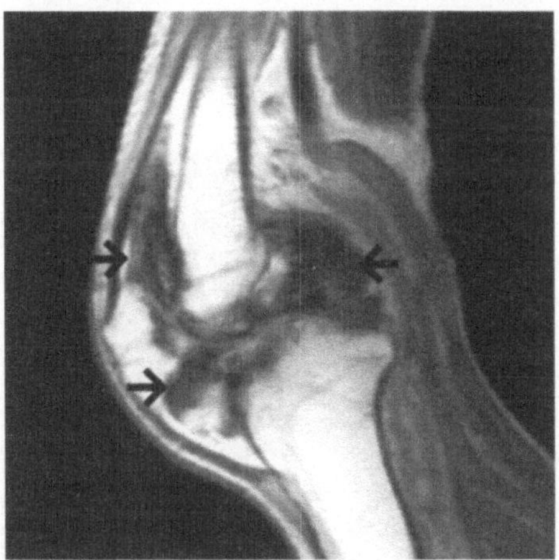

Abb. 2. Ausgeprägte, tastbare Synovitis. 35 Jahre alter Patient

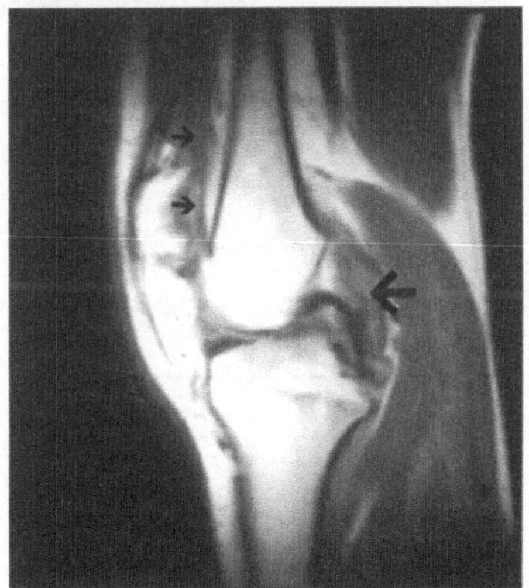

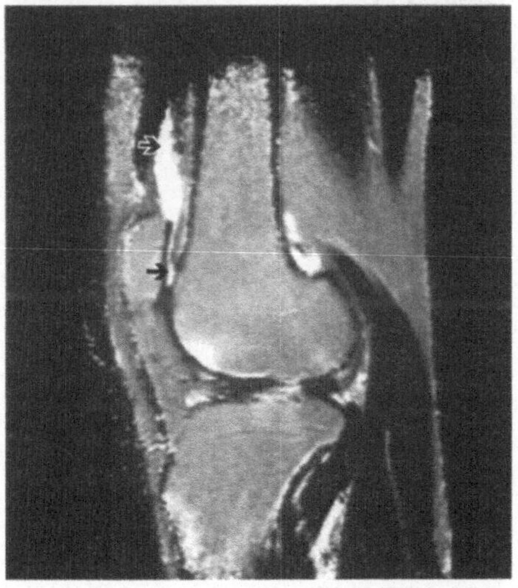

Abb. 3a, b. Synovialisverdickung (großer Pfeil), Blutung (kleiner Pfeil), bei tastbarer Schwellung. 19 Jahre alter Patient

Tabelle 4. Ergebnisse kernspintomographischer (MR)-Untersuchungen an Kniegelenken bei Hämophilie A. Restaktivität < 1%

Davon im MR festgestellte Synovitiden (n = 21) *Einteilung im Röntgenstadium*		0	I	II	III
1. *Tastbare Schwellung*					
a) mit intraartikulärem Blut	(5)		1	3	1
b) ohne intraartikulärem Blut	(6)	1	1	3	1
2. *Keine tastbare Schwellung*					
a) mit intraarkulärem Blut	(7)			4	3
b) ohne intraartikulärem Blut	(3)			2	1

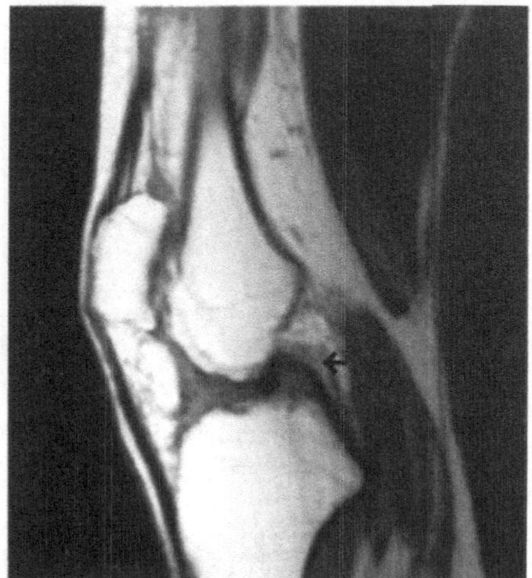

Abb. 4. Synovialisverdickung im dorsalen Kniebereich

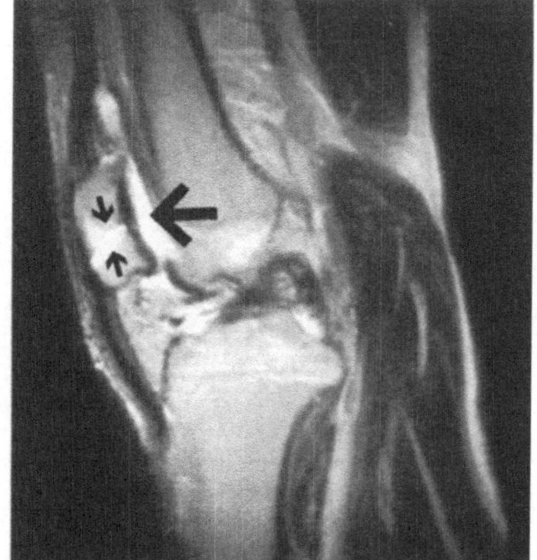

Abb. 5. Hämarthros (großer Pfeil) bei 5 Tage alter Patellafraktur mit *Frakturspalthämatom* (kleine Pfeile)

Tabelle 5. Ergebnisse der kernspintomographischen (MR)-Untersuchungen an Kniegelenken bei Hämophilie A. Restaktivität < 1% (n = 74)

Davon im MR festgestellte Blutungen (n = 28)	Stadium	0	I	II	III
1. *Tastbare Schwellung*					
a) Patient hatte das Gefühl einer Blutung	(5)	2	1	1	1
b) Patient hatte *nicht* das Gefühl einer Blutung	(5)		1	3	1
2. *Keine tastbare Schwellung*					
a) Patient hatte das Gefühl einer Blutung	(4)	1	1	2	
b) Patient hatte *nicht* das Gefühl einer Blutung	(14)	1	1	8	4

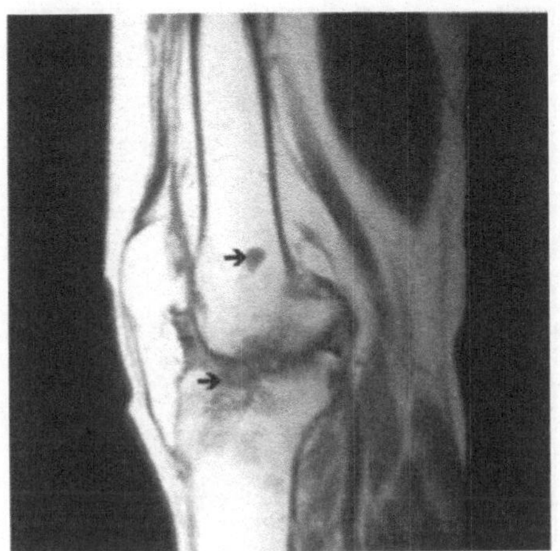

Abb. 6a

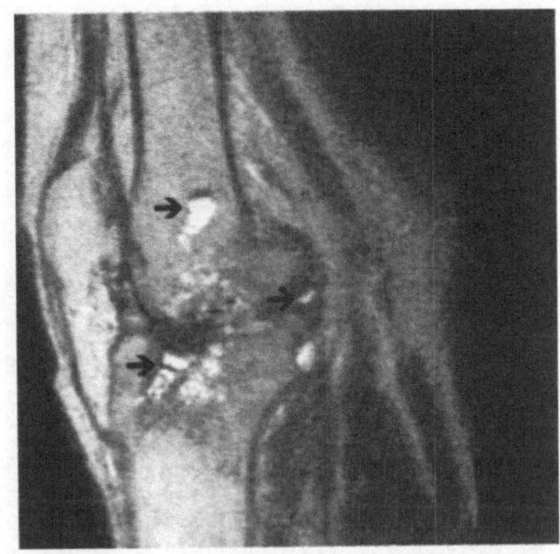

Abb. 6b

Am MR-Untersuchungstag wurde die Restaktivität der Patienten ermittelt. Zu diesen Werten ist zu sagen, daß die Patienten mit der hohen Restaktivität diese aus ganz unterschiedlichen Gründen hatten, so erfolgte die Substitution wegen Problemen in anderen Gelenken, ein Patient befand sich zur stationären konservativen,

Tabelle 6. MR-Befunde von n = 74 (Januar bis Oktober 1986)

		F VIII-Restaktivität in % zum Zeitpunkt der Untersuchung	Alter der Patienten	Röntgenstadium
MR-festgestellte Blutungen, davon klinisch unerkannt n = 19		1	36	III
		1	24	II
	S	1	22	II
	S	<1	23	II
		2	31	II
	S	2,5	31	II
		3	16	0
		8	17	II
		8	16	II
		12	33	II
	S	13	27	III
		18	25	I
	S	18	27	III
		26	35	III
	S	33	35	III
	S	42	29	II
		49	22	II
		54	30	II
		66	21	I
MR-festgestellt, klinisch unerkannte Synovitiden (S), mit gleichzeitiger klinisch unerkannter Blutung (n = 7)				

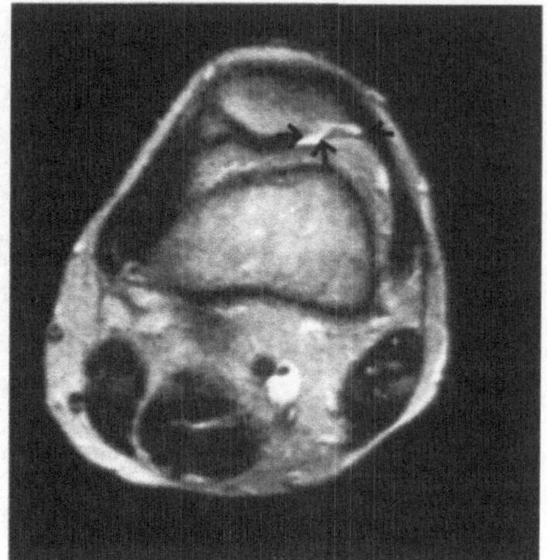

Abb. 7a. 16 Jahre alter Patient mit klinisch unerkannter Blutung, auch Patient hatte nicht das Gefühl einer Blutung (occulte Blutung retropat., lateral)

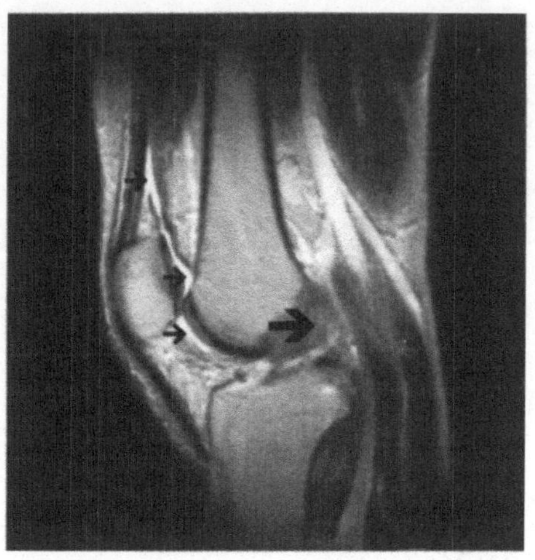

Abb. 7b. Occulte Synovitis (großer Pfeil) und occulte Blutung (kleine Pfeile) gleichzeitig

krankengymnastischen Behandlung unter entsprechender Substitution in unserer Klinik (Tabelle 6 und Abb. 7).

Bei der Auswertung der Patientenangabe hinsichtlich ihres Blutungsgefühls zeigte sich, daß 25% der Patienten dies nicht merkten, bei 60% mit ihrer Aussage keine Blutung zu haben, dies auch zutraf (Tabelle 7 und Abb. 8).

Zusammenfassend kann festgestellt werden, daß bei 74 untersuchten Kniegelenken 19 occulte Blutungen und 10 occulte Synovitiden ermittelt wurden; bei 7 Knie-

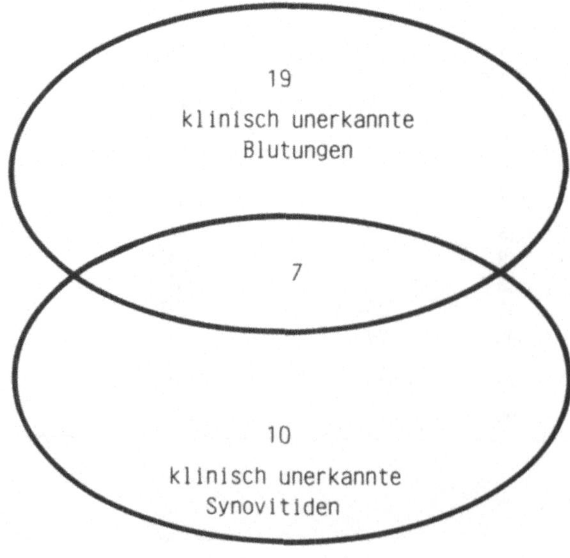

Abb. 8. Ergebnisse kernspintomographischer Untersuchungen an Kniegelenken bei Hämophilie A Restaktivität < 1% (n = 74)

Tabelle 7. Fähigkeiten der Patienten, eigene Blutungen im Kniegelenk einzuschätzen – Bestätigung im MR

Patient hatte das Gefühl einer Blutung 2,5% Keine Feststellung einer Blutung im MR	Patient hatte das Gefühl einer Blutung 12% Feststellung einer Blutung im MR
Patient hatte nicht das Gefühl einer Blutung 60,5% Keine Feststellung einer Blutung im MR	Patient hatte nicht das Gefühl einer Blutung 25% Feststellung einer Blutung im MR

gelenken wurde beides gemeinsam gefunden. Die bereits auf vorherigen Symposien geäußerten Zweifel hinsichtlich der Aussage der Patienten über das Vorhandensein einer Blutung konnten mit der Feststellung von 19 klinisch unerkannten Blutungen erhärtet werden. Des weiteren ergeben sich mehrere Fragen:

Unterhalten sich occulte Synovitiden und occulte Blutungen gegenseitig?

Welche pathologische Bedeutung haben die klinisch unerkannten Gelenksblutungen hinsichtlich der Arthropathie und wie groß ist die Frequenz dieser Blutungen insgesamt?

Da nicht bei jedem Patienten bei Verdacht auf eine Gelenksblutung eine MR-Untersuchung durchgeführt werden kann, sollte vielleicht aufgrund der vorliegenden Ergebnisse im Zweifelsfall die entsprechende Substitution durchgeführt werden.

Die Kernspin-Tomographie als Vergleichsmethode zur Sonographie bei der Diagnostik von Kniegelenksblutungen

K. H. Beck, H. P. Higer, I. Scharrer (Frankfurt, Wiesbaden)

Es hat sich gezeigt, daß die Sonographie zur Verlaufsbeobachtung bei der Substitution von Gelenk- und Weichteilblutungen von Hämophilie- und von Willebrand-Patienten gut geeignet ist.

Je nach sonographisch bestimmtem Organisationsgrad der Blutung kann eine Substitutionstherapie, gemessen an der bislang üblichen Substitutionsdauer (5 Tage) früher abgebrochen werden oder muß verlängert werden.

Die exakte Lokalisation der Blutung mit dieser Technik läßt die genaue Dosiseinschätzung der Faktorensubstitution zu.

Wir haben bislang 53 Blutungen, davon 29 Gelenk- und 24 Weichteilblutungen untersucht. Dabei konnten bei den Gelenkblutungen 7%, die klinisch sicher erkannt wurden, sonographisch nicht entdeckt werden, 14% waren fraglich (Abb. 1).

Bei den Weichteilblutungen konnten 12,5% sonographisch nicht erkannt werden, die klinisch von der Symptomatik her als solche eingestuft werden mußten. Bei allen diesen Blutungen handelte es sich um kleinere oder beginnende Blutungen.

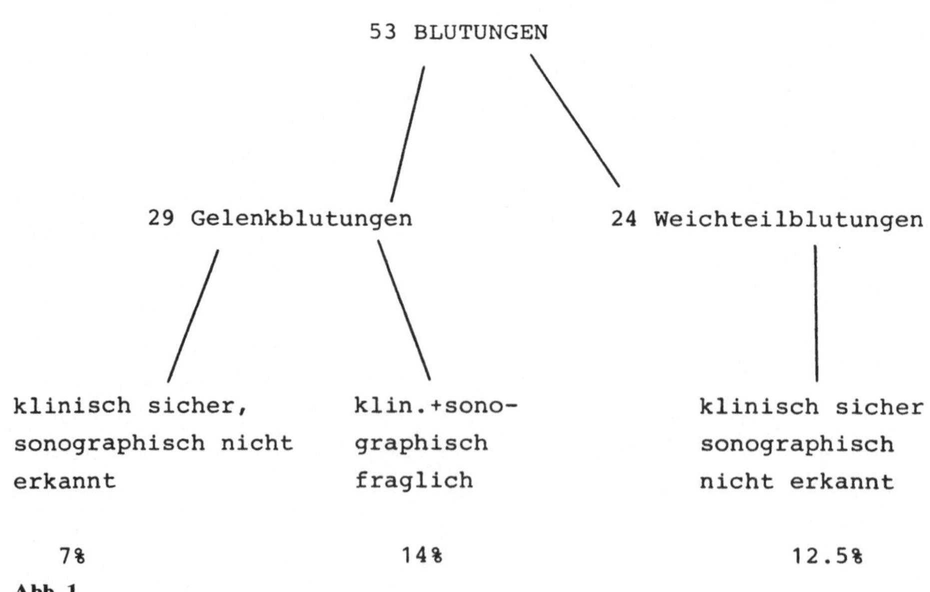

Abb. 1

Daher richtete sich unsere Suche nach einer Methode, die möglicherweise in diesem Grenzbereich eine größere Spezifität aufweist und darüber hinaus auch Blut von seröser Flüssigkeit unterscheiden kann, um so ein entzündliches Gelenk von einem tatsächlichen Hämarthros unterscheiden zu können.

Methode

Durch Nachuntersuchung von sonographisch (Toshiba Sonolayer-L-Modell Sal 20 A) objektivierten Kniegelenksblutungen mit der Kernspin-Tomographie (NMR-Gerät: BMT 1100 Bruker/Karlsruhe; 0,28 T; CPMG-Sequenz, 2DFT) ist es gelungen, durch die Wahl geeigneter Pulssequenzen Blut von seriöser Flüssigkeit zu unterscheiden.

Alle Messungen wurden mit einer sogenannten Kombinationssequenz erstellt. Dabei werden ineinander verschachtelt und zeitgleich drei Messungen durchgeführt mit einer Recoveryzeit von 320, 640 und 1920 ms, sowie je einem Echozug von 8 Echos bei einem Tau von 17 ms, entsprechend einem minimalen TE von 34 und einem maximalen TE von 272 ms (Abb. 2). Daraus entstehen 6 Summenbilder. In der linken Reihe steht oben ein T1-gewichtetes Bild, in der Mitte ein T1/Rho-gewichtetes und unten ein Rho-gewichtetes Bild. Auf der rechten Seite die bei den drei Repetitionszeiten stark T2-gewichteten Bilder (Abb. 3).

Recoveryzeit:	320, 640, 1920 msec 1 Echozug (8 Echos), Tau 17 msec		
TE min. :	34 msec		6 Summenbilder
TE max. :	272 msec		

Abb. 2

SUMMENBILDER:

T1	T2
T1	
T1/Rho	
Rho	

Abb. 3

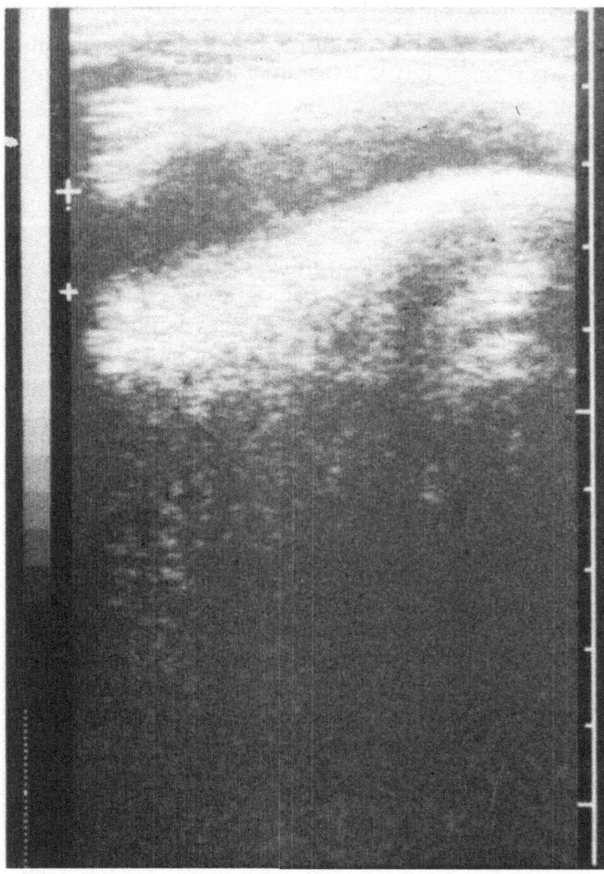

Abb. 4. Sonographie des Rezessus suprapatellaris (Hämarthros?)

Ergebnis

Bei dem folgenden sonographischen Bild (Abb. 4) handelt es sich um einen rezidivierend aufgetretenen Kniegelenkserguß einer Patientin mit einem milden von Willebrand-Syndrom.

Ein Hämarthros bei einem von Willebrand-Syndrom dieser milden Ausprägung ist ungewöhnlich. Die Unterscheidung Blut bzw. seröser Flüssigkeit läßt sich mit der Sonographie alleine nicht treffen.

Das Kniegelenk wurde dann kernspintomographisch nachuntersucht (Abb. 5, 6). Im linken Bild ist das Tomogramm der o. g. Patientin zu sehen, rechts zum Vergleich ein entzündlicher Erguß. Der entzündliche Erguß zeigt in den ersten Echos (linke Spalte) einen sehr späten Kontrastumschlag, nämlich erst im letzten Bild, wohingegen die Blutung bereits einen Kontrastumschlag im mittleren Bild der linken Reihe zeigt. Übersetzt in Parameter bedeutet dies, daß das T1 der Blutung deutlich kürzer ist als das eines entzündlichen Ergusses. Das Blutungsalter spielt dabei keine erkennbare Rolle.

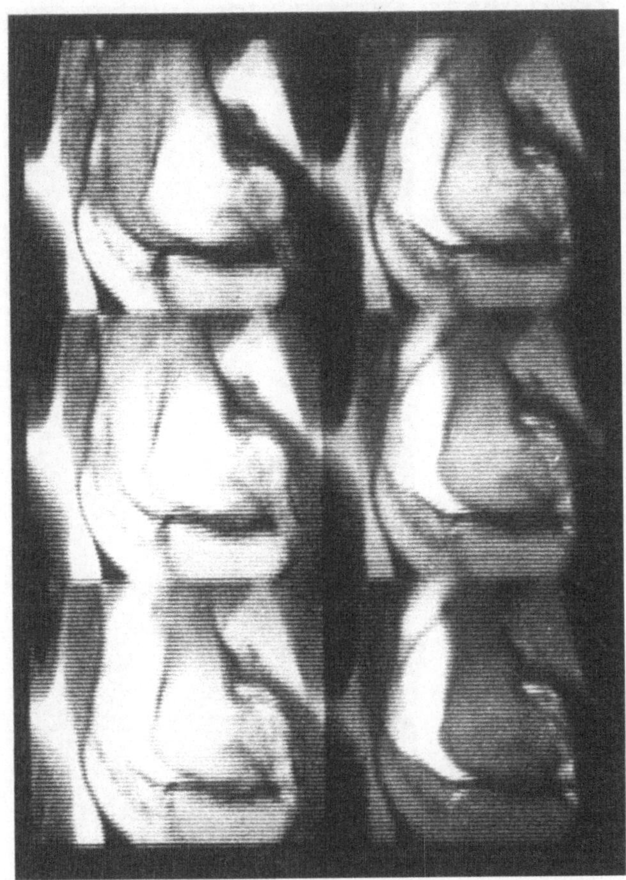

Abb. 5. Kernspin-Tomographie des Kniegelenks der Abb. 4. Der Hämarthros wurde durch Punktion gesichert. Kontrastumschlag im mittleren Bild

Für das T1-Verhalten der verschiedenen Ergüsse ist offensichtlich der Anteil an korpuskulären und eiweißartigen Strukturen innerhalb des Ergusses verantwortlich. Da dieser Anteil in einer Blutung besonders hoch ist, ist auch das T1 besonders kurz.

Das kernspintomographisch erhaltene Ergebnis wurde anschließend durch Punktion gesichert.

Diskussion

Blutung und entzündlicher Erguß lassen sich sonographisch nicht voneinander unterscheiden. Die Diagnose einer Gelenkblutung mit der Sonographie bei dem vorgeschilderten Fall eines milden von Willebrand-Syndromes bleibt fragwürdig. Ein entzündlich gereiztes Gelenk nach Hämarthros, bei dem klinisch noch Beschwerden bestehen und möglicherweise sonographisch nur ein hypodenser Randsaum um den Knochen zu sehen ist, läßt sich mittels Ultraschall ebenfalls nicht eindeutig klassifizieren. In solchen Fällen sollte die Kernspin-Tomographie als weitere nichtinvasive Methode hinzugezogen werden.

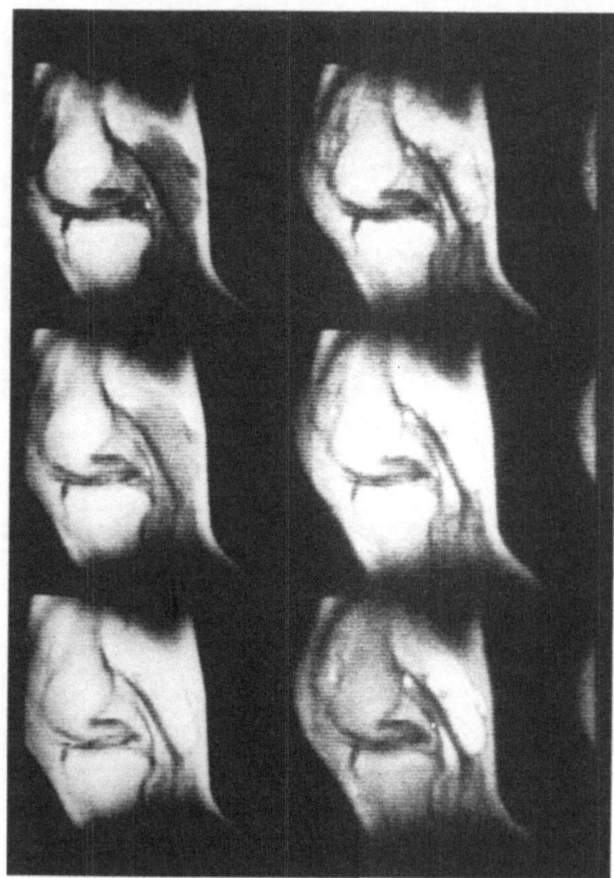

Abb. 6. Kernspin-Tomographie eines entzündlichen Ergusses. Der Kontrastumschlag erfolgt erst im letzten Bild

Zur Diagnose einer Gelenkblutung schlagen wir das folgende Procedere vor (Tabelle 1):

Die klinisch sichere Gelenkblutung benötigt zur Diagnose keine weitere Untersuchungstechnik.

Eine klinisch zweifelhafte Blutung sollte sonographisch kontrolliert werden.

Eine sonographisch und klinisch nicht beurteilbare Blutung sollte mit der Kernspin-Tomographie nachuntersucht werden.

Tabelle 1

Klinisch sichere Gelenkblutung:	Keine weitere Untersuchung
Klinisch zweifelhafte Blutung:	Sonographie
Klinisch und sonographisch zweifelhafte Blutung:	Kernspintomographie

Literatur

1. Beck KH, Strohm WD, Scharrer I (1986) Sonographie zur Diagnose und Verlaufsbeobachtung von Weichteil- und Gelenkblutungen bei Patienten mit Hämophilie- und von Willebrand-Syndrom. In: 16. Hämophilie-Symposion Hamburg 1985. Springer-Verlag
2. Kölbel G, Griebel J, Schmiedl U (1985) Begriffe der medizinischen Kernspin-Tomographie. Teil I: Physikalische Grundlagen und Impulssequenzen. Röntgenpraxis 38:250–255
3. Griebel J, Schmiedl U, Kölbel G (1985) Begriffe der medizinischen Kernspin-Tomographie. Teil II: Methoden der Bildkonstruktion. Röntgenpraxis 38:315–320
4. Schmiedl U, Kölbel G, Griebel J (1985) Begriffe der medizinischen Kernspin-Tomographie. Teil III: Die Kontrastmechanismen und der Einfluß der biologischen Parameter auf das MR-Bild. Röntgenpraxis 38:352–356
5. Pykett I (1982) Kernspin-Tomographie: Röntgenbilder ohne Röntgenstrahlen. Spektrum der Wissenschaft 7:40–55

Diskussion

KUSE (Hamburg):

Ist bei den MR-Untersuchungen erst das Ergebnis abgewartet worden oder werden die Patienten vorher substituiert?

CLAUSS (Bonn):

Wir haben mit den Untersuchungen bislang keine klinische Diagnostik verfolgt, sondern die Einsatzmöglichkeiten des MR im Rahmen einer wissenschaftlichen Studie abklären wollen. Es sollte zumindest vorerst noch die Substitution Vorrang haben.

NIESSNER (Wiener Neustadt):

Praxisbezogen muß man es derzeit so sehen, daß wir bei Verdacht auf eine akute Blutung – wenn der Patient sagt, es sei eine akute Blutung – nach wie vor zuerst therapieren müssen. Ich sehe das Hauptanwendungsgebiet also derzeit eher bei Blutungen, die einige Tage alt sind und die nicht so, wie wir es erwartet hatten, auf die Therapie ansprechen, um hier zu einer Differentialdiagnose zu kommen. Bei der akuten Blutung würde ich sicherlich zunächst einmal behandeln.

RÖSSLER (Bonn):

So würde ich es auch sehen.

WENZEL (Homburg/Saar):

Herr Beck hat sehr skeptisch die Sonographie beurteilt im Vergleich mit der Kernspin-Tomographie. Die Ultraschall-Diagnostik ist als Verlaufsbeobachtung durch ihre leichte Anwendbarkeit am Bett des Patienten vielleicht doch etwas optimistischer zu sehen. So möchte ich Herrn Beck fragen, ob er über Verlaufsbeobachtungen mit Ultraschall in kurzen Zeitabständen verfügt?

BECK (Frankfurt):

Das kommt ganz auf den Einzelfall und die Art der Blutung an. Wir haben z. B. die Iliopsoas-Blutung eines Patienten, der mit einer Beugekontraktur aufgenommen wurde, sonographisch verfolgt. Dabei hat sich das Bild so geändert, daß die Binnenreflexe, die praktisch als Korrelat der Fibrinausfällung anzusehen sind, zugenommen haben und nach einer gewissen Zeit homogen verteilt waren, obwohl der Patient noch eine starke Beugekontraktur hatte. Wir haben zu diesem Zeitpunkt weiter untersucht und gesehen, daß die Grenze der Beurteilung mit der Sonographie erschöpft war. Andererseits kann man bei einer Iliopsoas-Blutung das Auftreten dieser Binnenreflexe beobachten, die schließlich homogen verteilt sind bei gleichzeitiger Normalisierung des klinischen Bildes. Das ist aber leider nicht immer so.

Bei einer Kniegelenkblutung findet man meist zuerst einen völlig hypodensen Bezirk, der sich als Blutung darstellt und dann langsam wieder einsprießende Fibrinfäden bis zur Homogenisierung. Ist dieses der Fall, beenden wir die Substitution. Es kann aber auch sein, daß ein hypodenser Randsaum bestehen bleibt, und wir eigentlich recht mutig gewesen sind, zu diesem Zeitpunkt mit der Substitution aufzuhören. Bisher haben wir damit vielleicht immer Glück gehabt, doch bin ich jetzt etwas unsicher geworden, hat doch Herr Clauss bestätigt, was eigentlich mein Verdacht gewesen ist. Er hat nämlich immer wieder occulte Blutungen gefunden, und diese sind die Gefahr für ein Rezidiv. In diesem Sinn, und so möchte ich auch Frau Störkel antworten, ist die Kernspin-Tomographie eine Ergänzung der Sonographie. Nur in solchen Situationen würde ich die Kernspin-Tomographie hinzuziehen.

RÖSSLER (Bonn):

Also nicht als Routine.

BECK (Frankfurt):

Auf keinen Fall!

Frau BARTHELS (Hannover):

Ich meine, man sollte bei der Kernspin-Tomographie sich als erstes die Frage stellen, was bringt sie über die bisherigen Untersuchungsmethoden hinaus? Wir sind mit dem einfachen Röntgenbild zufrieden, was die Knochenstrukturdarstellung anbetrifft. Von daher wird sich sicher keine neue Indikation ergeben. Aber das große Problem, das auch die Sonographie nicht hat lösen können, ist doch die Frage, liegt hier ein seröser Erguß oder eine Blutung vor? Für diese unklaren Fälle scheint die Kernspin-Tomographie doch diagnostisch Nützliches zu bringen. Ich meine, da sind die Kosten voll gerechtfertigt. Wie schon anklang, werden diese durch Einsparung der Substitutionstherapie auch bei weitem aufgeholt werden. Darauf sollte man sich bei den Untersuchungen jetzt beschränken.

RÖSSLER (Bonn):

Man sollte wahrscheinlich auch noch die Frage der Strahlenbelastung mit ins Kalkül ziehen, gerade bei Leuten, die lange krank sind und die dann doch eine Menge Röntgenbilder brauchen.

WESELOH (Erlangen):

Zum einen, was das Diagnostische angeht, kann ich Frau Barthels nur nachdrücklich unterstützen. Ich glaube das ist der Punkt.

Zum anderen wollte ich auch noch etwas Wissenschaftliches einzubringen versuchen. Bietet uns nicht das Kernspin-Tomogramm beispielsweise in vergleichenden

Studien zu entzündlichen Gelenkerkrankungen, etwa zur Pathogenese der hämophilen Arthropathie, um zur Klärung beizutragen? Ich denke daran, daß es ja z. B. möglich ist, Messungen der Knorpeldicke durchzuführen. Die Hydratation des Knorpels ist für die hämophile Arthropathie noch gar nicht abgeklärt. Wenn die Möglichkeit großer Serienuntersuchungen besteht, sollten wir diese für die Arthrose-Diagnostik nutzen und vielleicht vergleichende Studien aufnehmen.

CLAUSS (Bonn):

Wegen der kurzen Zeit habe ich mich auf die Blutung beschränkt, doch habe ich über solche Untersuchungen bereits in Mailand berichtet. Im Stadium 0 nach PETTERSSON und Blutungsanamese habe ich bei ungefähr 40% der untersuchten Kniegelenke bereits frühe pathologische Veränderungen im Knorpelbereich gefunden. Wir sind dabei, diese Knorpelläsionen genauer auf Dichteunterschiede zu untersuchen. Darüber könnte im nächsten Jahr berichtet werden.

RÖSSLER (Bonn):

Mit der Kernspin-Tomographie stehen wir ohnehin am Anfang einer Entwicklung und dürften im Laufe der Zeit noch eine Reihe wesentlicher neuer Erkenntnisse erwarten.

III. Angeborene Thrombozytopathien

Moderation: I. Scharrer, Frankfurt
H. Niessner, Wiener Neustadt
W. Schramm, München

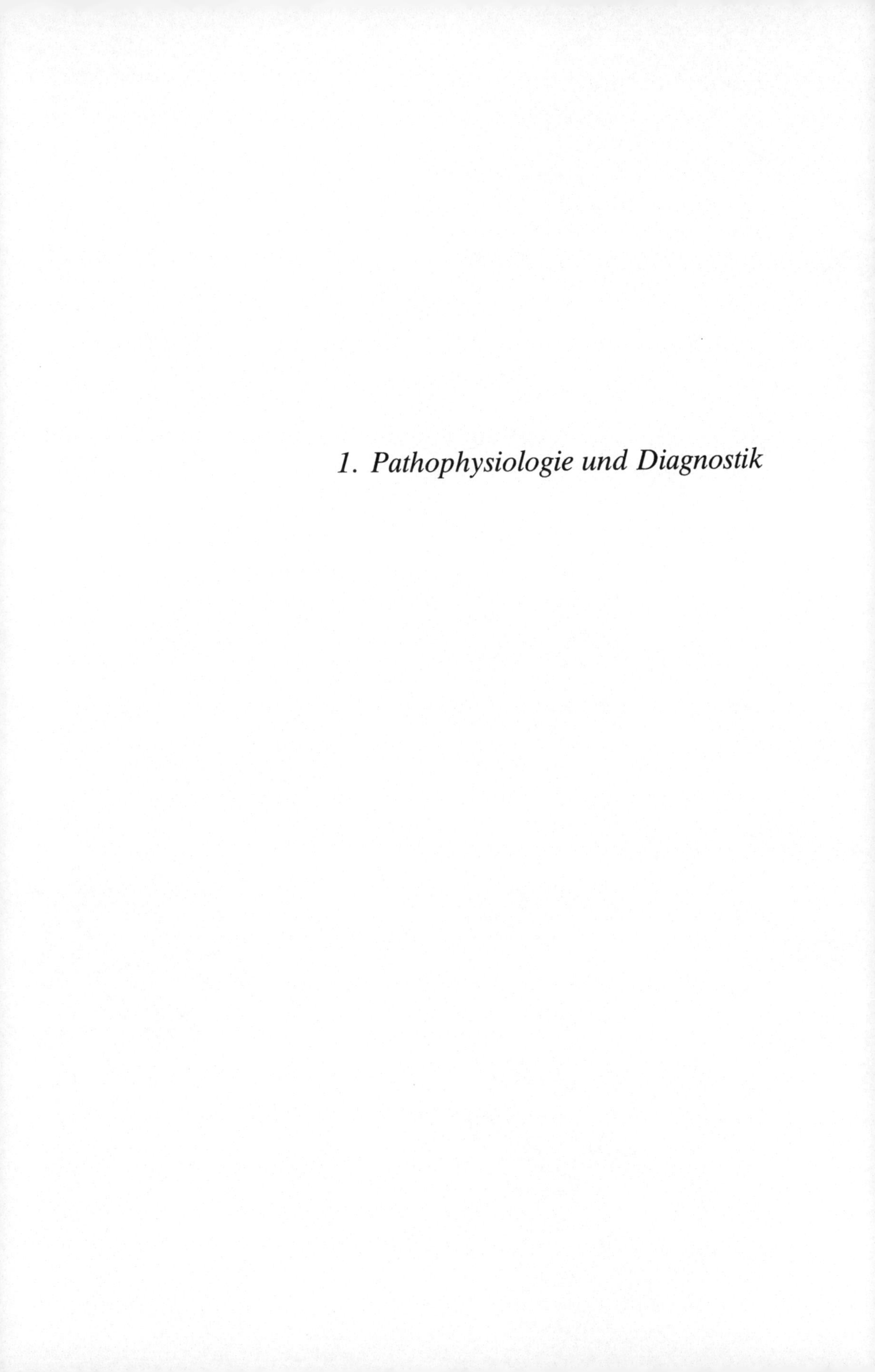

1. *Pathophysiologie und Diagnostik*

Pathophysiologie angeborener Thrombozytopathien

K. J. Clemetson, E. F. Lüscher (Bern)

Einleitung

Die Ursache für eine Reihe von mehr oder weniger ausgeprägten Blutungsneigungen ist in vielen Fällen der Mangel oder Veränderungen spezifischer Membranglycoproteine der Blutplättchen. Zwei seltene, ausgeprägte, kongenitale Blutungsübel, die Thrombasthenie Glanzmann und das Bernard-Soulier-Syndrom, bei denen der Glykoproteindefekt weitgehend aufgeklärt ist, haben der Erforschung der Membranglykoproteine, ihrer Struktur, Funktion und Rolle bei der Blutstillung besonderen Impetus verliehen. Defekte in anderen Membranglykoproteinen sowie veränderte Membraneigenschaften sind in der Folge beschrieben worden. Die vor kurzem gemachte Beobachtung, daß verschiedene Glykoproteine der Blutplättchen nicht, wie ursprünglich angenommen, spezifisch für diese Zellen sind, sondern auch in anderen Zellen des strömenden Blutes und der Gefäßwand, wenn auch in etwas veränderter Form, vorkommen können, hat die Frage aufgeworfen, ob als Ursache für die beobachteten Blutungsneigungen nicht auch andere Zellen als ausschließlich die Blutplättchen in Betracht gezogen werden müssen.

Die Thrombasthenie Glanzmann

Die Thrombasthenie Glanzmann ist ein autosomal rezessiv vererbtes Blutungsübel, das charakterisiert ist durch die Unfähigkeit des Plättchens, auf verschiedenste Stimuli mit Aggregation zu reagieren. Schon früh ist zwischen einem Typ I und einem Typ II der Thrombasthenie unterschieden worden [1]: Beim Typ I bleibt die Aggregation vollständig aus, die Gerinnselretraktion ist weitgehend gestört und die Plättchen enthalten praktisch kein Fibrinogen. Beim Typ II ist ebenfalls die Aggregation meist abwesend, aber die Gerinnselretraktion ist nur partiell gestört und Fibrinogen ist vorhanden, wenn auch meist in stark vermindertem Ausmaß.

Zwei Membranglykoproteine, die als GPIIb und IIIa bezeichnet werden, sind in solchen Plättchen entweder abwesend oder stark vermindert [2, 3]. Die Schwere des Krankheitsbildes ist abhängig vom Ausmaß des Glykoproteindefektes, das beim Typ I durch fast völligen Mangel, beim Typ II durch eine Reduktion auf 10 bis 20% der Norm charakterisiert ist, wobei allerdings alle Übergänge zwischen diesen Grenzwerten beobachtet werden.

Die Verfügbarkeit monoklonaler, spezifisch gegen GPIIb/IIIa gerichteter Antikörper hat die Bestimmung dieser Membrankomponenten und insbesondere auch die

Erfassung heterozygoter Träger des Leidens wesentlich vereinfacht [4, 5]. Die Plättchen von Patienten binden nur geringe, Heterozygote gegenüber der Norm immer noch erheblich verminderte Mengen solcher Antikörper.

Die Anwendung der hochauflösenden, zweidimensionalen Gelelektrophoresetechnik hat die Abwesenheit, neben GPIIb/IIIa, von weiteren, weniger ausgeprägten Glycoproteinen aufgezeigt [6] (vgl. dazu die Abb. 1 und 2). Es mag allerdings sein, daß es sich dabei um Spuren von proteolytischen Spaltprodukten von GPIIb/IIIa handelt, die beim Normalen regelmäßig auftreten.

Auf normalen, aktivierten Plättchen bindet der GPIIb/IIIa-Komplex vor allem Fibrinogen, daneben aber auch Fibronectin und den von Willebrand-Faktor, zumindest teilweise über eine diesen Proteinen gemeinsame Aminosäuresequenz. Thrombasthenische Plättcen binden keines dieser Proteine [7, 8].

In verschiedenen Arbeiten wird über Varianten der Thrombasthenie Glanzmann berichtet, bei denen GPIIb/IIIa zwar vorhanden, aber funktionell ungenügend ist [9–12]. Der Defekt ist folglich hier qualitativer und nicht quantitativer Art. So sind verschiedene Typen gefunden worden, bei denen der Komplex nicht gebildet wird [12], oder leicht dissozierbar ist [10], oder aber zwar gebildet wird, aber unfähig ist, mit Fibrinogen zu kombinieren [11], was für eine normale Aggregation essentiell ist. Im letztgenannten Fall bindet aber Fibrinogen normal an Membranen, die mit Detergenzien behandelt wurden, was implizieren könnte, daß der an der Expression

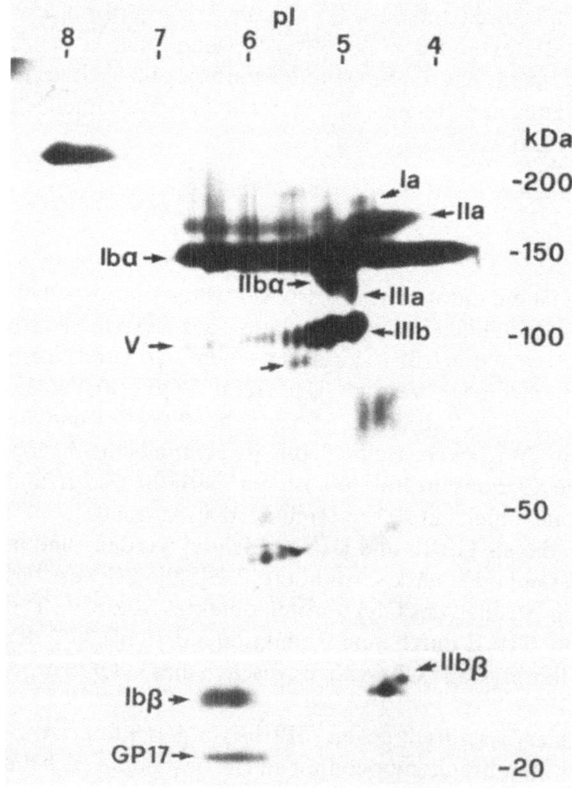

Abb. 1. Fluorogramm einer zweidimensionalen, gelelektrophoretischen Auftrennung unter reduzierenden Bedingungen der Glykoproteine der Plättchen eines normalen Spenders nach Oberflächenmarkierung mittels der [^{3}H]-NaBH$_4$-Methode [26]. Erste Dimension: Elektrofokussierung im Bereich von pH4–8. Zweite Dimension: Na-Dodecylsulfat-Polyacrylamid-Elektrophorese (5–20%). Die Lage der hauptsächlichsten Glykoproteine ist angegeben. GPIa wird mit dieser Methode nur schlecht markiert

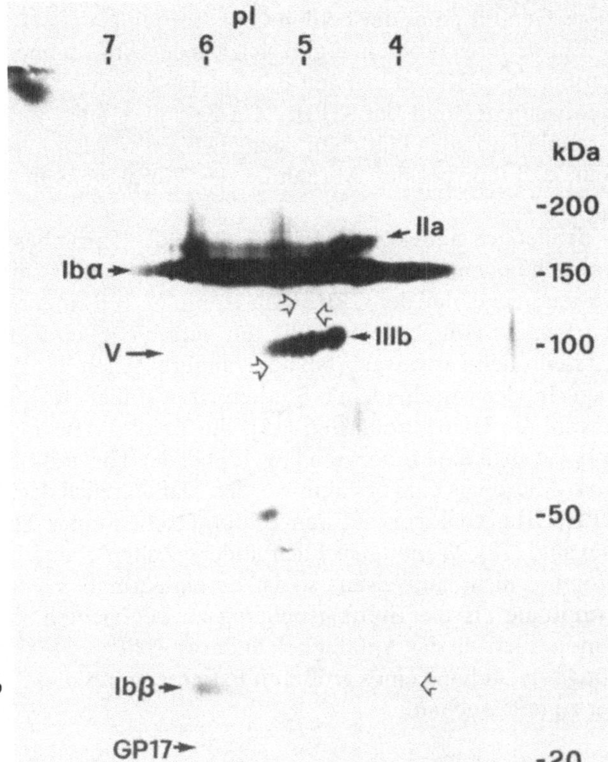

Abb. 2. Gleich wie Abb. 1, aber mit Plättchen von einem Patienten mit Thrombasthenie Glanzmann. Die Positionen der fehlenden Glycoproteinketten IIb_{α} und IIb_{β} sind bezeichnet. Die geringen Mengen eines Glykoproteins, das unter GPIIIb als fehlend angesehen ist, könnten ein Spaltprodukt von GPIIb oder IIIa darstellen

der Bindungsstelle beteiligte Signalübermittlungsmechanismus gestört ist. Die alpha-Granula derartiger Plättchen enthalten normale Mengen Fibrinogen.

Verschiedene wichtige Probleme bezüglich der Thrombasthenie Glanzmann harren zur Zeit noch der endgültigen Klärung. Das erste ist verknüpft mit der Frage, wieso bei einer autosomal, rezessiv vererbten Störung zwei Glykoproteine betroffen sind. Verschiedene Erklärungen sind möglich: Beide Glykoproteine könnten das Produkt eines Gens sein, dessen Genprodukt erst später gespalten wird; ebenso könnte sein, daß nur ein Glykoprotein ausfällt, womit z. B. die Stabilität des andern gegen Proteolyse aufgehoben würde und schließlich ist auch denkbar, daß nur der Komplex, nicht aber seine Komponenten, in die Membran inkorporiert werden kann.

Studien über die Biosynthese von GPIIb/IIIb haben ergeben, daß IIb und IIIa von verschiedenen mRNS abgeleitet sind; sie sind folglich nicht das Produkt eines einzigen Gens. Andererseits sind die alpha- und beta-Untereinheiten von GPIIb von einer gemeinsamen Vorstufe, die später aufgespalten wird, abgeleitet. Bei der Thrombasthenie Glanzmann sind die verbleibenden Mengen an GPIIb/IIIa sehr variabel und sogar beim Typ I noch in Spuren nachweisbar [13]; diese geringen Mengen des Komplexes scheinen aber funktionell völlig intakt zu sein. All dies deutet darauf hin, daß entweder ein regulatorisches Element fehlt oder aber, daß die posttranslationale Verarbeitung gestört ist. Dies ist wahrscheinlicher als der Ausfall eines Gen für eines der beiden Glykoproteine.

Ein weiteres Problem ergibt sich aus der Abwesenheit oder ausgeprägten Verminderung des plättcheneigenen Fibrinogens bei der Thrombasthenie Glanzmann. Die Beobachtung, daß der GPIIb/IIIa-Komplex auch in den Membranen der alpha-Granula normaler Plättchen nachgewiesen werden kann, könnte ein Hinweis dafür sein, daß ihm bei der Aufnahme des Fibrinogens in diese Organellen Bedeutung zukommt.

Schließlich stellt sich die Frage, ob bei der Thrombasthenie nur die Plättchen (und wahrscheinlich auch die Megakaryozyten) betroffen sind. Die ständig zunehmenden Beweisstücke, daß der GPIIb/IIIa-Komplex Teil einer als „Zytoadhäsine" bezeichneten Familie von Proteinen, die auf verschiedenen Zelltypen vorkommen [14–18], darstellt, ließe erwarten, daß auch andere Zellen das Bild der Krankheit mitbestimmen. In vier verschiedenen Studien ist postuliert worden, daß neben den Plättchen sowohl die Hautfibroblasten [15], die Leukozyten, insbesondere die Neutrophilen [14] wie auch die Monozyten [16, 17] bei der Thrombasthenie Glanzmann geschädigt sind. Allerdings muß erwähnt werden, daß kürzlich darüber berichtet wurde, daß die GPIIb/IIIa-Analogen auf den Endothelzellen eines Thrombastheniepatienten normal sind [18]. Wenn tatsächlich andere Zellen ebenfalls den Rezeptor für adhäsive Proteine nicht aufweisen, so ist es einigermaßen erstaunlich, daß keine andern Symptome als die Blutungsneigung zu beobachten sind. Es mag sein, daß auch Unterschiede in der Anfälligkeit anderer Zelltypen für den Defekt bestehen. Es wird nötig sein, anhand eines größeren Patientengutes diese Verteilungsmuster eingehender zu untersuchen.

Bernard-Soulier-Syndrom

Dieses Syndrom ist ein seltenes, autosomal, rezessiv vererbtes Blutungsübel [19], das dadurch charakterisiert ist, daß die Plättchen bei höheren Scherkräften nicht am Subendothel zu adhärieren vermögen [20]. In vitro sind solche Plättchen unfähig, in Gegenwart von Ristocetin mit humanem von Willebrand-Faktor [21] oder mit bovinem von Willebrand-Faktor allein zu agglutinieren; des weiteren zeigen sie eine gestörte Antwort auf Stimulation mit Thrombin [22]. Patienten mit dem Bernard-Soulier-Syndrom sind mehr oder weniger ausgeprägt thrombozytopenisch und die Dimensionen der Plättchen variieren zwischen normal und denjenigen von Lymphozyten. Auch die Plättchen von Heterozygoten können größer als normal sein; aber ihre Zahl, wie auch ihre Funktion bei der Blutstillung ist in der Regel normal [23]. Die Untersuchung der Membranglycoproteine mit Hilfe der SDS-Polyacrylamid-Elektrophorese gefolgt von Anfärbung mit Perjodsäure/Schiff-Reagens zeigt das Fehlen eines der hauptsächlichen Membranglykoproteine, das als GPIb bezeichnet wird [24, 25]. Beim Arbeiten mit oberflächenmarkierten Plättchen lassen sich zwei weitere, als GPV und GP17 (Synoma: GPIX und GP22) bezeichnete Glycoproteine als fehlend feststellen (vgl. dazu die Abb. 1 und 3). Die Spiegel dieser zusätzlich mangelnden Komponenten folgen in Patienten und Heterozygoten genau denjenigen von GPIb [26, 27]. Den meisten Patienten mit Bernard-Soulier-Syndrom fehlen alle diese Glykoproteine in der Regel vollständig; nur wenige Fälle mit niedrigen, aber doch

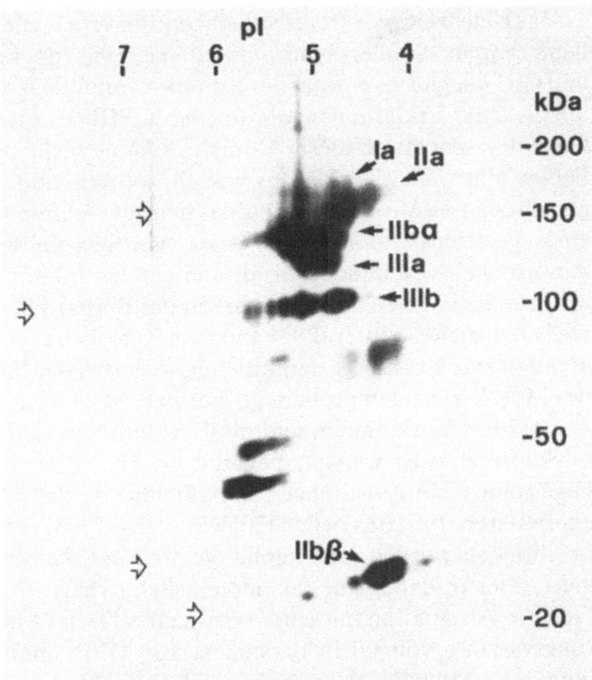

Abb. 3. Wie Abb. 1, aber mit Plättchen eines Patienten mit Bernard-Soulier-Syndrom. Die normalen Positionen der fehlenden $GPIb_{\alpha}$, $GPIb_{\beta}$, GPV und GP17 sind angegeben

leicht nachweisbaren Spiegeln und ein Fall mit gegen 40% der Norm sind beschrieben worden [26].

Auch die Diagnose des Bernard-Soulier-Syndroms ist durch die Anwendung monoklonaler, gegen GPIb gerichteter Antikörper wesentlich vereinfacht worden. Diese Methodik eignet sich sogar für die Anwendung bei kleinen Proben von Vollblut und Berichte über die quantitative Bestimmung von Glykoprotein auf einzelnen Plättchen liegen vor [28].

Die Beziehungen zwischen dem Mangel an GPIb, gestörter Adhäsion der Plättchen an das Subendothel und dem Ausbleiben einer Reaktion mit von Willebrand-Faktor haben es als wahrscheinlich erscheinen lassen, daß GPIb den Rezeptor für den von Willebrand-Faktor auf der Oberfläche des zirkulierenden Plättchens darstellt. Mit ADP oder Thrombin aktivierte Plättchen exprimieren einen solchen Rezeptor; aber es hat sich gezeigt, daß es sich dabei um den GPIIb/IIIa-Komplex handelt [8, 29] und daß dessen Bedeutung für die Adhäsion der Plättchen am Subendothel gering ist (thrombasthenische Plättchen adhärieren normal).

Bernard-Soulier-Plättchen zeigen zusätzliche funktionelle Defekte, insbesondere eine reduzierte Reaktivität mit Thrombin, aber auch eine erhöhte Prothrombinkonsumption. Zwei der auf den Plättchen von Bernard-Soulier-Syndrom-Patienten fehlenden Glykoproteine, nämlich GPIb und GPV, sind als Thrombinrezeptoren beschrieben worden. Solche Plättchen können aber trotzdem, wenn auch verzögert, mit Thrombin aktiviert werden und dies deutet darauf hin, daß noch ein dritter Thrombinrezeptor, der auf den Bernard-Soulier-Plättchen normal vorhanden sein muß, im Spiele ist.

Das gleichzeitige, offensichtlich koordinierte Fehlen verschiedener Glykoproteine beim Bernard-Soulier-Syndrom stellt nach wie vor ein ungelöstes Problem dar. GPIb und GP17 liegen als ein stabiler Komplex vor und für ihr gleichzeitiges Fehlen können die gleichen Erklärungen wie für den GPIIb/IIIa-Komplex herangezogen werden. Das GPV scheint an dieser Komplexbildung nicht zu partizipieren, so daß für sein Fehlen eine andere Erklärung gesucht werden muß. Möglich sind der Defekt eines genetischen Kontrollelementes, das sich auf mehrere Gene beziehen würde oder aber eines posttranslationalen Prozesses, wie beispielsweise der Glykosylierung. Die Abwesenheit von mindestens drei integralen Membranproteinen könnte die Erklärung für die leichte Deformierbarkeit des Bernard-Soulier-Plättchens sein; zudem ist vielleicht auch die Interaktion mit dem Zytoskelett gestört. Diese beiden Anomalien könnten eine Erklärung dafür bieten, wieso bei der Fragmentierung des Zytoplasmas des Megakaryozyten größere als normale Stücke entstehen.

Über das Vorkommen und die Herkunft von GPIb und der mit ihm assoziierten Glykoproteine ist weniger bekannt als über diejenige von GPIIb/IIIa. Immerhin liegen einige Untersuchungen an Zellinien vor, die ebenfalls GPIb-ähnliche Proteine exprimieren. In HEL-Zellen [30] wie auch in U937-Zellen ist ein Molekül von 60 kDa beschrieben worden, das immunologisch mit der alpha-Kette von GPIb kreuzreagiert, aber offenbar nur inkomplett glykosyliert ist. Auch fehlt ihm die für GPIb typische Assoziation mit einer beta-Kette. Dieses Molekül könnte eine Differenzierungsvariante von GPIb darstellen. Ein GPIb-ähnliches, von Willebrand-Faktor-bindendes Molekül ist auch auf Endothelzellen gefunden worden [31]. Studien an jungen, metabolisch aktiven Plättchen von vor kurzem splenektomierten Patienten mit idiopathischer thrombozytopenischer Purpura [32] und an Meerschweinchenmegakaryozyten [33] haben eine *de novo* Synthese von GPIb wie auch anderer Glycoproteine erkennen lassen, wobei allerdings Informationen über Vorstufen und deren allfällige weitere Verarbeitung noch ausstehend sind.

Defekte Bindung an Kollagen

Neben den bisher diskutierten ausgeprägten Blutungsübeln, bei denen ein klarer Zusammenhang zwischen dem klinischen Bild und einem spezifischen Glykoproteindefekt etabliert ist, existieren noch weitere, in der Regel milde Blutungsneigungen, bei denen ebenfalls eine solche Korrelation abgeleitet werden kann. So haben Nieuwenhuis et al. [34, 35] eine Patientin beschrieben, deren Plättchen zwar am Subendothel anhaften, sich aber nicht ausbreiten. Die Blutungszeit war stark verlängert (> 30 min); in vitro reagierten die Plättchen auf die verschiedensten Stimuli, ausgenommen auf Kollagen. So bleiben der rasche Gestaltwandel wie auch die Aggregation in plättchenreichem Plasma auf Zugabe von Kollagen aus; solche Plättchen adhärieren auch nicht an Kollagenfasern.

Weitere Studien an dieser Patientin [35] zeigten aber, daß weniger die Adhäsion als vielmehr die sich als Ausbreitung manifestierende Folgereaktion abnormal ist. Die Untersuchung der Plättchen mittels zweidimensionaler Elektrophorese, gefolgt von Silberanfärbung oder unter Verwendung von ^{125}I-oberflächenmarkierten Plättchen (Abb. 4), ergab, daß GPIa fehlt [34]. Dies impliziert, daß GPIa der für die Aktivierung der Plättchen verantwortliche Kollagenrezeptor ist.

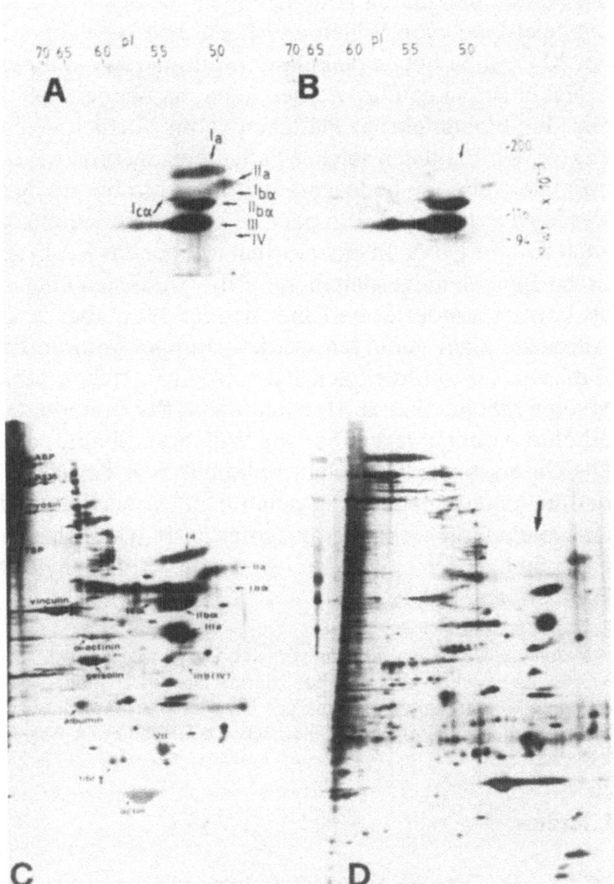

Abb. 4. Autoradiogramme (A, B) und Silberanfärbung (C, D) von zweidimensionalen Na-Dodecylsulfat-Polyacrylamid-Gelen, hergestellt unter reduzierenden Bedingungen, von Plättchen normaler Spender (A, C) und einer Patientin mit einem Defekt in der Bindung der Plättchen an Kollagen (B, D). Die Positionen der hauptsächlichen Plättchenproteine sowie des bei der Patientin fehlenden GPIa sind bezeichnet. Bei A und B wurden die Plättchen in parallelen Experimenten mit Radiojod unter Verwendung von Iodogen (Pierce Chemicals, Rockford, IL) als Katalysator, markiert. Erste Dimension: Isoelektrische Fokussierung pH4–8; zweite Dimension: Na-Dodecylsulfat-Polyacrylamid-Elektrophorese, 3–30% Acrylamid. Das Gel wurde getrocknet und unter Verwendung einer Szintillationsfolie mit Röntgenfilm exponiert. Die Gele C und D wurden nach der Methode von Morrissey [39] mit Silber angefärbt. Reproduziert mit der Erlaubnis von Nature (cf. Vol. 318:470–472; Copyright 1985, Macmillan Journals Ltd.)

Pseudo-von-Willebrand-Krankheit

Verschiedene Berichte liegen vor über Familien mit einem Blutungsübel, das sich ähnlich wie die von Willebrand-Krankheit äußert, jedoch auf eine Anomalie der Plättchenmembran zurückzuführen zu sein scheint. Der Plasma-von-Willebrand-Faktor solcher Patienten ist normal, zeigt aber eine Molekulargewichtsverteilung, die der beim Typ IIB der von Willebrand-Krankheit beobachteten entspricht, bei dem die höhermolekularen Anteile fehlen. Dieses Krankheitsbild wird als pseudo- oder „platelet-type“ von Willebrand-Krankheit bezeichnet. Während aber beim Typ IIB der Mangel an hochmolekularen Multimeren auf einen Defekt im von Willebrand-Molekül zurückgeführt werden kann, ist bei der Pseudo-von Willebrand-Krankheit ein Membrandefekt im Plättchen verantwortlich. Wenn normaler von Willebrand-Faktor den Plättchen solcher Patienten zugesetzt wird, so tritt Aggregation ein, was normalerweise nie beobachtet wird. Diese abnormale Aggregation kann verhindert werden durch gegen GPIb oder GPIIb/IIIa gerichtete, monoklonale Antikörper, wie auch durch EDTA. In einer Arbeit ist über das Vorliegen eines in zwei elektrophoretische Banden aufgespaltenen GPIb, von denen eine rascher, die andere langsamer als normal wanderte, berichtet worden [36]; aber in anderen Studien konnte diese Anomalie nicht gefunden werden. Einige Autoren haben zwar über eine erhöhte Zahl von GPIb-Molekülen bei solchen Plättchen berichtet; aber der Großteil der Studien scheint eher zu ergeben, daß GPIb in normaler Menge, aber in einer durch erhöhte Affinität gegenüber von Willebrand-Faktor charakterisierten Form vorliegt. Die Unterschiede im gelelektrophoretischen Verhalten von GPIb könnten sehr wohl nur die in verschiedenen Populationen beobachteten, durch geringe Abweichungen im Molekulargewicht charakterisierten Polymorphismen reflektieren. Bei Japanern z.B. finden sich solche Formen von GPIb ungleich häufiger als bei anderen Populationen [37, 38].

Wir danken Dr. Nieuwenhuis von der Universität Utrecht für die Erlaubnis, die von ihm zur Verfügung gestellte Abb. 4 zu publizieren. Die am Theodor-Kocher-Institut durchgeführten Arbeiten über Membranglykoproteine der Blutplättchen sind unterstützt worden vom Schweizerischen Nationalfonds zur Förderung der wissenschaftlichen Forschung (Projekt Nr. 3.232.085).

Literatur

1. Caen JP, Castaldi PA, Leclerc JC, Inceman S, Larrieu M-J, Probst M, Bernard J (1966) Amer J Med 41:4–26
2. Nurden AT, Caen JP (1974) Br J Haematol 28:253–260
3. Phillips DR, Poh-Agin P (1977) J Clin Invest 60:535–545
4. Montgomery RR, Kunicki TJ, Taves C (1983) J Clin Invest 71:385–389
5. Coller BS, Seligsohn U, Zivelin A, Zwang E, Lusky A, Modan M (1986) Br J Haematol 62:723–735
6. McGregor JL, Clemetson KJ, James E, Capitanio A, Greenland T, Lüscher EF, Dechavanne M (1981) Eur J Biochem 116:379–388
7. Ginsberg MH, Forsyth J, Lightsey A, Chediak J, Plow EF (1983) J Clin Invest 71:619–624
8. Ruggeri ZM, Bader R, De Marco L (1982) Proc Natl Acad Sci USA 79:6038–6041
9. Ginsberg MH, Lightsey AL, Kunicki TJ, Kaufmann A, Marguerie G, Plow EF (1986) J Clin Invest 78:1103–111
10. Nurden AT (1985) In Platelet Membrane Glycoproteins (George JN, Nurden AT, Phillips DR, eds) pp 357–392, Plenum, New York
11. Caen JP (1985) CR Acad Sc Paris 300:417–419
12. Fitzgerald LA, Chediak J, Jennings LK, Strother SV, Phillips DR (1985) Blood 66 (suppl):289a
13. Nurden AT, Didry D, Kieffer N, McEver RP (1985) Blood 65:1021–1024
14. Burns GF, Cosgrave L, Triglia T, Beall JA, Lopez AF, Werkmeister JA, Begley CG, Haddad AP, d'Apice AJF, Vadas MA, Cawley JC (1986) Cell 45:269–280
15. Donati M, Balconi G, Remuzzi G, Borgia R, Morasca L, Gaetano G (1977) Thromb Res 10:173–174
16. Gogstad G, Hetland O, Solum NO, Prydz H (1983) Biochem J 214:331–337

17. Altieri DC, Mannucci P, Capitanio AM (1986) J Clin Invest 78:968–976
18. Giltay JC, Leeksma OC, Breederveld C, van Mourik JA (1987) Blood 69:809–812
19. Bernard J, Soulier JP (1948) Sem Hôp Paris 24:3217–3223
20. Weiss HJ, Tschopp TB, Baumgartner HR, Sussman II, Johnson MM, Egan JJ (1974) Amer J Med 57:920–925
21. Howard MA, Hutton RM, Hardisty RM (1973) Br Med J ii:586–588
22. Jamieson GA, Okumura T (1978) J Clin Invest 61:861–864
23. McGill M, Jamieson GA, Drouin J, Cho MS, Rock GA (1984) Thromb Haemostas 52:37–41
24. Nurden AT, Caen JP (1975) Nature 255:720–722
25. Jenkins CSP, Phillips DR, Clemetson KJ, Meyer D, Larrieu M-J, Lüscher EF (1976) J Clin Invest 57:112–124
26. Clemetson KJ, McGregor JL, James E, Dechavanne M, Lüscher EF (1982) J Clin Invest 70:304–311
27. Berndt MC, Gregory C, Chong BH, Zola H, Castaldi PA (1983) Blood 62:800–807
28. Johnson GI, Heptinstall S, Robins RA, Price MR (1984) Biochem Biophys Res Commun 123:1091–1098
29. Fujimoto T, Ohara S, Hawiger J (1982) J Clin Invest 60:1212–1222
30. Kieffer N, Debili N, Wicki A, Titeux M, Henri A, Mishal Z, Breton-Gorius J, Vainchenker W, Clemetson KJ (1986) J Biol Chem 261:15854–15862
31. Asch AS, Fujimoto M, Adelman B, Nachman RL (1986) Circulation, in press
32. Kieffer N, Debili N, Farcet JP, Vainchenker W, Breton-Gorius J (1985) Thromb Haemostas 54:179
33. Kupinski JM, Miller JL (1986) Thromb Res 43:345–352
34. Nieuwenhuis HK, Akkerman JWN, Houdijk WPM, Sixma JJ (1985) Nature 318:470–472
35. Nieuwenhuis HK, Sakariassen KS, Houdijk WPM, Nievelstein PFEM, Sixma JJ (1986) Blood 68:692–695
36. Takahashi H, Handa M, Watanabe K, Ando Y, Nagayama R, Hattori A, Shibata A, Federici AB, Ruggeri ZM, Zimmermann TS (1984) Blood 64:1254–1262
37. Moroi M, Jung SM, Yoshida N (1984) Blood 64:622–629
38. Jung SM, Plow EF, Moroi M (1986) Thromb Res 42:83–90
39. Morrissey JH (1981) Anal Biochem 117:307–310

Derzeitige diagnostische Möglichkeiten zur Erkennung angeborener Thrombozytopathien

I. SCHARRER (Frankfurt)

Angeborene Thrombozytopathien kann man nach dem spezifischen Funktionsdefekt in Adhäsionsstörungen, in primäre sowie in sekundäre Aggregationsstörungen unterteilen.

Zu den Adhäsionsstörungen zählen das Bernard-Soulier-Syndrom, zu den primären Aggregationsstörungen die Thrombasthenie und zu den sekundären Aggregationsstörungen die Storage pool disease, der Aspirin like defect und mehrere Freisetzungsstörungen.

Die *Lokalisation* der häufigsten Funktionsdefekte im Plättchen selbst ist auf der Abb. 1 dargestellt.

Zu den derzeit zur Verfügung stehenden *einfachen konventionellen Methoden* zur Erkennung einer Thrombozytopathie zählen die Bestimmung der Thrombozytenzahl, der Blutungszeit, der Volumenverteilung, der Ausbreitung, der Retention (oder Adhäsivität), der Retraktion, der Aggregation, der Überlebenszeit sowie die Messung der Membranbestandteile, der Plättcheninhaltsstoffe und der Plättchenfaktor-3-Verfügbarkeit.

Für eine *korrekte Untersuchung* der Plättchenfunktion ist eine exakte Blutentnahmetechnik wichtig. Eine geeignete Vene sollte mit einer möglichst großkalibrigen Einmalkanüle punktiert werden. Gewebssaftbeimengung, Schaumbildung in der Spritze und Teilgerinnung müssen vermieden werden, um eine Aktivierung der Thrombozyten zu verhindern. Plättchenreiches Plasma wird durch Spontansedimentation oder durch 1½ Minuten langes Zentrifugieren des Zitratblutes bei 150 G bei

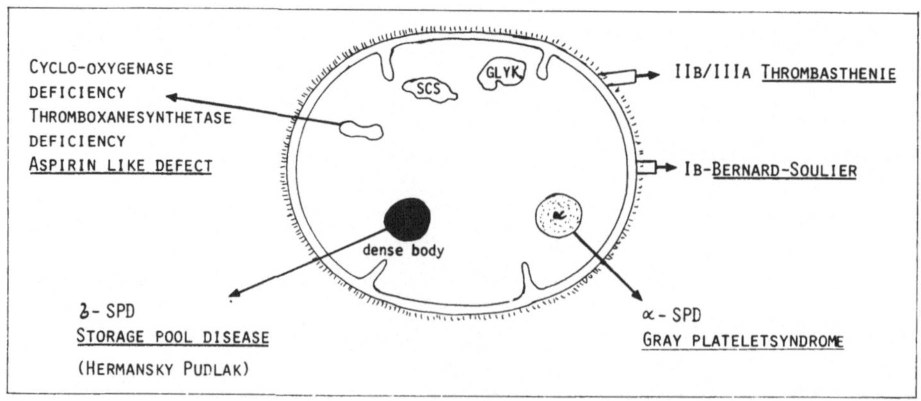

Abb. 1. Lokalisationsschema der Störungen im Plättchen bei den häufigsten Thrombozytopathien

Zimmertemperatur gewonnen. Bei der Beurteilung von Plättchenfunktionstesten ist weiter zu beachten, daß sich die in vitro gemessenen und in vivo beobachteten Thrombozytenfunktionen wesentlich voneinander unterscheiden. Nach der Blutentnahme wandeln sich in vitro innerhalb einer Stunde die Plättchen langsam um. Dabei werden sie kugelförmig und bilden Fortsätze. Diese formveränderten Thrombozyten nach Blutentnahme haben eine stärkere Haftneigung und sind leichter aggregierbar als die nativen Scheibenformen.

Die Tabelle 1 zeigt das *Verhalten der einzelnen Thrombozytenteste* bei den häufigsten Thrombozytopathien.

Bei der *Thrombozytenzählung* steigt die Fehlerbreite der elektronischen Methoden erheblich bei Thrombozytopenien und bei Proben mit Riesenplättchen. Bei einer Plättchenzahl von weniger als 50000/mm^3 sollte mit dem Phasenkontrastmikroskop und der Kammer nach FEISSLY und LÜDIN in der Modifikation nach DERLATH (1956) gezählt werden, da die elektronischen Methoden keine zu verlässigen Ergebnisse garantieren.

Mit Hilfe der *Volumenverteilungsanalyse* (HAYES 1981) können bei Thrombozytopenien und Thrombozytopathien charakteristische Verschiebungen der Größenverteilung der Thrombozyten erfaßt werden.

Tabelle 1. Verhalten der Thrombozytenteste bei den häufigsten angeborenen Thrombozytopathien

	Thrombasthenie	Bernard-Soulier-Syndrom	Storage pool disease	Aspirin like defect
Thrombozytenzahl	Normal o. gering	Gering vermindert	Normal	Normal
Volumenverteilung	Mehrgipflig	Vermehrt große Thrz.	Normal	Normal
Retraktion	Stark gehemmt	Normal o. wenig gehemmt	Normal	Normal
Plättchenfaktor-3-Verfügbarkeit	Vermindert	Normal o. gering vermindert	Vermindert	Vermindert
Blutungszeit	Verlängert	Normal o. verlängert	Verlängert	Gering verlängert
Ausbreitung	Stark gehemmt	Riesenplättchen	Normal	Normal
Retention/Haftung	Stark gehemmt	Vermindert	Gehemmt	Gering vermindert
Aggregation auf				
ADP 1. Welle	Gehemmt	Normal	Normal	Normal
2. Welle	Gehemmt	Normal	Gehemmt	Gehemmt
Desaggregation	Gesteigert	Normal	Gesteigert	Gesteigert
Kollagen	Stark gehemmt	Normal	Stark gehemmt	Gehemmt
Ristocetin	Normal	Gehemmt	Normal	Normal
ADP-Gehalt der Thrombozyten	Bei einigen Formen vermindert	Normal	Stark vermindert	Normal

Für diese Untersuchung kann ein Meßgerät, bestehend aus einem Zählgerät (z. B. Ultraflo-100-Becton und Dickinson), einem Vielkanalanalysator, einem Commodore-Rechner mit zugehöriger Diskette und einem Drucker verwendet werden. Mit den Zählgeräten wird in der Regel eine Änderung der Impedanz bzw. Leitfähigkeit erfaßt, die beim Durchtritt eines Partikels durch eine Meßkapillare auftritt. Die Genauigkeit dieser Verfahren läßt sich durch das Prinzip der hydrodynamischen Focusierung steigern, das verhindert, daß Teilchen in den Randbereich der Meßkapillaren gelangen. Für die Volumenverteilungsanalyse eignet sich am besten Zitratblut, das unmittelbar nach der Blutentnahme durch Einleitung in auf 37°C vorgewärmtes, 6%iges mit Sörensen-Puffer gepuffertes (pH 7,4) Glutaraldehyd fixiert wird (4 ml Glutaraldehyd, 1 ml Citratblut). Erfolgen die Untersuchungen an antikoaguliertem Blut, das nicht sofort nach der Blutentnahme untersucht wird, so ist EDTA als Antikoagulanz besser geeignet als Zitrat. Die mittlere Plättchengröße variiert je nach Versuchsbedingungen zwischen 5 und 8 μm.

Kleine Plättchen finden sich bei Polyzythämia vera, große Plättchen bei Patienten mit Leberzirrhose, mit Riesenplättchenthrombopathien, mit ITP und anderen Thrombozytopenieformen. Mehrgipflige Verteilungen kommen bei der Thrombasthenie vor.

Die *Gerinnselretraktion* nach Benthaus (1959) ist deutlich vermindert bei der Thrombasthenie und bei Thrombozytopenien. Die Abb. 2 zeigt ein typisches Bild; links der Befund bei einer Thrombasthenie, daneben eine etwas verzögerte Retraktion bei der Thrombozytopenie und die beiden Säulen rechts daneben demonstrieren Retraktionsmessungen in normalem PRP (plättchenreiches Plasma). Bei der Analyse der Retraktion wird ein definiertes Volumen von plättchenreichem Zitratplasma des Patienten mit physiologischer Kochsalzlösung und normalem plättchenarmen Plasma als Fibrinogenquelle verdünnt und durch Thrombin zur Gerinnung gebracht.

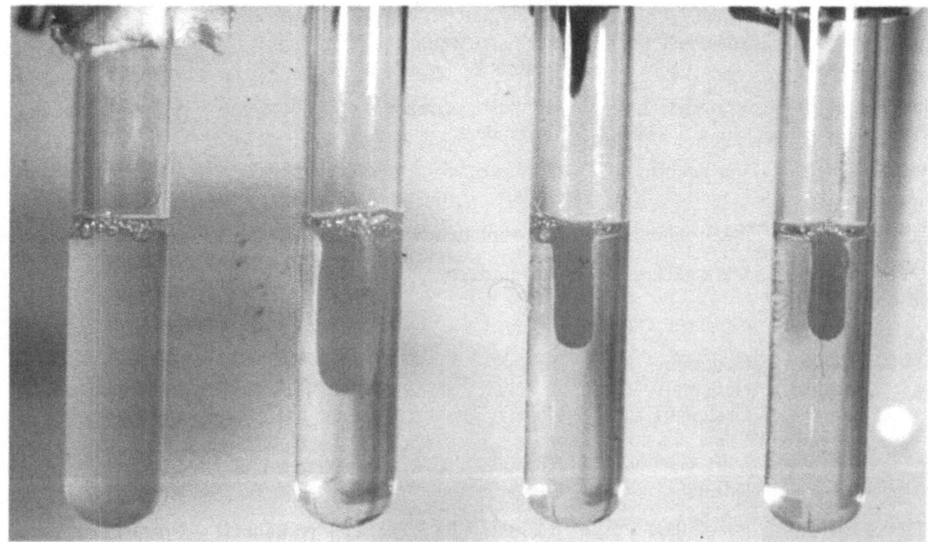

Abb. 2. Retraktionsmessungen; li: Thrombasthenie, 2. Reagenzglas v. li: Thrombozytopenie; rechts: Normale Retraktion

Nach definierter Zeit wird das retrahierte Gerinnsel aus dem Testansatz entfernt, das Volumen der verbleibenden Flüssigkeit ermittelt und die Retraktion in Prozent des Ausgangsvolumens berechnet. Berechnung: zurückgebliebene Flüssigkeit multipliziert mit 20 = Prozent Retraktion (Normalbereich: 90–98% Retraktion). Als Untersuchungsmaterial werden 0,5 ml plättchenreiches Zitratplasma benötigt. Die Retraktion ist weitgehend abhängig von der Plättchenzahl. Die Methode ist daher nur zur Erfassung einer Funktionsstörung bei normalen Thrombozytenzahlen geeignet.

Die *Plättchenfaktor-3-Verfügbarkeit* ist, bei fast allen Thrombozytopathieformen pathologisch. Sie ist abhängig von dem Ausmaß der Thrombozytenaggregation. Darauf beruhen auch die Bestimmungsmethoden, die die Schätzung der Plättchenfaktor-3-Konzentration, die während der Aggregation verfügbar wird, als Prozentsatz des gesamten Plättchenfaktor-3-Gehaltes messen. Am häufigsten wird für die Plättchenfaktor-3-Verfügbarkeit die Bestimmung der Stypvenzeit angewandt.

Die *Blutungszeit* ist bei den meisten Thrombozytopathieformen mehr oder weniger verlängert. Am häufigsten wird die Methode nach Mielke et al. 1969 (Template) angewandt. Für die Standardisierung der Blutungszeit sind folgende Einflußgrößen zu beachten: Länge, Richtung und Tiefe des Schnitts, Hautlokalisation, Hauttemperatur, venöser Druck, Medikamenteneinnahme und Endpunkt der Bestimmung.

Mit Hilfe der *Thrombozytenausbreitung,* die Marx und Mitarb. 1957 in die Funktionsdiagnostik der Thrombozyten eingeführten haben, ist neben der Erkennung einer gestörten Plättchenfunktion die Erfassung eines gesteigerten Umsatzes der Thrombozyten möglich.

Die Abb. 3 demonstriert ein *normales Ausbreitungsbild.* Die Fähigkeit der Thrombozyten, sich auf blutfremden Oberflächen auszubreiten, ist vom intakten Stoffwechsel der Plättchen abhängig. An Fremdoberflächen bleiben Thrombozyten rasch haften. In der Regel weisen sie dabei schon mehr oder weniger lange fadenförmige Fortsätze auf. Entlang dieser Fortsätze breitet sich das Hyaloplasma auf der Kontaktfläche aus.

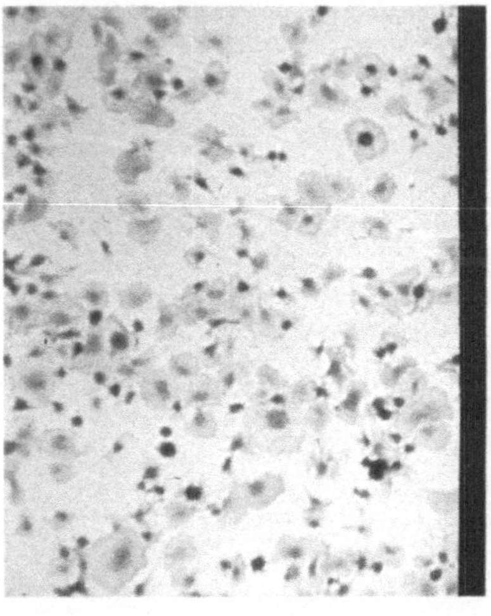

Riesen	2	Fläche größer als 200 μ
Große Ausbreitungsformen	32	Durchmesser größer als 10 μ
Kleine Ausbreitungsformen	556	Durchmesser kleiner als 10 μ
Übergangsformen	197	ausgebreitetes Hyalomer zwischen den Fortsätzen
Spinnen	213	mehrere kurze dicke, selten fadenförmige Fortsätze

Abb. 3. Normales Ausbreitungsbild mit Normalwerten

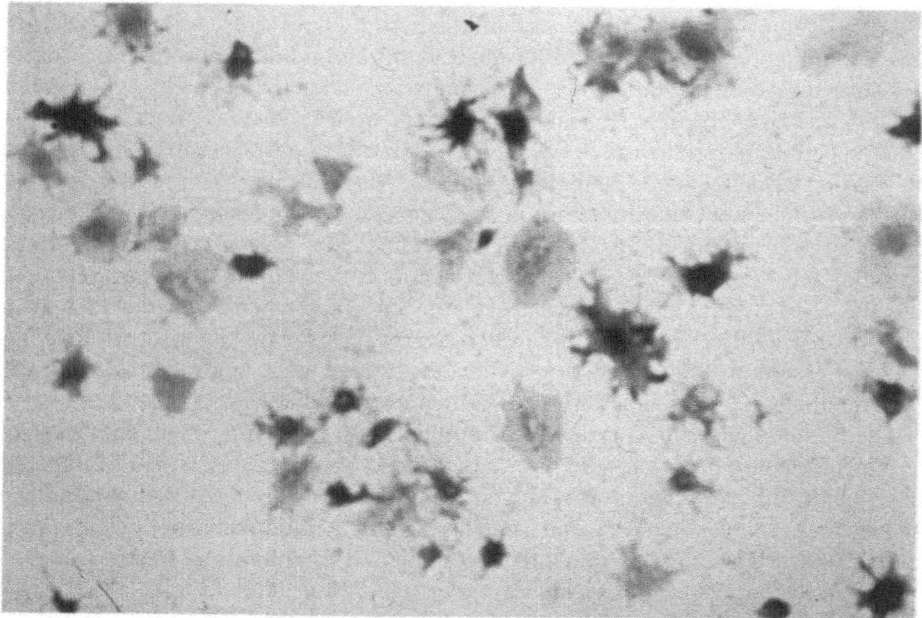

Abb. 4. Ausbreitung bei der Thrombasthenie

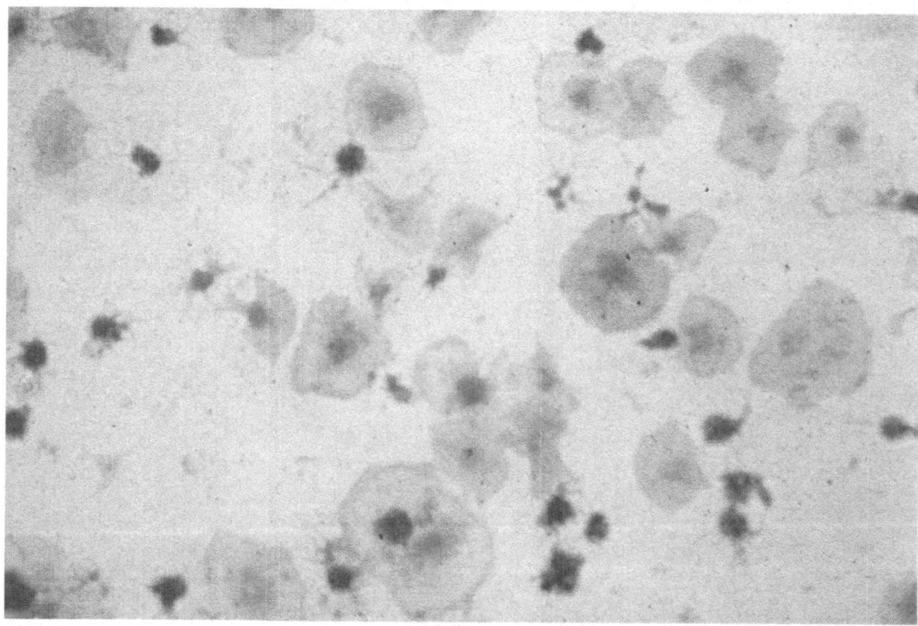

Abb. 5. Ausbreitung bei einer Makrothrombopathie

Die Ausbreitungsmethode ist ein sehr einfach durchzuführender Funktionstest. Verdünntes PRP wird gleichmäßig auf Plastikobjektträger für eine Zeitdauer von 30 Minuten verteilt. Danach werden die Objektträger in einer NaCl/Zitratlösung gewaschen, für 5 min in Formalin fixiert, für weitere 5 min mit n 10 KMn04 zur besseren Farbaufnahme oxidiert und 60 min mit einer 1:5 verdünnten Giemsa-Lösung gefärbt.

Die Auswertung erfolgt bei einer 240–320fachen Vergrößerung unter dem Lichtmikroskop.

Bei der Thrombasthenie ist die *Ausbreitung stark gehemmt* (Abb. 4), bei dem Bernard-Soulier-Syndrom und dem May-Hegglin-Syndrom imponieren *große Ausbreitungsformen* (Abb. 5).

Bei der Thrombozytopenie kann aufgrund des Ausbreitungstestes schnell und einfach vermutet werden, ob eine verminderte Bildung oder vermehrter Abbau in der Peripherie vorliegt und eine weitere gezielte Diagnostik eingeleitet werden.

Die *Plättchenhaftneigung* oder *Retention* oder *Adhäsivität* wird am häufigsten in vitro mit den Retentionstesten gemessen. Dazu werden im PRP, Zitrat- oder Nativblut die Thrombozyten vor und nach einem definierten Kontakt mit Glasperlen, meist in Form einer Filterpassage, gezählt.

Die Differenz der Zählung wird als prozentuale Retention angegeben. Die Ergebnisse dieser Tests hängen nicht nur von der Plättchenhaftung, sondern auch vom Ausmaß der Aggregation in der untersuchten Probe ab und sind daher mehr oder weniger unspezifisch.

Der genaue Mechanismus der Adhäsion kann bisher nur mit der Methode von Baumgartner (1973) untersucht werden. Dabei wird die Interaktion von Thrombozyten mit dem Subendothel in Endothelpräparaten mit Hilfe von Perfusionskammern beobachtet. In der Regel werden dazu benötigt: Nativ- oder Zitratblut, eine konstante Flußrate und Kaninchenaorta. Die direkte Auswertung der Adhäsion erfolgt mit dem Lichtmikroskop.

Bei den meisten Thrombozytopathien sind Retention und Haftneigung gehemmt, insbesondere bei dem Bernard-Soulier-Syndrom, der typischen Adhäsionsstörung.

Eine wichtige Methode zur Differenzierung der verschiedenen Thrombozytopathien ist die *Messung der induzierten Thrombozytenaggregation.*

Die nach Zugabe der *Induktoren* (Tabelle 2) ADP, Kollagen, Arachidonsäure, Adrenalin oder Ristocetin und andere entstehenden *Aggregationskurven* zeigen bei den einzelnen Thrombozytopathien ein verschiedenes Verhalten (Tabelle 3).Die Thrombasthenie ist charakterisiert als eine primäre Aggregationsstörung und zeigt nur mit Ristocetin eine Aggregationsauslösung.

Tabelle 2. Aggregationsauslöser

LMW-Substanzen	Proteol. Enzyme	Makromoleküle	Agglutin. Substanzen
ADP	Thrombin	Kollagen	Ristocetin
Adrenalin Serotonin	Trypsin	Immuncomplexe	Bov. F. VIII
TX A_2 Arachidonsäure		Latexpartikel	Thrz. AK

Tabelle 3. Typische Aggregationskurven bei Thrombozytopathien

	ADP	KOLLAGEN	ARACHIDONATE	RISTOCETIN
THROMB-ASTHENIE				
BS-SYNDROM				
SPD				
ASPIRIN LIKE DEFECT				
NORMAL				

Bei dem Bernard-Soulier-Syndrom sind die Aggregationskurven mit ADP, Kollagen und Arachidonsäure normal, dagegen ist klassischerweise die Ristocetin-induzierte Aggregation gehemmt.

Bei der Storage pool disease ist die Desaggregation der ADP-induzierten Aggregation über 50% gesteigert, die Kollagen-induzierte Aggregation nicht auslösbar. Die Arachidonsäure-induzierte Aggregation dient zur Unterscheidung zwischen der Storage pool disease und dem Aspirin like defect. Bei dem Aspirin like defect ist die Arachidonsäure-induzierte Aggregation nicht auslösbar.

Die Normalwerte für die ADP- und Kollagen-induzierte Aggregation sind aus der Tabelle 4 zu entnehmen. Die Kurven wurden mit dem Aggregometer der Firma Braun-Melsungen geschrieben.

Tabelle 4. Normalwerte für ADP- und Kollagen-induzierte Aggregation

ADP (Endkonz.: 10^{-6} M):	
Winkel α:	80° ± 9° (n = 49)
Maximalamplit. (Amax):	331 ± 165
% Desaggregation:	< 50%
Kollagen (Endkonz.: 1 γ/ml):	
Winkel α:	83° ± 3° (n = 25)
Maximalamplit. (Amax):	494 ± 105
% Desaggregation:	< 50%

Die Abb. 6 zeigt eine typische ADP-induzierte Aggregationskurve, die Abb. 7 eine typische Kollagen-induzierte Aggregationskurve.

Für die exakte Messung der induzierten Thrombozytenaggregation sind geeignete Meßgeräte notwendig, wie sie z. B. von Braun, Payton, Sienco, Icare und anderen Firmen hergestellt werden. Weiterhin muß darauf geachtet werden, daß die Aggre-

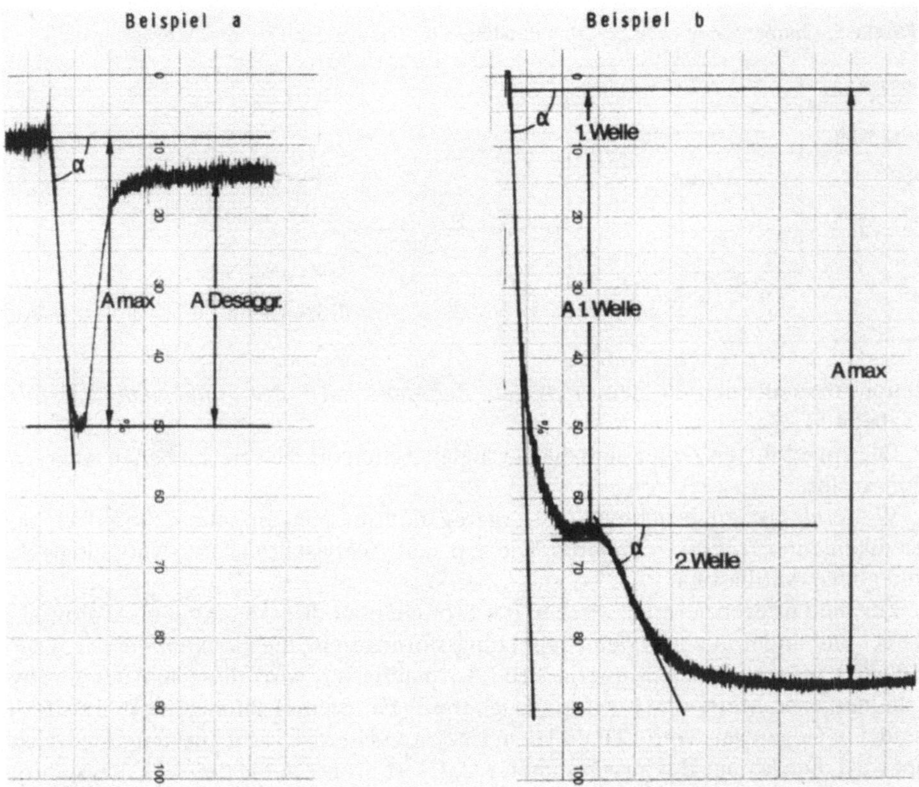

Abb. 6. Typische Kurve der ADP-induzierten Aggregation mit Auswertung

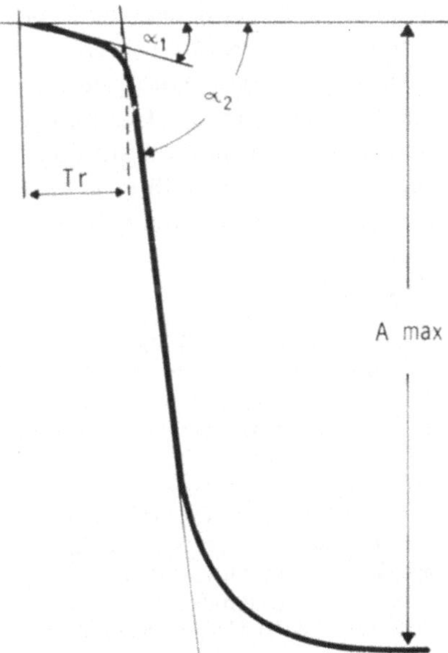

Abb. 7. Typische Kurve der Kollagen-induzierten Aggregation mit Auswertung

Tabelle 5. Optimale Zeit nach der Blutentnahme zur Messung der Thrombozytenaggregation

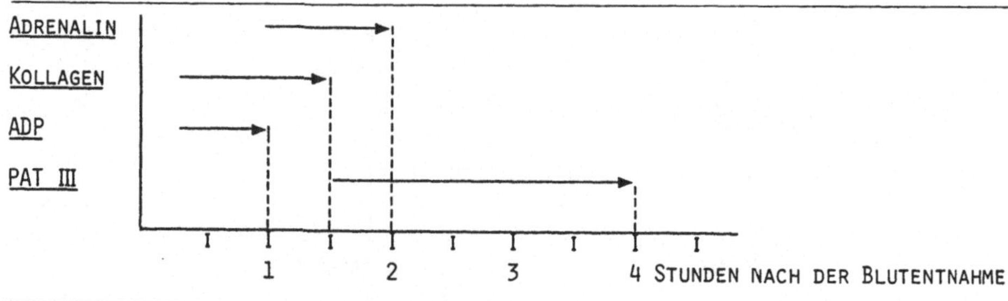

gationsuntersuchung in dem *richtigen Zeitraum nach der Blutentnahme erfolgt* (Tabelle 5).

Die aufgeführten Zeiten sind die optimalen Zeiten für die verschiedenen Aggregationsauslöser.

Weiterhin ist zu beachten, daß Aggregationsmessungen sehr empfindlich auf Medikamenteneinflüsse reagieren, wie z. B. auf Acetylsalicylsäure, Antiphlogistika und einige Antibiotika.

Für die Differenzierung zwischen der Storage pool disease und dem Aspirin like defect und anderen abnormen Freisetzungsstörungen ist die *Bestimmung des ADP-Gehaltes in den Plättchen* unerläßlich. Am häufigsten wird diese mit der Firefly-Luminescence-Methode (Luciferin-Luciferase, Fa. Sigma) durchgeführt. Luciferin sendet in Gegenwart von ATP und dem Enzym Luciferase Licht aus, das aufgezeichnet wird. Die Menge des ausgesandten Lichtes ist proportional der ATP-Konzentration. ADP wird durch Inkubation mit Phosphoenolpyruvat und Pyruvatkinase zu ATP umgewandelt. Die ADP-Konzentration ergibt sich aus der Differenz der ATP-Konzentration der Proben, die mit und ohne Pyruvatkinase und Phosphoenolpyruvat behandelt wurden. Verwandt wird für diese Methode das Gerät Luminometer.

Die *Bestimmung der Membranbestandteile der Plättchen* werden in den Beiträgen von Clemetson und von Kehrel in diesem Heft ausführlich beschrieben.

Das *Spektrum* der hier aufgeführten, gut standardisierten und einfachen konventionellen Methoden (Scharrer 1985) sollte zunächst bei dem Verdacht auf eine Thrombozytenfunktionsstörung angewandt werden. Ergeben sich dabei Hinweise auf eine Thrombozytopathie, so sollte diese durch weiterführende Glykoproteinbestimmung und elektronenmikroskopische Untersuchungen näher differenziert werden.

Literatur

Baumgartner HR (1973) The role of blood flow in platelet adhesion, fibrin deposition and formation of mural thrombi. Microvasc Res 5:167–179

Benthaus J (1959) Über die Retraktion des Blutgerinnsels. Thromb Diathes hämorrh 3:311–352

Derlath, S (1956) Die direkte phasenoptische Thrombozyten- und Retikulozytenzählung. Ärztl Forschung 10:552–555

Hayes JL (1981) High-resolution particle analysis. – Its application to platelet counting and suggestion for further application in blood cell analysis. In: Ross DW, Brecher G, Bessis M (eds) Automation in Hematology. Springer, Berlin Heidelberg New York, pp 97–109

Mielke CH, Kaneshiro MM, Maher JA, Weiner JM, Rapaport SJ (1969) The standardized normal Ivy bleeding time and its prolongation by aspirin. Blood 34:204–215

Scharrer I (1985) Methoden zur Thrombozytenfunktionsdiagnostik. Hämostaseologie 5:8–16, 1985

Multimerenanalyse des von Willebrand-Faktors bei verschiedenen Thrombozytopathien

Zs. Vigh, I. Scharrer (Frankfurt)

Nachdem die Multimerenanalyse für die Klassifikation des von Willebrand-Syndroms eine bahnbrechende Bedeutung erlangt hat, erschien es interessant, mit Hilfe dieser Methode in den Thrombozyten eventuell eine nähere Differenzierung der Thrombozytopathien zu erreichen.

Es ist bekannt, daß die Glykoprotein Ib-, IIb- und IIIa-Rezeptoren für den von Willebrand-Faktor enthalten und daß in den Alpha-Granula der von Willebrand-Faktor gefunden wird. Daher wäre zu vermuten, daß Glykoproteinmembrandefekte und Störungen im Alpha-Granula-Bereich auch Veränderungen der Thrombozytenmultimere hervorrufen.

In diesem Beitrag soll hier zunächst die Methode der Multimerenanalyse in den Thrombozyten dargestellt und einige typische Bilder gezeigt werden.

Methodik

Die Darstellung des von Willebrand-Faktors aus den Thrombozyten erfolgt in drei Schritten:

1. Isolieren und Waschen der Thrombozyten.
2. Zerstörung der Thrombozyten und damit die Freisetzung des vWF-s.
3. Die Multimerenanalyse.

1. Für die Durchführung der Untersuchung benötigt man 20 ml venöses Citratblut, aus dem man durch leichtes Zentrifugieren plättchenreiches Plasma gewinnt. Die weitere Verarbeitung des PRP ist in der Tabelle 1 dargestellt.
   Nach dem letzten Waschen werden die Thrombozyten im Puffer resuspendiert und eingefroren.
2. Die Freisetzung des von Willebrand-Faktors erfolgt nach dem Wiederauftauen durch eine 5minütige Beschallung bei 160 W im Ultraschallbad. Anschließend wird die Multimerenanalyse durchgeführt oder die Proben bis zum Beginn der Analyse bei −20°C eingefroren. Um auszuschließen, daß die dargestellten Oligomeren nicht aus dem Plasma stammen, wird nach dem Waschen, aber noch vor der Beschallung der Thrombozyten auch die Multimerenanalyse durchgeführt. Alle diese Zwischenbestimmungen ergaben keine Multimerenstruktur.
3. Die Multimerenanalyse wurde nach der Methode von Bukh und Ingerslev (1986) mit einigen, nicht wesentlichen Veränderungen durchgeführt. Die Bestimmungen erfolgten aus den zerstörten Thrombozyten und auch aus Plasma. Die

Tabelle 1. Methode für die Isolierung der Thrombozyten

1. Plättchenreiches Plasma (PRP)
2. Zentrifugieren bei 4000 UPM 20 Min. ⟵┐
3. Resuspendieren im Puffer I pH = 7,4 ─┘ 2×
   Puffer I: 0,05 mol/l Tris
   0,15 mol/l NaCl
   0,05 mol/l Natriumcitrat
4. Resuspendieren im Puffer II pH = 8,0
   Puffer II: 10 mmol/l Tris
   1 mmol/l EDTA
   8 mol/l Harnstoff
   2% SDS

Plasmaproben wurden 1:5 verdünnt, die Thrombozyten direkt aus der Resuspension nach der Beschallung verarbeitet. Die SDS- und harnstoffhaltigen Proben wurden bei 60°C im Wasserbad 20 Minuten lang inkubiert, bevor sie in dem SDS-Agarosegel aufgetrennt wurden.
Das Trenngel ist 2%ige SeaKem HGT (P) Agarose in einem 0,375 mol/l Tris-Puffer mit einem SDS-Gehalt von 0,1%, pH = 8,6.
Das Sammelgel ist 0,75%ige Agarose in einem Puffer von 0,125 mol/l Tris und 0,1% SDS, pH = 6,8.
Die Elektrophoresebedingungen sind:

Stromstärke:	15 mA/Platte
Kühlung:	10°C
Trennstrecke:	9 cm
Zeit:	ca. 22 Std.
Elektrophoresepuffer:	Tris-Glycin-SDS-haltig, pH-Werte 8,35

Nach der Elektrophorese werden die aufgetrennten Multimere auf Nitrocellulosemembran eluiert. Der Elutionspuffer ist 0,05 mol/l Natriumphosphatpuffer, pH = 7,5. Die immunspezifische Färbung erfolgt mit peroxidasekonjugiertem Antiserum, als Substrat dient H_2O_2 und DAB.

Ergebnisse – Untersuchungen bei Verdacht auf Thrombozytopathie

Die oben beschriebene Untersuchungsmethode wurde bei verschiedenen geklärten und noch ungeklärten Thrombozytopathien angewendet. Die Tabelle 2 zeigt Laborbefunde, die Abb. 1 und 2 demonstrieren das dazu gehörende Multimerenbild von einigen Patienten mit Verdacht auf Thrombozytopenie.

Die Blutungszeit (BLZ) ist bei den ersten beiden Patienten verlängert, die Ausbreitung normal. Bei der dritten Patientin haben wir eine normale Blutungszeit gemessen, die Ausbreitung war leicht gehemmt. Die kollageninduzierte Aggregation nur bei der ersten Patientin. Die Multimerenanalyse ergab bei den drei Patienten einen normalen Befund im Plasma und in den Thrombozyten. Ein von Willebrand-

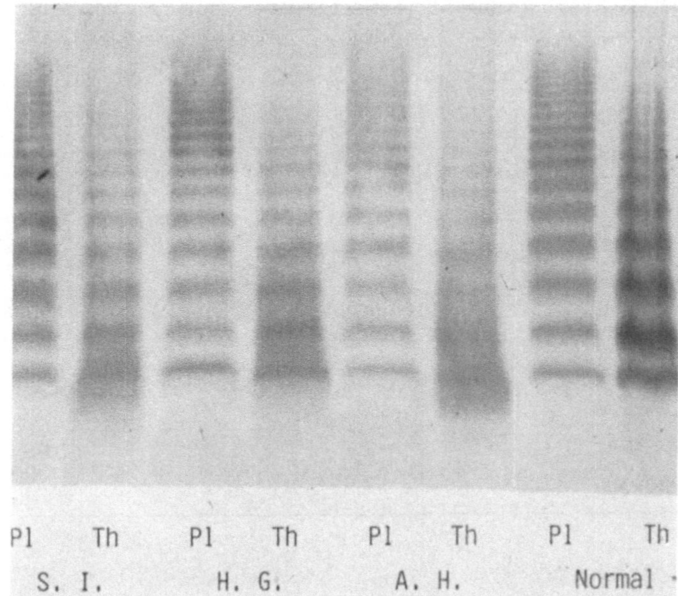

Abb. 1. Multimerenanalyse aus Plasma (Pl) und aus den Thrombozyten (Th) bei ungeklärten Thrombozytopathien

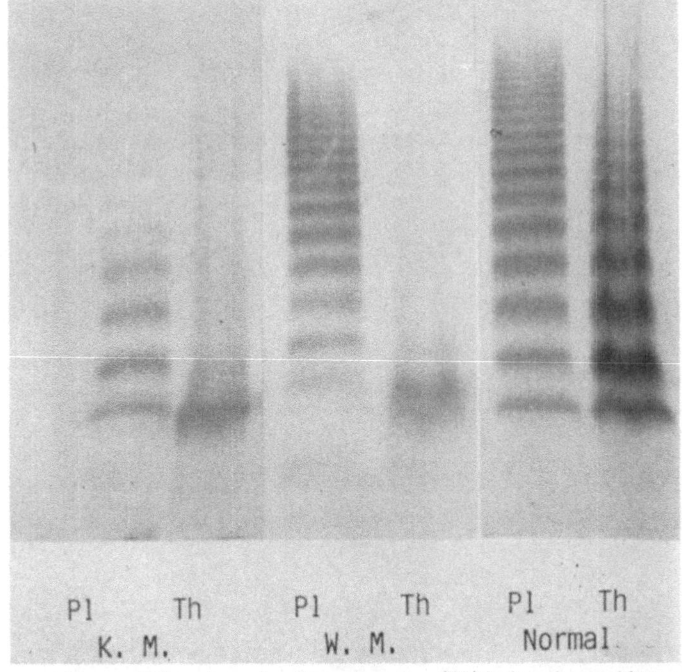

Abb. 2. Multimerenanalyse aus Plasma (Pl) und aus den Thrombozyten (Th) bei noch ungeklärten Thrombozytopathien

Tabelle 2. Laborbefunde bei noch ungeklärten Thrombozytopathien

Name	S.I.	H.G.	A.H.	W.M.
BLZ (Mielke)	11′30″	12′15″	8′45″	11′
Ausbreitung	Normal	Normal	Gehemmt	Normal
Aggregation auf				
ADP	Normal	Gehemmt	Gehemmt	Normal
Kollagen	Normal	Normal	Normal	Normal
Multimerenanalyse				
Plasma	Normal	Normal	Normal	Normal
Thrombozyten	*Normal*	*Normal*	*Normal*	*Abwesend*
F VIII C	115%	115%	100%	120%
F VIII vWF	96%	74%	54%	165%
F VIII R.Cof.	160%	125%	100%	160%
Diagnose:	?	?	?	?

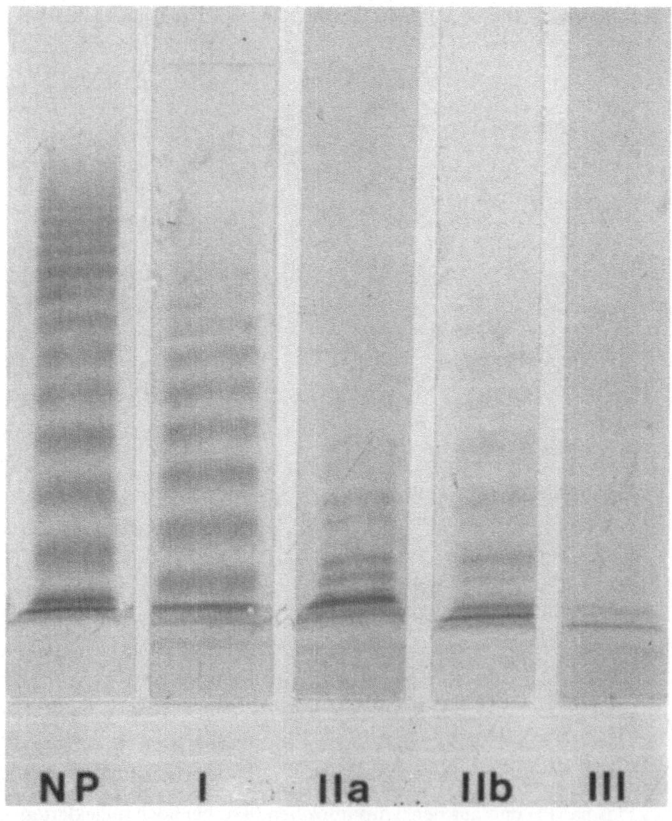

Abb. 3. Multimerenanalyse bei verschiedenen Typen des von Willebrand-Syndroms

Tabelle 3. Laborbefunde bei geklärten Thrombozytopathien

Name	S.A.	P.M.
BLZ (Mielke)	12′	15′
Ausbreitung	Gehemmt	Normal
Retention	50%	77%
Aggregation auf		
ADP	Keine	Desaggregation ↑
Kollagen	Keine	Gehemmt
Multimerenanalyse		
Plasma	Normal	Normal
Thrombozyten	*Abwesend*	*Große abwesend*
Diagnose:	*Thrombasthenie*	*Hermansky-Pudlak-Syndrom*

Syndrom wurde bei diesen Patienten ausgeschlossen. Eine nähere Diagnose der Thrombozytopathie war bisher nicht möglich. Zum Vergleich zeigt die Abb. 3 ein typisches Bild der Multimerenanalyse des von Willebrand-Syndroms.

Bei der vierten Patientin in der Tabelle 2 wurde eine verlängerte Blutungszeit bei normaler Ausbreitung und Aggregation beobachtet. Im Plasma wurde ein normales Multimerenbild gefunden, in den Thrombozyten konnten jedoch die vWF-Multimeren nicht gefunden werden.

Auf der Tabelle 3 werden Befunde von zwei Patienten mit geklärter Thrombozytopathie gezeigt. Die Blutungszeit ist bei beiden verlängert, die Ausbreitung bei S.A. gehemmt. Bei dieser Patientin war weder mit ADP noch mit Kollagen eine Aggregation auszulösen. Die Multimerenanalyse (Abb. 4) zeigte im Plasma ein normales Bild, in den Thrombozyten waren keine Multimere nachzuweisen. Nach den Laborbefunden und dem klinischen Bild konnten wir die Diagnose Thrombasthenie stellen.

Bei der Patientin P.M. fand sich eine normale Ausbreitung, die Aggregation auf Kollagen war gehemmt, mit ADP fand sich eine gesteigerte Desaggregation. Die Multimeren im Plasma ergaben ein normales Bild. Die aus den Thrombozyten dargestellten Oligomeren sehen dem von Willebrand-Syndrom Typ IIb sehr ähnlich. Die großen Multimere sind abwesend, die kleinen und intermediären sind sichtbar. Aufgrund der typischen Laborbefunde und des Albinismus der Patientin wurde die Diagnose Hermansky-Pudlak-Syndrom gestellt (Sayegh et al. 1980).

Zusammenfassend kann festgestellt werden, daß die Multimerenanalyse aus den Thrombozyten möglicherweise einen weiteren Beitrag in der Untersuchung und Beurteilung der verschiedenen Thrombozytopathien leisten könnte. Sie ist eine einfache, gut reproduzierbare Methode. Inwieweit die Multimerenanalyse der Thrombozyten eine Klassifikation der vielen, noch nicht eindeutig definierten und diagnostizierten Thrombozytopathien ermöglicht, muß anhand größerer Untersuchungsreihen festgestellt werden.

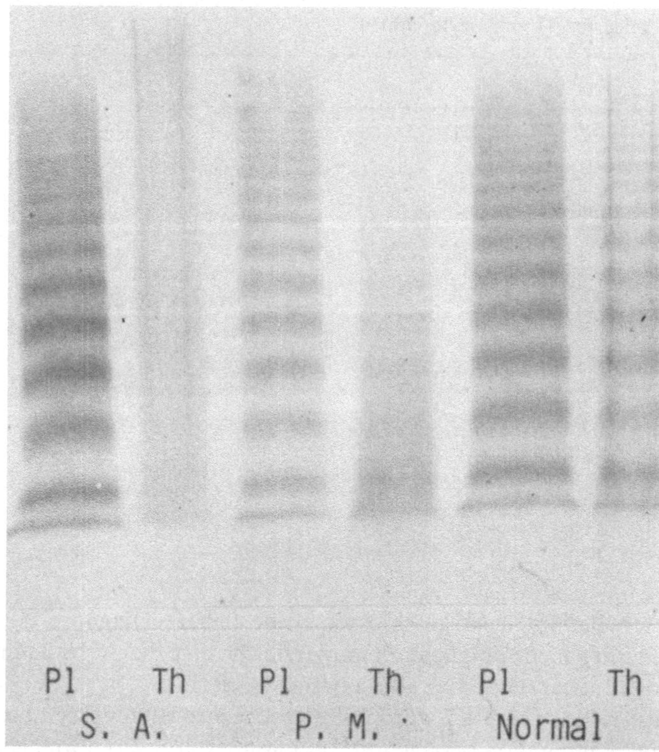

Abb. 4. Multimerenanalyse aus Plasma (Pl) und aus den Thrombzyten (Th) bei Thrombasthenie und Hermansky-Pudlak-Syndrom

Literatur

1. Bukh A, Ingerslev S, Stenbjerg S, Hundahl Møller NP (1986) The multimeric structure of plasma F VIII:Ag studied by electroelution and immunoperoxydase detection. Thromb Res 43:579
2. Sayegh A, Scharrer I, Breddin K (1980) Gerinnungsbefund und Plättchenfunktion bei einer Patientin mit Hermansky-Pudlak-Syndrom. Praktische Anwendung der Thrombozytenfunktionsdiagnostik. Georg Thieme Verlag: Stuttgart, New York 115

Analyse von Plättchenglykoproteinen bei Thrombozytopathien mittels Lektin-Avidin-Biotin-Peroxidase-Technik (LABP-Technik)

B. KEHREL, R. KOKOTT, W. STENZINGER, L. BALLEISEN (Münster)

Die Glykoproteine der Plättchen spielen eine bedeutende Rolle bei der Interaktion der Plättchen mit ihrer Umgebung und untereinander [1].

Einen Überblick über die Plättchenproteine gibt Abb. 1, eine zweidimensionale Auftrennung nach CLEMETSON [2] von 50 µg gepooltem Plättchenprotein von 5 gesunden Spendern. Die Proteine wurden durch Silberfärbung dargestellt. Man kann Hunderte von einzelnen Proteinspots erkennen. Interessiert man sich speziell für die Glykoproteine, so ist die gemeinsame Darstellung aller Plättchenproteine zu unübersichtlich.

Die klassische Methode zum Nachweis von Glykoproteinen ist die Oxidation mit Perjodsäure und anschließende Behandlung mit Schiff's Reagenz. Da diese Methode wenig sensitiv ist, benötigt man große Mengen Protein, und zwar für ein einziges Protein etwa die gleiche Menge, die bei der LAPB-Technik als Gesamtmenge an Protein eingesetzt wird.

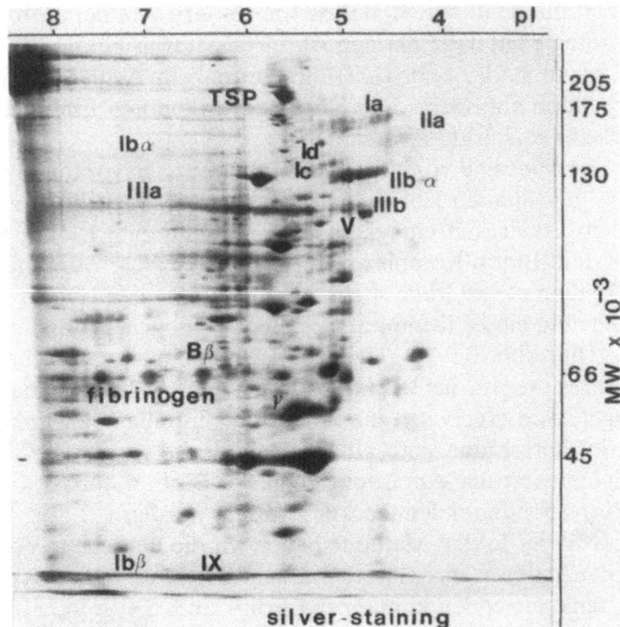

Abb. 1. Plättchenprotein (50 µg), gepoolt von 5 gesunden Spendern, aufgetrennt mit zweidimensionaler Gelelektrophorese, Silberfärbung

AUFARBEITUNG DER THROMBOZYTENPROTEINE
↓
ISOELEKTRISCHE FOKUSSIERUNG
↓
SDS-PAGE
↓
WESTERN BLOT
↓
LABP-TECHNIK

Abb. 2. Bestimmung von Plättchenglykoproteinen

Eine andere Möglichkeit sind radioaktive Oberflächenmarkierungen z. B. mit ^{125}J oder Na^3HB_4. Auch diese haben gravierende Nachteile. Nicht in jedem Labor ist das Arbeiten mit solchen radioaktiven Substanzen möglich. Autoradiographische und fluorographische Methoden sind sehr zeitaufwendig und man muß bis zu 4 Wochen auf das Ergebnis warten. Die markierten Spots erscheinen diffus und kleinere Flecken können von stark markierten Substanzen überdeckt werden, was gerade bei der Darstellung von Plättchenglykoproteinen eine Rolle spielt.

Wir haben eine Methode etabliert, die die schnelle und einfache Analyse von Plättchenglykoproteinen erlaubt [3] (Abb. 2). Dazu wurde gesunden Spendern ACD-Blut abgenommen, die Thrombozyten gewaschen und lysiert. Eine Auftrennung der Plättchenglykoproteine erfolgte durch zweidimensionale Gelelektrophorese. In der ersten Dimension wurden die Proteine durch isoelektrische Fokussierung nach ihrer Ladung, in der zweiten Dimension durch SDS-Page nach ihrer molaren Masse getrennt. Die aufgetrennten Proteine wurden anschließend mit dem Western Blotting Verfahren auf Nitrozellulose transferiert. Auf der Nitrozellulose wurden die Glykoproteine mit den Lektinen Abrus precatorius Lektin (AP), Concanavalin A (ConA), Lens culinaris Lektin (LC) und Weizenkeim Agglutinin (WGA) über eine Peroxidasereaktion angefärbt. Die Färbung wurde durch Einfügen eines Avidin-Biotin-Komplexes verstärkt.

Lektine sind vorwiegend im Pflanzenreich vorkommende Proteine, die spezifisch mit bestimmten Kohlenhydraten reagieren. Avidin, ein basisches Glykoprotein aus dem Eiklar, hat eine sehr hohe Affinität zum Biotin. So ist ein einmal gebildeter Avidin-Biotin-Komplex stabil gegenüber Waschvorgängen und Inkubationen. Jedes Avidinmolekül kann 4 Biotinmoleküle binden. Daher kommt es durch Zwischenschalten dieses Komplexes zu einer erheblichen Verstärkung der Sensitivität.

Die Abb. 3a–3d zeigen die Anfärbemuster, welche sich bei Verwendung von Abrus precatorius Lektin, Concanavalin A, Lens culinaris Lektin und Weizenkeimagglutinin ergeben. Eine Anfärbung mit allen vier Lektinen gemeinsam auf einem Blot liefert eine gute Übersicht über die gesamten Glykoproteine (Abb. 4). Die Selektivität der Anfärbung zeigt der Blot in Abb. 5, bei dem zu den Lektinen die korrespondierenden Zucker zugefügt wurden.

Mit der LABP-Methode haben wir die Plättchenglykoproteine von Patienten mit Glanzmann's Thrombasthenie und Bernard-Soulier-Syndrom untersucht. Für diese Krankheitsbilder konnten Nurden und Caen [4, 5] das Fehlen oder die starke Verminderung der Glykoproteine IIb/IIIa bzw. Ib nachweisen. Im Proteinmuster von

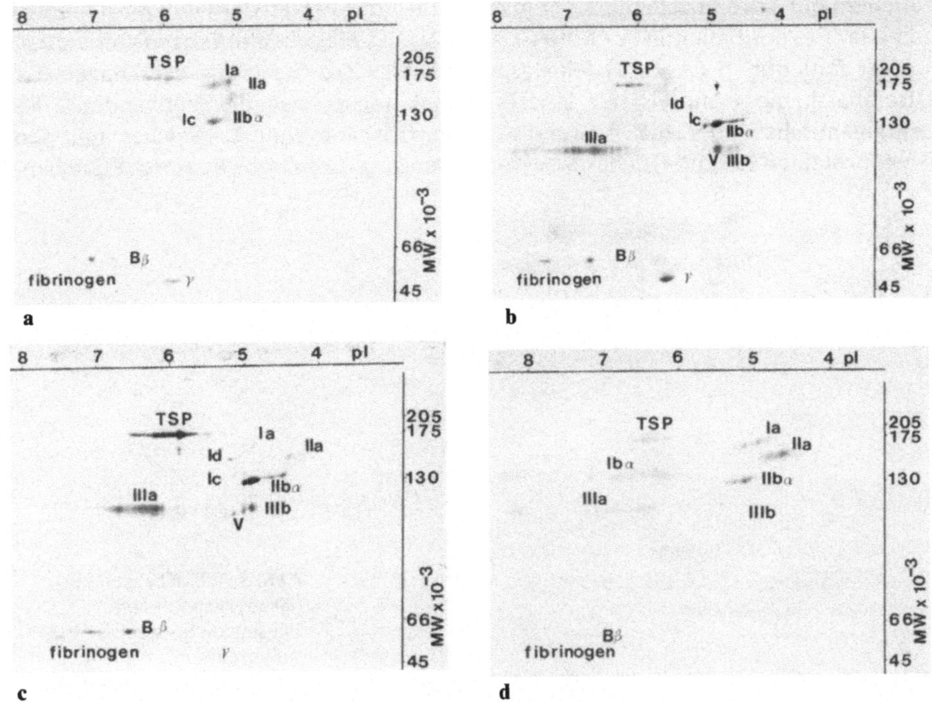

Abb. 3a–3d. Plättchenprotein (50 μg), gepoolt von 5 gesunden Spendern, aufgetrennt mit zweidimensionaler Gelelektrophorese, Transfer auf Nitrozellulose mit Western Blot, LABP-Färbung mit Abrus precatorius Lektin (**a**), Concanavalin A (**b**), Lens culinaris Lektin (**c**), Weizenkeimagglutinin (**d**)

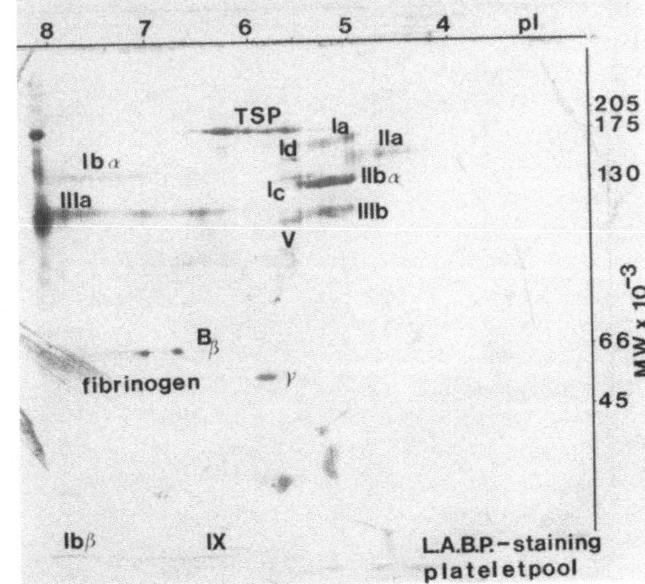

Abb. 4. Plättchenprotein (50 μg), gepoolt von 5 gesunden Spendern, aufgetrennt mit zweidimensionaler Gelelektrophorese, Transfer auf Nitrozellulose mit Western Blot, LABP-Färbung mit Mischung aller vier Lektine

Patienten mit Thrombasthenie sieht man deutlich das Fehlen der Glykoproteine IIb und IIIa. Bei der Patientin A (Abb. 6) ist nur wenig Plättchenfibrinogen vorhanden, bei der Patientin B (Abb. 7) fehlt es vollständig. Zur Sicherung der Diagnose – Thrombasthenie – mittels der LABP-Technik eignet sich die Verwendung des Lektingemisches oder die Anwendung von Concanavalin A, welches mit den Glykoproteinen IIb und IIIa besonders stark reagiert. Die Darstellung der Plättchen-

Abb. 5. Plättchenprotein (50 μg), gepoolt von 5 gesunden Spendern, aufgetrennt mit zweidimensionaler Gelelektrophorese, Transfer auf Nitrozellulose mit Western Blot, Kontrolle zur LABP-Technik durch Zugabe der korrespondierenden Zucker

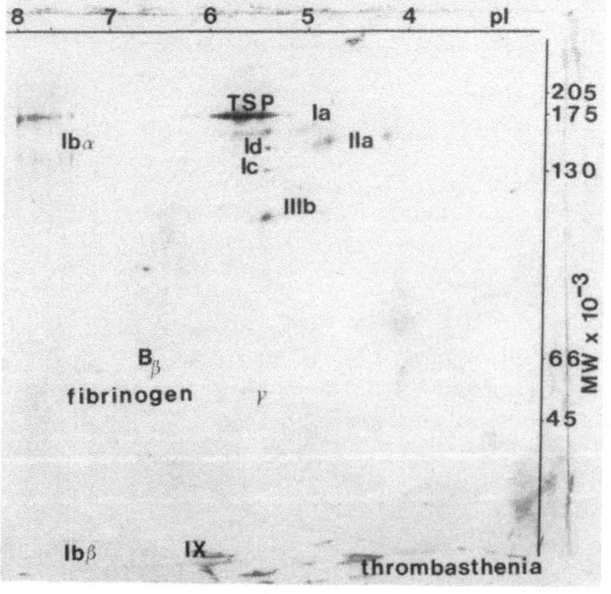

Abb. 6. Plättchenprotein (50 μg), Patientin A mit Glanzmann's Thrombasthenie, aufgetrennt mit zweidimensionalen Gelelektrophorese, Transfer auf Nitrozellulose mit Western Blot, LABP-Färbung mit Mischung aller vier Lektine

glykoproteine von Patienten mit Bernard-Soulier-Syndrom zeigt Abb. 8. Zur Diagnose dieser Krankheit eignet sich Weizenkeimagglutinin besonders gut, da es eine hohe Affinität zum Glykoprotein Ib hat.

Die LABP-Methode ermöglicht eine schnelle und zuverlässige Diagnose bekannter Thrombozytopathien sowie darüber hinaus die Beschreibung bisher unbekannter Plättchendefekte.

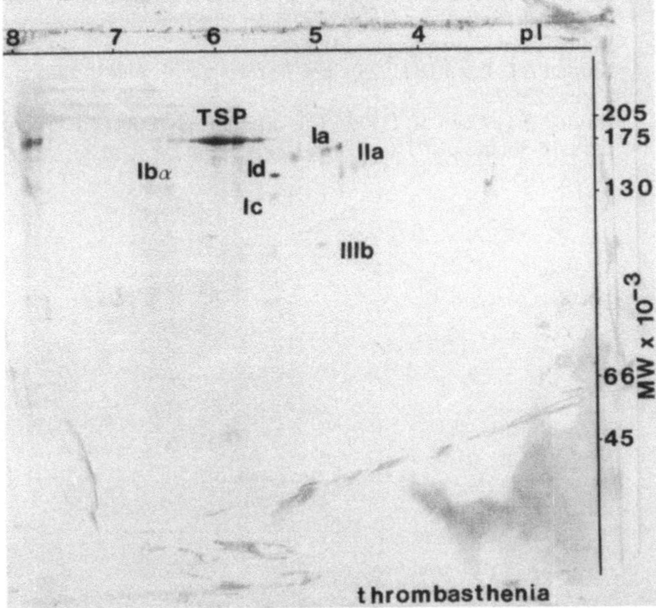

Abb. 7. Plättchenproteine (50 μg), Patientin B mit Glanzmann's Thrombasthenie, aufgetrennt mit zweidimensionaler Gelelektrophorese, Transfer auf Nitrozellulose mit Western Blot, LABP-Färbung mit Mischung aller vier Lektine

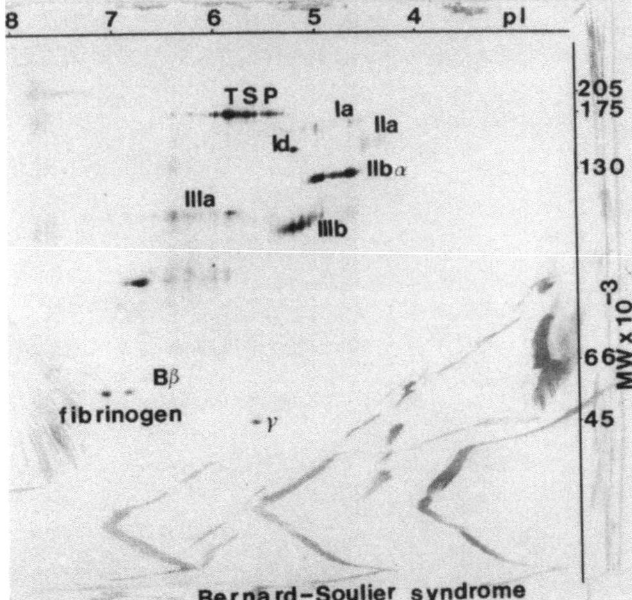

Abb. 8. Plättchenprotein (50 μg), Patient mit Bernard-Soulier-Syndrom, aufgetrennt mit zweidimensionaler Gelelektrophorese, Transfer auf Nitrozellulose mit Western Blot, LABP-Färbung mit Mischung aller vier Lektine

Literatur

1. Clemetson KJ, Capitanio A, Lüscher EF (1979) High resolution two-dimensional gel electrophoresis of the proteins and glycoproteins of human blood platelets and platelet membranes. Biochim Biophys Acta 553:11
2. Clemetson KJ (1985) Glycoproteins of the platelet plasma membrane. In: George JN, Nurden AT, Phillips DR (eds) Platelet Membrane Glycoproteins. Plenum Press, New York 51
3. Kehrel B, Kokott R, Stenzinger W, Balleisen L, Clemetson KJ, van de Loo J (zur Publikation eingesandt) Selective staining of platelet glycoproteins using two-dimensional gel electrophoresis and biotin-avidin-conjugated lectins.
4. Nurden AT, Caen JP (1975) Specific roles for platelet surface glycoproteins in platelet function. Nature 255:720
5. Nurden AT, Caen JP (1979) The different glycoprotein abnormalities in thrombasthenic and Bernard-Soulier platelets. Semin Hematol 16:234

Diskussion

SCHRAMM (München):

Wir haben jetzt sehr schöne Beiträge zur Pathophysiologie und bereits auch zur Diagnostik der Thrombozytopathien gehört. Den ersten Teil der Diskussion sollten wir mehr auf die Pathophysiologie richten und dann auf die mehr diagnostischen Fragen eingehen.

BREEDERVELD (Amsterdam):

We have demonstrated in the endothelial cells in a new born baby with severe Glanzmann trombastenia a normal expression of IIb, IIIa Glycoproteins and the platelets were absent. I wonder whether you could comment on that.

CLEMETSON (Bern):

I think it's a very interesting observation. I think it's not altogether surprising. I would predict that one would see a variation in the expression of IIb and IIIa. Even when they are absent on platelets that doesn't necessarily mean that they will be absent on other cells in principle expressed analog.

POLLMANN (Münster):

Ich möchte Frau Scharrer zum aspirin-like-defect fragen, welche Möglichkeiten der Voraussage einer Blutungswahrscheinlichkeit bei einer Operation besteht. Kann man an der Länge der Blutungszeit die Schwere der Thrombozytenstörung erkennen?

Frau SCHARRER (Frankfurt):

Die Frage ist sehr schwer zu beantworten. Normalerweise sollte bei dem aspirin-like-defect die Blutungszeit erheblich verlängert sein, aber auch wir haben Patienten beobachtet, bei denen sie nur grenzwertig verlängert war.

SUTOR (Freiburg):

Die hervorragende Zusammenstellung der diagnostischen Abklärung bei Patienten mit Thrombasthenien und Thrombozytopathien von Frau Scharrer ist nach unserer Erfahrung bei kleinen Kindern nicht anwendbar, da zu wenig Blut verfügbar ist. Wir sind daher sehr früh dazu übergegangen, die Plättchenfunktion im Vollblut zu messen mit vereinfachten Methoden unter Hinzufügen von Aggregantien. Ein kinetischer Ablauf ist dabei nicht erkennbar, doch zählen wir die Plättchen vorher und nachher und erhalten recht verläßliche Ergebnisse. So gehen wir mehr und mehr dazu über, mit Vollblut zu arbeiten. Haben Sie dazu Erfahrungen?

Frau SCHARRER (Frankfurt):

Wir haben dazu nur geringe Erfahrungen, da wir mehr mit Blut von Erwachsenen arbeiten. Ich würde aber sagen, daß eine Ja/Nein-Antwort mit diesen Methoden möglich ist. Eine nähere Differenzierung ist vielleicht etwas schwierig.

SCHRAMM (München):

Da wir jetzt schon bei der Diagnostik sind, möchte ich eine Frage zum ersten Thema an Frau Kehrel richten. Sie sagten, Sie wollten neue Thrombopathien finden. Haben Sie denn schon eine gefunden?

Frau KEHREL (Münster):

Wir haben eine Patientin gefunden mit einer isolierten Collagen-Thrombozyten-Interaktionsstörung. Das ist eine Patientin, die zwar blutet, neun Tage lang Regelblutungen hat und auch immer wieder auftransfundiert werden mußte. Die Plättchenaggregation durch alle bekannten Agonisten, außer Collagen, ist normal. Nur mit Collagen benötigt man extrem hohe Dosen, um die Plättchen zur Aggregation zu bringen. Die Plättchenretraktion ist nicht vorhanden. Bei dieser Patientin konnten wir feststellen, daß das Glykoprotein I a und das Corresponding fehlt.

BALLEISEN (Hamm):

Wir haben mehrere Patienten mit isolierten Collagen-Thrombozyten-Funktionsstörungen. Diese Patientin, die Frau Kehrel mit dem zusätzlichen Thrombospondin-Mangel analysiert hat, ist eine, bei der Typ I-Collagen nicht aggregiert. Wir haben andere, die mit Typ III-Collagen nicht aggregieren. Ich sage jetzt nicht, was nach unserer Vermutung dahintersteckt, aber sicherlich nicht der Defekt, der jetzt bei dem Typ I gefunden worden ist.

SCHRAMM (München):

Dazu darf man vielleicht noch anfügen, daß der Begriff Collagen-Thrombopathie von unserem verehrten Lehrer Marx stammt.

VINAZZER (Linz):

Frau Scharrer, Sie haben sicherlich hundertprozentig richtig gesagt, daß Sie bei der Thrombasthenie nur mit Ristocetin aggregieren können. Jetzt habe ich diese Aggregation bei meinen sämtlichen Thrombasthenie-Patienten durchgeführt. Man erreicht sicher anfangs eine normale Aggregation. Läßt man aber das Aggregometer länger laufen, so findet man bei allen Fällen – und nur bei der Thrombasthenie – anschließend eine partielle Desaggregation mit Ristocetin.

MARX (München):

Die einfachste Methode in der Praxis ist auch heute noch die subaquale Blutungszeit und die Aggregation mit ADP. Man braucht nur einen Tropfen in thrombozytenreiches Plasma zu geben, schütteln und wird dann sehen, daß keine Aggregation auftritt. Zusätzlich sollte man in einem Kapillarblutausstrich nachsehen, ob die Thrombozyten groß sind und beisammen liegen oder nicht. Ich bin immer für schnelle Sachen und erwähne die anderen daher nicht.

Frau Scharrer (Frankfurt):

Ich denke, daß ich gerade die einfachsten Methoden – nochmals zu Ihrer Erinnerung – dargestellt habe.

Noch einmal zu Herrn Vinazzer: Ich glaube, daß es gerade darauf ankommt, wenn Sie drei oder vier Aggregationsmessungen mit verschiedenen Aggregationsauslösern machen, zunächst eine Verdachtsdiagnaose zu bekommen. Aufgrund dieses vorgestellten Spektrums ist zunächst nur die Verdachtsdiagnose möglich. Es ist wichtig, daß Sie nur mit Ristocetin thrombasthenische Plättchen aggregieren können. Es ist selbstverständlich, daß Sie danach eine Desaggregation bekommen, aber die Auslösung ist für die Differentialdiagnose und Verdachtsdiagnose wichtiger.

Marx (München):

Ich möchte etwas zur Desaggregation sagen. Schon nach unseren alten Untersuchungen sind Pharmaka der verschiedensten Art für die Desaggregation verantwortlich. Das ist etwas, was in der ganzen Zeit der therapeutischen Bemühungen mit Thrombozytenwirkstoffen überhaupt nicht berücksichtigt worden ist. Dabei ist es relativ einfach: Man braucht nur zu warten, was dann nach einem Ablauf passiert. Man müßte dann also an Stelle von neuen Thrombozytopathien ein verursachendes Medikament finden.

Frau Scharrer (Frankfurt):

Ich hatte auch schon darauf hingewiesen, daß das eine große Fehlermöglichkeit bei Aggregationsmessungen sein kann.

Köhler (Homburg/Saar):

Ich habe noch eine Frage zur Pathophysiologie. Es ist doch überraschend, daß die Thrombozytopathien oft eine verkürzte Thrombozytenüberlebenszeit haben. Herr Morgenstern, unser Biologe, der die elektronenmikroskopischen Aufnahmen macht, sagt eigentlich oft, daß die Thrombozyten bei einem Teil der Thrombozytopathien, die zu uns kommen, aktiviert aussehen, so daß sich dadurch die verkürzte Überlebenszeit erklären könnte. Meine Frage ist nun: Hat man bei diesen Thrombozytopathien differente Antigene oder Oberflächenstrukturen festgestellt? Weiß das Herr Clemetson, ob also sozusagen neue dazugekommen sind.

Clemetson (Bern):

Ich glaube nicht, daß man eine neue Struktur gefunden hat. Aber natürlich hat man diese sehr wichtigen Membran Glykoproteine und z. B. IIb, IIIa gefunden, und das ist ein relativ großer Teil der Oberflächenglykoproteine. Das Ib kommt dann dazu.

Schramm (München):

Frau Scharrer, welche Tests sind Ihrer Meinung nach in der Diagnostik der Thrombopathie als obligat zu fordern, und welche sehen Sie nur als fakultativ an?

Frau Scharrer (Frankfurt):

Diese Frage ist sehr schwierig zu beantworten. Bei Verdacht auf eine Thrombozytopathie würde ich zunächst Aggregationsmessungen, Adhäsionsmessungen und Messungen über die Ausbreitung und die Blutungszeit vornehmen. Mit Hilfe dieser vier Untersuchungen kann man nur den Verdacht haben. Damit kann es einem leider auch passieren, daß man eine interessante Thrombopathie übersieht. Eigentlich müßte man das gesamte Spektrum und zusätzlich die Glykoproteinbestimmung an der Membran messen.

Frau Barthels (Hannover):

Ich wollte noch einfügen, daß der Prothrombinverbrauchstest und die Retraktion für mich zum primären Handwerkszeug der Diagnostik gehören, und es beruhigt einen sehr, wenn beide Tests normal ausfallen.

Frau Scharrer (Frankfurt):

Gerade hinsichtlich der Retraktion würde ich nicht mit Ihnen übereinstimmen, weil die Retraktion sehr empfindlich auf die Thrombozytenzahl reagiert. Bei der Verminderung ist sie pathologisch. Nur bei der Thrombasthenie ist sie vermindert. Gerade die Retraktionsmessung ist aufgrund meiner Erfahrung eher wenig geeignet für Diagnostik und Differentialdiagnose der Thrombozytopathie.

Balleisen (Hamm):

Man muß sich ein Screening zurechtlegen, mit dem man zunächst diagnostisch bei Patienten mit klinischer Blutungsneigung vorgehen kann. Wenn damit keine Abklärung gelingt, müssen alle Untersuchungen hinzugezogen werden, um auch seltene Störungen auszuschließen. Es kann auch mal isolierte Prostaglandinstoffwechselstörungen geben, oder es ist nur der Kalziumstoffwechsel betroffen, was wir beim Screening nicht erfassen.

Schramm (München):

Ich möchte es offen lassen, ob man bei geringer Blutungsneigung das ganze Spektrum der Diagnostik durchführen soll.

Frau Scharrer (Frankfurt):

Herr Schramm, da muß ich Ihnen leider widersprechen, da die Thrombozytopathien meist dadurch gekennzeichnet sind, daß sie minimale Blutungsneigungen haben. Dadurch sind sie oft Stiefkinder der Hämostaseologie und werden häufig übersehen.

Schramm (München):

Es ist sicher keine Frage, daß diese Untersuchungen wünschenswert sind. Mir ging es jedoch darum, womit man in der Routine als erstes beginnen soll.

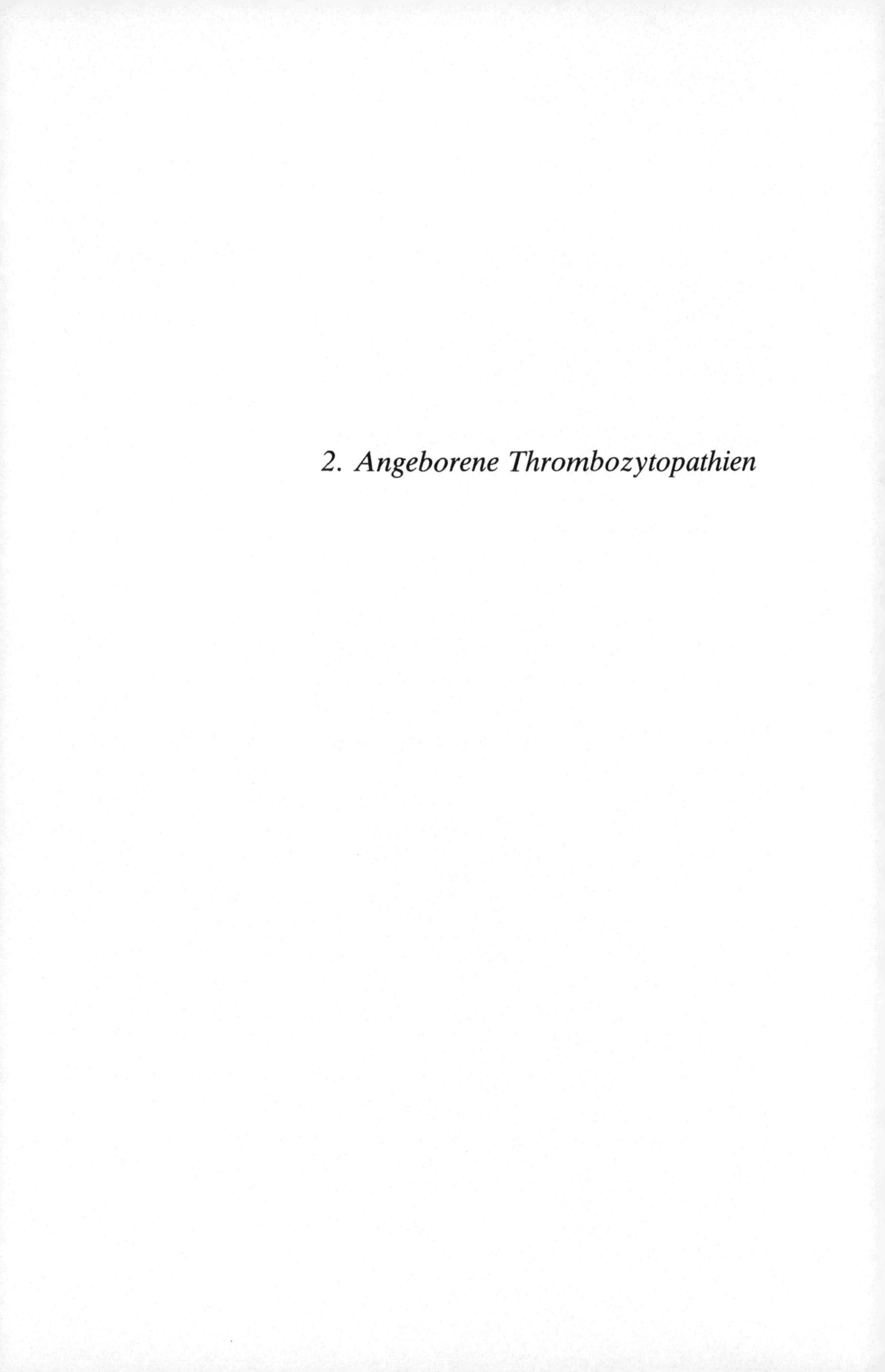

2. Angeborene Thrombozytopathien

Die Thrombasthenie

H. NIESSNER, S. PANZER, P. KYRLE (Wien)

Versucht man eine *Definition* der (GLANZMANN-NAEGELI) Thrombasthenie (Tabelle 1), so handelt es sich um eine hämorrhagische Diathese vom „thrombozytären Blutungstyp" mit autosomal-rezessivem Erbgang, der eine Störung im Bereich des Plättchenmembranglykoproteins IIb/IIIa (siehe vorangegangenes Referat von K. J. CLEMETSON) zugrunde liegt, woraus ein für die Diagnose wichtiger, charakteristischer Defekt der Plättchenaggregation resultiert. Eine kleine Einschränkung erfährt diese Definition insofern, als in allerletzter Zeit über einen Fall von erworbener Thrombasthenie berichtet wurde (NIESSNER et al. 1986).

Tabelle 1. Thrombasthenie

Definition:
- Hämorrhagische Diathese vom „thrombozytären Blutungstyp"
- Autosomal-rezessiver Erbgang (sehr selten erworben)
- Störung im Bereich des Plättchenmembranglykoproteins IIb/IIIa
- Charakteristischer Defekt der Plättchenaggregation

Über die *Häufigkeit* der Thrombasthenie liegen keine genaueren Zahlen vor. Es handelt sich aber zweifelsohne, und dies gilt ja wohl generell für die angeborenen Thrombozytopathien, um eine sehr seltene Erkrankung. Wir überblicken derzeit etwa 8 homozygote Fälle mit Thrombasthenie. Daraus resultiert unter Berücksichtigung des Einzugsgebietes eine Häufigkeit von etwa 1 Fall pro 500000 Einwohner.

Klinik der Thrombasthenie (Tabelle 2)

Wie schon erwähnt, ist die Klinik der homozygoten Formen der Thrombasthenie durch einen „thrombozytären Blutungstyp" gekennzeichnet. Alleine anhand der klinischen Symptomatik ist eine Unterscheidung einer Thrombasthenie von anderen Thrombozytopathien oder aber von Thrombozytopenien nicht möglich. Im Vordergrund stehen Hämatome sowie eine Purpura im Bereich der Haut und insbesondere Schleimhautblutungen wie Zahnfleischbluten, Epistaxis und Menorrhagien. Die erwähnten Blutungskomplikationen können spontan, insbesondere aber auch schon

Tabelle 2. Klinik der Thrombasthenie (Homozygote)

- „Thrombozytärer Blutungstyp"
  Hautblutungen: Purpura, Hämatome
  Schleimhautblutungen: Zahnfleischbluten, Epistaxis, Menorrhagien
- Blutungskomplikationen treten auf:
  spontan,
  nach (in)adäquaten Traumen
  (unmittelbar) postoperativ
- Schwere der Symptomatik variiert von Patient zu Patient

nach inadäquaten Traumen und peri- bzw. unmittelbar postoperativ auftreten. Im Gegensatz zu Koagulopathien sind aber Muskelhämatome sowie Gelenksblutungen, aber auch cerebrale Blutungen bei einer Thrombasthenie eher seltene Ereignisse. Erwähnt sollte noch werden, daß die Schwere der Symptomatik von Patient zu Patient beträchtlich variieren kann. Eine Korrelation des Schweregrades der Blutungsneigung zu dem für die Thrombasthenie charakteristischen Plättchenaggregationsdefekt ist nicht gegeben. Caen (1972) hat einen Typ I der Thrombasthenie mit schwerer klinischer Symptomatik einer leichteren Form, die als Typ II bezeichnet wurde, gegenübergestellt.

Laboratoriumsdiagnostik der Thrombasthenie (Tabelle 3)

Die hier angeführten diagnostischen Kriterien gelten nur für die homozygote Form der Thrombasthenie. Außerdem sei auf die Ausführungen von K. J. Clemetson sowie I. Scharrer hingewiesen.

Der für die Diagnose einer Thrombasthenie wichtigste und praktisch beweisende, relativ leicht zu erhebende Befund ist ein charakteristisches, pathologisches Aggregationsmuster. Während sich mit ADP, Kollagen, aber auch Thrombin, Epinephrin, Arachidonsäure sowie auch Serotonin (5-HT) selbst mit noch so großen Konzentrationen keine Aggregation im plättchenreichen Plasma einer Thrombasthenie auslösen läßt, ist die Ristocetin- oder auch mit bovinem F VIII-induzierte Agglutination positiv.

Tabelle 3. Laboratoriumsdiagnostik der Thrombasthenie (Homozygote)

● Charakteristisches Aggregationsmuster	
ADP, Kollagen	negativ
Ristocetin	positiv
● Blutungszeit	verlängert
● Retention (Glas)	vermindert
● Retraktion	vermindert
● GP IIb/IIIa	fehlt

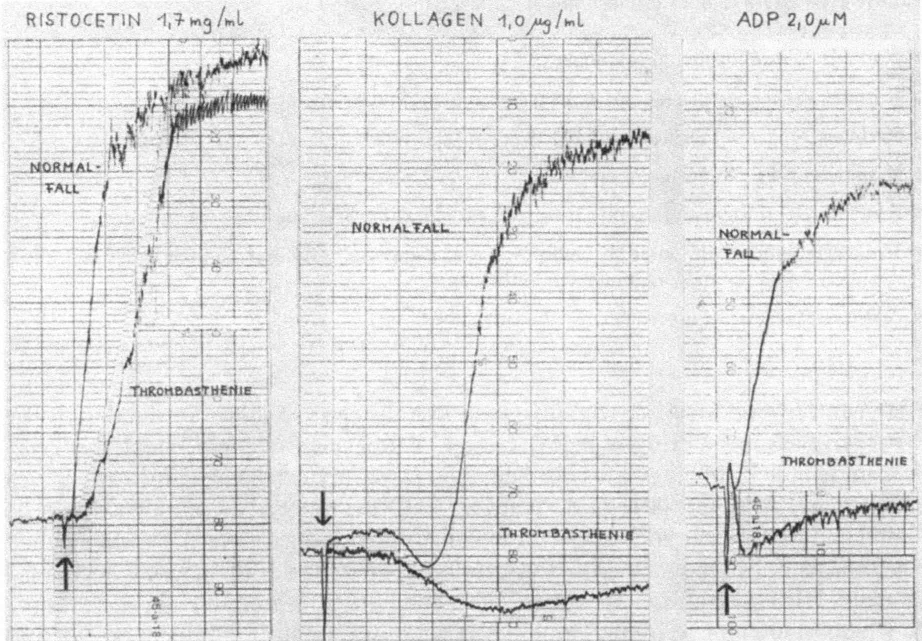

Abb. 1. Gegenüberstellung der Aggregationskurve eines Normalfalles einerseits und eines Falles mit Thrombasthenie andererseits. Wiedergegeben ist die Aggregation mit Ristocetin (Konzentration 1,7 mg/ml plättchenreiches Plasma), Kollagen (1,0 mcg/ml/PRP) und ADP (2,0 mcmol/ml)

In Abb. 1 sind die Original-Aggregationskurven eines Falles mit Thrombasthenie einem Normalfall gegenübergestellt. Im plättchenreichen Plasma der Patienten mit Thrombasthenie ließ sich weder durch ADP noch durch Kollagen eine Aggregation auslösen, dagegen kam es nach der Zugabe von Ristocetin zu einer positiven Agglutination. Als Folge dieses „pure failure" der primären Plättchenaggregation ist nicht nur die Blutungszeit (bei normaler Thrombozytenzahl) verlängert, sondern auch die Retention an Glasperlen stark vermindert sowie auch die Retraktion als für die Thrombasthenie charakteristischer Befund herabgesetzt (Tabelle 3). Pathophysiologisch liegt dem Aggregationsdefekt eine Störung im Bereich des Plättchenmembranglykoproteins IIb/IIIa zugrunde (siehe Beitrag K. J. Clemetson im vorliegenden Band), die sich sowohl biochemisch als auch immunologisch mit monoklonalen Antikörpern nachweisen läßt. Weiters sei erwähnt, daß thrombasthenische Plättchen PLA^1 negativ sind, da PLA^1 am Glykoprotein IIIa lokalisiert ist.

In Tabelle 4 sind weitere bei der Thrombasthenie beschriebene Laboratoriumsbefunde angeführt (Übersicht bei Hardisty 1983). Die Thrombozytenmorphologie ist in der Regel sowohl licht- als auch elektronenmikroskopisch unauffällig.

Thrombasthenische Plättchen adhärieren normal an kollagene Fibrillen sowie auch an aortales Subendothel. Das Plättchenfibrinogen sowie auch das Faktor VIII-assoziierte Protein ist zumindest bei einem Teil der Fälle mit Thrombasthenie in den

Tabelle 4. Weitere Laboratoriumsbefunde bei der Thrombasthenie

- Normale Thrombozytenmorphologie
- Normale Plättchenadhäsion an: Kollagene Fibrillen, Subendothel der Aorta
- Verminderung von Fibrinogen und VIII:Ag in Plättchen
- Verminderte PF-3-Verfügbarkeit
- ADP: bindet normal an thrombasthenische Plättchen, bewirkt normalen „shape change“
- Thrombin: bindet normal an thrombasthenische Plättchen, stimuliert normale 5-HT-Sekretion, löst normale Thromboxansynthese aus
- Arachidonsäure: löst normale Thromboxansynthese aus

Plättchen vermindert. Auch wird über eine – wenn auch variable – Verminderung der Plättchen-Faktor-3-Verfügbarkeit berichtet. Wenn auch thrombasthenische Plättchen im Hinblick auf die Auslösung einer Aggregation sowohl auf endogenes als auch auf exogenes ADP refraktär sind, so bindet ADP aber normal an thrombasthenische Plättchen und bewirkt auch einen normalen „shape change“. Auch Thrombin zeigt eine normale Bindung an thrombasthenische Plättchen und bewirkt auch eine normale 5-HT-Sekretion. Weiter wird sowohl durch Thrombin als auch durch Arachidonsäure eine normale Thromboxansynthese ausgelöst. Diese mehr in pathophysiologischer Hinsicht als im Hinblick auf die Diagnostik interessanten Befunde lassen sich so zusammenfassen, daß alle Plättchenfunktionen, die nicht von der Aggregation abhängig sind, bei thrombasthenischen Plättchen normal sind. Insbesondere betrifft dies, außer dem bereits erwähnten „shape change“, auch die Freisetzungsreaktionen.

In Abb. 2 sind die Untersuchungsergebnisse von 9 Patient(inn)en mit einer hämorrhagischen Diathese vom „thrombozytären Blutungstyp“ wiedergegeben. In allen 9 Fällen fand sich ein für eine Thrombasthenie charakteristisches Befundspektrum: Bei einer sowohl mit der Methodik nach Duke als auch nach Ivy gemessenen, stark verlängerten Blutungszeit fand sich eine stark verminderte Plättchenretention sowie eine verminderte Retraktion der Blutplättchen. Insbesondere aber war der Aggregationsdefekt mit einer negativen ADP- und Kollagen-induzierten Plättchenaggregation, aber positiven Ristocetinagglutination charakteristisch für eine Thrombasthenie. Die weitere diagnostische Abklärung dieser Fälle erfolgte einerseits mittels gegen GP IIb/IIIa gerichteten monoklonalen Antikörpern, andererseits aber durch biochemische Untersuchungen der Plättchenmembranglykoproteine durch Dr. Clemetson. Dabei zeigte sich bei 2 Fällen ein überraschendes mit der klassischen, bei Thrombasthenien zu erwartenden Befundkonstellation nicht kompatibles Ergebnis:

- Bei der Patientin P. M. (wiedergegeben durch das Symbol ×) fand sich GP IIb/IIIa in der Elektrophorese sowohl in normaler Menge als auch in normaler Position. Auch zeigten die Plättchen dieser Patientin eine normale Reaktion mit dem gegen GP IIb/IIIa gerichteten monoklonalen Antikörper J 15. Aufgrund der Anamnese muß angenommen werden, daß es sich bei der Patientin doch am ehesten um eine angeborene hämorrhagische Diathese handelt, wenn auch bisher keine Familienuntersuchungen möglich waren.

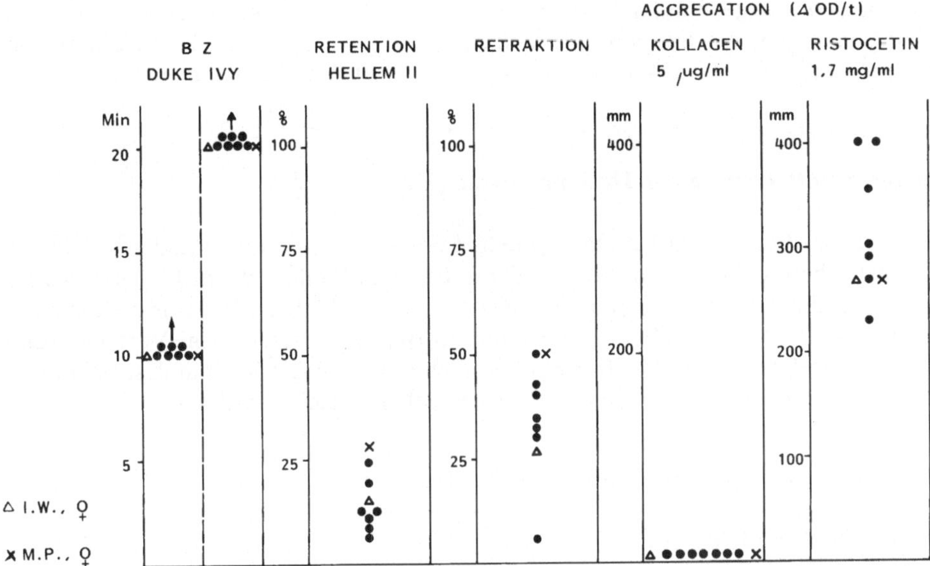

Abb. 2. Die bei neun Patientinnen mit einem für eine Thrombasthenie charakteristischen Aggregationsdefekt gefundenen Laboratoriumsbefunde. Wiedergegeben sind die Blutungszeit nach Duke und Ivy, die Plättchenretention in Glassäulen (Hellem II), die Retraktion (Methodik nach Benthaus) sowie die Aggregation mit Kollagen (Konzentration 5 mcg/ml PRP) und Ristocetin (1,7 mg/ml PRP). Die bei der Patientin I.W. gefundenen Ergebnisse sind mit Δ wiedergegeben, die bei der Patientin M.P. ermittelten Befunde sind durch ein × wiedergegeben. (Details siehe Text)

Wenn auch der Verdacht naheliegt, daß es sich dabei um einen qualitativen Defekt von GP IIb/IIIa handelt, so konnte diese spekulative Annahme bisher durch die bereits erwähnten biochemischen Untersuchungen der Plättchenmembranen nicht bestätigt werden.

- Bei der 2. Patientin W.I. (wiedergegeben durch das Symbol Δ) wies schon die Anamnese auf eine erworbene, fluktuierend verlaufende hämorrhagische Diathese hin. Diese Annahme wurde auch durch die während mehrerer Jahre durchgeführten Untersuchungen bestätigt. Zu Zeiten mit einer schweren hämorrhagischen Diathese fand sich ein für eine Thrombasthenie charakteristisches Befundspektrum. War dagegen die Patientin symptomlos, fanden sich auch normale Plättchenfunktionsteste. Unabhängig aber von dieser Periodizität ließ sich mit dem monoklonalen Antikörper J 15 immer GP IIb/IIIa nachweisen. Die weiteren Untersuchungen durch Dr. Clemetson sowie auch durch Dr. Panzer und das Laboratorium von Dr. Mueller-Eckhardt ergaben das Vorliegen eines gegen GP IIb/IIIa gerichteten IgG-Antikörpers. Da die Patientin vor Beginn dieser hämorrhagischen Diathese keine Blutprodukte erhalten hat, muß angenommen werden, daß es sich um eine erworbene Thrombasthenie durch einen gegen GP IIb/IIIa gerichteten Autoantikörper handelt. Dieser Antikörper ließ sich auch von den Plättchenmembranen eluieren und bewirkte bei Inkubation mit normalen Thrombozyten einen mit einer Thrombasthenie vergleichbaren Plättchenfunktionsdefekt (Niessner et al. 1986).

Die beiden letztgenannten Fälle zeigen, daß bei Anwendung moderner Untersuchungsmethoden die Thrombasthenie nicht ein so homogenes Krankheitsbild ist wie man etwa aufgrund des einheitlichen Aggregationsdefektes annehmen könnte.

Heterozygote Formen der Thrombasthenie (Tabelle 5)

Im Gegensatz zu den vorher abgehandelten homozygoten Formen finden sich in der Regel bei heterozygoten Formen der Thrombasthenie keine auf eine hämorrhagische Diathese hinweisenden Symptome. Meist ist auch ein Plättchenfunktionsdefekt nicht nachweisbar. Dagegen gibt es in der Literatur Berichte, daß sich eine Verminderung von GP IIb/IIIa sowohl biochemisch als auch immunologisch zumindest bei einem Teil der heterozygoten Formen der Thrombasthenie nachweisen läßt.

Tabelle 5. Heterozygote Formen der Thrombasthenie

- Keine klinische Symptomatik
- Meist Plättchenfunktionsdefekt nicht nachweisbar
- GP IIb/IIIa vermindert (biochemisch, immunologisch)

Therapie der Thrombasthenie (Tabelle 6)

Wie auch bei anderen angeborenen Thrombozytopathien gibt es auch für die Thrombasthenie keine spezifische Therapie. Bei schwereren Blutungskomplikationen sowie bei größeren operativen Eingriffen wird man Thrombozytenkonzentrate zuführen oder aber eine Thrombozytapherese durchführen müssen. Es sei hier ein eigener Fall mit schwerer Thrombasthenie erwähnt, bei dem die Abtragung des hypertrophen Zahnfleisches erforderlich wurde. Insgesamt wurden prä- und postoperativ im Zeitraum von etwa 2 Monaten 7mal Thrombozytenkonzentrate verabreicht.

Tabelle 6. Therapie der Thrombasthenie

- Keine spezifische Therapie bekannt
- Bei Blutungskomplikationen:
  - lokale Maßnahmen: Druckverband,
Fibrinklebung,
Laserkoagulation
  - Thrombozytenkonzentrate
Austausch – Thrombozytapherese
  - Blutkonserven
- Fibrinolysehemmer (EACA)
- Ev. Ovulationshemmer bei Menorrhagien
- Regelmäßige Fe-Substitution (Corticosteroide, DDAVP)

Durch diese Maßnahme kam es vorübergehend zu einer Verkürzung der Blutungszeit nach DUKE auf 2 min 30″, die Blutungszeit nach IVY blieb mit über 20 min unbeeinflußt. Trotz beträchtlicher postoperativer Blutungsprobleme, es mußten insgesamt 4 Erythrozytenkonzentrate zugeführt werden, ermöglichte die wiederholte Gabe von Thrombozytenkonzentraten aber doch die Durchführung des operativen Eingriffes.

Selbstverständlich wird man, in Abhängigkeit vom roten Blutbild, Blutkonserven zuführen, wie ja gerade anhand des einen Falles gezeigt wurde. Die Gabe von Fibrinolysehemmern hat sich wiederum insbesondere bei Schleimhautblutungen im Bereich der Mundhöhle bewährt. Bei schweren Menorrhagien wird die Gabe von Ovulationshemmern empfohlen. Schließlich sei auf die gerade bei Kindern oft sehr wertvolle regelmäßige Substitution mit Eisen hingewiesen, die infolge Vermeidens einer schweren Eisenmangelanämie ein normales Wachstum gewährleisten kann. Dagegen gibt es keine überzeugenden Berichte über die Wirksamkeit von Corticosteroiden oder die Verabreichung von DDAVP bei Thrombasthenie.

Die in den letzten 15 Jahren gewonnenen neuen Ergebnisse haben nicht nur für den Einzelfall schon allein im Hinblick auf die therapeutischen Konsequenzen große Bedeutung. Es haben sich aus den Untersuchungen der angeborenen Thrombozytopathien auch wichtige neue Erkenntnisse über die Thrombozytenfunktion ableiten lassen.

Literatur

Niessner H, Clemetson KJ, Panzer S, Mueller-Eckhardt CM, Santoso S, Bettelheim P (1986) Acquired Thrombasthenia due to GP IIb/IIIa – Specific Autoantibodies. Blood 68:571

Caen JP (1972) Glanzmann thrombasthenia. Clinics in Haematology 1:383

Hardisty RM (1983) Hereditary disorders of platelet function. Clinics in Haematology 12:153

Weitere Literatur bei den Autoren

Thrombozytenmembrandefekte – Das Bernard-Soulier-Syndrom

S. PANZER, H. NIESSNER (Wien)

Im Jahre 1948 beschrieben BERNARD und SOULIER eine hereditäre hämorrhagische Diäthese, welche folgende Charakteristika aufweist:

Es besteht ein autosomal-rezessiver Erbgang, eine mäßig ausgeprägte Thrombozytopenie, wobei abnorme, sehr große Thrombozyten im Blutausstrich zu finden sind, eine Blutungsneigung vom thrombozytären Blutungstyp, wobei die Blutungsneigung überproportional zur Thrombozytenzahl ist. Die Blutungsneigung variiert von Patient zu Patient und bei ein und demselben Patienten von Zeit zu Zeit. Diese Varianz der Blutungsneigung steht nicht in enger Korrelation zu den erfaßbaren Laborparametern. Der angeborene Defekt der Membranglykoproteine ist definiert und betrifft die Glykoproteine (GP) Ib, Glycocalicin, GP V und GP 17.

Über die Häufigkeit des Bernard-Soulier-Syndroms liegen keine genaueren Angaben vor. Die Prävalenz wird auf etwa ¼ Mill. Einwohner geschätzt.

Labordiagnostik: Es besteht eine typische Thrombozytenmorphologie, wobei diskutiert wurde, daß in vivo die Bernard-Soulier-Plättchen von normaler Größe sind, in vitro jedoch ein spontanes Shape-Change durch die Präparation eintritt. Gegen diese Annahme spricht, daß die Thrombozyten einen abnorm hohe Faktor VIII R:Ag aufweisen, und auch andere Proteine und die Dense Bodies in abnorm hoher Konzentration vorliegen. Entsprechende typische elektronenmikroskopisch nachweisbare Veränderungen der Thrombozyten wurden beschrieben. Zur Diagnostik hilft weiter die Tatsache, daß die Blutungszeit verlängert, die Adhäsion an Glas normal, an Subendothel jedoch deutlich erniedrigt ist. Das wichtigste diagnostische Kriterium ist das typische Aggregationsverhalten der Plättchen in vitro. Die Aggregation mit ADP ist normal, es fehlt aber ein Shape-Change, sie ist weiter normal induzierbar mit Kollagen, Adrenalin und Arachidonsäure. Mit Ristocetin läßt sich jedoch keine Aggregation erzielen. Diese fehlende Ristocetinaggregation läßt sich nach Zugabe von humanem oder bovinem F VIII oder vWF nicht korrigieren. Damit kann auch das Syndrom von der von Willebrandscher Erkrankung abgegrenzt werden. Die Thrombozyten selbst enthalten mehr als normal F VIII R:Ag, können jedoch F VIII oder vWF unter Zugabe von Ristocetin nicht binden. Es fehlt also der Membranrezeptor für F VIII/vWF. Zudem ist die Thrombin-induzierte 5HT- und ADP-Sekretion erniedrigt.

Den Defekt der Membranglykoproteine kann man am sichersten mit Hilfe einer zweidimensionalen SDS-Page Elektrophorese nachweisen. Mit Hilfe dieser Methodik kann die Expression der entsprechenden GP quantitativ erfaßt werden.

Auf dem GP Ib befindet sich der Rezeptor für Chinin-Chinidin-Antikörper. Diese Antikörper verursachen in vivo eine Thrombozytopenie, und mit Hilfe indirekter

Methoden läßt sich in vitro die Bindung dieser Antikörper an Thrombozyten nachweisen. Eine fehlende Bindung solcher Antikörper ist daher ein Hinweis dafür, daß der entsprechende GP-Komplex fehlt. In den vergangenen Jahren wurden zudem monoklonale Antikörper entwickelt, welche spezifisch mit einem Epitop des GP Ib-Komplexes reagieren. Mit Hilfe dieser monoklonalen Antikörper kann daher eine vorläufige Diagnose eines Bernard-Soulier-Syndroms gemacht werden. Zudem ist es möglich, die Reaktion der Thrombozyten quantitativ anzugeben, so daß auch heterozygote, welche ein normales Aggregationsmuster aufweisen, erfaßt werden können. Ein Beispiel einer fluoreszenzaktivierten Zellsorteranalyse der Bernard-Soulier-Plättchen mit monoklonalen Antikörpern ist in Abb. 3 dargestellt.

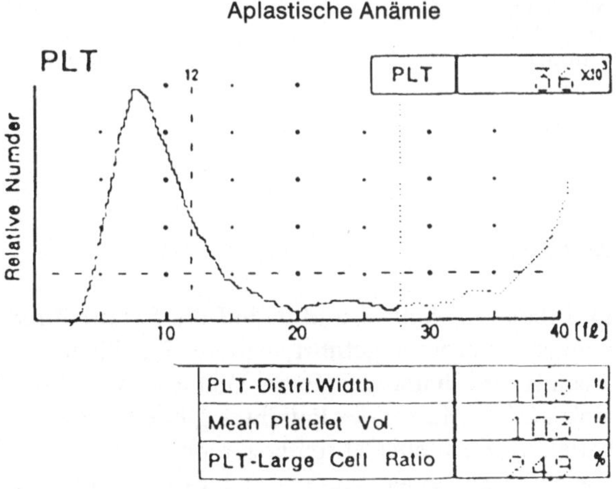

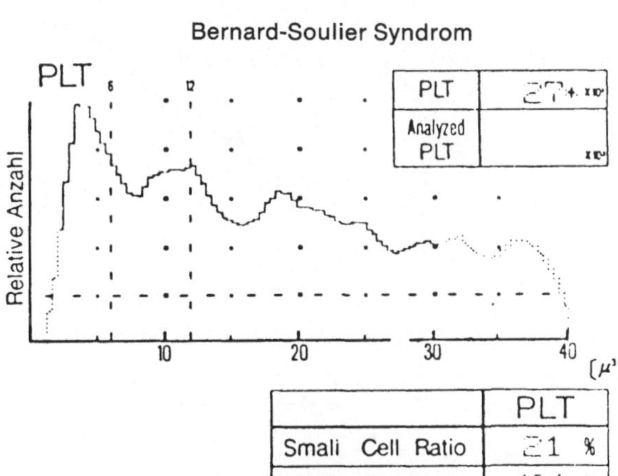

Abb. 1. Vergleich der Thrombozytengrößenverteilung der Bernard-Soulier-Plättchen mit Thrombozyten einer aplastischen Anämie. Beim Bernard-Soulier-Syndrom ist die Verteilung deutlich zugunsten großer Plättchen verschoben. Die vom Gerät gezählte Thrombozytenzahl ist daher falsch niedrig

Tabelle 1. Befunde eines Patienten mit Bernard-Soulier-Syndrom (K.W.)

Prothrombinzeit	85%
Partiale Thomboplastinzeit	34 Sekunden
Fibrinogen	281 mg/dl
Thrombozytenzahl	45 × 10^9/l
Blutungszeit (Ivy)	20 Minuten
Hellem II	52%
F VIII R:Ag	91%
F VIII R:RCo	110%
Aggregation	
ADP	normal
Kollagen	normal
Adrenalin	normal
Arachidon	normal
Ristocetin	fehlend

Kasuistik

In Tabelle 1, Abb. 2 und 3 sind die Laborbefunde eines Patienten mit Bernard-Soulier-Syndrom angeführt. Aus der Familienanamnese ist bekannt, daß der Vater niemals eine hämorrhagische Diathese hatte, die Thrombozytenzahl war immer normal. Die Mutter des Patienten gibt eine Hämatomneigung seit vielen Jahren an, hatte angeblich eine Thrombozytopenie. Tatsächlich war einmal eine Plättchenzahl von 52000 gemessen worden, in der nächsten Untersuchung eine normale Thrombo-

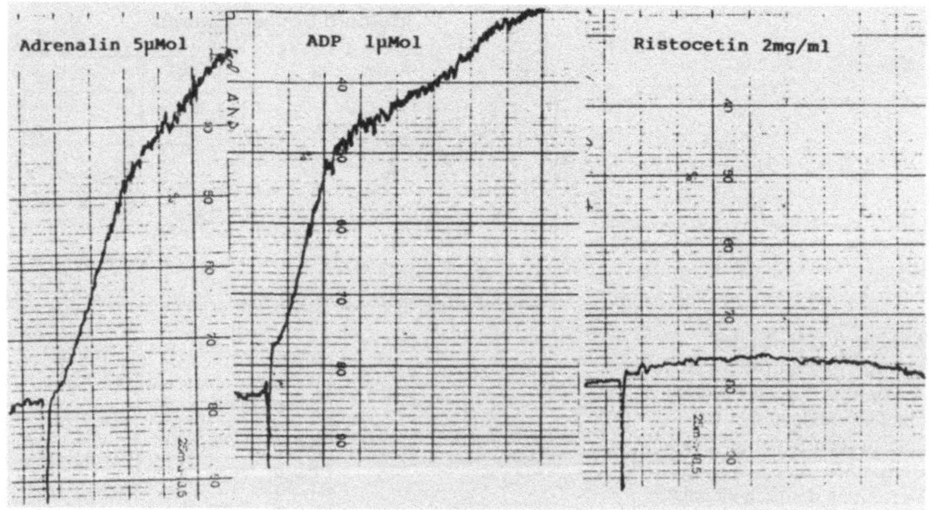

Abb. 2. Aggregationsverhalten der Bernard-Soulier-Plättchen (Thrombozytenzahl auf 45 × 10^9/l eingestellt). Es fand sich eine gesteigerte Aggregation mit Adrenalin und ADP, aber keine Aggregation mit Ristocetin

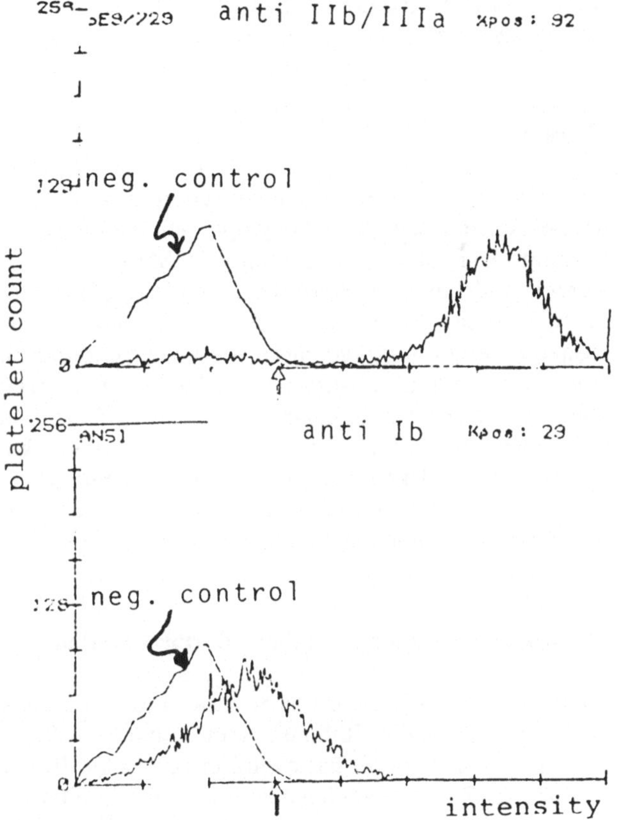

Abb. 3. Reaktivität der Bernard-Soulier-Plättchen mit monoklonalen Antikörpern gegen GP IIb/IIIa (J15) und gegen GP Ib (AN51). Analyse mit Hilfe des „Fluorescence Activated Cell Sorter" (Becton Dickinson, Sunnyvale, CA). Auf der x-Achse ist die Fluoreszenzintensität, auf der y-Achse die Plättchenzahl aufgetragen. Mit Anti-IIb/IIIa reagierten 92%, mit Anti-Ib-Antikörpern 29% der Thrombozyten (untersucht am Institut für Immunologie der Universität Wien, Prof. W. Knapp)

zytenzahl. Die Schwester des Patienten weist anamnestisch keine hämorrhagische Diathese auf, die Plättchenzahl ist normal. Ein Bruder weist ebenso anamnestisch keine Blutungsneigung auf, als Kleinkind sei aber eine Thrombozytopenie festgestellt worden. Der Patient neigt seit Geburt zu Hämatombildung, gleich nach der Geburt war eine Thrombozytopenie festgestellt worden. Es trat oft Epistaxis auf, und er mußte wiederholt an einer Hals-Nasen-Ohren-Abteilung tamponiert werden. Als 4jähriger erfolgte eine Operation im Hals-Nasen-Ohren-Bereich (Adenotomie), ohne daß jedoch Komplikationen auftraten. Die Blutungsneigung ist derzeit eher gering, lediglich beim Sport treten manchmal Hämatome auf.

Biochemisch konnte der Defekt von GP Ib und GP 17 festgestellt werden (Professor K. J. Clemetson, Theodor-Kocher-Institut, Bern): GP Ib wird mit 7% expremiert, GP 17 fehlt jedoch komplett. Dieser Befund ist insofern interessant, als die bisher untersuchten Bernard-Soulier-Plättchen eine proportionale Erniedrigung des GP Ib und GP 17 aufwiesen. In diesem Fall besteht also eine Dysproportion dieser Glykoproteine.

Die Analyse der Plättchen mit Hilfe monoklonaler Antikörper (Abb. 3) ist in guter Übereinstimmung mit dem biochemischen Befund: 92% der untersuchten Plättchen waren positiv für das GP IIb/IIIa, während nur 29% der untersuchten Thrombozyten eine Reaktion mit dem gegen Anti-GP Ib gerichteten Antikörper aufwiesen.

Therapie

Die Therapie des Bernard-Soulier-Syndroms steht vor der gleichen Unzulänglichkeit wie bei den anderen Thrombozytopathien. Es ist bisher keine spezifische Behandlung bekannt. Bei Blutungen sollten alle Maßnahmen der Blutstillung durchgeführt werden und bei lebensbedrohlichen Blutungen Thrombozytenkonzentrate verabreicht werden. Als Langzeitbehandlung sollte vor allem bei Patienten, die eine ausgeprägte Blutungsneigung aufweisen und dadurch eine Fe-Mangel entwickeln, auf eine entsprechende Substitution geachtet werden. Im Gegensatz zur Thrombasthenie kann beim Bernard-Soulier-Syndrom mit Hilfe von Steroiden die Blutungsneigung nicht positiv beeinflußt werden. Eine Splenektomie kann einen Anstieg der Thrombozytenzahl bewirken, wodurch die klinische Situation – wenn auch gering, so doch – verbessert werden kann. Die Operation selbst ist natürlich ausgesprochen gefährlich und sollte daher entsprechend überdacht werden.

Erworbene Thrombozytopathie – Bernard-Soulier

Im Jahre 1985 berichteten STRICKER et al. über ein erworbenes Bernard-Soulier-Syndrom, welches im Rahmen einer lymphoproliferativen Erkrankung aufgetreten ist. Ein Autoantikörper hatte ein Epitop des GP Ib-Komplexes besetzt und dadurch den für das Bernard-Soulier-Syndrom typische Plättchenmembrandefekt ausgelöst. Wir beobachteten bei einer Patientin in ähnlicher Weise eine erworbene Thrombozytopathie, die einem Bernard-Soulier-Syndrom ähnelt (Tabelle 2). Sie wurde 1924 geboren, 1977 erfolgte ein Aortaklappenersatz, wobei sie die Operation ohne Komplikationen überstand. Im Jahreswechsel 1985/86 kam es zur Klappeninsuffi-

Tabelle 2. Erworbenes Bernard-Soulier-Syndrom

	I/86	X/86
Plt	95 000/µl	115 000/µl
Ivy	19 min.	4 min.
Hellem II	45%	70%
F VIII R:Ag	91%	
F VIII R:RCo	110%	
Aggregation		
ADP	normal	normal
Kollagen	normal	normal
Adrenalin	normal	normal
Arachidon	normal	normal
Ristocetin	fehlend	104/52

MoAB gegen IIb/IIIa positiv
gegen Ib positiv

zienz und die Patientin wurde präoperativ stationär aufgenommen. Es bestand eine ausgeprägte hämorrhagische Diathese. Die Thrombozytenzahl war mäßig erniedrigt, die Blutungszeit deutlich verlängert, die Aggregation mit Ristocetin deutlich vermindert, alle anderen Aggregationsuntersuchungen waren normal. Die Plättchen der Patientin waren jedoch sowohl mit monoklonalen Antikörpern gegen das GP IIb/IIIa als auch gegen das GP Ib reaktiv. Die Patientin konnte unter Plättchensubstitution problemlos operiert werden. Eine Nachuntersuchung im Oktober diesese Jahres zeigt, daß die Thrombozytenzahl geringgradig höher liegt, die Blutungszeit normal ist und eine Besserung des Aggregationsverhaltens mit Ristocetin zu finden ist.

Bei dieser Patientin war es entweder in ähnlicher Weise, wie wir dies bereits für ein erworbenes Thrombasthenie-Glanzmann-Syndrom beschrieben haben, zu einer durch Autoantikörper bedingte Inhibition des Rezeptors am GP Ib gekommen, oder aber, es war im Rahmen der Erkrankung eine endogene Membranproteolyse, welche den Rezeptor für F VIII/vWF betraf, aufgetreten. Solch ein Phänomen war von Shulman und Karpatikin 1980 beschrieben worden.

Die Beobachtung, daß solche Membrandefekte erworben werden können, veranlassen zur Diskussion, ob diese Thrombozytopathien in die klassische Reihe der angeborenen Erkrankungen gehören oder aber als neue Entität, die zum gleichen klinischen Bild führt, angesehen werden muß.

Literatur

Bithell TC, Parekh SJ, Strong RR (1972) Platelet function in the Bernard-Soulier syndrome. Annals of the New York Academy of Sciences, 201:145–160

Caen JP, Levy-Toledano S (1973) Interaction between platelets and von Willebrand factor provides a new scheme for primary haemostasis. Nature New Biology, 244:159–160

Caen JP, Nurden AT, Jeanneau C et al. (1976) Bernard-Soulier syndrome – a new platelet glycoprotein abnormability. Its relationship with platelet adhesion to subendothelium and with the factor VIII von Willebrand protein. Journal of Laboratory and Clinical Medicine, 87:586–596

Clemetson KJ, McGregor JL, James E, Dechavanne M, Lüscher EF (1982) Characterization of the platelet membrane glycoprotein abnormalities in Bernard-Soulier syndrome and comparison with normal by surface-labeling techniques and high-resolution two-dimensional gel electrophoresis. Journal of Clinical Investigation, 70:304–311

Howard MA, Hutton RA, Hardisty RM (1973) Hereditary giant platelet syndrome: a disorder of new aspect of platelet function. British Medical Journal, ii:586–588

Howard MA, Montgomery DC, Hardisty RM (1974) Factor VIII-related antigen in platelets. Thrombosis Research, 4:617–624

Kunicki TJ, Russell N, Nurden AT et al. (1981) Further studies of human platelet receptor for quinine- and quinidine-dependent antibodies. Journal of Immunology, 126:398–402

McMichael AJ, Rust NA, Pilch JR et al. (1981) Monoclonal antibody to human platelet glycoprotein I. I. Immunological Studies. British Journal of Haematology, 49:501–509

Moake JL, Olson JD, Troll JH et al. (1980) Binding of radioiodinated human von Willebrand factor to Bernard-Soulier, thrombasthenic, and von Willebrand's disease platelets. Thrombosis Research, 19:21–27

Niessner H, Clemetson KJ, Panzer S, Mueller-Eckhardt C, Santoso S, Bettelheim P (1986) Acquired thrombasthenia due to GP IIb/IIIa – a specific platelet antibody. Blood, 68:571–576

Nurden AT, Caen JP (1975) Specific roles for platelet surface glycoproteins in platelet function. Nature, 255:720–722

Nurden AT, Dupuis D, Kunicki TJ, Caen JP (1981) Analysis of the glycoprotein and protein composition of Bernard-Soulier platelets by single and two-dimensional sodium dodecyl sulfate-polyacrylamide gel electrophoresis. Journal of clinical Investigation, 67:1431–1440

Ruan C, Tobelem G, McMichael AJ et al. (1981) Monoclonal antibody to human platelet glycoprotein I. II. Effects on human platelet function. British Journal of Haematology, 49:511–519

Shulman S, Karpatkin S (1980) Crossed immunoelectrophoresis human platelet membranes. Diminished major antigen in Glanzmann's thrombasthenia and Bernard-Soulier syndrome. Journal of Biological Chemistry, 255:4320–4327

Solum NO, Hagen I, Sletbakk T (1980) Further evidence for glycocalicin being derived from a larger amphiphilic platelet membrane glycoprotein. Thrombosis Research, 18:773–785

Stricker RB, Wong D, Sanks SR, Corash L, Shuman MA (1985) Acquired Bernard-Soulier syndrome. Evidence for the role of a 210.000-molecular weight protein in the interaction of platelets with von Willebrand factor. Journal of Clinical Investigation, 76:1274–1278

Tolebem G, Levy-Toledano S, Bredoux R et al. (1976) New approach to determination of specific functions of platelet membrane sites. Nature, 263:427–429

Weiss HJ, Tschopp TB, Baumgartner HR et al. (1974) Decreased adhesion of giant (Bernard-Soulier) platelets to subendothelium. Further implications on the role of the von Willeband factor in hemostasis. American Journal of Medicine, 47:920–925

Zucker MB, Kim S-J, McPherson J, Grant RA (1977) Binding of factor VIII to platelets in the presence of ristocetin. British Journal of Haematology, 35:535–549

Mit den Förderungsmiteln aus den „Medizinisch-wissenschaftlichen Fonds des Bürgermeisters der Bundeshauptstadt Wien“ unterstützt.

Rapid Diagnosis of the Bernard-Soulier Syndrome Using a Monoclonal Antibody Against Glycoprotein Ib

E. Taaning, S. Stenbjerg, J. Ingerslev (Copenhagen, Aarhus/Denmark)

The Bernard-Soulier syndrome is an autosomal recessive trait characterized by deficient synthesis of platelet surface glycoprotein Ib (GP Ib) resulting in impaired platelet function and bleeding tendency [1]. GP Ib is a link protein for assembly of platelet and von Willebrand factor [2] during haemostasis. The development of a monoclonal antibody specific for GP Ib, denoted AN51, was reported by McMichael and coworkers [3]. The antibody is now commercially available. Employing this antibody and using a previously reported ELISA method for detection of platelet surface proteins [4], we developed a simple technique for direct detection of GP Ib.

Patient Material

We studied two brothers presumed to be homozygous for the Bernard-Soulier syndrome and their four nearest relatives (pedigree shown in Fig. 1). Healthy staff personel served as controls. To exclude the possibility of coexisting von Willebrand's

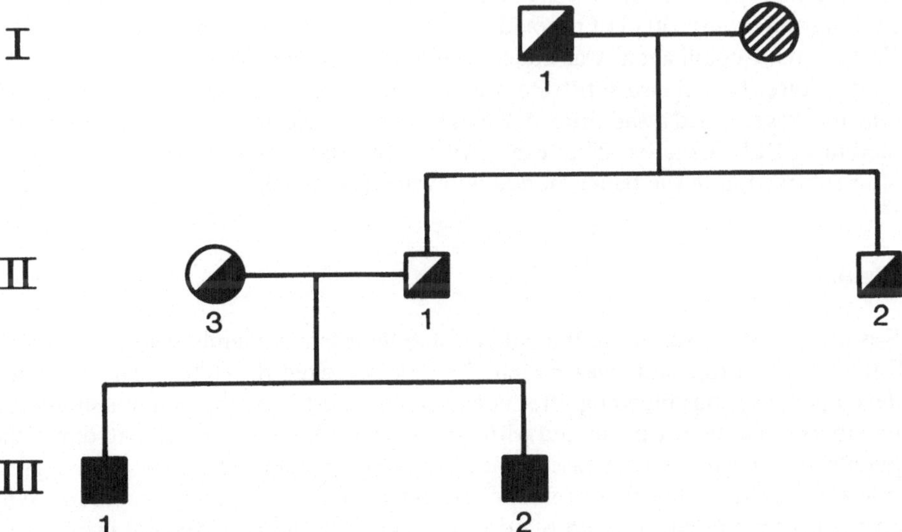

Fig. 1. Family pedigree in a family with the Bernard-Soulier syndrome. ■ = homozygous, ◪ and ◕ = presumed heterozygous, ▨ = not tested

Table 1. Recordings of factor VIII coagulant (VIII:C), factor VIII antigen (VIII:Ag), von Willebrand factor (vWf:Ag), ristocetin cofactor and results of von Willebrand factor multimeric sizing study in members of a family with Bernard-Soulier syndrome

Family member	F VIII:C IU/ml	F VIII:Ag IU/ml	vWf:Ag IU/ml	Ristocetin cofactor IU/ml	Multimeric pattern
I-1	2.35	3.28	2.10	1.56	n.t.
II-1	1.79	1.15	1.51	1.60	normal
II-2	1.39	1.98	2.04	2.16	n.t.
II-3	1.00	1.00	0.67	0.98	normal
III-1*	1.04	1.07	0.80	1.00	normal
III-2	1.43	1.56	0.82	0.84	normal
Reference (n = 30)	0.60–1.40	0.62–1.26	0.77–1.27	0.60–1.40	normal

* = propositus

disease, we quantitated factor VIII and the von Willebrand factor and studied the multimeric von Willebrand factor pattern. These were normal, as shown in Table 1.

ELISA for Platelet Glycoprotein Ib

In short, a fixed dose of 10^6 platelets were attached to each well of the polystyrene microtiter plate bottom by drying. After repeated washings, 50 μl of the 1:100 diluted AN51 monoclonal antibody (Dakopatts, Copenhagen) in PBS with 0.5% bovine albumin was applied to each well and incubated at 37°C for one hour. After repeated washing and drying, 50 μl of peroxidase-labelled rabbit anti-mouse-immunoglobulin (Dakopatts, Copenhagen) was added to the wells and incubated for 30 min at room temperature. Peroxidase substrate was o-phenylen-diamine and ureaperoxide. The reaction was stopped by addition of 2 mol/l sulphuric acid and 490 nm recordings were read in an ELISA reader. The results were expressed as fraction of normal controls after subtraction of the background blind value (no platelets).

Results

Results of platelet studies in the patients and their family members are presented in Table 2. The propositus was patient III-1, a boy aged 8, who 3 years previously developed a serious bleeding after adenotomy. Apart from the patients mother, all members of the family presented with prolonged bleeding times. All had diminished platelet counts and in most cases abnormally large platelets. The ristocetin aggregation was absent in the two brothers and diminished in all family members. When correcting for the background blind value, GP Ib in the two affected brothers was undetectable whereas members of the family had values around 50% compared to the 100% value of normal controls.

Table 2. Recordings of bleeding-time (Ivy), platelet counts, platelet size differentiation, ristocetin aggregation and glycoprotein Ib ELISA on platelets in members of a family with Bernard-Soulier syndrome

Family member	Bleeding-time, sec	Platelets $\times 10^9/l$	Platelet % > 3.5 μm	Ristocetin aggregation	A_{490} absorbance ratio patient/normal
I-1	350	106	—	Diminished 1.25 μg/ml	0.57
II-1	420	83	41	Diminished 1.25 μg/ml	0.50
II-2	390	143	11	Diminished 1.25 μg/ml	0.60
II-3	207	135	20	Diminished 1.25 μg/ml	0.50
III-1*	> 900	38	44	Absent 1.50 μg/ml	0**
III-2	—	46	46	Absent 1.50 μg/ml	0**
Normal (n = 20)	< 335	160–400	< 12	Normal 1.25 μg/ml	1.00

* = propositus; ** absorbancy equal to background (no platelets)

In conclusion, the present method clearly identifies the lack of GP Ib in homozygotes for the Bernard-Soulier trait. In addition heterozygotes presents with diminished platelet reactivity for GP Ib. The test system is highly suited for rapid establishment of the diagnosis of the Bernard-Soulier syndrome, and independent of the platelet count.

References

1. Degos L, Tobelem G, Lethielleux P, Levy-Tolando S, Caen JP, Colombani (1977) Molecular defects in platelets from patients with Bernard-Soulier syndrome. Blood 50:899–903
2. Weiss HJ (1980) Congenital disorders of platelet function. Seminars in Haematology 17:228–241
3. McMichael AJ, Rust NA, Pilch JR, Sochinsky R, Morton J, Mason DY, Ruan C, Tobelem G, Caen J (1981) Monoclonal antibody to human platelet glycoprotein Ib: I. Immunological studies. Br J Haematol 49:511–519
4. Taaning E (1985) Microplate enzyme immuno-assay for detection of platelet antibodies. Tissue Antig 25:19–27

Storage Pool Disease and Aspirin-like Defekt

P. KYRLE, H. NIESSNER (Wien)

Die Storage pool disease und der Aspirin-like Defekt gehören zu den seltensten definierten, angeborenen Thrombozytenfunktionsstörungen. Im Gegensatz zu anderen hereditären Thrombozytopathien wie z.B. Thrombasthenie Glanzmann und Bernard-Soulier-Syndrom haben Patienten mit einer isolierten Storage pool disease oder einem Aspirin-like Defekt lediglich eine mäßiggradige Blutungsneigung vom „thrombozytären Typ". Klinisch stehen Schleimhautblutungen, wie Epistaxis oder Zahnfleischbluten im Vordergrund. Spontanblutungen kommen selten vor. Im Rahmen von chirurgischen Eingriffen wird häufig eine gesteigerte Blutungsneigung beobachtet. In seltenen Fällen kann es zu gastrointestinalen Blutungen kommen. Lebensbedrohliche oder letale Blutungen wurden bisher nicht beobachtet.

Die Storage pool disease ist eine angeborene Störung der Plättchenfreisetzungsreaktion. Sie kann isoliert oder aber im Zusammenhang mit anderen seltenen angeborenen Erkrankungen, wie z.B. dem Hermansky-Pudlak-Syndrom, dem Wiscott-Aldridge-Syndrom, der Thrombozytopenie mit fehlendem Radius oder dem Chediak-Higashi-Syndrom auftreten. Die Blutungsneigung bei Patienten mit kombinierter Storage pool disease ist stärker ausgeprägt als bei der isolierten Form der Erkrankung. Pathophysiologisch können zwei Ursachen der isolierten Storage pool disease zugrunde liegen [1]. Bei der Mehrzahl der Patienten ist die Zahl der Speicherorganellen der Plättchen deutlich vermindert oder sie fehlen vollständig. Dementsprechend werden dann die Inhaltsstoffe der Speicherorganellen im Rahmen der Plättchenaktivierung vermindert freigesetzt. Bei einer kleinen Zahl der Patienten mit Storage pool disease sind jedoch die Speicherorganellen in normaler Zahl vorhanden, der Mechanismus, der zu ihrer Freisetzung führt, jedoch defekt. In diese Gruppe fallen vor allem Patienten mit angeborenem Zyklooxygenasemangel. Je nachdem, ob die dense bodies, die α-Granula oder sowohl die dense bodies als auch die α-Granula vermindert bzw. fehlend sind, unterscheidet man in δ-storage pool disease, α-storage pool disease und αδ-storage pool disease [2]. Bei der Aktivierung der Plättchen werden bei Patienten mit δ-storage pool disease die Inhaltsstoffe der dense bodies (u.a. ATP, ADP, Serotonin und Calcium) vermindert oder gar nicht freigesetzt. Da sich darunter wichtige Mediatoren der Plättchenaktivierung befinden, läßt sich aus deren verminderter Freisetzung die Blutungsneigung der Patienten erklären. Bei der α-storage pool deficiency werden die Inhaltsstoffe der α-Granula (u.a. β-Thromboglobulin, Plättchenfaktor 4, platelet derived growth factor (PDGF), Thrombospondin, Fibronektin, Fibrinogen, von Willebrand-Faktor, Faktor V) vermindert oder gar nicht freigesetzt. Bekanntlich kommt auch diesen Substanzen zum Teil wesentliche Bedeutung bei der Hämostase zu.

Tabelle 1. Laboratoriumsbefunde der α- und δ-Storage Pool Disease

	α-SPD	δ-SPD
Thrombozytenzahl	mäßig vermindert	normal
Blutungszeit (IVY)	normal vermindert	normal/vermindert
Plättchenaggregation induziert durch		
Adrenalin	normal	2. Welle fehlt
ADP	normal	2. Welle fehlt
Kollagen	normal/vermindert	vermindert/fehlend
Arachidonsäure	normal	normal
Thrombin	normal/vermindert	normal
Elektronenmikroskopie	α-Granula vermindert/fehlend	dense bodies vermindert/fehlend
Freisetzung von ^{14}C-Serotonin	normal	vermindert/fehlend
Gehalt der Plättchen an ATP, ADP, Serotonin, Calcium	normal	vermindert/fehlend
Freisetzung von β-TG und PF_4	vermindert/fehlend	normal

Bei der Erhebung der Laboratoriumsbefunde findet sich bei der δ-storage pool deficiency eine normale Thrombozytenzahl und eine mäßiggradig verlängerte Blutungszeit (Tabelle 1). Bei der Plättchenaggregation mit ADP und Adrenalin fehlt charakteristischerweise die zweite Aggregationswelle, meist wird keine Aggregation nach Stimulation mit Kollagen beobachtet. Normale Aggregationen werden mit Arachidonsäure, Thrombin und U 46619, einem synthetischen Prostaglandinendoperoxid, gefunden. In der Elektronenmikroskopie sind die dense bodies deutlich vermindert oder fehlen. Nach Inkubation der Plättchen mit ^{14}C-Serotonin wird dieses vermindert in die Plättchen aufgenommen und dementsprechend nach Stimulation mit den meisten Plättchenaggreganzien auch in reduziertem Maße freigesetzt.

Die α-storage pool deficiency, die bisher lediglich in 5 Fällen beschrieben wurde, ist meist durch eine mäßiggradige Thrombozytopenie und verlängerte Blutungszeit gekennzeichnet. Die Plättchenaggregation nach Stimulation mit ADP, Adrenalin Arachidonsäure, Thrombin und Kollagen ist meist normal. Elektronenoptisch sind die α-Granula deutlich vermindert. Nach Stimulation mit den meisten Aggreganzien findet sich eine reduzierte Freisetzung von Inhaltsstoffen der α-Granula, wie z.B. Plättchenfaktor 4 und β-Thromboglobulin.

Der Aspirin-like Defekt ist eine angeborene Störung des Plättchenprostaglandinmetapolismus [1]. Sehr selten findet sich eine verminderte Freisetzung der Arachidonsäure aus den Plättchenmembranphospholipiden, bedingt durch einen Defekt der Phospholipase A_2 oder Phosopholipase C bzw. fehlende Mobilisierung von Calcium [3]. Häufiger besteht ein Mangel oder eine Funktionsstörung der Zyklooxygenase oder der Thromboxansynthetase [4, 5, 6].

Patienten mit angeborener Störung der Zyklooxygenase bzw. Zyklooxygenasemangel haben eine deutlich verlängerte Blutungszeit bei normaler Thrombozytenzahl

Tabelle 2. Laboratoriumsbefunde des Zyklooxygenasemangels und Thromboxansynthetasemangels

	Zyklooxygenasemangel	Thromboxansynthetasemangel
Thrombozytenzahl	normal	normal
Blutungszeit (Ivy)	deutlich verlängert	deutlich verlängert
Plättchenaggregation nach		
ADP	2. Welle fehlt	normal
Adrenalin	2. Welle fehlt	normal
Arachidonsäure	fehlt	normal
U 46619	normal	normal
Kollagen	fehlt/stark vermindert	normal
Thrombin	normal	normal
Freisetzung von ^{14}C-Serotonin	vermindert/fehlend	normal
Freisetzung von TxB_2	stark vermindert	stark vermindert
Serum TxB_2	stark vermindert	stark vermindert
TxB_2-Bildung nach ^{14}C-Arachidonsäure-inkubation (Chromatographie)	stark vermindert	stark vermindert

(Tabelle 2). Das Aggregationsmuster weist einen typischen Befund auf: Es fehlt die zweite Aggregationswelle nach Stimulation mit ADP und Adrenalin. Die Arachidonsäure- und Kollagen-induzierte Plättchenaggregation fehlt. Ein normaler Befund findet sich nach Stimulation der Plättchen mit Thrombin und U 46619. Der Zyklooxygenasemangel ist mit einer Störung der Plättchenfreisetzungsreaktion vergesellschaftet. ^{14}C-Serotonin wird zwar normal in die Plättchen aufgenommen, bei der Plättchenaktivierung jedoch vermindert freigesetzt. Die Bildung von Thromboxan B_2 im Serum ist stark reduziert und Thromboxan B_2 wird nach Aggregation mit den meisten Aggreganzien vermindert gebildet. Chromatographisch läßt sich nach Inkubation der Plättchen mit ^{14}C-Arachidonsäure ein verminderter Abbau der Arachidonsäure zu Thromboxan B_2 nachweisen.

Der Thromboxansynthetasemangel ist, ähnlich dem Zyklooxygenasemangel, durch eine deutlich verlängerte Blutungszeit bei normaler Thrombozytenzahl charakterisiert. In typischer Weise findet sich nach Induktion mit ADP, Arachidonsäure, U 46619, Adrenalin, Kollagen und Thrombin eine normale Freisetzungsreaktion und eine normale Plättchenaggregation. Die Bildung von Thromboxan ist jedoch im Rahmen dieser Aggregationen vermindert. Es findet sich auch ein reduziertes Thromboxan B_2 im Serum. Ähnlich dem Zyklooxygenasemangel, kann nach Inkubation der Plättchen mit ^{14}C-Arachidonsäure chromatographisch Thromboxan B_2 nur in reduziertem Ausmaß nachgewiesen werden.

Therapeutisch ist weder bei der Storage pool disease noch beim Aspirin-like Defekt eine spezifische Therapie möglich. Aufgrund der mäßigen Blutungsneigung ist eine Therapie nur selten erforderlich. Vor allem bei chirurgischen Eingriffen empfiehlt sich beim Auftreten einer verstärkten Blutungsneigung die Gabe von

Thrombozytenkonzentraten. Gelegentlich auftretende Schleimhautblutungen sollten mit der Gabe von Fibrinolysehemmern (ε-Aminocapronsäure) beherrschbar sein.

Literatur

1. Rao A, Holmsen H (1986) Congenital disorders of platelet function. Sem Hematol 23, 2:102–118
2. Weiss HJ, Witte LD, Kaplan KL et al. (1979) Heterogeneity in storage pool deficiency: Studies on granule-bound substances in 18 patients including variants deficient in α-granules, platelet factor-4, β-thromboblobin and platelet derived growth factor. Blood 54:1296–1319
3. Lages B, Malmsten C, Weiss HJ, Samuelsson B (1981) Impaired platelet response to thromboxane-A_2 and defective calcium mobilisation in a patient with a bleeding disorder. Blood 57, 3:545–552
4. Malmsten C, Hamberg M, Svensson J et al. (1975) Physiological role of an endoperoxide in human platelets: Hemostatic defect due to a platelet cyclooxygenase deficiency. Proc Nath Acad Sci USA 72:1446–1450
5. Dekyn O et al. (1981) Familial bleeding tendency with partial platelet thromboxane synthetase deficiency. Br J Haematol 49:29–41
6. Westwick J, Poll C, Melissari E, Kyrle P, Kakkar VV (1986) Prolongation of simplate bleeding time without reduction of *in vitro* platelet function attributed to a thromboxane synthetase deficiency. Thromb Haemostas 54:1301

Weitere bisher nicht zu klassifizierende Thrombozytopathien

W. Schramm, G. Hübner (München)

Die klinische Blutungsneigung ist bei angeborenen Thrombozytopathien meist mäßig gradig ausgeprägt. Allerdings kommt es bei einzelnen Thrombozytopathien wie der Thrombasthenie oder dem von Willebrand-Syndrom nicht selten zu sehr schweren Blutungen. Im Vordergrund stehen die Hämatomneigung sowie die Neigung zu Nachblutungen bei kleinen Eingriffen, wie Tonsillektomie oder Zahnextraktionen. Menorrhagien oder Nachblutungen nach Geburten, führen bei Frauen nicht selten zur Diagnosestellung.

In den vorausgegangenen Beiträgen wurde bereits auf die Thrombasthenie, das von Willebrand-Syndrom sowie auf einzelne Krankheitsbilder der sog. „storage pool disorders" und „release reaction disorders" eingegangen.

In der Tabelle 1 sind die angeborenen Thrombozytopathien von pathophysiologischen Gesichtspunkten her eingeteilt: nämlich in die Thrombozytenfunktion, die Fibrinogen- bzw. von Willebrand-Faktor-abhängig ist, sowie die Gruppe der Thrombozytopathien, die eine Störung des „storage pool" darstellt oder die Krankheitsgruppe, bei denen die physiologisch so wichtige Freisetzungsreaktion gestört ist.

Tabelle 1. Angeborene Thrombozytopathien

1. *Fibrinogenabhängig:*
   a) Afibrinogenämie
   b) Thrombasthenie
2. *von Willebrand-Faktor-abhängig:*
   a) von Willebrand-Syndrom
   b) Bernard-Soulier-Syndrom
3. *„Storage pool disorders":*
   a) alpha-storage pool disease
      - Gray platelet-Syndrom
   b) delta-storage pool disease
      - Storage pool disease
      - Hermansky-Pudlak-Syndrom
      - Chediak-Higashi-Syndrom
      - Wiskott-Aldrich-Syndrom
      - TAR-Syndrom
4. *„Release reaction disorders":*
   a) Cyclooxygenase deficiency
   b) Thromboxane synthetase deficiency
   c) Thromboxane A_2 insensitivity
5. u. a.

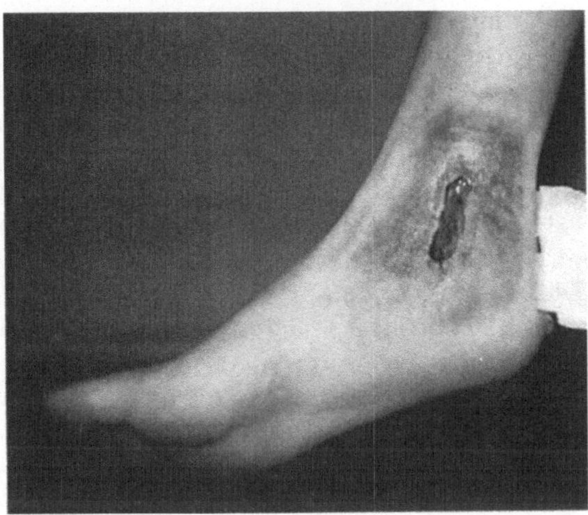

Abb. 1

Afibrinogenämie

Die Afibrinogenämie zählt zu den besonders seltenen, plasmatischen Gerinnungsstörungen. Das physiologische Substrat Fibrinogen ist über die schon genannten Glykoproteinrezeptoren IIb/IIIa an der Plättchenfunktion beteiligt. Die subaquale Blutungszeit ist bei Patienten mit Afibrinogenämie deutlich verlängert, die Plättchenfunktion (Aggregation mit Kollagen, ADP, Adrenalin) gestört. Diese Thrombozytopathie kann durch Zugabe von Fibrinogen weitgehend gebessert werden. Bei der Substitution von Fibrinogen wurden bei diesen Patienten bereits Thrombosen beobachtet. In Abb. 1 sehen Sie das ausgeprägte postthrombotische Syndrom einer 21jährigen Patientin mit Afibrinogenämie und tiefer Beinvenenthrombose nach Fibrinogensubstitution im Kindesalter.

Im Beitrag von Kyrle wurde bereits auf den „storage pool", die Thrombozyteninhaltsstoffe, Granula und Densebodies hingewiesen. Während früher die Thrombopathie, vor allem über Parameter der Adhäsion und Aggregation, sowie der Freisetzung von Plättchenfaktor 3 charakterisiert wurde, erlaubt die pathogenetische Einteilung des „storagepools" mit seinem Alpha- und Delta-Granula eine bessere Klassifizierung dieses heterogenen Krankheitsbildes. Die Alpha-Granula enthalten u. a. Plättchenfaktor 4, Beta-Thromboglobulin, während die Delta-Granula ATP, ADP, 5-Hydroxytryptamin und Calcium enthalten. Die pathophysiologische Störung kann bei den hereditären Erkrankungen entweder auf eine Verminderung dieser Granula als auch auf eine gestörte Freisetzung beruhen.

Nachfolgend soll auf die Gruppe der „delta-storage pool disease" eingegangen werden.

Kasuistik

In der Kindheit wurde der Patient S. G. verschiedentlich operiert (Appendektomie, Nabelhernie, Lymphknotenextrepation aus der Axilla, Autounfall mit Schädelfraktur), ohne daß eine auffällige Blutungsneigung beschrieben wurde. Mit 20 Jahren erfolgte eine Laparotomie wegen eines „großen Tumors und vergrößerten Lymphknoten im Illiocykalbereich". Histologisch wurde eine Tuberkulose festgestellt. Von 1962 bis 1966 erfolgten verschiedene Nachbehandlungen wegen multipler Fisteln, es wurde ein Anus praeter angelegt. Damals fiel erstmals eine Blutungsneigung auf, die aufgrund der Blutungszeitverlängerung 1966 dem von Willebrand-Syndrom zugeordnet wurde. 1974 kam der Patient erstmals in unsere Klinik. Wir fanden eine stark verlängerte subaquale Blutungszeit von über 15 min bei normaler Thrombozytenzahl. Die Funktion der Thrombozyten war bei der Plättchenaggregation mit den Aggregantien ADP, Kollagen und Adrenalin pathologisch. Mit Ristocetin erfolgte eine normale, initiale Aggregation, keine Freisetzungsreaktion. Klinisch ließ sich zusammen mit dem Bild des oculokutanen Albinismus die Diagnose eines Hermansky-Pudlak-Syndroms stellen. Trotz Aufforderung zu Kontrolluntersuchungen erschien der Patient nicht mehr. 1980 erfolgte in einer anderen Klinik wegen submandibulärer Schwellung einer Lymphknotenexstirpation, die erneut eine Tuberkulose ergab. 1981 traten erstmals gastrointestinale Blutungen auf. Die damaligen Verdachtsdiagnosen bezogen sich auf eine hereditäre Teleangiektasie. 1982 erneut gastrointestinale Blutungen, 1984 Hämotysen. Anfang 1985 verstarb der Patient in der Folge massiver, gastrointestinaler, nicht traktabler Blutungen.

Die über 10 Jahre zuvor diagnostizierte Thrombopathie wurde bei den späteren Untersuchungen und Behandlungen nicht mehr berücksichtigt.

Das Hermansky-Pudlak-Syndrom ist eine autosomal rezessiv vererbte Erkrankung, die charakterisiert ist durch einen tyrosinasepositiven oculokutanen Albinismus, eine lebenslange Blutungsneigung und ein ceroidähnliches Pigment in den Makrophagen (s. Abb. 2; elektronenmikroskopische Aufnahme der Thrombozyten dieses Patienten). In der oberen Hälfte sehen Sie als Vergleich normale Thrombozyten mit den dunkel gefärbten Granula, die in den Thrombozyten des Patienten mit dem Hermansky-Pudlak-Syndrom fehlen.

In Abb. 3 sehen Sie ein Knochenmarkspräparat mit den diffusen Ceroidablagerungen. Das ceroidähnliche Pigment ist im gesamten retikuloendothelialen System nachweisbar, einschließlich Makrophagen in der Lunge und im Magen-Darm-Trakt, sowie in der Mukosa der Wangenschleimhaut und in der Harnblase.

Chediak-Higashi-Syndrom

Das Ch.-Higashi-Syndrom ist ebenfalls eine autosomale rezessive Erkrankung, die durch einen oculokutanen Albinismus, wiederholte pyogene Infektionen, abnorm großen Granula in den granulaenthaltenden Zellen und einer hämorrhagischen Diathese charakterisiert ist.

Wiskott-Aldrich-Syndrom

Bei diesem Krankheitsbild weisen Untersuchungen darauf hin, daß eher ein metabolischer Defekt als ein Mangel der „dense-bodies" vorliegen könnte. Klinisch im-

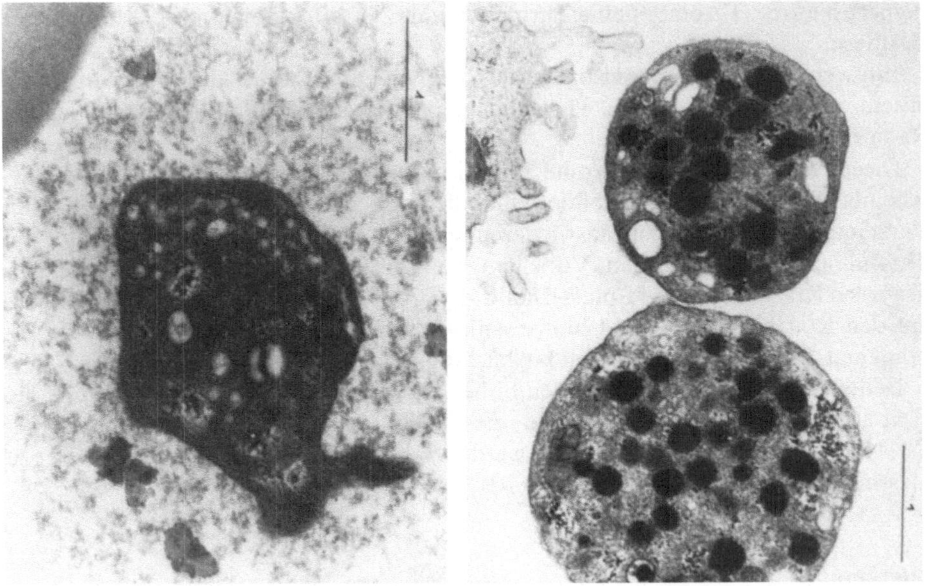

Abb. 2

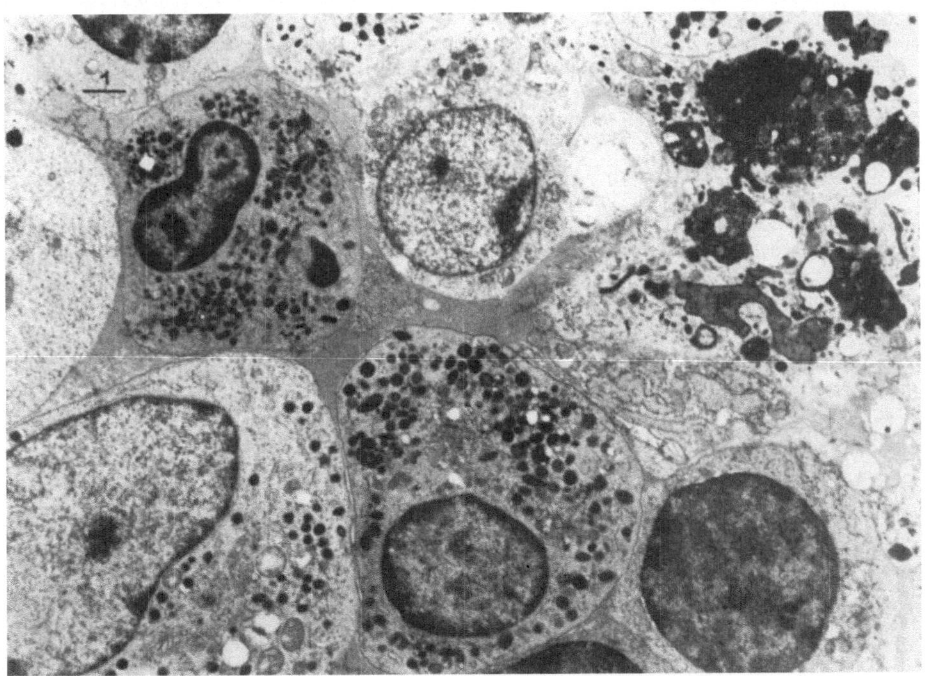

Abb. 3

poniert hier die Thrombopenie/Thrombopathie bei Infektneigung und allergischer Diathese.

Ein weiteres seltenes Syndrom ist das TAR-Syndrom (eine Thrombopathie with absent radii syndrome), die Thrombozytopathie assoziiert mit einem fehlenden Radius.

Diese letzten beiden Syndrome weisen bereits auf die Möglichkeit und Wahrscheinlichkeit von Krankheitsbildern hin, die nach dem bisherigen pathogenetischen Verständnis noch nicht zu klassifizieren sind. Es werden noch eine Vielzahl von Thrombopathien beschrieben. Vor allem in Verbindung mit anderen Erkrankungen. Während Krankheiten wie Ehlers-Danlos-Syndrom und die Osteogenesis imperfecta auf den Kollagenstoffwechsel hinweisen, werden auch bei der Glykogenspeicherkrankheit Typ I Thrombopathien beobachtet.

Bedenken muß man, daß mit den bisher klassifizierten Thrombopathien erst die zwar große, aber dennoch nur Spitze eines Eisberges labordiagnostisch genau erfaßt hat. Neuere diagnostische Verfahren werden uns die große Gruppe, der noch nicht zu klassifizierenden Thrombopathien weiter erschließen müssen.

Literatur

1. Coller BS (1984) Disorders of platelets. In: Ratnoff OD, Forbes CD (eds) Disorders of Haemostasis. pp 73–176
2. Hardisty RM, Caen JP (1982) Disorders of platelet function. In: Colman R, Hirsh J, Marder VJ, Salzman EW (eds) Haemostasis and Thrombosis. pp 301–320
3. Weiss HJ (1982) Inherited disorders of platelet secretion. In: Colman R, Hirsh J, Marder VJ, Salzman EW (eds) Haemostasis and Thrombosis. pp 507–515
4. Hermansky Pudlak (1959) Albinism associated with haemorrhagic diathesis and unusual pigmented reticular cells in the bone marrow: report of two cases with histochemical studies. Blood 14:162–169
5. Buchanan GR, Handin RI (1976) Platelet function in the Chediak-Higashi syndrome. Blood 47:941–948
6. Boxer GJ, Holmsen H, Robkin L, Bang NU, Boxer LA, Baehner RL (1977) Abnormal platelet function in Chediak-Higashi syndrome. British Journ of Haematol 35:521–533
7. Day HJ, Holmsen H (1972) Platelet adenine nucleotide "storage pool deficiency" in thrombocytopenic absent radii syndrome. Journ of the Americ Med Association 221:1053–1054
8. Gröttum KA, Hovig T, Holmsen H, Abrahamsen AF, Jeremic M, Seip M (1969) Wiskott-Aldrich-Syndrome: qualitative platelet defects and short platelet survival. British Journ of Haematol 17:373–388

Klinische Erfahrungen bei Patienten mit kongenitalen Thrombozytenfunktionsstörungen

A. von Felten, U. Schoch (Zürich)

Diese Zusammenstellung umfaßt 43 nicht verwandte Patienten (24 F, 19 M), die uns wegen einer Blutungsneigung zugewiesen worden waren. Zur Diagnose einer kongenitalen Thrombozyten-(Tz-)Funktionsstörung wurde u. a. gefordert, daß bei mindestens zwei Untersuchungen im Abstand von wenigstens 1 Monat ein identischer Tz-Defekt nachweisbar war. Bei 11 Patienten konnte außerdem durch Familienuntersuchungen die Heredität der Störung untermauert werden.

In der Anamnese fand sich typischerweise eine nur geringe spontane hämorrhagische Diathese (gelegentlich blaue Flecken sowie Zahnfleischblutungen beim Zähneputzen, verstärkte Menstruation, Epistaxis), jedoch ausgeprägte Blutungen bei zahnärztlichen und chirurgischen Eingriffen, besonders im Bereich der Schleimhäute.

Zur Abklärung eines Hämostasedefekts standen uns neben den üblichen plasmatischen Gerinnungstests folgende Methoden zur Verfügung:

Blutungszeit (nach Ivy, wenn normal: Simplate); Thrombozytenaggregationen in zitriertem, plättchenreichem Plasma unter Verwendung folgender Aktivatoren: ADP (5, 10, 20, µm), Kollagen (1,25, 2,5, 5 mg/l), Na-Arachidonat (0,5, 1,0, 1,5, 2,0 mm), Adrenalin (5, 10, 30 µm), Ristocetin (1,25 g/l); Messung des Gehalts der δ-Granula an Serotonin (Normalwert: $> 2{,}0$ nmol/10^9 Tz) und ADP (Normalwert: $> 3{,}0$ µmol/10^{11} Tz) und der α-Granula an β-Thromboglobulin (Normalwert: > 400 ng/10^7 Tz). Die Fähigkeit der Thromboxansynthese wurde erfaßt durch Messung

1. der Malondialdehyd-(MDA-)Synthese nach Stimulation der Thrombozyten mit N-Ethyl-Maleimid (Normalwert: $> 3{,}0$ nmol/10^9 Tz) und
2. der Thromboxansynthese nach Aktivierung gelfiltrierter Thrombozyten mit 0,02 mm Na-Arachidonat (Normalwert: > 5000 pg/$1{,}5 \times 10^7$ Tz*), 2,5 mg/l Kollagen (Normalwert: 3375 pg/$1{,}5 \times 10^7$ Tz*) sowie 0,05 E/ml Thrombin (Normalwert: 2425 pg/$1{,}5 \times 10^7$ Tz*).

Resultate

1. Nur 9 der 43 Patienten wiesen eine „klassifizierbare" Thrombozytenfunktionsstörung auf (Tabelle 1). 34 Patienten zeigten eine zwar konstante, aber „nichtklassifizierbare" Funktionsstörung; die bei ihnen erhobenen Befunde sind in Tabelle 2 zusammengestellt.

---

* = Medianwerte, n = 10.

Tabelle 1. „Klassifizierbare" Thrombozytenfunktionsstörungen (9 Patienten)

2 Patienten mit Bernard-Soulier-Syndrom

5 Patienten mit Storage-Pool-Defekt (SPD)
- 4 Patienten mit δ-Granula-Defekt (davon 1 Chediak-Higashi-Syndrom)
- 1 Patient mit α- und δ-Granula-Defekt

2 Patienten mit defekter Thromboxansynthese

Tabelle 2. Befunde bei „nichtklassifizierbaren" Thrombozytenfunktionsstörungen (34 Patienten)

Aggregationen:	mit ADP immer vermindert, meistens mit Desaggregationstendenz; mit Kollagen meistens vermindert; mit Adrenalin und Arachidonat wechselnd pathologisch/normal; mit Ristocetin immer normal
Speichergranula:	Gehalt an Serotonin, ADP und β-Thromboglobulin normal
Thromboxansynthese:	MDA-Synthese bei allen Patienten normal; TxB2-Synthese (bei 12 Patienten getestet): mit Arachidonat bei allen 12 Patienten normal; mit Thrombin bei 8 Patienten stark herabgesetzt, davon bei 2 Patienten auch mit Kollagen vermindert

2. Die Blutungszeit (Simplate) war bei 12 Patienten normal (1 Patient mit Thromboxansynthesestörung, 11 Patienten mit „nichtklassifizierbarer" Funktionsstörung), bei 3 Patienten wechselnd normal/verlängert. Sie ist demnach kein zuverlässiger Screeningtest für eine Thrombozytenfunktionsstörung.
3. Bei 15 Patienten fand sich neben der Thrombozytenfunktionsstörung eine zusätzliche Verminderung eines plasmatischen Gerinnungsfaktors (Tabelle 3). Solche kombinierte Störungen dürften zu einer verstärkten Blutungsneigung führen.

Tabelle 3. Kongenitale Thrombozytenfunktionsstörungen, kombiniert mit plasmatischen Gerinnungsdefekten

- „Klassifizierbare" Tz-Störungen:
  1 × Typ I MvW (RiCoF 36%) bei α-/δ-SPD
- „Nichtklassifizierbare" Tz-Störungen:
  10 × Typ I MvW (RiCoF 3–45%)
  2 × milde Hämophilie A (FVIIIC 14/35%)
  1 × FXI-Verminderung (32%)
  1 × FVII-Verminderung (37%)
  1 × Hypofibrinogenämie (0,65–1,0 g/l)

Therapieversuche

1. Intravenöse Gabe von DDAVP (Minirin Ferring, 0,4 μg/kg Körpergewicht, infundiert über 25 min). Bei 18 Patienten wurde DDAVP probatorisch verabreicht. Die Behandlung wurde als erfolgreich bezeichnet, wenn sich die verlängerte bzw. grenzwertige Blutungszeit (bestimmt 60 min nach Infusionsende) verkürzte. Bei 7 Patienten wurde DDAVP prophylaktisch vor einem zahnärztlichen oder operativen Eingriff bzw. bei einer Blutung verabreicht; der klinische Effekt wurde vom behandelnden Arzt beurteilt. Die Ergebnisse sind in Tabelle 4 zusammengefaßt.

Tabelle 4. Wirkung von DDAVP bei kongenitalen Thrombozytenfunktionsstörungen

1. Probatorische DDAVP-Gabe	
14 × pos.:	1 Thromboxansynthesestörung 13 unklassifizierbare Tz-Störungen
1 × fraglich:	unklassifizierte Tz-Störung
3 × neg.:	1 δ-SPD 1 α-/δ-SPD, kombiniert mit MvW (1 Bernard-Soulier-Syndrom)
2. Therapeutische DDAVP-Gabe	
7 × pos.:	1 δ-SPD 1 Thromboxansynthesestörung 5 unklassifizierbare Tz-Störungen

2. Infusion vom AHF-Kryopräzipitat SRK (3 × 600 E FVIIIC). Bei den 2 Patienten mit SPD, bei welchen DDAVP die Blutungszeit nicht verkürzt hatte, blieb auch die zusätzliche Infusion vom AHF-Kryopräzipitat ohne Wirkung auf die Blutungszeit. Bei einem dieser Patienten war auch klinisch kein Effekt auf die Blutung zu beobachten. Andererseits führte diese Behandlung bei 5 anderen Patienten, bei einer bestehenden Blutung bzw. vor einem chirurgischen Eingriff verabreicht, zu einer Normalisierung der Hämostase (Tabelle 5).

Tabelle 5. Wirkung von AHF-Kryopräzipitat bei kongenitalen Thrombozytenfunktionsstörungen

1. Probatorische AHF-Gabe	
2 × neg.:	1 δ-SPD 1 α-/δ-SPD, kombiniert mit MvW
2. Therapeutische AHF-Gabe	
5 × pos.:	1 δ-SPD 4 unklassifizierbare Tz-Störungen
1 × neg.:	1 α-/δ-SPD, kombiniert mit MvW

Aufgrund dieser Resultate behandeln wir Patienten mit Thrombozytenfunktionsstörungen nach folgenden Richtlinien:

1. Patienten, welche nach DDAVP eine Verkürzung der Blutungszeit zeigen, werden in der Regel vor operativen Eingriffen prophylaktisch mit DDAVP behandelt.
2. Patienten, die akut bluten und bei denen unter dieser Blutung erstmals eine Thrombozytenfunktionsstörung nachgewiesen wird, erhalten vorwiegend AHF-Kryopräzipitat. Die Vorteile des AHF-Kryopräzipitats gegenüber DDAVP sind:
   a) es wirkt auch beim Vorliegen eines Morbus von Willebrand bzw. bei erschöpfter vWF-Reserve des Gefäßdothels,
   b) es findet keine Stimulierung des fibrinolytischen Systems statt, welche eine bestehende Blutung erheblich verstärken kann.
3. Die Transfusion von Thrombozytenkonzentraten bleibt für Patienten, die auf DDAVP bzw. AHF-Kryopräzipitat nicht ansprechen, vorbehalten (Bernard-Soulier-Syndrom/gewisse Storage-Pool-Defekte?). Um eine HLA-Isosensibilisierung möglichst zu verzögern, sollen Einzelspender-Thrombozytenkonzentrate verabreicht werden.

Diskussion

KÖHLER (Homburg/Saar):

Ich möchte gern drei Fragen zu den Wiener Übersichtsreferaten stellen. Hinsichtlich des Referats von Herrn Niessner ist es nach unserer persönlichen Erfahrung und auch nach der Literatur so, daß DDAVP beim Glanzmann eigentlich als nicht wirksam gilt. Zumindest ist mir kein positiver Bericht zur Kenntnis gekommen, und falls Sie da andere Ergebnisse hätten, so wäre das für die Pathophysiologie sehr interessant.

Zum Vortrag von Herrn Panzer sollte man darauf hinweisen, daß das erworbene Bernard-Soulier-Syndrom oft bei Leberzirrhose auftreten kann und daß es bei Zuständen mit Hyperplasminämie zur Anwendung von Glykoprotein Ib-Komplex kommen kann.

Schließlich habe ich noch eine Frage zu dem Vortrag von Herrn Kyrle: Über den Vererbungsmodus beim Grey-platelet-Syndrom ist meines Wissens nichts Genaues bekannt. Mich würde interessieren, seit wann man weiß, daß es autosomal dominant vererbt wird. Zweitens meine ich, daß man erwähnen sollte, daß alle fünf bis sechs in der Weltliteratur genannten Fälle mittlerweile eine Myelofibrose aufweisen, was für die Hämatologen sehr wichtig ist und für die Pathophysiologie dieses Krankheitsbildes erwähnt werden müßte.

NIESSNER (Wiener Neustadt)):

Ich stimme mit Herrn Köhler überein, daß DDAVP bei der Thrombasthenie wirkungslos ist. Wir haben selbst DDAVP bei einigen Fällen von Thrombasthenie verabreicht. Es kam zwar zu dem erwarteten Anstieg von Faktor VIII, wobei dieser Anstieg alle Multimeren betroffen hat. Diese Untersuchungen wurden von Dr. ZIMMERMANN an der Scripps-Klinik, La Jolla, durchgeführt. Es kam aber zu keiner Verkürzung der Blutungszeit.

KYRLE (Wien):

Es ist richtig, daß die Vererbung nicht vollständig geklärt ist, aber man nimmt an, daß das Grey-platelet-Syndrom autosomal dominant vererbt wird.

Ich wollte noch ein Mißverständnis klarstellen: Meine Aussage bezüglich der fehlenden Werte bzw. der letalen Blutungen bei der Storage-pool-disease haben sich auf die isolierte und nicht auf die kombinierte Form bezogen.

BALLEISEN (Hamm):

Ich möchte an den Vortrag von Herrn Schramm und Herrn von Felten anschließen und feststellen, daß die Mehrzahl unserer Patienten mit thrombozytären Störungen unklassifiziert ist und jene, über die wir hier sprechen, nur einen kleinen Teil ausmachen. Auch nach unserer Erfahrung kann das DDAVP eine wirksame Behandlung bei Patienten mit ungeklärten thrombozytären Störungen sein. Man muß es nur vorher ausprobiert haben. DDAVP wirkt auch beim Bernard-Soulier-Syndrom. Die von Frau Kehrel vorgestellte Patientin wird seit 2 Jahren mit DDAVP behandelt, das sich bei Darmblutungen und Zahnextraktionen als wirksam erwiesen hat.

Bezüglich der wenig ausgeprägten Blutungsneigung bei Patienten mit geringgradigen thrombozytären Störungen möchte ich zu deren klinischen Bedeutung hervorheben, daß Medikamente, wie z. B. Aspirin, die Blutungsneigung erheblich potenzieren und zu lebensbedrohlichen Blutungen führen können.

Schramm (München):

Vielleicht sollte ich noch ergänzen: Dieser Patient mit dem Hermansky-Pudlak-Syndrom erhielt auch DDAVP, und hier hat sich die Blutungszeit weitgehend normalisieren lassen, allerdings nur kurzfristig.

Frau Scharrer (Frankfurt):

Wir hatten diese Problematik schon miteinander besprochen: Wir haben bei einer Patientin in Frankfurt DDAVP bei einem Hermansky-Pudlak-Syndrom *ohne* Erfolg angewandt.

Marx (München):

Bezüglich der Blutungszeit sollte man doch ein bißchen skeptisch sein, weil die Bestimmungsmethoden eine große Streubreite haben. Im übrigen ist zu bedenken, daß DDAVP auch angiotrop wirkt, so daß also die Kontraktionsbereitschaft eine wesentliche Bedeutung haben kann. Es wäre auch zu überlegen, ob zusätzlich ein Fibrinolyseinhibitor gegeben werden sollte oder nicht.

Sutor (Freiburg):

Neben der Blutungszeit sollte auch die Blutungsintensität herangezogen werden. Beim von Willebrand-Syndrom ist nicht nur ein längeres, sondern auch ein viel intensiveres Bluten festzustellen. Das sind offensichtlich zwei verschiedene Vorgänge. Das DDAVP führt beim von Willebrand-Syndrom als Soforteffekt zu einer Reduktion der Blutungsintensität. Wie Herr Marx wahrscheinlich korrekt vermutet, ist das ein vaskulärer Effekt, dem die langsamere Wirkung auf die Verkürzung der Blutungszeit folgt. Die Wirkungsdauer ist unterschiedlich, nämlich 4–6 Stunden für die Blutungszeitverkürzung und nur wenige Minuten für die Blutungsintensität.

Abschließend möchte ich anmerken, daß wir auch mit Etamsylat bei Thrombozytopathien eine Verkürzung von Blutungszeit und Blutungsintensität gesehen haben, z. B. auch beim M. Glanzmann.

Vinazzer (Linz):

Ich wollte auch gerade einige Worte zum Etamsylat sagen. Ich verwende dieses Präparat – es ist in der Bundesrepublik unter dem Namen Altodor bekannt – seit mindestens 5–6 Jahren bei verschiedenen Thrombozytopathien mit sehr gutem klinischen Erfolg und eindeutiger Verkürzung der Blutungszeit. Eine genauere Untersuchung ergab, daß das Etamsylat die Prostacyclinwirkung vermindert. Herr Sutor hat Versuche mit der Hämorrhagometrie gemacht und deutliche Verbesserungen in seinem System feststellen können. Bei der Thrombasthenie scheint es jedoch keine Wirkung zu geben, wie ich an drei Fällen beobachtet habe.

SUTOR (Freiburg):

Auch wir haben einen Effekt nur bei einem von drei Fällen gesehen.

MARX (München):

Wichtig ist, daß man bei Menorrhagien gleichzeitig Ugurol gibt und evtl. zusätzlich Gynergen.

BALLEISEN (Hamm):

Ich möchte Herrn Kyrle zu seiner Definition des Storage-pool-disease fragen, ob diese durch ein Fehlen oder eine Verminderung von Granula bzw. durch fehlende oder verminderte Freisetzung von Substanzen festgelegt ist.

KYRLE (Wien):

Ich beziehe mich auf Granula und Inhaltsstoffe, deren Freisetzung alleine reduziert sein kann.

SCHRAMM (München):

Ich habe Zweifel, ob man die Freisetzung alleine zur Definition heranziehen kann, da es eine ganze Reihe unklassifizierter Störungen mit pathologischer Freisetzung gibt, die nicht zur Storage-pool-disease zählen.

Frau SCHARRER (Frankfurt):

Es sind noch ausführlichere Untersuchungen nötig, um eine genaue Definition vornehmen zu können.

PANZER (Wien):

Beim Bernard-Soultier-Syndrom sind heute unterschiedliche Wirkungen des DDAVP berichtet worden. Bei einem Teil der Patienten gibt es bereits biochemische Analysen, bei einem Teil nicht. Vielleicht wäre es möglich, daß diese Fälle in einem Zentrum nachuntersucht werden, um die Korrelation zur therapeutischen Wirksamkeit herauszufinden.

Frau SCHARRER (Frankfurt):

Vielen Dank für diese Anregung, die ich weiterführend aufgreifen möchte. Nachdem wir im letzten Jahr mit Hilfe von Herrn Landbeck eine von Willebrand-Arbeitsgruppe gegründet haben, möchte ich Sie alle um Beteiligung bitten. Herr Budde, Herr

Niessner und ich als Verantwortliche für diese Gruppe stellen uns die Arbeit so vor, daß wir zunächst Fragebögen aussenden, um die Inzidenz der von Willebrand-Erkrankungen im deutschsprachigen Raum festzustellen, nachdem in den USA und Italien bereits vorangehende Untersuchungen vorliegen. Weiterhin bieten wir Ihnen an, daß Sie entweder zu uns kommen, um die Multimeren-Analyse zur Klassifikation des von Willebrand-Syndroms zu erlernen, oder uns entsprechende Proben zur Untersuchung zuschicken. Wir werden die Plasmaproben untereinander austauschen und auch zu Herrn Prof. ZIMMERMANN, La Jolla, schicken. Weiterhin ist ein Treffen aller Interessenten geplant. So wäre ich Ihnen sehr dankbar, wenn Sie die Fragebögen, die Ihnen noch in diesem Jahr zugehen sollen, möglichst umgehend ausgefüllt an uns zurückschicken und sich an unserer Arbeitsgruppe hoffentlich zahlreich beteiligen würden.

IV. Freie Vorträge

Moderation: R. Marx, München
H. Vinazzer, Linz
E. Wenzel, Homburg

Vergleichsuntersuchungen von Blutungszeitmethoden

H. Janzarik, S. Remy, S. Morell, W. Pabst (Gießen)

Die Ungenauigkeit der Blutungszeitmessung, nämlich ihre Abhängigkeit von individuellen Faktoren des Untersuchers und des Untersuchten, ist bekannt. Man muß sich klar darüber sein, daß die Ungenauigkeit auf dem Hautschnitt als solchem beruht und daß die vielfältigen Versuche, die Technik genauer zu machen, hier von vornherein an ihre Grenzen stoßen. Aus diesem Grund haben wir versucht, die Verschlußzeit einer Hautschnittwunde durch die Verschlußzeit einer in eine größere Vene eingeführten Standardkanüle zu ersetzen. Die Methode wurde 1986 veröffentlicht und „Hämostasezeit" (HT) genannt [1].

Ziel der Untersuchungen war, die bekanntesten Blutungszeitmethoden, die Blutungszeiten nach Duke und Ivy, parallel durchzuführen und sie einerseits miteinander, andererseits mit der gleichzeitig gemessenen HT zu vergleichen.

Auch bei der HT handelt es sich um eine in-vivo-Methode. Der Ablauf der Hämostase ist jedoch nicht der gleiche wie bei den Hautblutungszeiten. Bei dem Vergleich mit den Hautblutungszeiten waren die Fragen zu beantworten:

1. Läßt sich durch die HT die Aussage der Hautblutungszeiten (Duke, Ivy) erweitern?
2. Können die Hautblutungszeiten durch die HT ersetzt werden?

Material und Methoden

Blutungszeit nach Duke (1910). Stich in das Ohrläppchen, horizontal zur Ebene, Einmallanzette (Hämostiletten Asid, Bonz, Unterschleißheim, BRD). Blutungszeit nach Ivy (1935) in der Modifikation nach Mielke [2], sog. Schablonen (template)-Technik: Automatisches Gerät von D. Heinrich, Gießen, mit chirurgischem Einmalskalpell. Schnittlänge 9 mm, Schnittiefe 1 mm.

Hämostasezeit [1]. Original Butterfly 25 short System mit silikonierter Kanüle, Länge 1 cm, äußerer Durchmesser 0,5 mm, innerer Durchmesser 0,3 mm, Länge des Plastikschlauchs 96 mm. Technik: Die Cubitalvene oder eine andere größere Vene wird punktiert und der Stauschlauch gelöst. Das System wird mit 1 ml steriler physiologischer Kochsalzlösung gespült und der Konus am Ende des Schlauches abgeschnitten. Die Zeitmessung beginnt, wenn die Blutsäule das Ende des Schlauches erreicht hat. Das Blut tropft zuerst frei, wird später alle 15 s mit Filterpapier abgenommen, zum Schluß alle 5 s. Der Endpunkt der Zeitmessung ist erreicht, wenn das Filterpapier dreimal trocken bleibt und die Blutsäule sich dauerhaft mehr als 1 mm vom Schlauchende zurückgezogen hat.

Ergebnisse

Die drei Blutungszeitmethoden wurden, jeweils parallel, an einem Kollektiv von 50 klinisch gesunden freiwilligen Probanden ohne Blutungsanamnese durchgeführt: 5 Altersgruppen von 10–20, 21–30, 31–40, 41–50 und 51–65 Jahren, in jeder Gruppe 5 männliche und 5 weibliche Personen. Die 95%-Toleranzbereiche der Methoden waren:

Duke	1'29"–6'47"
Ivy/template	1'42"–9'48"
Hämostasezeit	46"–6'38"

Abbildung 1 zeigt das Scattergram dieser Werte. Auffallend ist die verhältnismäßig große Streuung der Ivy-Blutungszeiten, die auch einen sog. „statistical outlier“ enthalten. Die Ivy-Techniken unterscheiden sich von den übrigen Blutungszeiten durch die Anwendung eines Venenstaus vom 40 mm Hg. Ohne Zweifel ist es dieser erhöhte Venendruck, übrigens in der Literatur mehrfach kritisiert, der die Ivy-Methode zwar sensibler, aber auch stärker streuend macht. Insgesamt ist zu erkennen, daß sich die 95%-Bereiche der drei Methoden nicht grundsätzlich unterscheiden.

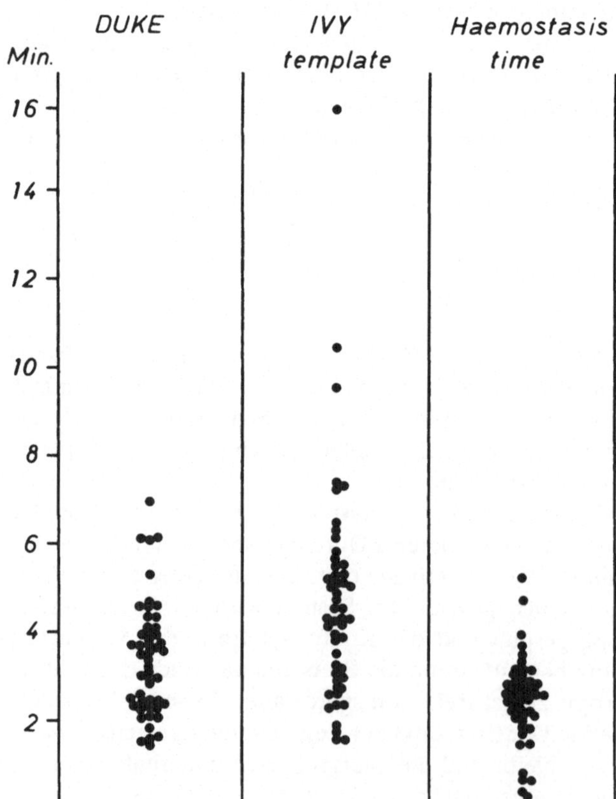

Abb. 1. Einzelwerte von 25 männlichen und 25 weiblichen Normalpersonen ohne Blutungsanamnese, Alter 10–65 Jahre, s. Text

Man muß sich fragen: Welche Unterschiede und welche Parallelen des hämostatischen Mechanismus bestehen zwischen den Hautblutungszeiten und der HT? Bei den Hautblutungszeiten werden Kapillaren durchtrennt und das austretende Blut kommt mit dem Subendothel der verletzten Gefäßwand in Berührung. Im Gegensatz dazu findet bei der HT die Blutstillung an der künstlichen Standardoberfläche der Kanülenwand statt. Es werden hier also alle individuellen Gefäßwandfaktoren ausgeschaltet. Parallelität zwischen den Hautblutungszeiten und der HT besteht insofern, als es sich bei beiden Methoden um Vorgänge der primären Hämostase handelt und bei beiden Methoden das gleiche strömende Blut mit Plättchen und plasmatischen Faktoren beteiligt ist.

Die drei Blutungszeitmethoden wurden nun in jenen Situationen getestet, in denen Verlängerungen der Blutungszeit beschrieben wurden, nämlich nach Gabe von Heparin und Aspirin und bei Thrombozytopenien.

Zunächst wurde untersucht, wieweit die plasmatische Gerinnung an diesen Vorgängen beteiligt ist. Tabelle 1 zeigt die Werte vor und nach intravenöser Applikation von 20 IE Heparin (Liquemin, Hoffmann-La Roche) pro kg Körpergewicht bei 3 männlichen und drei weiblichen freiwilligen Probanden. Es kam zu einer Verlängerung der Thrombinzeit um das Fünffache, den therapeutischen Bereich, aber keine der Blutungszeiten war signifikant verlängert.

Tabelle 1. Thrombinzeit und Blutungszeiten vor und 10 min nach intravenöser Gabe von 20 IE Heparin (unfraktioniert) pro kg Körpergewicht bei 3 männlichen und 3 weiblichen Probanden

		n	Mittelwert	95% Toleranzinterval	Vor/nach
Heparin/Plasma,	IE/ml	6	0,38	0,11– 1,31	
Thrombinzeit, s	vor	6	13,1	11,0 – 15,6	
	nach	6	72,3	9,7 – 539,6	p = < 0,00001
DUKE, s	vor	6	119,4	41,7 – 342,2	
	nach	6	177,9	64,6 – 490,0	p = 0,36
IVY/template, s	vor	6	238,1	91,4 – 620,0	
	nach	6	353,2	100,7 –1239,0	p = 0,78
Hämostasezeit, s	vor	6	210,3	132,1 – 334,9	
	nach	6	269,8	168,4 – 432,2	p = 0,98

Bei den Thrombozytopenien handelte es sich um postinfektiöse und um medikamentös-allergische Thrombozytopenien und ITP-Patienten mit Thrombozytopenien aufgrund von Hämoblastosen und Verbrauchskoagulopathien wurden nicht einbezogen. Wie Tabelle 2 zeigt, war die Korrelation der Thrombozytenzahl mit der Länge der Blutungszeit bei der Duke-Methode nicht signifikant, bei der Ivy-Methode signifikant und bei der HT hoch signifikant. Die Einzelwerte der HT sind in Abb. 2 graphisch dargestellt.

40 freiwillige Versuchspersonen, 20 Männer und 20 Frauen, wurden 2 Stunden nach Einnahme von 1 g Aspirin untersucht. Die Ergebnisse waren individuell äußerst

Tabelle 2. Korrelationen Thrombozytenzahl/Blutungszeiten

Korrelationen:		
Thrombozytenzahl/Duke	r = −0,3	p = 0,11
Thrombozytenzahl/Ivy	r = −0,48	p = 0,005
Thrombozytenzahl/Hämostasezeit	r = −0,84	$p = 0,7 \times 10^{-12}$

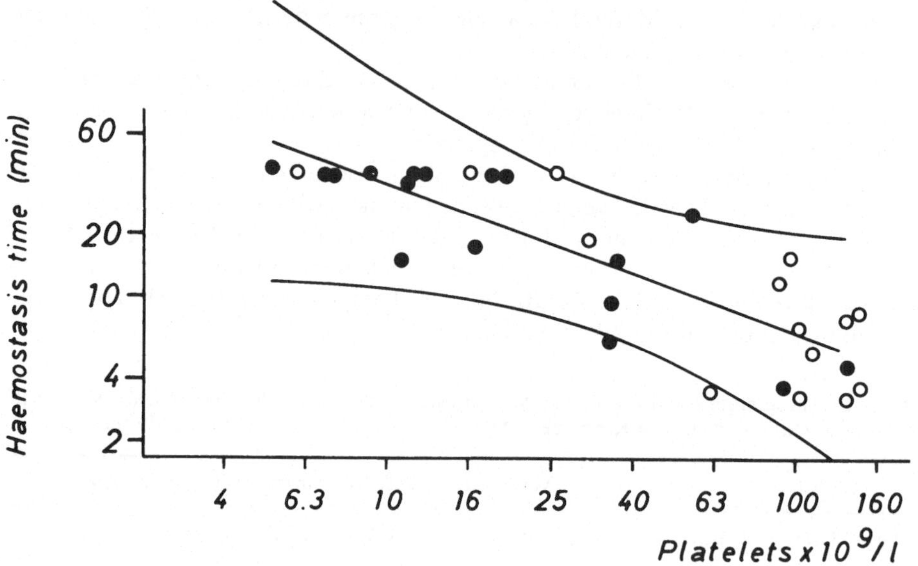

Abb. 2. Korrelation der Hämostasezeit zur Thrombozytenzahl bei thrombozytopenischen Patienten (logarithmisch transformierte Werte). Patienten mit postinfektiösen und medikamentös-allergischen Thrombozytopenien ○; Patienten mit ITP ●. Wiedergegeben nach [1]

unterschiedlich. Es kamen Verlängerungen, gleichbleibende Werte und sogar Verkürzungen der Blutungszeiten vor (Abb. 3.). Die statistische Berechnung der Ergebnisse (Tabelle 3) entsprach den Angaben der Literatur. Aspirin hatte keine Wirkung auf die Duke-Blutungszeit. Bei der Ivy/template-Blutungszeit waren nur bei den männlichen Probanden die Werte signifikant verlängert. Bei der HT ergab sich eine Verlängerung bei der Gesamtgruppe, aber kein Geschlechtsunterschied.

Diskussion und Zusammenfassung

Trotz der Ähnlichkeit der Normalbereiche und der vergleichbaren Ergebnisse nach Heparinapplikation und bei Thrombozytopenien weisen die Aspirinversuche doch auf Unterschiede zwischen den Hautblutungszeiten und der HT hin. Individuelle Gefäßwandeinflüsse sind bei der HT ausgeschaltet. Es liegt deshalb nahe, die

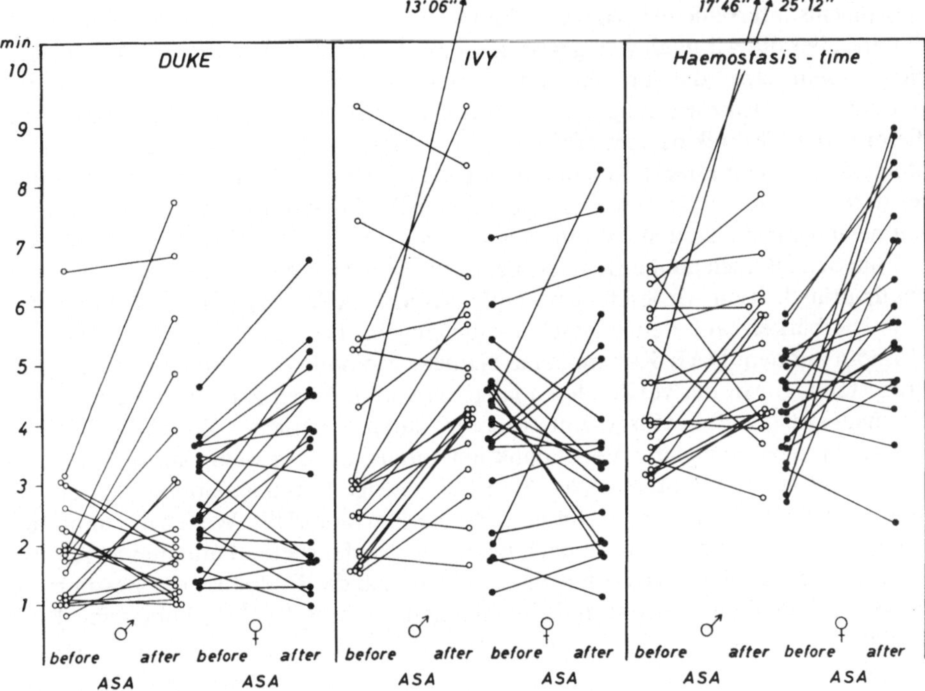

Abb. 3. Individuelle Werte vor und 2 h nach Einnahme von 1 g Aspirin bei 20 Männern und 20 Frauen. Wiedergegeben nach [1]

Tabelle 3. Blutungszeiten vor und 2 h nach Einnahme von 1 g Aspirin bei 20 Männern und 20 Frauen ohne Blutungsneigung, wiedergegeben nach [1]

Test	Geschlecht	n	Mittelwert	95%-Toleranzinterval	Differenz vor/nach	Differenz m/w
Duke						
vor Aspirin	m + w	40	127,2	49,0–330,5		
nach			151,3	43,2–530,4	p = 0,08	p = 0,89
Ivy/template						
vor Aspirin	m	20	178,2	60,0–529,0		
	w	20	210,5	81,2–545,5		
nach	m	20	276,7	106,8–717,2	p = <0,001	
	w	20	206,3	73,2–581,6	p = 0,98	p = 0,01
Hämostasezeit						
vor Aspirin	m + w	40	255,2	155,1–419,8		
nach			339,1	143,2–802,9	p = 0,002	p = 0,93

Geschlechtsunterschiede bei der Ivy-Blutungszeit auf Gefäßwandeinflüsse zurückzuführen, über die wir noch wenig wissen. Somit liegt die Bedeutung der HT-Technik nicht so sehr darin, die anderen Blutungszeitmethoden zu ersetzen, obwohl die HT zumindest die Duke-Blutungszeit überflüssig machen würde. Der eigentliche Nutzen dieser neuen Technik besteht in der Möglichkeit, sie parallel beispielsweise zur Ivy-Methode durchzuführen und damit eine Beteiligung von Gefäßwandfaktoren differenzieren zu können. Dies würde eine wesentliche Erweiterung der durch Blutungszeitmessungen zu erzielenden Information bedeuten.

Zum Schluß noch einige Bemerkungen zur Hämostasezeittechnik. Sie wurde von uns ursprünglich zur Anwendung bei Hühnern entwickelt und dann wegen ihrer guten Praktizierbarkeit auf den Menschen übertragen. 1980 publizierten Sutor und Hoever auf dem DAB-Kongreß eine ähnliche Methode im Rahmen einer anderen Fragestellung. Mit der verwendeten längeren und dickeren Kanüle wurden längere Normalwerte erzielt bei insgesamt größerem durchschnittlichen Blutverlust [3].

Die HT setzt eine glatte Venenpunktion voraus, ist aber wenig aufwendig in der Hand eines geübten Untersuchers. Sie ist die einzige Blutungszeitmodifikation, die unbeschränkt wiederholbar ist, da sie keine Narben hinterläßt. Wegen der unproblematischen Blutstillung kann sie auch bei blutungsgefährdeten Patienten angewandt werden. Schließlich ist als Vorteil zu erwähnen, daß der Endpunkt der Bestimmung bei der HT eindeutig ist und individuelle Einflüsse des Untersuchers keine Rolle spielen.

Literatur

1. Janzarik H, Remy S, Morell S, Pabst W (1986) "Haemostasis time", a modified bleeding time test and its comparison with the Duke and Ivy/template bleeding times. I. Normal values, application in thrombocytopenie patients and evaluation of heparin and aspirin effects. Blut 52:345–356
2. Mielke CH, Kaneshiro MM, Maher IA, Weiner JM, Rapaport SI (1969) The standardized normal Ivy bleeding time and its prolongation by aspirin. Blood 34:204–215
3. Sutor AH, Hoever C (1980) Intravenöse Blutungszeit (VBZ). Ein neuer in vivo-Test zur Beurteilung der zellulären Hämostase. In: Deutsch E, Lechner K (eds) Fibrinolyse, Thrombose, Hämostase. Schattauer, Stuttgart New York, pp 367–370

Diskussion

MARX (München):

Die Grundidee, die verschiedenen Blutungszeiten zu vergleichen, ist ausgezeichnet. Jede hat jedoch ihre Nachteile. Was eingehen kann, ist eine Belastungsblutungszeit. Die subaquale Blutungszeit eignet sich ausgezeichnet für das von Willebrand-Syndrom, nur hängt es sehr davon ab, wie man diese durchführt. Das wesentliche ist nicht eine Hautblutungszeit, denn die schlimmsten Blutungen entstehen in den Schleimhäuten. Wir verwenden destilliertes Wasser, das auch den Fluß genau beurteilen läßt.

SUTOR (Freiburg):

Die Untersuchungen von Frau Janzarik haben mich sehr beeindruckt. Sie bestätigen mich in der Methode, die wir vor sechs Jahren in Wien vorgestellt hatten und die nahezu identisch ist. Wir haben sie als „intravenöse Blutungszeit" bezeichnet, da wir eine Kanüle in die Vene einführen und dann prüfen, wie lange es bis zur Hämostase dauert.

Wir haben das austretende Blut fraktioniert untersucht und fanden, daß es während des Hämostasevorgangs nicht nur zum Thrombozytenabfall kommt, sondern daß diesem vorangehend auch ein Abfall der Leukozyten festzustellen ist. Wir haben das als Beweis dafür gesehen, daß die Leukozyten in der primären Hämostase beteiligt sind. Diese Untersuchungen sind von einer Mitarbeiterin, Frau Höfer, gemacht worden, die vor zwei Monaten tödlich in den Bergen verunglückt ist.

Vergleichende Bestimmungen von Faktor VIII:C mit Einstufentest, Zweistufentest und einem chromogenen Assay

P. Hellstern, C. Miyashita, M. Köhler, G. von Blohn, E. Wenzel
(Homburg/Saar)

Einleitung

Die Bestimmung von FVIII:C mit dem Einstufentest (FVIII:C-1) und dem Zweistufentest (FVIII:C-2) unterliegt zahlreichen Störeinflüssen mit der Konsequenz, daß FVIII:C mit diesen gerinnungsphysiologischen Methoden nicht hinreichend spezifisch und reproduzierbar gemessen werden kann. Dieser Problematik wurde jüngst ein ausführliches Review gewidmet (Nilsson, Barrowcliffe und Schimpf 1984). Seit etwa 2 Jahren steht ein chromogener (photometrischer) Assay (FVIII:C-P) kommerziell zur Verfügung („Coatest", KaviVitrum München), der aufgrund bisheriger Erfahrungen eine höhere Spezifität sowie eine bessere Reproduzierbarkeit aufweisen soll (Rosen 1986). Dieser kommerzielle Test hat jedoch einige Nachteile, die seinen Einsatz in der Laborroutine erschweren. Um im Meßbereich zwischen 0 und 100 U/dl messen zu können, müssen zwei Bezugskurven mit unterschiedlichen Inkubationszeiten erstellt werden. Im Meßbereich zwischen 0 und 20 U/dl kann lediglich mit der Endpunktmethode gemessen werden, und der Zeitaufwand pro Testansatz beträgt nahezu 30 min. Nach eigenen Erfahrungen ist es zudem mit dem kommerziellen chromogenen Assay nicht möglich, zwischen einer schweren und mittelschweren Hämophilie A zu unterscheiden, da in 3 kommerziellen FVIII-Mangelplasmen humanen Ursprungs „pseudo-FVIII:C-Restaktivitäten" in der Größenordnung zwischen 1 und 2 U/dl gemessen wurden. In der vorliegenden Arbeit sollen die Ergebnisse der vergleichenden Bestimmungen von FVIII:C mit Einstufentest, Zweistufentest und einem modifizierten chromogenen Assay dargestellt werden, der diesen Nachteil des kommerziellen Tests nicht mehr aufweist.

Patienten, Material und Methoden

Patienten

Sechzehn Patienten mit schwerer Hämophilie A im steady state, die für mindestens 5 Tage vor der Untersuchung keine FVIII-Infusionen mehr erhalten hatten, bekamen FVIII TIM3 der Firma Immuno Heidelberg (1 einzige Charge) in einer Dosierung zwischen 19 und 33 U/kg über exakt 10 min infundiert. Zitratblut zur FVIII-Bestimmung wurde vor sowie 5 min, 15 min, 30 min, 1 h, 4 h, 10 h, 24 h und 48 h nach Infusionsende entnommen. Plättchenarmes Zitratplasma wurde durch 10minütige

Zentrifugation bei 10000 g gewonnen und bis zur weiteren Untersuchung bei −70° C in Eppendorf-Hütchen eingefroren.

Bestimmung von FVIII:C

Faktor VIII:C wurde von einer technischen Assistentin unter Verwendung von jeweils einer einzigen Reagenzcharge mit Einstufentest und Zweistufentest bestimmt (Reagenzien der Firma Immuno Heidelberg). Das Prinzip der Bestimmung von FVIII:C mit dem chromogenen Assay ist in Tabelle 1 dargestellt. Zum Vergleich sind die Testbedingungen des kommerziellen Assays ebenfalls angegeben. Im Unterschied zum kommerziellen Test kann mit einer einzigen Inkubationszeit von 10 min über den gesamten Meßbereich zwischen 0 und 100 U/dl kinetisch gemessen werden. Die Eichkurven sind in diesem Meßbereich linear.

Tabelle 1. Pipettierschema für den kommerziellen Coatest FVIII der Firma KabiVitrum und dem modifizierten Coatest FVIII

Coatest FVIII Kabi		*Modifizierter Coatest FVIII*	
Phospholipid + FIXa + FX (0–8°C)	200 µl	Phospholipid + FIXa + FX (0–8°C)	200 µl
+ Probe 4–5 min bei 37°C	100 µl	+ Probe	100 µl
+ $CaCl_2$ 5* bzw. 10** min bei 37°C	100 µl	+ $CaCl_2$ 10 min bei 37°C	100 µl
+ S-2222 + S-2581 5* bzw. 10** min bei 37°C	200 µl	+ S-Xa-1 + S-2581 (1,9 mmol) (29 µmol)	200 µl
+ 50% Essigsäure	100 µl	Δ E_{405}/min über 2 min	
E_{405} gegen Leerwert			

* Meßbereich 15–100 U/dl und 20–150 U/dl
** Meßbereich 0–20 U/dl

Zur Kalibrierung der FVIII:C-Bestimmung in Plasmen wurde „Referenzplasma 100%" der Firma Immuno Heidelberg verwendet, welches sehr sorgfältig am 1. WHO-Plasmastandard kalibriert worden war. Die Kalibrierung der FVIII:C-Bestimmung in Konzentraten erfolgte mit Hilfe eines Konzentratstandards der Firma Immuno Heidelberg, der am 3. WHO-Konzentratstandard kalibriert worden war.

Zur Ermittlung der Reproduzierbarkeit in Serie und von Tag zu Tag wurden Plasmen mit verschiedener FVIII:C-Konzentration 10mal hintereinander bzw. an 10 aufeinanderfolgenden Tagen bestimmt. Die Ermittlung der Spezifität erfolgte, indem in 3 kommerziellen FVIII-Mangelplasmen (Immuno Heidelberg, Merz & Dade München, Behringwerke Marburg) FVIII:C bestimmt wurde. Die untere Nachweisgrenze wurde als diejenige FVIII:C-Konzentration definiert, die mit mindestens 95% Sicherheit vom Leerwert unterschieden werden konnte.

Bestimmung des FVIII:C-Gehaltes von FVIII-Konzentraten

Das zur Transfusionsstudie eingesetzte FVIII-Konzentrat der Firma Immuno, sowie 3 verschiedene Chargen von FVIII HS der Firma Behringwerke wurden für in-vitro-Untersuchungen herangezogen. Die lyophilisierten Konzentrate wurden in Aqua-dest zu einer Konzentration von 25 U/ml aufgelöst und für 1 h bei Raumtemperatur stehen gelassen. Die Vorverdünnung in den Meßbereichen des jeweiligen Assays erfolgte entweder mit dem jeweiligen Puffer oder mit FVIII-Mangelplasma. Zwischen Vorverdünnung und FVIII:C-Bestimmung lagen höchstens 5 min.

Bestimmung der FVIII:C-Recovery und -Eliminationshalbwertszeit (HWZ)

Die Berechnung der Recoveries erfolgte nach Allain (1980), wobei die mit den jeweiligen FVIII:C-Assays im Konzentrat ermittelten FVIII:C-Mengen zugrunde gelegt wurden. Die Bestimmung der HWZ erfolgte mit Hilfe eines Computers und eines modifizierten Gauss-Newton-Algorithmus in der Modifikation nach Hartley (1961).

Ergebnisse

Die Ergebnisse der Untersuchung zur intra-Assay- und inter-Assay-Präzision sind in Tabelle 2 dargestellt. Erwartungsgemäß war in allen 3 Assays die Präzision im unteren Meßbereich geringer. FVIII:C-2 und FVIII:C-P wiesen eine deutlich bessere Reproduzierbarkeit auf als FVIII:C-1.

Tabelle 2. Intra-assay und Inter-assay Präzision von FVIII:C-1, FVIII:C-2 und FVIII:C-P; n = 10

	Variationskoeffizient (%)					
	Intra-assay			Inter-assay		
Meßbereich (U/dl):	1,5	10	50	1,5	10	50
FVIII:C-1	8,8	3,8	4,0	9,4	8,5	6.2
FVIII:C-2	4,9	5,5	3,0	9,2	6,4	5,1
FVIII:C-P	4,9	1,8	2,4	8,2	4,5	3,1

Die untere Nachweisgrenze wurde für alle 3 Assays mit 0,75 U/dl gefunden. „Pseudo-FVIII:C-Restaktivitäten“ wurden lediglich mit FVIII:C-2 in einer Größenordnung zwischen 1,5 und 2 U/dl gefunden (Tabelle 3). Diese Unspezifität im Zweistufentest kann jedoch dadurch vermieden werden, daß im unteren Meßbereich Plasmen in höheren Verdünnungen als 1:100 eingesetzt werden. Die Korrelation zwischen den Einzelwerten von FVIII:C, bestimmt mit den 3 Assays vor und nach FVIII-Infusion bei den 16 Hämophilie-Patienten, sind in Tabelle 4 dargestellt. Alle FVIII:C-Werte korrelierten untereinander vergleichbar gut.

Tabelle 3. Untere Nachweisgrenze und Spezifität

Untere Nachweisgrenze (U/dl)	0,75	0,75	0,75
„Pseudo-FVIII:C" in Mangelplasma (U/dl)	< 1,0	1,5–2,0	< 1,0

Tabelle 4. Korrelationen zwischen den Einzelwerten, bestimmt mit FVIII:C-1, FVIII:C-2 und FVIII:C-P; n = 144

	FVIII:C-2	FVIII:C-P
FVIII:C-1	r = 0,95	r = 0,95
FVIII:C-2		r = 0,97

Tabelle 5 zeigt die Mittelwerte und Standardabweichung der Eliminationshalbwertszeiten, die anhand der FVIII:C-1-, der FVIII:C-2- und der FVIII:C-P-Werte ermittelt wurden. Mit FVIII:C-P wurden signifikant niedrigere Halbwertszeiten gemessen ($p < 0,01$; Wilkoxon-Test für Paardifferenzen). Tabelle 6 zeigt Mittelwert- und Standardabweichung der Recoveries, die anhand der mit den 3 verschiedenen Assays ermittelten FVIII:C-Werten ermittelt wurden. Die niedrigsten Recoveries ergaben sich mit FVIII:C-P; sie waren signifikant, niedriger als jene, die anhand von FVIII:C-1 und FVIII:C-2 ermittelt wurden.

In Abb. 1 sind die Ergebnisse der Bestimmung des in-vitro-Gehaltes von FVIII:C der 4 verschiedenen FVIII-Konzentrate dargestellt. Auffällig war die starke Diskrepanz zwischen den FVIII:C-Füllungen im Einstufentest, wenn einmal Mangelplasma und ein anderes Mal Puffer als Vorverdünnungsmittel verwendet wurde. Diese Diskrepanzen, die teilweise auch im Zweistufentest beobachtet wurden, fanden sich mit dem chromogenen Assay nicht.

Tabelle 5. Eliminationshalbwertszeiten (h) nach TIM 3 Immuno, $\bar{x} \pm s$; n = 16, berechnet mit modifiziertem Gauss-Newton-Algorithmus (Hartley 1961)

FVIII:C-1	FVIII:C-2	FVIII:C-P
23,8 ± 6,4	22,2 ± 5,7	17,1 ± 4,9

Tabelle 6. Recoveries (%) nach TIM 3 Immuno, $\bar{x} \pm s$; n = 16, berechnet nach Allain 1980

FVIII:C-1	FVIII:C-2	FVIII:C-P
108 ± 20	92 ± 13	81 ± 11

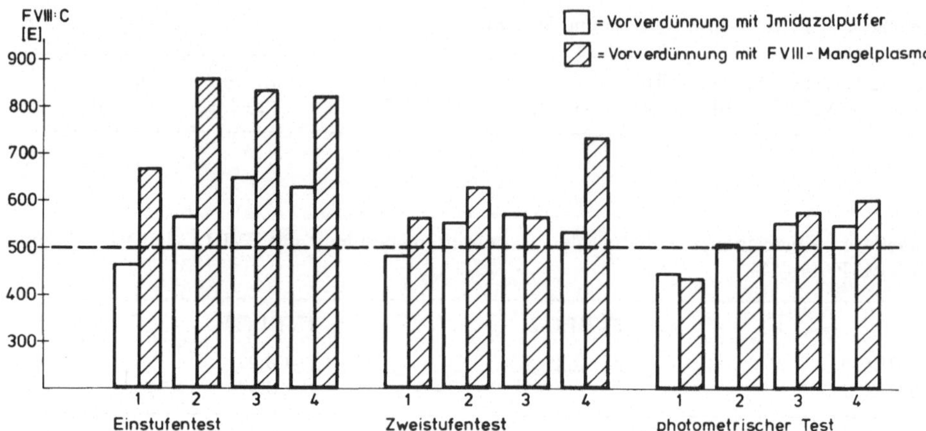

Abb. 1. Füllung von vier verschiedenen FVIII-Konzentraten (1 = FVIII TIM3 Immuno, 2–4 = 3 Chargen FVIII HS Behringwerke) mit Einstufentest, Zweistufentest und photometrischem Test. Offene Säulen = Ergebnisse nach Vorverdünnung mit Imidazolpuffer; schraffierte Säulen = Ergebnisse nach Vorverdünnung mit FVIII-Mangelplasma. Sollwert 500 U

Zusammenfassung

Die Ergebnisse zeigen, daß mit dem modifizierten chromogenen Assay zur Bestimmung von FVIII:C eine rationelle Methode vorliegt, welche die Nachteile des kommerziellen chromogenen Tests sowie der gerinnungsphysiologischen Bestimmungsmethoden nicht mehr aufweist. Die Reproduzierbarkeit des chromogenen Assays sowie die Empfindlichkeit sind mindestens genauso gut wie die des Zweistufentests. Die auch von anderen Autoren beobachteten Diskrepanzen bei der FVIII:C-Bestimmung in Konzentraten in Abhängigkeit vom verwendeten Vorverdünnungsmittel treten offenbar mit dem chromogenen Assay nicht mehr auf. Sollten sich diese Beobachtungen in weiteren Untersuchungen bestätigen, so könnte mit der Verwendung des chromogenen Assays zur Standardisierung von FVIII-Konzentraten ein großer Fortschritt erzielt werden.

Literatur

Allain JP et al. (1980) Vox Sang 38:68–80
Hartley HO et al. (1961) Technometrics 3:269–280
Nilsson IM, Barrowcliffe TW, Schimpf K (1984) Scand J Haematol 33:Suppl 41
Rosen S et al. (1986) Thromb Haemostas 54:818–823

Diskussion

MARX (München):

Das wäre ein wichtiger Punkt. Automatisierbarkeit der Faktor VIII-Bestimmung mit womöglich größerer Exaktheit in Konzentraten.

VINAZZER (Linz):

Diese Methode, an deren Entwicklung ich mich vor acht Jahren beteiligt habe, ermöglicht eine wesentlich spezifischere Faktor VIII-Bestimmung als die herkömmliche Gerinnungsmethode. Wir messen den entstandenen Faktor Xa, also die nächste Stufe. Mit der Gerinnungsmethode wird hingegen der gesamte Ablauf bis zum Fibrin geprüft, wodurch wesentlich mehr Fehlerquellen möglich sind.

Molekularbiologischer Überträgertest bei der Hämophilie A

R. Schwaab, J. Oldenburg, M. Higuchi, K. Olek, H.-H. Brackmann (Bonn)

Mit Hilfe von bestimmten Markersystemen auf der DNA (Kopplungsanalyse) ist es möglich, die Sicherheit des Konduktorinnentests in der Hämophilie auf 95–99% zu verbessern.

Die Marker (St14-, F8A-System) treten in Form von unterschiedlichen Allelen auf. Das Allel eines Markers, das bei einem Bluter gefunden wird, kennzeichnet in der jeweiligen Familie das betroffene x-Chromosom.

Mit Hilfe dieser Gendiagnostik wurden 40 Familien untersucht (Tabelle 1). Die Auswertung erfolgte mit dem Rechnerprogramm „linkage".

Tabelle 1. Untersuchung von 40 Familien mittels Markersystemen (St14-, F8A-System), Faktor VIII-Werten und dem Rechnerprogramm „linkage"

		Neumutation ausgeschlossen	Neumutation nicht ausgeschlossen
		St14 + F8A	St14 + F8A
Bestimmbar	Carrier	16	—
	Nichtcarrier	21	21
Nicht bestimmbar		5	16
		23 Familien	17 Familien

Aufgrund der Familienanamnese konnte in 23 Familien eine Neumutation ausgeschlossen werden. Bei 88% (37 von 42) der untersuchten Frauen war eine Diagnose möglich, weil die Mutter informativ, d.h. heterozygot für eine der verwendeten Marker war. 16 Frauen wurden als Überträgerinnen und 21 als Nichtüberträgerinnen diagnostiziert. 5 Frauen konnten nicht bestimmt werden, da die Mütter nicht informativ waren.

In 17 Familien, in denen eine Neumutation nicht auszuschließen war, wurden 21 Frauen als Nichtüberträgerinnen bestimmt. Sie wiesen das entsprechende Allel des Bluters nicht auf. Bei 16 Frauen, die das entsprechende Allel aufwiesen, wurden die Ergebnisse der Markersysteme und der FVIII-Werte mit dem „linkage"-Programm kombiniert.

Abbildung 1 zeigt das Beispiel einer solchen „Problemfamilie", bei der eine Spontanmutation nicht ausgeschlossen ist.

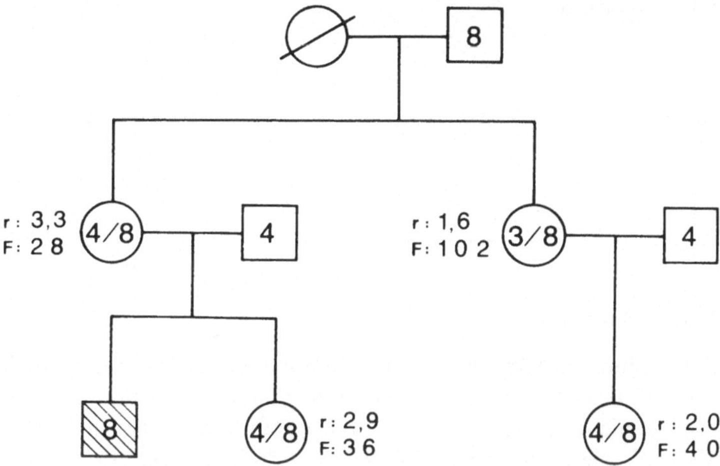

Abb. 1. Bestimmung des Überträgerrisikos der Hämophilie innerhalb einer Familie, bei der eine Spontanmutation nicht ausgeschlossen ist, mit Hilfe des St14-Markersystems, den FVIII-Werten und dem „linkage"-Programm. F: Faktor VIII:C-Aktivität (Streubreite innerhalb der Normalbevölkerung: 60–200%); r: ratio vWF-Ag FVIII:C (Normalwert: < 1,5)

Der Bluter ist durch die Schraffierung gekennzeichnet. Die zu bestimmenden Personen, sind die Schwester des Bluters und seine Kusine. Die Zahlen innerhalb der Symbole sind die in dieser Familie auftretenden Allele des St14-Markers. Die FVIII-Aktivität wurde anhand eines Normalplasmas gemessen, dessen Aktivität gleich 100% gesetzt wurde. Das vWF-Ag wurde mittels eines ELISA-Tests bestimmt.

Die ratsuchenden Frauen weisen das entsprechende Allel 8 des Bluters auf. Ebenso ist bei beiden Frauen die FVIII-Aktivität erniedrigt und die Ratio vWF-Ag/FVIII-Aktivität erhöht.

Eine Auswertung des St14-Markersystems durch das Programm ergibt für die Schwester des Bluters ein 40%iges Risiko, Überträgerin zu sein, für die Kusine ist der Wert annähernd 0 Prozent. Das relativ geringe Überträgerrisiko ist durch eine gesicherte Neumutation erklärt, da das x-Chromosom des Betroffenen vom gesunden Großvater stammt. Die Neumutation kann in einer Keimzelle des Großvaters, oder in einer Keimzelle der Mutter des Bluters stattgefunden haben.

Eine Kombination der FVIII-Werte und der Kopplungsdaten durch das „linkage"-Programm beurteilt die Schwester des Bluters zu 88% als Überträgerin, während das Risiko der Kusine weiterhin fast 0 bleibt.

Zusammenfassend läßt sich sagen, daß die Kopplungsanalyse in Verbindung mit den Laborwerten und dem „linkage"-Programm eine verbesserte Überträgerindiagnose ermöglicht.

Diskussion

Marx (München):

Diese Untersuchungen sind ein notwendiger Fortschritt. Ich habe mich selbst lange Zeit mit der Erfassung von Konduktorinnen beschäftigt, doch waren die Ergebnisse bislang nicht zufriedenstellend. Sie kombinieren also die Bestimmung des Faktor VIII mit dieser neuen Methode und erhalten dann aber auch nicht eine 100%ige Sicherheit?

Oldenburg (Bonn):

Zwischen 95 und 99%, das hängt von den Markersystemen ab.

Marx (München):

Welche Zeit beansprucht diese Technik und an welchen Orten werden diese Untersuchungen vorgenommen?

Oldenburg (Bonn):

Die Untersuchungen dauern relativ lange. Mit etwa 2–3 Wochen ist zu rechnen, bis das Ergebnis vorliegt. Soweit bekannt, werden diese Untersuchungen im Humanmedizinischen Institut in Göttingen und bei uns durchgeführt.

Faktor VIII-Defekte mit/ohne Hemmkörperbildung bei Patienten mit einem systemischen Lupus erythematodes

K. HASLER, H. ENGLER, M. MAIER (Freiburg)

Hämostasestörungen sind ein führendes Symptom des systemischen Lupus erythematodes (SLE). Beim SLE lagern sich Immunkomplexe in der Gefäßwand ein. Dies geschieht vorzugsweise in den Kapillaren mit nachfolgender Organschädigung, seltener in den Arterien und Venen unter dem klinischen Bild einer Vasculitis. Makroangiopathien werden viel seltener beobachtet als eine hämorrhagische Diathese.

Dargestellt werden die Befunde von 5 Patienten mit SLE mittels Tabellen 1–3. Ungewöhnliche gerinnungsanalytische Befunde wurden bei 4 Patientinnen im Alter von 17–26 Jahren mit vermehrter Hämatomneigung und bei einem 30jährigen Patienten mit einer Hämaturie und Hämatomneigung bei SLE erhoben. Die Patientinnen 3 und 5 hatten zusätzlich eine tiefe Beinvenenthrombose mit Lungenarterienembolien, während Patient 4 rezidivierende Thrombophlebitiden der Unterschenkel aufwies (Tabelle 1).

Bei den Patienten 1–4 sind die Thrombozyten zahlenmäßig unauffällig, nur Patient 5 zeigt eine Thrombozytopenie, aber die verlängerte Blutungszeit nach BORCHGREVINK der Patienten 1–3 sind Hinweis auf das Vorliegen einer Thrombozytopathie.

Tabelle 1. Patienten 1–5 mit einer hämorrhagischen Diathese bei systemischem Lupus erythematodes (SLE). Erläuterung: Blutungszeit nach BORCHGREVINK (normal < 7 min). In Klammern Normalbereich von aPTT und Thrombinzeit. TVT = tiefe Venenthrombose, LAE = Lungenarterienembolie

	Patient 1, ♀	Patient 2, ♀	Patient 3, ♀	Patient 4, ♂	Patient 5, ♀
BSG	145/150	25/70	48/84	70/104	12/25
Hb-Gehalt	10,3	13,1	15,1	15,0	12,3
Leucozyten	5700	2200	2800	7100	6500
Thrombozyten	165000	174000	149000	314000	80000
Blutungszeit	> 15	11	13	7	10
Fibrinogen	430	220	280	550	470
Quick	48	49	78	27	53
aPTT	103 (< 55)	54 (< 40)	47 (< 40)	86 (< 40)	66 (< 40)
Thrombinzeit	20 (< 20)	19 (< 20)	27 (< 20)	29 (< 20)	28 (< 20)
ANA	stark pos.	pos.	pos.	pos.	pos.
Erythem	+	+	–	–	–
Arthritiden	+	+	+	–	–
Raynaudsymptome	–	–	+	–	–
TVT	–	–	+ LAE	Phlebitis	+ LAE
Hypertonie	+	–	–	+	–
Blutungen	Hämatome	Hämatome	Hämatome	Hämatome Hämaturie	Hämatome

Tabelle 2. Plasmatauschversuch bei den Patienten 4 und 5 mit systemischem Lupus erythematodes

Plasmatauschversuch Patientenplasma	Normalplasma	Patient 4, ♂ aPTT	Patient 5, ♀ aPTT
0,1 ml	—	86 s	66 s
0,075 ml	0,025 ml	67,5 s	58,5 s
0,05 ml	0,05 ml	66 s	50,5 s
0,025 ml	0,075 ml	51 s	39 s
—	0,1 ml Pool	38,5 s	38,5 s
2 h 37°C inkubieren + 0,1 ml Cephaloplastin + 0,1 ml 0,025 mol $CaCl_2$-Lösung			

Fibrinogen nach CLAUSS ist bei den Patienten 1, 4, 5 deutlich erhöht.

Nur bei Patient 3 fällt die Thromboplastinzeitbestimmung nach Quick normal aus, während sie bei den übrigen Patienten auf 27–53% vermindert ist.

Bei allen Patienten ist die aktivierte partielle Thromboplastinzeit (aPTT) verlängert. Die ebenfalls verlängerte Thrombinzeit bei den Patienten 3–5 weist auf das Vorliegen eines zirkulierenden Antikoagulanz hin.

Im Plasmatauschversuch (Tabelle 2) läßt sich die verlängerte aPTT der Patientin 5 durch Zugabe von Normalplasma normalisieren. Bei dem Patienten 4 wird die verlängerte aPTT durch Normalplasma verkürzt, jedoch nicht normalisiert.

Zur Abklärung der pathologischen Globaltests (Quick, aPTT) werden Einzelfaktorenanalysen durchgeführt (Tabelle 3).

Bei Patient 1 sind Prothrombin auf 43%, Faktor VII auf 56% und die Faktor VIII-Gerinnungsaktivität (VIII: C) auf 20% vermindert.

Tabelle 3. Faktorenanalysen der Patienten 1–5 mit einer hämorrhagischen Diathese bei systemischem Lupus erythematodes (SLE). Erläuterung: VIII:C = Faktor VIII-Aktivität, VIII:Ag = Faktor VIII-Antigen, vWF:R-Co = Ristocetin-Cofaktor, VIII:C-Hk = Faktor VIII-Hemmkörper

Faktoren-analysen	Patient 1 1970	Patient 2 1984	Patient 3 1986	Patient 4 1985	Patient 4 1986	Patient 5 1986	Normal-bereiche
Fibrinogen	430	220	290	550	420	470	175–280 mg%
Prothrombin	43	58	> 100	9	82	92	75–110 %
Faktor V	74	75	54	70		54	60–110%
Faktor VII	56	86	90	> 100		70	75–110%
Faktor IX		60	100	30	100	42	70–150%
Faktor X		62	79	100		66	75–160%
Faktor XI		100	100	> 100		81	80–160%
Faktor XII		70	76	43	100	57	60–160%
Faktor VIII							
VIII:C	20	< 1	22	< 1	> 100	< 1	70–160%
vWF:R-Co		> 100	98	100	100	150	60–160%
VIII:Ag		168	105	> 100	> 100	> 100	60–160%
VIII:C-HK		< 0,4		109		2,5	< 0,4 BE

Bei Patient 2 weisen wir eine Verminderung von Prothrombin auf 58%, Faktor IX-Aktivität auf 60%, Faktor X auf 62% nach, während keine Faktor VIII-Gerinnungsaktivität meßbar ist.

Patient 3 weist eine verminderte Faktor V-Aktivität mit 54% und eine Faktor VIII-Gerinnungsaktivität mit 22% auf. Bei Patient 4 beträgt Prothrombin nur 9%, Faktor IX-Aktivität 30%, Faktor XII 43%, während keine Faktor VIII-Gerinnungsaktivität bestimmt wird bei nachgewiesenem Hemmkörper mit 109 BE, der gegen die Faktor VIII-Gerinnungsaktivität gerichtet ist. Unter einer kombinierten Therapie von Imurek mit Cortison läßt sich der Hemmkörper supprimieren, die Faktor VIII-Gerinnungsaktivität sowie Prothrombin, Faktor IX und Faktor XII normalisieren sich.

Patient 5 zeigt eine Verminderung des Faktors V auf 54%, des Faktors IX auf 42%, des Faktors X auf 66% sowie des Faktors XII auf 57%. Die Faktor VIII-Gerinnungsaktivität ist nicht meßbar bei einem Hemmkörper mit 2,5 BE.

Ursache der Hämatomneigung und Hämaturie sind bei den von uns untersuchten Patienten mit SLE die Thrombozytopathie (Patienten 1–3), Thrombozytopenie (Patient 5) sowie Defekte im exogenen und endogenen plasmatischen Gerinnungssystem (Patienten 1–5). Trotz nachgewiesenem VIII: C-Mangel mit Hemmkörperbildung wird keine hämophilieartige Blutungstendenz beobachtet. Bei dem Patienten 4 wird durch Behandlung der Grundkrankheit mit Cortison und Imurek auch die Gerinnung normal. Bei den Patienten 3–5 mit einer tiefen Beinvenenthrombose bzw. Thrombophlebitis läßt sich ein zirkulierendes Antikoagulans nachweisen.

Diskussion

Marx (München):

Diese Lupus-Antikoagulanz-Hämie ist sehr interessant, da sich Antikörper gegen Leukozyten, Thrombozyten, Erythrozyten und, wie ich gefunden habe, auch gegen den Faktor VIII richten. Die eigentlichen Meßwerte werden jedoch durch das Antikoagulanz bestimmt. Diese Anomalie kann sowohl Thrombosetendenz als auch hämorrhagische Diathese bewirken und ist noch weitgehend ungeklärt. Mich hat fasziniert, daß in Ihrem Fall mehrere gerinnungshemmende Substanzen wahrscheinlich sind.

Frau Hasler (Freiburg):

Ich muß noch ergänzend sagen, daß wir bei dem Patienten, den wir mit Cortison und Imurek hochdosiert therapiert haben, in der Zwischenzeit mit der Cortisondosis zurückgehen mußten, weil er ein ausgeprägtes Cushing-Syndrom entwickelt hatte, dadurch ist der Hemmkörper wieder aufgetreten, und der Patient hat wieder eine Hämaturie bekommen.

Marx (München):

Und wie war die Thrombopenie?

Frau Hasler (Freiburg):

Die hat sich völlig normalisiert und die pathologischen plasmatischen Gerinnungswerte auch, nur der Faktor VIII nicht. Dieser war nicht meßbar, und der Hemmkörper war mit 7 Bethesda-Einheiten wieder nachweisbar.

Wenn man die Literatur durchsieht, überwiegen Patienten mit einer hämorrhagischen Diathese. Patienten mit einer Makroangiopathie sind selten beschrieben. Bei diesen scheint es so, daß das Lupus-Antikoagulanz doch häufiger nachweisbar ist.

Frau Scharrer (Frankfurt):

Meines Wissens führen Lupus-Antikoagulantien, die gegen das Prothrombin gerichtet sind, zu Thrombosen und Aborten während Antikoagulantien gegen den Faktor VIII nur Blutungen verursachen.

Frau Hasler (Freiburg):

Richtig. Deshalb wollte ich unsere Patienten vorstellen, weil es ungewöhnliche Befunde sind. Bei 5 Patienten fanden wir Veränderungen der Faktor VIII-Gerinnungsaktivität. Ein Teil hatte nur eine hämorrhagische Diathese und die anderen eine kombinierte Makroangiopathie und Blutungsneigung.

MARX (München):

Welche Vorstellungen haben Sie zur Entstehung einer Thrombose? Es zeigt sich doch, daß Antikoagulanz nicht Thromboseschutz bedeutet.

Frau HASLER (Freiburg):

Vielleicht die entzündliche Genese.

Frau SCHARRER (Frankfurt):

Es wäre einfacher, sich eine Thrombophilie über Thrombinstörungen als über Faktor VIII-Störungen zu erklären.

MARX (München):

Das stimmt. Aber vielleicht ist eine Endothelschädigung durch diese Substanz bedingt, und dadurch kann dann die Thrombose entstehen.

Der Einsatz von Schweine-AHG bei einem Patienten mit Hemmkörperhämophilie nach intestinaler Polypektomie

V. HACH-WUNDERLE, I. SCHARRER (Frankfurt)

Die Entwicklung von Hemmkörpern bei Hämophilen, die substituiert werden, stellt auch heute noch ein großes Problem dar.

Bei einem 44jährigen Mann mit schwerer Hämophilie A wurde im März 1986 – in einem auswärtigen Krankenhaus – ein Sigmapolyp entfernt (Histologie: tubulovillöses Adenom). Wegen einer arteriellen Nachblutung mußte eine chirurgische Blutstillung mittels Laparatomie angeschlossen werden. Auch nach chirurgischer Intervention kam es – aufgrund einer unzureichenden Substitution von F.VIII – zu erheblichen intestinalen Blutverlusten. Am 7. postoperativen Tag wurde der Patient mit einem Hämoglobinwert von 6,5 g/dl (21% HK) in unsere Klinik verlegt. Es zeigte sich zunächst ein regelhafter Anstieg des F.VIII-Spiegels nach Gabe von F.VIII-Konzentrat (Abb. 1).

Parallel dazu sistierten die Blutauflagerungen auf dem Stuhl. Nach etwa 2 Wochen zeigte sich jedoch nur noch ein inadäquater und 3 Tage später kein Anstieg des F.VIII-Spiegels nach Substitution mit F.VIII-Konzentrat. Diese Konstellation legte

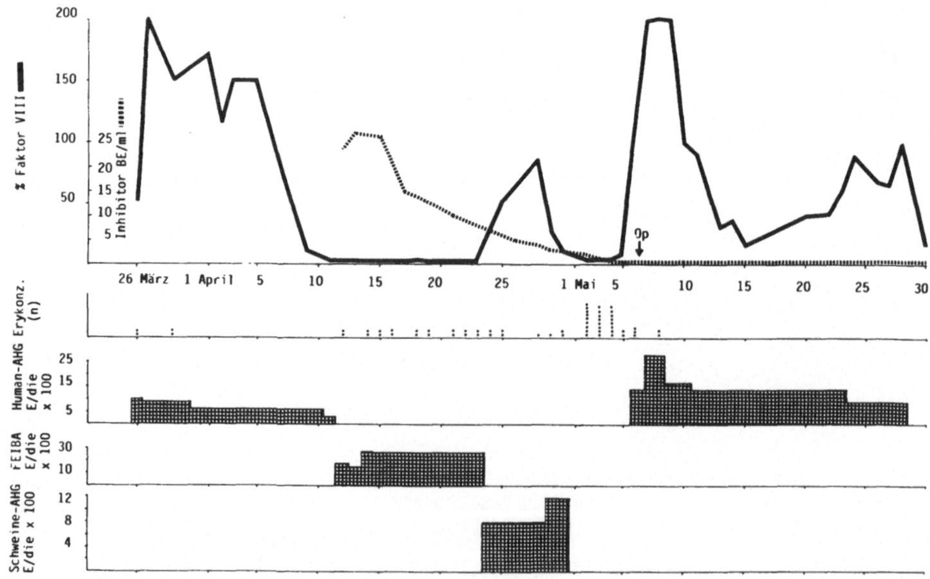

Abb. 1. Therapeutische Maßnahmen bei einem Patienten mit Hemmkörperhämophilie und rezidivierenden intestinalen Blutungen (G. D.)

Tabelle 1. F. VIII:C-Spiegel und Hemmkörpertiter unter Therapie mit Schweine-AHG (G. D.)

	Behandlungstage						
F. VIII:C (%)	1	2	3	5	6	7	
Vor	< 1	8	17	16	15	5	
2*	27	52	—	—	—	—	
4	18	—	—	—	25	—	
6	15	—	—	85	31	11	
24	8	—	—	—	—	—	
Humaner HK (BE/ml)	6	—	5	4	4	—	
Schweine-HK (BE/ml)	0,5	—	—	0	—	—	7,6
„cross-reactivity" (%)	8,2	—	—	—	—	—	

* Stunden nach Substitution
Dosis: 100 E/kg KG/die (Tag 1–5)
150 E/kg KG/die (Tag 6 + 7)

den Verdacht nahe, daß sich Hemmkörper gegen F. VIII gebildet hatten. Der Hemmkörpertiter betrug 25 Bethesda-Einheiten/ml. Zu diesem Zeitpunkt traten erneut intestinale Blutungen auf. Therapeutisch wurde ein aktiviertes Prothrombinkomplexkonzentrat (FEIBA) in einer Dosis von zunächst 2 × 100 E/kg KG/Tag und dann von 3 × 100 E/kg KG/Tag über insgesamt 12 Tage verabreicht. Trotz maximaler Dosierung setzte der Patient weiterhin Teerstühle und Stühle mit frischer Blutauflagerung ab; er benötigte alle 1–2 Tage 2 Erythrozytenkonzentrate à 200 ml.

Bei sehr schlechtem klinischen Zustand des Patienten wurde dann als ultima ratio antihämophiles Globulin vom Schwein in einer Dosierung von 100–150 E/kg KG/Tag angewandt (Tabelle 1). Die zuvor geprüfte cross-reactivity zwischen Schweine-AHG und Patientenplasma betrug 8,2%. Nach der Therapie lagen die F. VIII:C-Werte zwischen 11 und 85%. Nebenwirkungen traten unter vorheriger Gabe von hochdosierten Steroiden nicht auf. In dieser Krankheitsphase konnte unter einem erhöhten F. VIII-Spiegel im Blut eine Coloskopie mit Entnahme von Biopsien durchgeführt werden. Hierbei waren im gesamten Sigma und Colon descendens bis zur linken Flexur ausgeprägte Ulcerationen, Erosionen und Pseudopolypen nachweisbar. Histologisch entsprachen die Veränderungen einer Colitis ulcerosa. Nach einer Woche konnte die Therapie mit Schweine-AHG erwartungsgemäß wegen eines Anstiegs des Antikörpers gegen den F. VIII vom Schwein auf 7,6 Bethesda-Einheiten/ml nicht fortgesetzt werden. In den folgenden 4 Tagen setzte der Patient erneut massiv blutige Stühle ab; der Hämatokrit konnte nur durch Polytransfusion von Erythrozytenkonzentraten um 25% gehalten werden (Abb. 1). Insgesamt wurden 30 Erythrozytenkonzentrate à 200 ml (entsprechend 6 l Blutaustausch) in 5 Tagen verabreicht. Die tägliche Flüssigkeitszufuhr inclusive Applikation von fresh frozen Plasma und Humanplasmaproteinlösung betrug 2,5–3,5 l pro Tag. Diese Massivtransfusion entsprach praktisch dem therapeutischen Konzept von Plasmapheresen. Der Hemmkörpertiter ging hierbei auf 0,5 Bethesda-Einheiten/ml zurück. Dieser niedrige Titer konnte nun erfolgreich durch hochdosierte Substitution von F. VIII-Konzentraten überspielt werden. Bei normalem F. VIII:C-Spiegel im Blut wurde am 6. 5. 1986 eine Hemikolektomie mit Anlage eines Anus praeter durchgeführt.

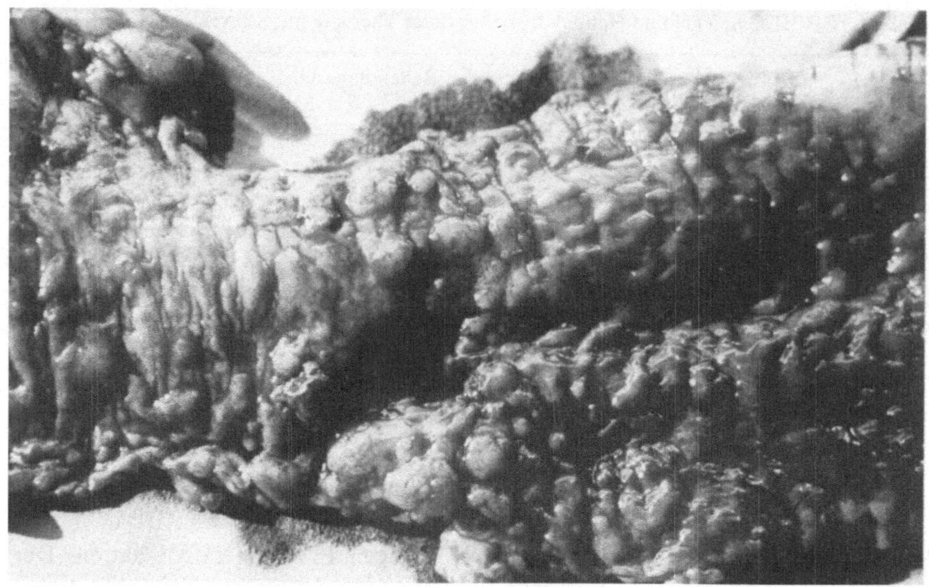

Abb. 2. Schwere Colitis ulcerosa (G. D.); Operationspräparat

Postoperativ traten keine Nachblutungen mehr auf; der Hemmkörpertiter fiel auf 0 ab und stieg auch im weiteren stationären Krankheitsverlauf nicht mehr an.

Intraoperativ zeigte sich ein toxisches Megacolon. Makroskopisch und mikroskopisch waren schwerste ulceröse Veränderungen der Darmschleimhaut nachweisbar (Abb. 2).

Nach einer Hospitalisationsphase von insgesamt 3½ Monaten konnte der Patient entlassen werden. Weiterhin unklar bleibt die Genese der Colitis ulcerosa und auch die Frage, ob in irgendeiner Weise ein Zusammenhang zwischen dem entfernten Sigmapolypen und der später aufgetretenen Colitis besteht.

Abschließend sollen die Vorteile der Behandlung mit Schweine-AHG bei Hemmkörperhämophilen mit lebensbedrohlichen Blutungen herausgestellt werden:

1. Schweine-AHG führt in niedrigerer Dosis als humanes AHG zu einem Anstieg des F.VIII:C-Spiegels im Blut; die Halbwertszeit ist wesentlich länger.
2. Unter der Behandlung mit Schweine-AHG tritt nur sehr selten ein sog. „anamnestic response" auf.
3. Eine Übertragung von AIDS und Hepatitis ist ausgeschlossen.

Die Therapie mit Schweine-AHG sollte nur dann erwogen werden, wenn übliche Therapieverfahren wie Plasmapheresen und Applikation von aktivierten Prothrombinkomplexkonzentraten (FEIBA) versagen und eine für den Patienten lebensbedrohliche Situation vorliegt.

Vor Therapiebeginn sollte die cross-reactivity geprüft werden. Eine vorherige Applikation von hochdosierten Steroiden empfiehlt sich, um die Quote an Nebenwirkungen möglichst gering zu halten.

Diskussion

Vinazzer (Linz):

Vielen Dank, Frau Hach, für die interessante Demonstration. Sie haben gezeigt, daß der Hemmkörperspiegel ursprünglich 25 Bethesda-Einheiten betrug und schon nach einigen Tagen auf unter 8 Einheiten abgesunken ist. Bei der bekannten Halbwertzeit der Hemmkörper gegen Faktor VIII von mindestens 30 Tagen möchte ich Sie fragen, welche Erklärung Sie dafür geben können?

Frau Hach-Wunderle (Frankfurt):

Ich könnte mir vorstellen, daß der Hemmkörper vielleicht schneller abgefallen ist, weil der Patient schon zu Beginn relativ hohe Transfusionen bekommen hat. Er hat schon in der Anfangsphase praktisch jeden zweiten Tag zwei Erythrozytenkonzentrate bekommen, dazu noch intravasal Flüssigkeit auf der Intensivstation. Das könnte sich wie eine Plasmapherese ausgewirkt und zum Abfall des Hemmkörpers beigetragen haben.

Marx (München):

Wie verhielten sich die Thrombozyten? Früher ist unter Schweine-AHG über Thrombozytopenien berichtet worden.

Frau Hach-Wunderle (Frankfurt):

Mit den heutigen Konzentraten ist das seltener geworden. Bei unserem Patienten sind die Thrombozyten nicht abgefallen.

Lechler (Köln):

Wir haben gleichfalls einen Patienten mit Faktor VIII vom Schwein behandelt, der aber einen wesentlich höheren Inhibitortiter hatte. Wir konnten jedoch nur kurzfristig einen Faktor VIII-Wert von ca. 10% erzielen bei insgesamt 20.000 Einheiten Schweine-AHG.

Frau Scharrer (Frankfurt):

Es ist bekannt, daß Hemmkörpertiter über 50 Bethesda-Einheiten nicht auf Schweine-AHG ansprechen. Das geht aus den großen Untersuchungsreihen von Kernoff hervor, der sicherlich die größte Erfahrung mit Schweine-AHG hat. Die

Ursache ist bislang ungeklärt. Weiterhin gibt es aber auch Fälle mit einem Hemmkörpertiter unter 50, die dennoch nicht ansprechen.

Frau HACH-WUNDERLE (Frankfurt):

Es sollte daher eine Bedingung sein, das Patientenplasma vorher auszutesten. Diese Kontrolle wird im verdünnten Schweine-AHG mit Mangelplasma und im anderen Ansatz mit verdünntem Schweine-AHG und Patientenplasma durchgeführt.

Zahnserienextraktion bei Hemmkörperhämophilie A

G. Pindur, E. Seifried (Ulm)

Einleitung

Zur Behandlung von akuten Blutungen bei Hemmkörperhämophilie A kommen eine Reihe verschiedener Verfahrensweisen in Betracht.

Hier ist die Hochdosisbehandlung mit Faktor VIII-Konzentraten zu erwähnen, die auf eine Überspielung des Inhibitors abzielt und bei Low Respondern in Frage kommt.

Eine weitere Möglichkeit stellt der Einsatz von tierischem Faktor in Form von hochgereinigtem Faktor VIII vom Schwein dar. Voraussetzung ist eine fehlende oder nur schwache Immunisierung des Patienten gegenüber dem porcinen Faktor. Als nachteilig erweisen sich häufige Unverträglichkeitsreaktion, rascher Wirkungsverlust nach einigen Tagen oder mögliche Induktion von Thrombozytopenien.

Durch die Plasmapherese kann eine Hemmkörperelimination erzielt werden. Diesem Verfahren sind jedoch durch die ungewisse Vorausberechenbarkeit eines Erfolges und durch den Einsatz großlumiger Katheter mit entsprechender Blutungsgefährdung Grenzen gesetzt.

Schließlich sind die Prothrombinkomplexpräparate, insbesondere in aktivierter Form, aufzuführen, die sich in der Praxis mit gewissen Einschränkungen gut bewährt haben.

Im vorliegenden Fall soll über einen Patienten mit schwerer Verlaufsform einer Hämophilie A und einem hochtitrigen Faktor VIII-Inhibitor berichtet werden, der sich einer ausgedehnten Zahn-Kiefer-Behandlung unterziehen mußte und nach dem zuletzt genannten Verfahren hämostatisch wirksam therapiert wurde.

Material und Methoden

Als Material für die hämostaseologischen Untersuchungen wurde Citratblut (1 Teil 0,11 M Natriumcitrat, 9 Teile Blut) oder Vollblut verwendet. Die Thrombozytenzählung erfolgte mit EDTA-Blut.

Die aPTT wurde koagulometrisch mit Pathrombinreagenz (Fa. Behring) bestimmt. Fibrinogen wurde nach Clauss (modifiziert nach Vermylen) mit Fibrinogenreagenz (Fa. Immuno) untersucht.

Die Faktoren II, VII, IX und X wurden unter Verwendung von Mangelplasmen der Fa. Immuno mit Hilfe des Einstufentests bestimmt. Die Faktor VIII:C-Aktivität wurde ebenfalls im Einphasentest bestimmt. Das Faktor VIII-assoziierte Antigen

(F VIII R:Ag) wurde mit Hilfe von spezifischem Antiserum (Fa. Behring) durch quantitative Immunelektrophorese untersucht. Der Inhibitor gegen Faktor VIII wurde nach der Bethesda-Methode bestimmt.

AT III und Protein C wurden amidolytisch und immunologisch mit kommerziellen Testkits der Fa. Kabi Vitrum und Boehringer Mannheim bestimmt.

Fibrin-Fibrinogen-Spaltprodukte (FDP) wurden im Hämagglutionations-Inhibitionstest mit dem FDP-Kit der Fa. Wellcome untersucht. Die Thrombelastographie erfolgte auf einem Hellige-Direktschreiber. Die Thrombozytenzählung erfolgte automatisch mit dem Coulter Counter.

Ergebnisse, Fallbeschreibung

Die vorliegende Kasuistik handelt von einem 28jährigen, als „High Responder" einzuordnenden Patienten mit einer Hemmkörperhämophilie A. Der Patient wurde erstmals 2 Jahre zuvor unserem Zentrum zugewiesen, nachdem auswärts ohne Berücksichtigung des Inhibitors eine Zahnextraktion mit alleiniger Faktor VIII-Vorbehandlung durchgeführt wurde. Die Folge war eine massive Einblutung in den Mundboden mit Ausdehnung des Hämatoms auf Gesichts- und Halsweichteile und drohender Verlegung der oberen Luftwege. Eine Behandlung mit dem aktivierten Prothrombinkomplexpräparat FEIBA führte damals zu einem sofortigen Blutungsstillstand und erwies sich als lebensrettende Maßnahme. Aus diesem Grund wurde FEIBA auch bei den Folgebehandlungen eingesetzt.

Eine erneute Zahnsanierung wird im folgenden eingehend beschrieben. Aus Tabelle 1 lassen sich einige klinische und labordiagnostische Daten entnehmen. Der Inhibitor wurde vor Behandlung mit 18 BU/ml bestimmt. Anamnestisch war ein Wert von über 4000 Einheiten bekannt. Durch die Substitution wurde ein hoher Anstieg verursacht. Die Transaminasen waren anfänglich normal. Die GOT und GPT stiegen unter Behandlung mäßiggradig an und zeigten einen maximalen Wert nach 12 Tagen. Die Hepatitis A-Serologie war permanent negativ. Bei der Hepatitis B-Serologie war ein positiver Nachweis für Anti-HBc und Anti-HBs festzustellen, das HBs-Antigen war negativ. HIV-Antikörper waren nicht nachweisbar und blieben weiterhin bei Kontrolle 3 und 12 Monate später negativ.

Tabelle 1. Klinische und labordiagnostische Daten des Patienten L. B. mit Hämophilie A und Faktor VIII-Inhibitor vor und während bzw. nach Therapie

	Vor	Während/nach Therapie
Faktor VIII	unter 1%	
Inhibitor	18 BU/ml	1250 BU/ml (nach 3 Wochen)
GOT	normal	52 U/L (nach 12 Tagen)
HAV-Serologie	negativ	negativ (nach 3 Monaten)
HBV-Serologie	positiv	positiv (nach 3 Monaten)
HIV-Serologie	negativ	negativ (nach 3 Monaten)
Zahnstatus	Sanierungspflichtige Zähne: 13–15, 23, 26, 27, 33–38, 45–48. Extraktionszähne: 33–38/13–15, 23, 26 Fistelgang re. UK	

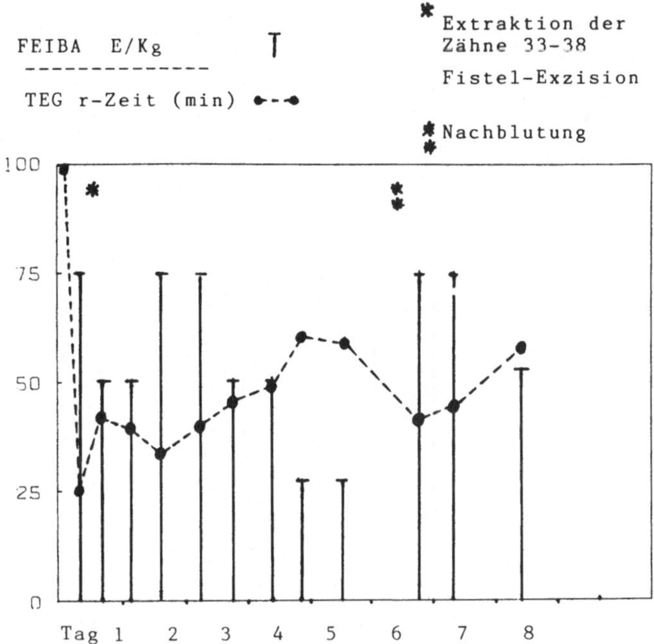

Abb. 1. Zahnextraktion bei Hemmkörperhämophilie A – Therapieverlauf des ersten Eingriffs

Das Gebiß war hochgradig kariös verändert und wies 16 extraktionspflichtige Zähne sowie eine Fistelgangbildung am rechten Unterkiefer auf. Es wurde nun in zwei zeitversetzten Eingriffen zunächst der rechte Unterkiefer durch Extraktion von 6 Zähnen unter Osteotomie mit Fistelgangrevision in Vollnarkose saniert. Später wurden 5 weitere Zähne, also insgesamt 11 Zähne, gezogen.

Der Patient erhielt vor dem Eingriff 75 E/kg Körpergewicht FEIBA i.v. Laborkontrollen erfolgten u. a. durch das TEG und die aPTT-Bestimmung. Bei dieser initialen Dosis konnten subnormale Werte der Reaktionszeit im TEG erreicht werden. Im unmittelbaren Anschluß wurde der kieferchirurgische Eingriff vorgenommen. Dann wurde zunächst 8stündlich mit einer ⅔-Dosis FEIBA weiterbehandelt. Wegen einer leichten Sickerblutung wurde die Dosis am 2. Behandlungstag erhöht. Der weitere Therapieverlauf geht aus Abb. 1 hervor. Wegen einer alveolären Nachblutung am Tag 6 nach einer kurzfristigen Behandlungspause wurde erneut substituiert. Die Behandlung konnte schließlich am 8. Tag abgesetzt werden.

Die zweite Zahnextraktionsbehandlung (s. Abb. 2) zu einem späteren Zeitpunkt verlief ohne Blutungskomplikationen. Wegen der geringeren Invasivität dieses Eingriffs und in Verbindung mit den vorweg gewonnenen Erfahrungen konnte sparsamer substituiert werden.

Die thrombelastographischen Untersuchungen haben sich als brauchbare labordiagnostische Verlaufskontrolle unter der Therapie mit FEIBA erwiesen. Nach Verabreichung von 75 E/kg Körpergewicht kam es zu einer fast vollständigen

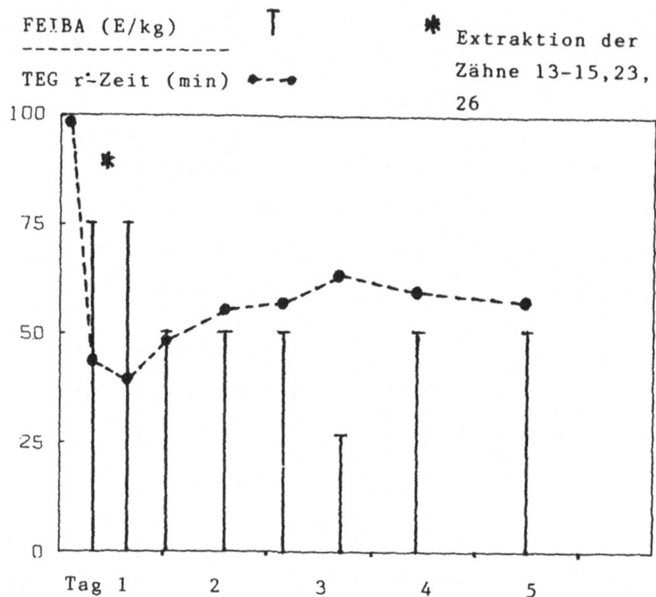

Abb. 2. Zahnextraktion bei Hemmkörperhämophilie A – Therapieverlauf des zweiten Eingriffs

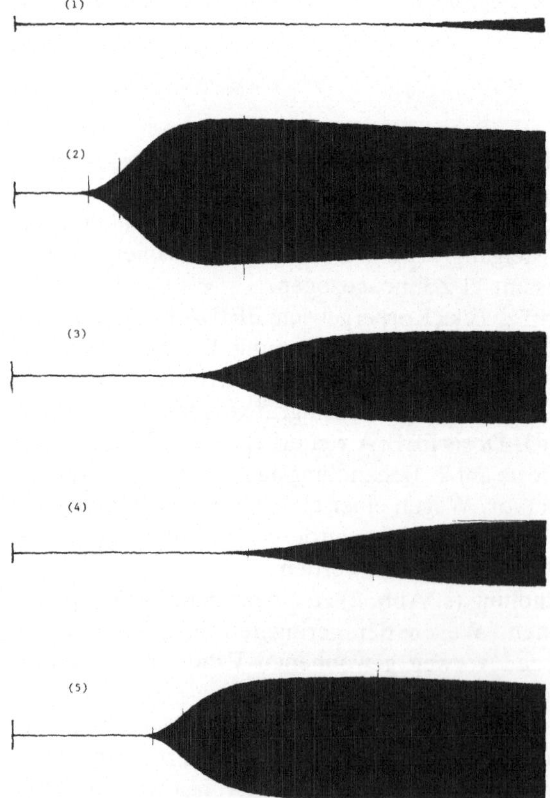

Abb. 3. TEG-Kontrollen unter Substitutionstherapie mit 75 E/kg Körpergewicht FEIBA. (1) vor Therapie, (2) 15 min nach, (3) 2 h nach, (4) 6 h nach Substitution. (5) 15 min nach Substitution mit 75 E/kg Körpergewicht FEIBA am Tag 7

Normalisierung des TEG (s. Abb. 3, TEG Nr. 2). Im Verlauf zeichnet sich anhand der Meßdaten (TEG 2 und 6 Stunden nach Substitution) ein zunehmender Wirkungsverlust ab. Nach 12 Stunden war der Befund annähernd wie vor Substitution. Bemerkenswert ist, daß die initiale Normalisierungstendenz im TEG bei wiederholten Applikationen von FEIBA in äquivalenter Dosis nicht mehr erreicht wurde. Das TEG Nr. 5 in Abb. 3 zeigt das Bild am Tag 7 nach Verabreichung der gleichen Dosis

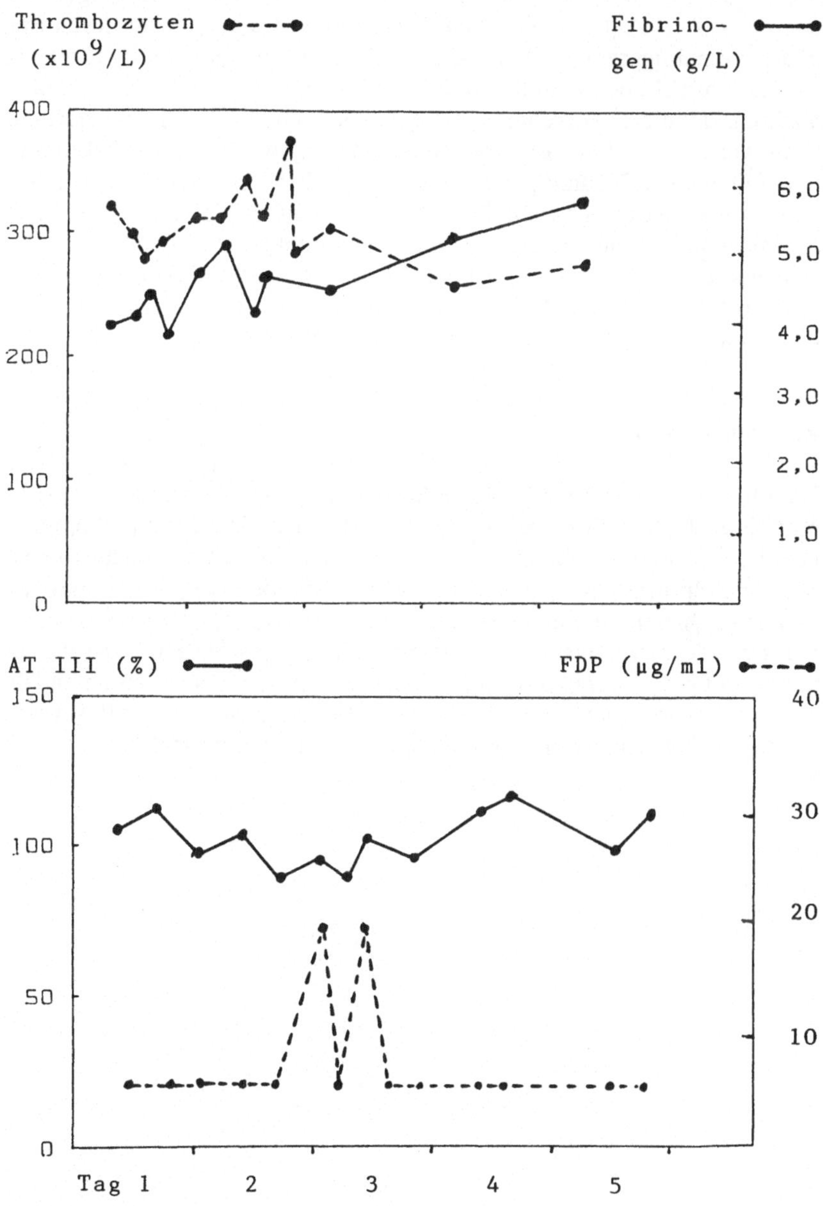

Abb. 4. DIC-Parameter unter Substitution mit FEIBA

wie initial. Hieraus ist möglicherweise eine Erschöpfung der hämostatischen Wirksamkeit von aktiviertem Prothrombinkomplex abzuleiten, die sich jedoch klinisch nicht bemerkbar machte.

Das Präparat wurde ohne jegliche Unverträglichkeiten toleriert. Die labordiagnostischen Parameter einer akzelerierten Gerinnung wurden fortlaufend überprüft. Entsprechende Befunde gehen aus Abb. 4 hervor. Die Thrombozytenzahlen wiesen Schwankungen innerhalb des Normbereichs auf, ohne jemals auf pathologische Werte abzufallen. Vergleichbare Befunde wurden bei der Fibrinogenkonzentration und der AT III-Aktivität erhoben. Zweimalig wurde in der mittleren Behandlungsphase ein mäßiggradiger Anstieg der FDP-Konzentration beobachtet, welcher sich spontan zurückbildete und möglicherweise mit der diskreten Abfalltendenz der anderen Parameter korrelierte, ohne daß eine manifeste DIC in Erscheinung trat.

Es wurde weiterhin das Verlaufsprofil der Aktivität von den Faktoren II, VII, IX und X über einen 20stündigen Beobachtungszeitraum ermittelt nach einmaliger Gabe von 50 E/kg Körpergewicht FEIBA bei demselben Patienten. Es wurde eine für Prothrombinkomplexpräparate typische Charakteristik beobachtet. Das Faktor VIII-assoziierte Antigen zeigte keine Veränderung. Bemerkenswert ist der beobachtete Anstieg der Protein C-Konzentration um etwa 100%, der auf den hohen Gehalt dieses Faktors im Präparat zurückzuführen ist.

Zusammenfassung

Im vorliegenden Fall einer Hemmkörperhämophilie A wurde das kostenintensive Verfahren der Substitutionstherapie mit aktiviertem Prothrombinkomplex aus Gründen der therapeutischen Sicherheit gewählt. Hierunter konnten in einem ausgedehnten kieferchirurgischen Eingriff 11 Zähne komplikationslos extrahiert werden. Die Voraussetzungen für eine Plasmapherese im Fall eines Nichtansprechens auf FEIBA wurden jedoch bereits in der Vorbereitungsphase geschaffen, diese aber primär nicht angestrebt wegen der ungünstigen Venenverhältnisse des Patienten und der ungewissen Erfolgsaussichten dieses Verfahrens. Weiterhin wurde zur Reservetherapie die rasche Verfügbarkeit von porcinem Faktor VIII sichergestellt.

Diskussion

VINAZZER (Linz):

Was haben Sie mit lokalen Blutstillungsmaßnahmen gemeint?

PINDUR (Ulm):

Es wurde mit Fibrinkleber und Verbandsplatte gearbeitet.

ACKERMANN (München):

Dieser Fall sollte uns mahnen, die gefährdeten Patienten in engerer Kooperation mit Zahnärzten zu betreuen. Unter solchen Bedingungen sollten Einzelzahnextraktionen möglich und Serienextraktionen mit ihren wesentlich größeren Problemen vermeidbar sein.

Differentialgenese eines rezidivierenden Hämarthros bei einer Patientin mit mildem von Willebrand-Syndrom

V. HACH-WUNDERLE, L. HOVY, S. STÖRKEL, L. ZICHNER, I. SCHARRER
(Frankfurt)

Wir berichten über den langwierigen Krankheitsverlauf einer 18jährigen Frau, der uns erhebliche differentialdiagnostische Schwierigkeiten bereitete und der bis zum heutigen Tag nicht eindeutig geklärt werden konnte.

Bei der jungen Frau wurde im Januar 1986 erstmals ein massives Hämarthros des linken Kniegelenks diagnostiziert; ein adäquates Trauma war nicht vorangegangen (Abb. 1). Die Vorgeschichte war bis auf gelegentliches Nasenbluten als Kind unauffällig. Der blutige Erguß wurde abpunktiert. In den folgenden Monaten kam es aber zu insgesamt 5 Rezidiven, so daß in dem Heimatkrankenhaus eine Arthrotomie und Arthroskopie mit Gewebeentnahmen durchgeführt wurden. Bei der histologischen Begutachtung der Biopsate stellten sich folgende Überlegungen: entweder handelte es sich um eine reaktive Veränderung der Gelenkinnenhaut nach rezidivierenden Einblutungen im Rahmen einer angeborenen Gerinnungsstörung – oder um eine eigenständige proliferative Krankheit der Gelenkinnenhaut, die sog. Synovialitis

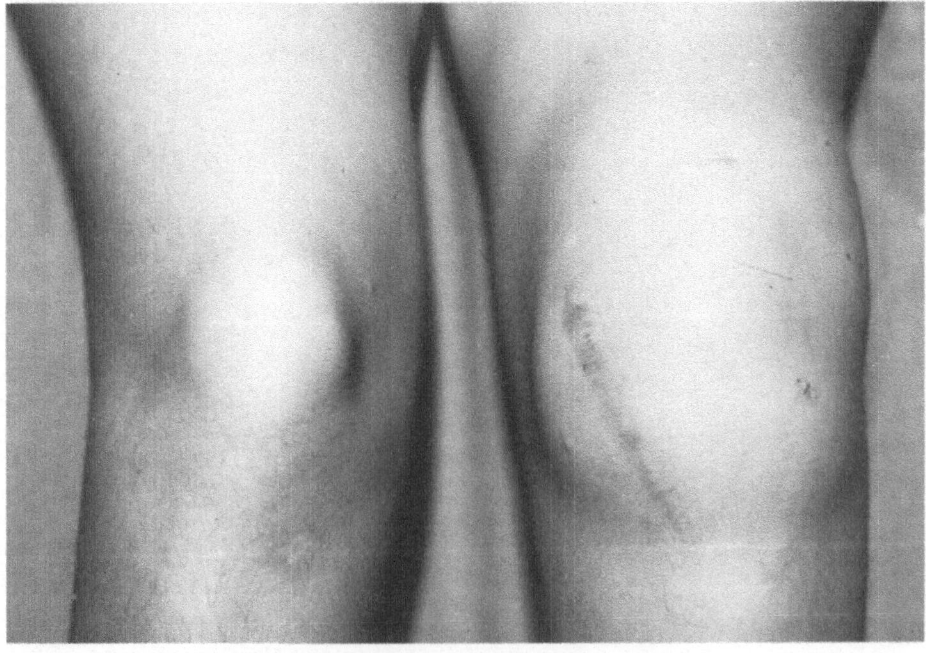

Abb. 1. Akutes Hämarthros, linkes Kniegelenk; Zustand nach Arthrotomie (A. M.)

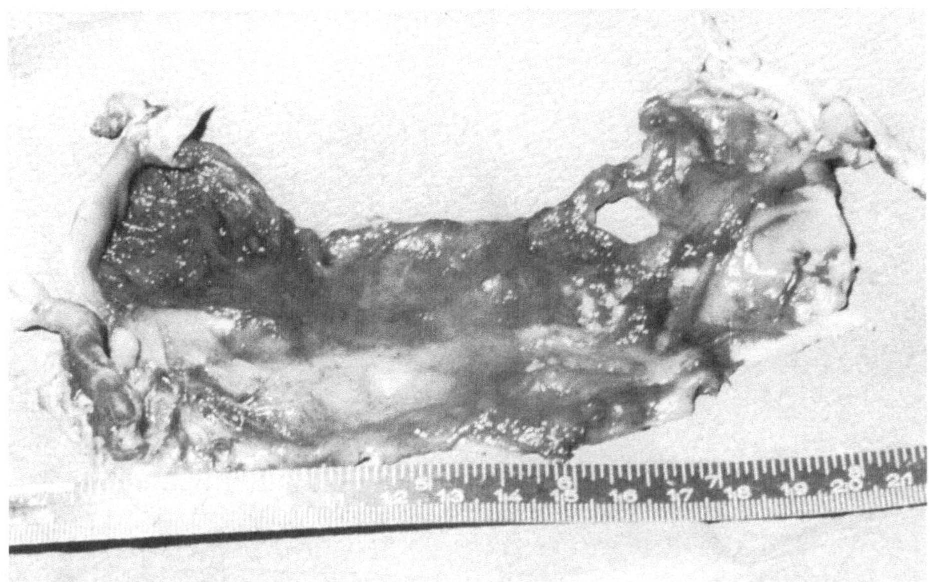

Abb. 2. Synovia des linken Kniegelenks; Zustand nach rezidivierenden Blutungen (A.M.)

villonodularis pigmentosa. Daraufhin wurden ausführliche Gerinnungsuntersuchungen durchgeführt. Hierbei fiel auf, daß F.VIII:C bei mehreren Kontrollen zwischen 41 und 90% lag. Das von Willebrand-Faktor-Antigen war auf 25–54% und der Ristocetin-Cofaktor auf 40–55% im Sinne eines milden von Willebrand-Syndroms erniedrigt. Nachdem diese Hämostasestörung feststand, wurde eine erneute Kniegelenkspunktion unter prophylaktischer Therapie mit Minirin durchgeführt. Unglücklicherweise zeigte die Patientin auf Minirin keinen adäquaten F.VIII-Anstieg; erstaunlicherweise konnte aber auch die Behandlung mit einem naßhitzebehandelten F.VIII-Konzentrat eine Nachblutung nicht verhindern. Daraus haben wir geschlossen, daß eine villonoduläre Synovialitis die vorrangige Ursache für die rezidivierenden Gelenkblutungen ist und das von Willebrand-Syndrom zu einer Aggravierung der Blutungsneigung beigetragen hat. Unter dieser Prämisse wurde die Patientin synovektomiert (Abb. 2). Bei der makroskopischen Betrachtung der Synovia ließen sich jedoch nur wenige zottige Auffaltungen der Synoviaoberfläche, wie sie typischerweise bei der Synovialitis villonodularis pigmentosa vorkommen, nachweisen; vielmehr ließ die glatte Oberfläche der Synovia an rezidivierende Einblutungen denken. Die histologische Begutachtung des Präparats ergab zwar an einigen Stellen typische Charakteristika der Synovialitis villonodularis pigmentosa mit Verbreiterung der synovialen Deckzellschicht, Nachweis von mehrkernigen Riesenzellen und in Histiozyten gespeichertem Hämosiderinpigment; die Veränderungen waren aber nur herdförmig nachweisbar (Abb. 3a u. b).

Bei zusammenfassender Betrachtung der klinischen Befunde unserer Patientin werden wesentliche Kriterien einer Synovialitis villonodularis pigmentosa erfüllt (Tabelle 1). Entscheidend für die Diagnose sind jedoch makroskopische und

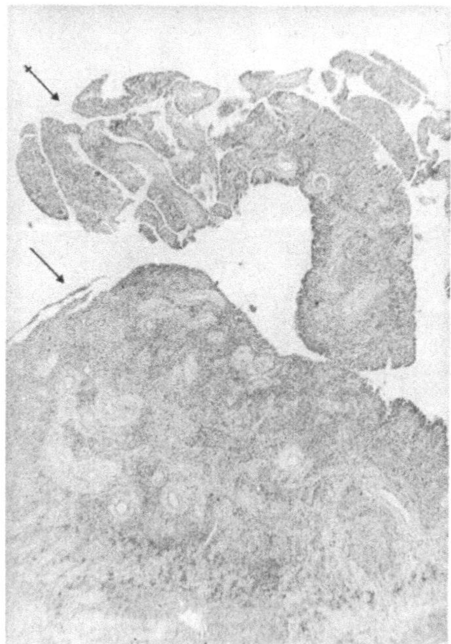

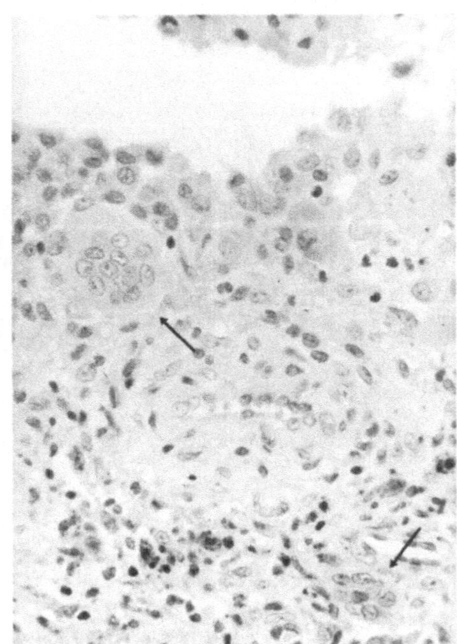

Abb. 3a u. b. Histologie der Synovia (A.M.). **a** Übersicht (7,5fache Vergrößerung): Ausschnitte einer teils nodulär-hyperplastischen (→), teils villös hyperplastischen (↔) Synovialis, in deren Stroma kräftig entwickelte Gefäße verlaufen; **b** Ausschnitt (120fache Vergrößerung): Verbreiterte synoviale Deckzellschicht, mehrkernige Riesenzellen (→), überwiegend intrazellulär (in histiozytären Zellen) gespeichertes Hämosiderinpigment

Tabelle 1. Charakteristika der Synovialitis villonodularis pigmentosa

Ätiologie	– unbekannt
Vorkommen	– selten; junge Erwachsene
Lokalisation	– monartikulär; Kniegelenk
Klinik	– sanguinolenter Erguß
Therapie	– Synovektomie
Rezidivrate	– bis zu 40%
Differentialdiagnose	– hämorrhagische Diathese mit Gelenkbeteiligung

mikroskopische Beurteilung der Synovia. Hier konnte die Synovialitis villonodularis pigmentosa im Gesamtpräparat nicht bestätigt werden. Damit ist der Krankheitsverlauf unserer Patientin letztlich nicht hinreichend erklärt, denn ein rezidivierendes Hämarthros ist ohne vorangegangenes Trauma bei einem milden von Willebrand-Syndrom relativ ungewöhnlich.

Literatur

Geiler G (1984) Gelenktumoren: Pigmentierte villonoduläre Synovialitis. Aus: Doerr, Seifert, Uehlinger: Spezielle pathologische Anatomie, Bd. 18/I. Springer-Verlag

Lebensbedrohliche Afibrinogenämie nach Biß der „ungiftigen“ Trugnatter Rhabdophis subminiatus

D. Paar, D. Mebs, N. Graben, U. Hassel, K. D. Bock (Essen, Frankfurt/M.)

Zusammenfassung

Es wird über einen 25jährigen Patienten mit schwerem Defibrinogenierungssyndrom nach Biß der sogenannten ungiftigen Trugnatter Rhabdophis subminiatus berichtet. Unter Therapie mit Blutaustausch, Erythrozytenkonzentraten, Bolusgaben von Humanfibrinogen und niedrig dosiertem Heparin konnte die ausgeprägte hämorrhagische Diathese beherrscht werden. Nach ca. 4 bis 5 Wochen normalisierten sich die hämostaseologischen Befunde.

Einleitung

Die Einteilung der Schlangen in giftige und ungiftige Arten ist nicht unproblematisch. So verfügen z. B. die sogenannten ungiftigen Trugnattern auch über einen – allerdings vereinfachten – Giftapparat. Ihre Giftzähne liegen weit hinten im Oberkiefer. Deshalb gilt der Biß dieser Schlangen besonders kleineren Beutetieren, wie z. B. Mäusen und Eidechsen. Für den Menschen ist der Biß, sofern er in den Arm oder das Bein erfolgt, in der Regel ungefährlich, da hierbei die Giftzähne nicht mit der Haut in Berührung kommen. Lebensgefährliche Vergiftungserscheinungen können jedoch beim Menschen z. B. nach einem Biß in einen Finger auftreten [3], wie die folgende Kasuistik belegt.

Fallbeschreibung

Im Dezember 1985 beobachteten wir einen 25jährigen Patienten (Körpergewicht 64 kg, Körpergröße 180 cm), bei dem es nach zweimaliger Bißverletzung des rechten Zeigefingers durch eine als Haustier gehaltene Trugnatter (Rhabdophis subminiatus) zu einem schweren Vergiftungsbild kam.

30 Minuten nach der Bißverletzung verspürte der Patient starke Hinterkopfschmerzen und Übelkeit, gefolgt von Erbrechen. Da die Symptomatik anhielt, erfolgte fünf Stunden später die stationäre Aufnahme.

In den darauffolgenden zwei Tagen entwickelte der Patient bei sonst normalen klinischen Befunden eine ausgeprägte hämorrhagische Diathese. Hierbei kam es besonders im Bereich der Venenpunktionsstellen und der Bißverletzungen zu schwersten Blutungskomplikationen in Form von ausgedehnten Suffusionen und Hämatomen.

Tabelle 1. Hämostaseologische Befunde bei einem 25jährigen Patienten mit Zustand nach Biß der Trugnatter Rhabdophis subminiatus (Referenzbereiche in Klammern. Resultate mit *: Parameter erstmals wieder meßbar oder normal)

Untersuchung	Zeitpunkt					
	Innerhalb 24 h nach Aufnahme 2 g Humanfibrinogen i.v.		Krankheitstag			
	vor	nach	10.	28.	33./34.	37.
Thrombozyten × $10^3/\mu l$ (150–400)	273	174	171	267	262	228
aPTT s (25–47)	> 150	> 150	76,4	44,5	41,1	38,6
TPZ % (65–125)	< 1	< 1	21,5	100	100	92
TZ s (9–13)	> 180	> 180	18,0	13,5	10,7	10,6
Fibrinogen mg/dl nach Clauss (160–450)	nicht nachweisbar	nicht nachweisbar	47*	121	165*	178
Faktor V % (60–120)	—	11,5	35	82	72	84
Faktor VIII:C % (50–200)	—	4,5	55	91	85	104
AT III-Aktivität % (80–120)	100	82	85	103	112	112
Fibrinmonomer (negativ)	—	+++	++	Ø*	Ø	Ø
Fibrin(ogen)-Spaltprodukte mg/dl (0,2–0,8)	—	120	528	105	<0,3*	—
α_2-Antiplasmin % (80–120)	—	15	22	77	106	94,5

Hämostaseologisch (Tabelle 1) waren initial bei dem Patienten bei normalen Thrombozytenzahlen und Antithrombin III-Aktivitäten eine Ungerinnbarkeit der aktivierten partiellen Thromboplastinzeit (aPTT), der Thromboplastinzeit (TPZ) und der Thrombinzeit (TZ) sowie eine Afibrinogenämie und eine Aktivitätsminderung des Faktors V, des Faktors VIII:C sowie des Alpha$_2$-Antiplasmins nachweisbar. Gleichzeitig bestanden eine Fibrinmonomerämie und eine Erhöhung der Fibrin (ogen)-Spaltprodukte. Einen wichtigen Zusatzbefund stellte die Beobachtung dar, daß das Zitratplasma des Patienten bei einem Mischungsverhältnis von 1 + 1 in vitro sowohl normales Zitratplasma als auch eine Humanfibrinogenlösung zur Gerinnung bringen konnte.

Unter der Therapie mit Blutaustausch, Erythrozytenkonzentraten und Bolusgaben von jeweils 4 g Humanfibrinogen in der Zeit vom 4. bis 9. Krankheitstag und niedrig dosiertem Heparin (5000 bis 12500 IE/24 h als Dauerinfusion) vom 4. bis 30. Krankheitstag konnte die schwere hämorrhagische Diathese beherrscht werden. Am 10. Krankheitstag (Tabelle 1) war erstmals ohne Substitution gerinnungsphysiologisch wieder ein Fibrinogenwert von 47 mg/dl im Blut des Patienten nachweisbar. Am 28. Krankheitstag wurde der Fibrinmonomertest negativ und am 33. bzw. 34. Krankheitstag war die Fibrinogenkonzentration wieder normal. Gleichzeitig bestand keine Erhöhung der Fibrin(ogen)-Spaltprodukte mehr und auch die sonst vorgenommenen Gerinnungsuntersuchungen fielen normal aus.

Diskussion

Das beobachtete schwere Intoxikationsbild bei unserem Patienten beweist, daß das Toxin der als harmlos geltenden Trugnatter Rhabdophis subminiatus lebensgefährliche Wirkungen besitzt.

Als Ursache der schweren Hämostasestörung war ein Defibrinogenierungssyndrom mit reaktiver und/oder toxinbedingter Fibrinolyseaktivierung nachweisbar.

Die erhobenen hämostaseologischen Befunde stimmen mit den bisher in der Literatur mitgeteilten Berichten über zwei Patienten mit lebensgefährlichen hämorrhagischen Komplikationen nach Rhabdophis subminiatus-Bissen überein [1, 2].

Da ein spezifisches Antiserum gegen das Gift der Trugnatter Rhabdophis subminiatus zur Zeit noch nicht verfügbar ist, mußten wir uns auf eine symptomatische Therapie beschränken. Wegen der nachgewiesenen prokoagulatorischen Aktivität im Plasma des Patienten waren wir bezüglich einer Substitutionstherapie äußerst zurückhaltend. Bei den mehrtägigen Bolusgaben von Humanfibrinogen handelte es sich um eine keineswegs unbedenkliche Maßnahme, durch die aber wenigstens vorübergehend für wenige Stunden täglich während der akuten Blutungsphase eine Hämostase erzielt werden konnte.

Schlußfolgerung

Die geschilderte Kasuistik unseres Patienten zeigt, daß Bißverletzungen auch sogenannter ungiftiger Schlangen nicht unterschätzt werden sollten!

Literatur

1. Cable D, McGehee W, Wingert WA, Russel FE (1984) Prolonged defibrination after a bite from a "nonvenomous" snake. JAMA 251:925
2. Mather HM, Mayne S, McMonagle TM (1978) Severe envenomation from "harmless" pet snake. Brit Med J 1:1324
3. Mebs D (1977) Bißverletzungen durch „ungiftige" Schlangen. Dtsch med Wschr 102:1429

Diskussion

WENZEL (Homburg/Saar):

Haben Sie auch in-vitro-Untersuchungen mit dem Schlangengift gemacht?

PAAR (Essen):

Bis jetzt haben wir noch keine in-vitro-Untersuchungen durchgeführt. Die Schlange ist von mehreren Experten geprüft worden und hat einen Flug nach München letztlich nicht überlebt. Unser Patient hat erfreulicherweise alles überstanden. Über das Gift ist inzwischen bekannt, daß es sich offensichtlich um einen außerordentlich starken Faktor X-Aktivator handelt, und das entspricht auch mehreren Untersuchungen. Es handelt sich um eines der stärksten defibrinogenisierenden Gifte, die bei Schlangen vorkommen. Ergänzend ist zu sagen, daß auch diese Schlange im Kaufhaus erworben wurde und auch heute noch zu Hunderten an Schlangenfreunde vertrieben wird. Sie lebt von Reptilien, Mäusen, Eidechsen und hat ihre Giftzähne ganz hinten sitzen, so daß sie in kleine Glieder beißen muß, wie z. B. den Finger. Wenn sie einem Pfleger in die Hand oder in den Arm beißt, passiert also nichts. Zwei namhafte Trugnatter-Forscher sind an diesen Schlangenbissen gestorben.

EGBBING (Marburg):

Eigentlich wäre doch interessant zu fragen, ob bei dem Patienten die Inhibitoren bestimmt worden sind, da es sich bei Schlangengiften ja immer um Proteasen handelt.

PAAR (Essen):

Normalwerte haben wir gefunden für α-2-Makroglobulin, α-1-Antitrypsin. α-2-Antiplasmin war offensichtlich verbraucht worden und das Protein C wurde extrem niedrig gefunden.

Kongenitaler Faktor X-Mangel bei einem viermonatigen Säugling. Diagnostik, Therapie und klinischer Verlauf

C. Brückmann, K. Auberger, A. Prause, B. Dietz, J. Weil, H.-B. Hadorn (München)

Wir sahen einen viermonatigen, männlichen, arabischen Säugling blutsverwandter Eltern, der in der Neonatalperiode durch ein Kephalhämatom sowie durch Gastrointestinalblutungen aufgefallen war, und uns unter der Verdachtsdiagnose einer Hämophilie vorgestellt wurde (Abb. 1). Zu Hause hatte der Säugling wöchentlich einmal fresh frozen plasma sowie insgesamt vier Erythrozytenkonzentrate erhalten.

Bei der körperlichen Untersuchung fanden sich bis auf ein etwa fünfmarkstückgroßes, auf der Abbildung nur andeutungsweise zu erkennendes Hämatom im Bereich des linken Rippenbogens keine Auffälligkeiten. Der Gerinnungsstatus (Tabelle 1) zeigte einen Quickwert unter 3%, eine partielle Thromboplastinzeit von 123 Sekunden, eine Thrombinzeit von 23 Sekunden sowie einen Fibrinogenspiegel von 180 mg/dl. Die Aktivitäten der Faktoren II, V, VII, VIII und IX lagen im Normbereich, die

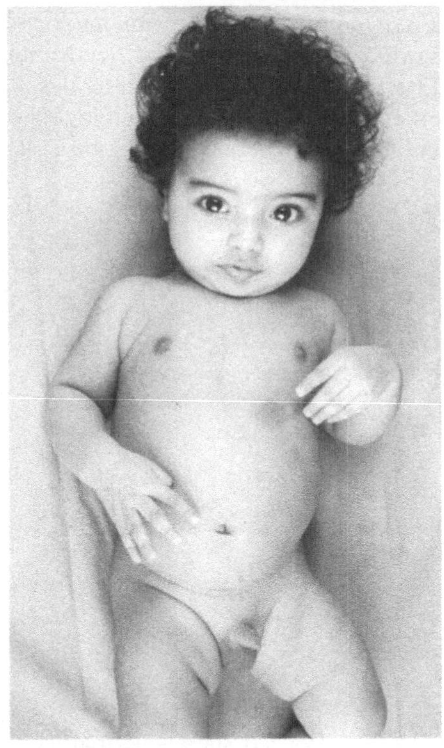

Abb. 1. Patient A. I., 4 Monate

Tabelle 1. Gerinnungsstatus

Patient A. I., 4 Monate	
Quick:	unter 3%
PTT:	123 s
TZ:	23,2 s
Fibrinogen:	180 mg/dl

Tabelle 2. Faktor X

Funktionell	
– Aktivierung mit Gewebsthromboplastin	unter 1%
– Aktivierung mit RVV	
– Aktivierung im endogenen System	
Immunologisch (Laurell)	160%

Aktivität des Faktors X (Tabelle 2) wurde bei Aktivierung mit Gewebsthromboplastin, Russel Viper Venoma, sowie PTT-Reagens mit jeweils unter 1% bestimmt. Immunologisch lag der Faktor X des Patienten bei 160%.

Abbildung 2 zeigt neben den Poolwertbestimmungen zur Erstellung einer Eichkurve die Ergebnisse der immunologischen Faktor X-Ermittlungen beim Patienten, sowie einer Schwester und der Mutter des Patienten. Die Gerinnungsstaten der Eltern und beider Schwestern des Patienten sind in Tabelle 3 aufgeführt. Sie erkennen jeweils hohe immunologische Werte, während die Faktor X-Aktivitäten im unteren Grenzbereich liegen bzw. leicht erniedrigt sind. Wir stellten somit bei

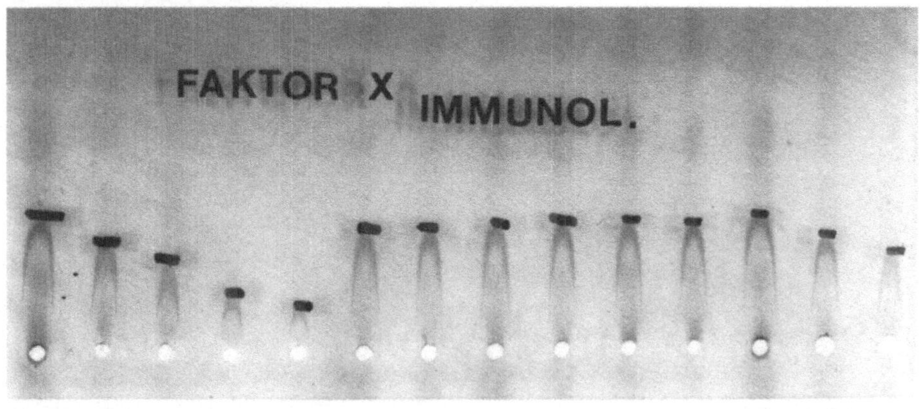

Abb. 2. Faktor X (Laurell-Elektrophorese)

Tabelle 3. Gerinnungsparameter symptomfreier Familienmitglieder

	Vater	Mutter	Schwester	Schwester
Quick	71%	100%	83%	67%
PTT	40 s	33 s	40 s	34 s
X exogen	66%	70%	61%	68%
X RVV	58%	58%	46%	50%
X endogen	72%	77%	66%	74%
X imm.	128%	185%	128%	185%

Tabelle 4. Faktor X: Recovery

$$\text{Recovery (\%)} = \frac{\text{Plasmavolumen (ml)} \times \text{Faktor X-Anstieg (U/ml)} \times 100}{\text{Faktor X-Dosis (U)}}$$

Plasmavolumen (ml) = Blutvolumen (ml) × (100 − Hkt (%))
Blutvolumen: 80 ml/kg KG

Recovery = 118%

unserem Patienten die Diagnose eines kongenitalen, homozygoten Faktor X-Mangels vom Prower-Typ, wie er erstmals 1956 durch Telfer beschrieben wurde [6].

Wir begannen eine Substitutionstherapie mit PPSB-Konzentraten. Dabei fanden wir (Tabelle 4) eine Recovery [1] von 118%. Es gibt verschiedene Möglichkeiten, diesen unerwartet hohen Wert zu erklären. Erstens besteht eine gewisse Unsicherheit über die tatsächlich zugeführte Menge an Faktor X, da der Hersteller bezüglich des Faktor X-Gehaltes keine Absolutwerte nennt, und unseren Berechnungen ein Faktor X-Gehalt zugrundegelegt wurde, wie er 1980 von Schimpf und Westphal bestimmt wurde [5]. Es erscheint durchaus möglich, daß der Faktor X-Gehalt der von uns verwendeten Charge höher lag. Auch das methodische Problem ungenauer Aktivitätsbestimmungen im hohen Aktivitätsbereich mag eine Rolle gespielt haben. Die Ermittlung der Halbwertszeit des zugeführten Faktors X (Abb. 3) ergab einen Wert von etwa 10 Stunden, der damit deutlich niedriger liegt als üblicherweise in der Literatur angegeben wird [3].

Zur Klärung der Frage, ob eine Bedarfssubstitution oder eine Dauersubstitution durchgeführt werden sollte, suchten wir zunächst nach Angaben über bekannte Blutungsmanifestationen bei kongenitalem Faktor X-Mangel. Eastman und seine Gruppe (Tabelle 5) haben 1983 eine Übersicht über sämtliche Blutungsmanifestationen bei 49 Fällen publizierter Faktor X-Mangelzustände vorgelegt, wobei vorausgeschickt werden muß, daß der Schweregrad des Faktor X-Mangels nicht berücksichtigt wird [2]. Sie sehen, daß eine deutliche Hämatomneigung, Hämarthrosen und häufiges, schweres Nasenbluten im Vordergrund stehen, während über ZNS-Blutungen nur in 6% der Fälle berichtet wird. Da die Inzidenz akut lebensbedrohlicher Blutungen somit in etwa mit der von Landbeck 1978 für die Hämophilie A und B angegebenen übereinstimmte [4], entschlossen wir uns, analog zu unserem Vorgehen

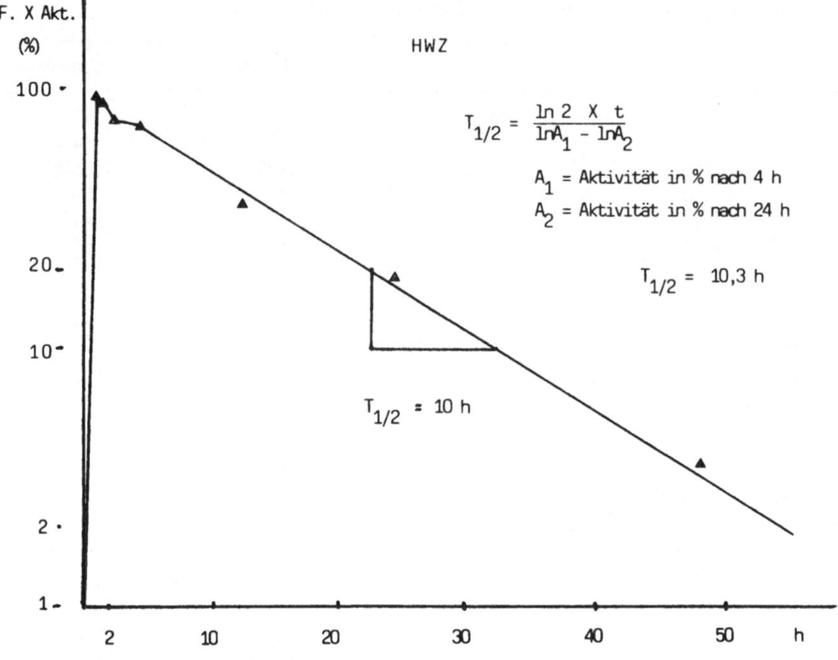

Abb. 3. Faktor X: Halbwertszeit

Tabelle 5. Blutungsmanifestationen bei kongenitalem Faktor X-Mangel (nach EASTMAN et al., 1983 [2])

Hämatome	46%
Hämarthrosen	30%
Epistaxis	20%
Gastrointestinalblutungen	16%
Blutungen nach Zahnextraktionen	14%
Menorrhagien	12%
Postoperative Nachblutungen	10%
Hämaturie	8%
Nabelblutungen	8%
ZNS-Blutungen	6%
Hämoptyse	4%
Gingivablutungen	2%
Hämatemesis	2%
Corpus Luteum-Blutungen	2%

bei den klassischen Hämophilieformen zunächst mit einer Bedarfssubstitution zu beginnen. Der Junge wurde aus der stationären Behandlung entlassen.

Zwei Wochen später mußte er mit deutlichen neurologischen Auffälligkeiten erneut stationär aufgenommen werden. Er wirkte somnolent, apathisch und zeigte ein etwa markstückgroßes Hämatom im Stirnbereich. Während die bildgebenden Verfahren – Schädelsonographie und cranielle Computertomographie – keine eindeutig positiven Befunde erbrachten, scheinen das klinische Bild, ein bei einer lege artis durchgeführten Lumbalpunktion blutiger Liquor, Auffälligkeiten im EEG sowie die Abwesenheit sämtlicher Entzündungsparameter doch stark dafür zu sprechen, daß es zu einer ZNS-Blutung gekommen war. Der Zustand des Jungen besserte sich innerhalb kurzer Zeit nach Wiederaufnahme der Substitutionstherapie. Seither führen wir eine Dauersubstitution von zweimal wöchentlich 35 E/kg KG PPSB-Konzentrat durch, wobei wir uns bei der Dosisangabe auf den Faktor IX-Gehalt des entsprechenden Präparates beziehen.

Ergänzend möchte ich erwähnen, daß bei der Mutter des Patienten, die bereits einmal eine Fehlgeburt im 5. Schwangerschaftsmonat erlitten hatte, erneut eine Schwangerschaft vorlag. Die Gruppe von Rodeck und Mibashan vom King's College Hospital in London hatte sich bereiterklärt, eine pränatale Diagnostik zu versuchen. Leider kam es jedoch kurz vor dem Abflug der Mutter nach London zu einer erneuten Fehlgeburt. Weitere diagnostische Maßnahmen konnten nicht durchgeführt werden.

Danksagung: Das zur immunologischen Faktor X-Bestimmung verwendete Faktor X-Antiserum wurde uns freundlicherweise von den Behring-Werken zur Verfügung gestellt.

Literatur

1. Allain J-P (1984) Principles of in vivo recovery and survival studies. Scandinavian Journal of Haematology. Supplementum No 41, Vol 33
2. Eastman JR, Triplett DA, Nowakowski AR (1983) Inherited factor X deficiency: Presentation of a case with etiologic and treatment considerations. oral surgery. Vol 56, No 5, p 461ff.
3. Girolami A, Molaro G, De Marco L (1974) Factor X Survival and Therapeutic Factor X Levels in the Abnormal Factor X (Factor X Friuli) Coagulation Disorder. Acta Haemat 52:223–231
4. Landbeck G, Marsmann G (1978) Intracranielle Blutungen bei Hämophilie. 9. Hämophilie-Symposion Hamburg 1978:21–25
5. Schimpf K, Westphal B (1980) Vergleich von drei Prothrombinkomplexpräparaten: In vitro-Aktivitäten, in vivo-Recovery und Faktor IX-Halbwertszeit. In: Deutsch E, Lechner K (Hrsg) Fibrinolyse, Thrombose, Hämostase. 335–338
6. Telfer TP, Denson KWE, Wright DR (1956) A "New" Coagulation Defect. Br J Haematol 2:308–316

Diskussion

LECHLER (Köln):

Mich wundert die sehr kurze Halbwertzeit des Faktor X. Ich habe früher bei mehreren Patienten, unter anderem auch bei dem Patienten Stuart, der diesem Faktor den Namen gegeben hat, Halbwertzeiten gefunden, die bei 30 Stunden und darüber lagen.

BRÜCKMANN (München):

Wir haben die Untersuchungen zweimal durchgeführt und das gleiche Ergebnis erhalten. In der Literatur werden Halbwertzeiten zwischen 20 und 30 bis 40 Stunden angegeben. Für unsere Halbwertzeit habe ich keine Erklärung.

VINAZZER (Linz):

Ich habe bei einem meiner Patienten mit schwerem Faktor X-Mangel eine Halbwertzeit bei 32 Stunden gefunden. Könnte es sich bei ihrem Patienten um eine Variante, also um einen Aktivitätsmangel bei fehlgebildetem Molekül handeln?

BRÜCKMANN (München):

Die Untersuchungen bezogen sich auf transfundiertes Faktor X und dabei sollte das eigentlich keine Rolle spielen.

Schwangerschaft und Geburt bei kongenitalem Antithrombin III-Mangel

E. Seifried, G. Pindur, H. Brüster (Ulm, Düsseldorf)

Einleitung

Schwangerschaften bei Frauen mit kongenitalem Antithrombin III (AT III)-Mangel sind mit einem sehr hohen Risiko einer thromboembolischen Komplikation verbunden. Die Inzidenz einer thromboembolischen Erkrankung ohne prophylaktische Behandlung liegt bei etwa 70% der Patientinnen [4, 8]. Prophylaktische Maßnahmen sind zum möglichst frühen Zeitpunkt der Gravidität angezeigt. Orale Antikoagulantien sind zumindest in der Frühphase der Schwangerschaft kontraindiziert. Die „low dose" Heparinprophylaxe erscheint nicht ausreichend, ist unkontrollierbar und führt möglicherweise zum AT III-Verbrauch. Die subkutane Heparinbehandlung in hoher Dosierung konnte eine Thrombose nicht bei allen schwangeren Patientinnen mit kongenitalem AT III-Mangel verhindern [5].

Im folgenden soll über den komplikationslosen Schwangerschafts- und Geburtsverlauf einer Patientin mit kongenitalem AT III-Mangel und schweren thromboembolischen Komplikationen in der Vorgeschichte unter einer kombinierten Langzeitbehandlung mit einem AT III-Konzentrat und niedrig dosiertem subkutan verabreichten Heparin berichtet werden.

Material und Methoden

Die Blutproben wurden als 1:10 verdünntes Zitratblut und als Nativblut abgenommen und zu Zitratplasma bzw. Serum aufbereitet. Die biologische AT III-Aktivität wurde photometrisch unter Verwendung des chromogenen Substrates S 2238 (KABI VITRUM) bestimmt [1]. Die immunologische AT III-Aktivität wurde mit der Rocket-Immunelektrophorese mit einem humanen Anti-AT III-Antiserum gemessen [6]. Die zweidimensionale Immunelektrophorese wurde mit und ohne Heparin nach Sas und Mitarbeiter [7] durchgeführt. Die Bestimmung von Prothrombinzeit, partieller Thromboplastinzeit, Thrombinzeit, Fibrinogen, Plasminogen, Fibrin-Fibrinogen-Spaltprodukten und Protein C erfolgte mit Standardmethoden.

Fallbericht

Die im folgenden vorgestellte Patientin war bis zu ihrem 21. Lebensjahr völlig gesund. 1975 hatte sie sich einer Appendektomie und 1978 einer Tonsillektomie unterzogen, deren Verlauf völlig komplikationslos blieb. Seit 1980 nahm sie orale Kontrazeptiva ein. Im weiteren Verlauf trat eine tiefe Beinvenenthrombose links nach einem Bagatelltrauma auf, die durch eine massive Lungenarterienembolie mit kompletter Blockade der rechten Pulmonalarterie und inkompletten Verschluß der linken Pulmonalarterie kompliziert war. Im Schockzustand bei systolischen Blutdruckwerten um 40 mmHg wurde unter Verwendung der Herz-Lungen-Maschine eine Embolektomie durchgeführt und anschließend ein Cava-Clip nach ADAMS DE WEESE implantiert. Die sich anschließende Familienuntersuchung ergab erniedrigte Werte für die biologischen und immunologischen Antithrombin III-Aktivitäten bei der Patientin selbst, bei der Schwester (3 thromboembolische Ereignisse) und beim Vater (1 Thrombose), in der zweidimensionalen Immunelektrophorese konnte kein Hinweis auf ein abnormales AT III-Molekül gefunden werden. Die weitere Familienanamnese ergab eine thrombophile Diathese beim Großvater der Patientin väterlicherseits. Die Mutter war klinisch und laborchemisch unauffällig (s. Tabelle 1). Aufgrund der Befunde wurde die Diagnose eines kongenitalen Antithrombin III-Mangels Typ Ia gestellt.

Erstmals in der 24. Schwangerschaftswoche stellte sich die nunmehr 24jährige Patientin mit dem bekannten Antithrombin III-Mangel vor. Außer geringen Beschwerden wegen eines rezidivierenden Anschwellens des linken Beines berichtete die Patientin über bestes Wohlbefinden. Die biologische AT III-Aktivität lag bei 52%, die immunologische bei 50% der Norm. Im Vergleich zu einem Normalplasmapool war die Fläche des in der zweidimensionalen Immunelektrophorese erhaltenen Peaks auf 58% reduziert, weitere Auffälligkeiten konnten nicht gefunden werden. Zu diesem Zeitpunkt erhielt die Patientin keine Antikoagulantienbehandlung. Wegen Frühgeburtsbestrebungen und des hohen Thromboembolierisikos wurde ab der 24. Schwangerschaftswoche (SSW) eine Substitutionsbehandlung mit einem Antithrombin III-Konzentrat durchgeführt mit dem Ziel, einen Plasmaantithrombin III-Spiegel von mindestens 70% zu erreichen, wofür eine wöchentliche Substitutionsmenge von 4000–6000 E erforderlich war. Zusätzlich injizierte sich die Patientin subkutan täglich 2 × 5000 E Heparin. Peripartal wurde der AT III-Spiegel auf ≥ 90% angehoben, gleichzeitig wurden 3 × 5000 E Heparin täglich s. c. appliziert. Die Geburt wurde mit Oxytocin eingeleitet, anschließend eine Forcepsentbindung vom Beckenkamm aus 1. vorderer Hinterhauptslage nach dextromediolateraler Episiotomie in Periduralanaesthesie durchgeführt. Es wurde ein klinisch gesunder, 56 cm großer, 3970 g schwerer Sohn entbunden. Die biologisch und immunologische AT III-Aktivität im

Tabelle 1. Biologische und immunologische Antithrombin III-Aktivitäten der einzelnen Mitglieder der betroffenen Familie

	Patientin	Schwester	Vater	Mutter	Normalbefund
Thromboembolische Ereignisse	2	3	2	∅	∅
Antithrombin III					
biologisch IU/l	5,4	7,0	6,0	13,1	11–14
immunologisch mg/dl	19	17	19	43	22–40

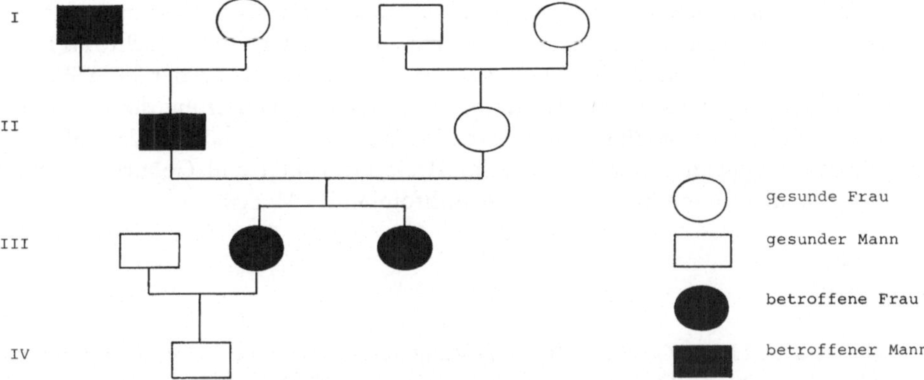

Abb. 1. Stammbaum der untersuchten Familie mit kongenitalem Antithrombin III-Mangel. I = Großeltern der Patientin; II = Eltern; III = Ehemann, Patientin und Schwester; IV = Sohn der Patientin

Nabelschnurblut lag bei 56% bzw. 62% der Norm. Der sich aus der bisherigen Familienuntersuchung ergebende Stammbaum sei der Abbildung 1 entnommen. Beim 1 Jahr alten Kind waren die entsprechenden Werte 120% und 97% der Norm. Die Nachbehandlung der Patientin erfolgte überlappend mit Heparin, AT III-Konzentrat und oralen Antikoagulantien. Der gesamte Schwangerschafts-, Geburts- und Wochenbettverlauf blieb für die Patientin völlig unkompliziert, insbesondere wurden klinisch keine thromboembolischen Ereignisse festgestellt.

Diskussion

Das relative Risiko venöser Thrombosen oder von Lungenarterienembolien in der Schwangerschaft oder peripartal wird von Bonnar [3] 5–6mal höher eingeschätzt als bei gleichaltrigen nichtschwangeren Frauen, die keine oralen Kontrazeptiva einnehmen. Frauen, die in der Vorgeschichte an einer Thrombose erkrankt waren, tragen ein höheres Risiko, erneut eine Thrombose zu erleiden. Obwohl die Erfahrungen über Schwangerschaften und Geburtsverläufe bei Frauen mit kongenitalem AT III-Mangel bisher sehr limitiert sind, muß die Gefährdung als sehr hoch eingeschätzt werden. Die von Hellgreen [5] geschätzte Inzidenz liegt bei ca. 70%. Als Ursache für die Triggerfunktion der Thrombose, die eine Schwangerschaft bei diesen Patientinnen ausübt, muß die Erhöhung verschiedener prokoagulatorischer Substanzen im Blut bei gleichzeitiger relativer Erniedrigung der Inhibitoren und eine daraus resultierende leichtere Aktivierbarkeit der Gerinnung angenommen werden [2].

Prophylaktische Maßnahmen sind daher bereits vor oder zu Beginn der Schwangerschaft einzuleiten. Da die orale Antikoagulantienbehandlung besonders im ersten Trimenon der Schwangerschaft teratogene Schäden auslösen kann, die „low dose"-Heparinprophylaxe nicht ausreichend erscheint, die subkutane Heparinbehandlung in hoher Dosierung bei Patientinnen mit einer Thrombose in der Vorgeschichte keinen ausreichenden Schutz bot [5], das Risiko eines Rezidivs der Thrombose bzw. der Lungenarterienembolie bei dieser Patientin aufgrund der Vorgeschichte als hoch eingeschätzt wurde, wurde eine Dauersubstitution mit AT III ab der 24. SSW bei gleichzeitiger prophylaktischer Heparingabe in niedriger Dosierung durchgeführt. Diese kombinierte Behandlungsmodalität und die präpartale Erhöhung der Substitutionsdosis ermöglichten eine komplikationsfreie Gravidität und Geburt bei einer Hochrisikopatientin mit kongenitalem Antithrombin III-Mangel.

Literatur

1. Abildgaard U, Lie M, Odegard OR (1977) Antithrombin (heparin cofactor) assay with new chromogenic substrates (S 2238 and Chromozym TH). Thromb Res 11:549–553
2. Beller FK, Ebert C (1982) The coagulation and fibrinolytic enzyme system in pregnancy and in the puerperium. Europ J Obstet Gynec reprod Biol 13:177–197
3. Bonnar J (1981) Venous thromboembolism and pregnancy. Clinics in Obstetrics and Gynaecology 8:455–473
4. Brandt P, Stenberg S (1979) Subcutaneous heparin for thrombosis in pregnant women with hereditary antithrombin III-deficiency. Lancet I:100–101
5. Hellgreen M, Tengborn L, Abildgaard H (1982) Pregnancy in women with congenital antithrombin III deficiency: Experience of treatment with heparin and antithrombin. Gynec and Obstet Invest 14:127–141
6. Laurell C (1972) Electroimmunoassay. Scand J Clin Lab Invest 124:21–37
7. Sas G, Pepper DS, Cash JD (1975) Plasma and serum antithrombin III: Differentiation by crossed immunoelectrophoresis. Thromb Res 6:87
8. Thaler E, Lechner K (1981) Antithrombin III-deficiency and thromboembolism. Clinics in Haematology 10:369–390

Diskussion

VINAZZER (Linz):

Ein Antithrombin III-Mangel bei einer schwangeren Frau ist sehr selten, und es ist zweifellos die einzig sichere Indikation für eine langzeitige Antithrombin III-Substitution. Es ist sehr interessant, daß es Ihnen gelungen ist, mit dieser Therapie über die Gravidität und die Entbindung ohne Komplikationen hinwegzukommen.

MARX (München):

Ich habe eine Familie beobachtet, bei der Vater und zwei Töchter einen Antithrombin III-Mangel haben. Jedes Mal, wenn die Töchter die Pille zu nehmen versuchten, kam es zur Thrombose mit Embolie. Grundsätzlich glaube ich, daß man die Pille in diesen Fällen nicht verordnen sollte.

VINAZZER (Linz):

Bei Antithrombin III-Mangel sollte man die Pille in der Regel sicher nicht verordnen. Andererseits ist aber gerade beim Antithrombin III-Mangel mit wiederholten Thrombosen eine Dauertherapie mit Marcumar angezeigt. Und unter Marcumar-Einstellung kann man sicherlich auch die Pille geben.

Substitutionstherapie mit hochgereinigtem Protein C-Konzentrat bei einem Kind mit homozygotem Protein C-Mangel

K. Auberger, H. Engelmann, J. Weil, Ch. Brückmann, B. Dietz, W. Schramm, Th. Vukovich, H. B. Hadorn (München, Wien)

Ein 11 Monate altes arabisches Mädchen, 6. Kind blutsverwandter Eltern, kam zur stationären Aufnahme. Im 7. Lebensmonat fielen erstmals rezidivierende Ekchymosen auf, im 9. Lebensmonat dann eine 10 × 10 cm große Hautnekrose an der linken Flanke. Das Kind wurde zunächst in die Universitätsklinik Charlottenburg in Berlin, dann in unsere Klinik verlegt. Unabhängig voneinander wurde die Diagnose „homozygoter Protein C-Mangel" gestellt.

Das Protein C ist ein Vitamin K-abhängiges Plasmaprotein, das in der Leber synthetisiert wird. Es wird durch Thrombin aktiviert, hemmt die aktivierten Faktoren V und VIII und wirkt somit als Inhibitor des plasmatischen Gerinnungssystems. Zusätzlich stimuliert Protein C die Fibrinolyse. Erforderlich für beide Funktionen ist ein Cofaktor, das Protein S, das ebenfalls vom Vitamin K abhängt. Es liegt im Plasma in freier und auch gebundener Form vor.

Ein Mangel an Protein C kann zu thromboembolischen Ereignissen (z. B. Purpura fulminans) führen. Fast alle Patienten mit angeborenem Protein C-Mangel sind in den ersten Lebensjahren verstorben.

Im vorliegenden Fall wurden in Labors in Berlin*, München und Wien Protein C-Spiegel unter 1% immunologisch und funktionell gemessen; Normalwerte dagegen liegen bei 70–140%. Der Gerinnungsstatus zeigte entsprechend eine leichte, chronische disseminierte intravasale Gerinnungsstörung. Außer Protein C waren alle Vitamin K-abhängigen Faktoren normal.

In Berlin wurde zur Behandlung der Hautnekrose ein Prothrombinkomplex-Präparat (PPSB der Firma Biotest, 20 E/kg) verabreicht. Wir gaben Fresh-Frozen-Plasma (FFP, 10 ml/kg) zuerst zweitägig. Nachdem aber unter dieser Therapie dennoch flüchtige Hauterscheinungen wie Hämatome oder Suffusionen auftraten, wurde auf eine tägliche Gabe mit derselben Dosis übergegangen.

Während dieser hohen Zufuhr von Serumproteinen stieg der Gesamteiweißspiegel von 5 auf 8,4 g/dl an, was aber über die begrenzte Dauer dieser Therapie noch vertragen wurde. Auch Virusinfektionen wie Hepatitis oder AIDS zeigten sich nicht.

Nach einer Gabe von 10 ml FFP/kg/Tag stieg der Protein C-Spiegel innerhalb von 30 min auf maximal 10% an. Nach 24 h war er wieder auf Werte unter 1% abgefallen.

Wegen dieser im Mittel nur geringen Steigerung des Protein C-Spiegels und angesichts der Risiken einer längeren Behandlung mit FFP sind wir seit 11 Monaten zur Verabreichung eines Protein C-Konzentrates übergegangen, das uns von Profes-

* Dr. G. Hintz, Universitäts-Klinikum Charlottenburg

sor VUKOVICH aus Wien (Fa. Schwab) zur Verfügung gestellt worden ist. Dieses Präparat ist hitzebehandelt und weitgehend frei von Fremdproteinen und verspricht deswegen geringe Nebenwirkungen. Es enthält außerdem freies Protein S in etwa gleicher Anzahl an Einheiten.

Wir untersuchten die Pharmakokinetik, klinische Wirksamkeit und achteten besonders auf Nebenwirkungen.

Der Proteingehalt im Serum stieg nach Gabe von 100 E/kg innerhalb 30 min von unter 1% auf Werte von 90% an. Der anschließende Abfall zwischen 2. und 12. Stunde erfolgte mit einer Halbwertszeit von 8,3 h, wobei nach 48 h ein Spiegel von immer noch 10% gemessen wurde. Hierbei liegt der Mittelwert der Konzentration, oder der Dauerspiegel nach einmaliger Gabe bei 20%. Wir wählten eine zweitägige Gabe dieser Dosis und erreichten damit einen Protein C-Dauerspiegel von im Mittel etwas über 20%.

Neben Protein C wurde auch der Gehalt an Protein S in freier und gebundener Form bestimmt. Der Spiegel des freien, wirksamen Proteins S erreichte von 100% ausgehend 1 h nach Gabe Werte um 120%. Der Abfall ist etwas langsamer als beim Protein C (HWZ 18 h, ermittelt zwischen 4. und 24. h). Wir fanden auch hier keine deutliche Akkumulation.

Der Spiegel des gebundenen Protein S im Plasma blieb unbeeinflußt von der Substitution.

In der Tabelle 1 wird die Auswirkung der Therapie mit dem Protein C-Konzentrat verglichen mit der mit FFP:

1. Mit dem Protein C-Konzentrat wird deutlich weniger Flüssigkeit zugeführt.
2. Der Gesamteiweißspiegel bleibt im Normbereich, wogegen er nach FFP-Gabe merklich höher liegt.
3. Der Spiegel des Fibrinogens erreicht in beiden Fällen Normalwerte, wodurch der chronische Mangel durch die Therapie behoben wird.

Tabelle 1. Vergleich der Therapie mit Protein C- und S-Konzentrat mit der mit FFP

Protein C			FFP	
4 ml/kg/48 h		Volumen (ml)	10 ml/kg/24 h	
6,3		Gesamteiweiß (g/dl)	8,4	
30 min	48 h	Zeit nach Substitution	30 min	24 h
180	m.v.	Fibrinogen (mg/dl)	220	170
0,95	0,08	Protein C-Ag (U/ml)	0,1	0,02
2,5	1,5	Freies Protein S-Ag (U/ml)	0,5	0,5
0,9	0,8	Faktor II-Ag (U/ml)	m.v.	2,0
	24 h			
	0,15	Protein C-Ag (U/ml)		
	0,15	Protein C-Aktivität (U/ml)		
	0,9	Faktor IIc (U/ml)		
	0,8	Faktor Vc (U/ml)		
	0,9	Faktor VIIc (U/ml)		
	0,8	Faktor IXc (U/ml)		
	1,0	Faktor Xc (U/ml)		

m.v. = missed value

4. Mit dem Protein C-Konzentrat stellt sich ein deutlich höherer Spiegel an freiem Protein S ein, während nach Gabe von FFP keine Änderung beobachtet wird.
5. Die Vitamin K-abhängigen Faktoren bleiben im Normalbereich; nach FFP-Gabe steigt der Gehalt auf etwa den doppelten Normwert an.
6. Für das in der Therapie wirksame, funktionell und immunologisch bestimmte Protein C wird ein Gehalt erreicht, der 10mal größer ist als bei der FFP-Therapie. Die funktionell und immunologisch gemessenen Protein C-Werte stimmen überein.

Die deutliche Steigerung des Protein C-Spiegels kann auf den rund 300fach höheren Gehalt im Konzentrat gegenüber FFP zurückgeführt werden.

Wundheilung wurde unter einer Therapie über 2 Monate mit FFP erreicht. Während der anschließenden Therapie mit dem Protein C-Konzentrat traten innerhalb der vergangenen 11 Monate keinerlei Symptome auf, weder Blutungserscheinungen noch Anzeichen von Virusinfektionen (Hepatitis, AIDS).

Zusammenfassend kann gesagt werden, daß der bisher erstmalige Einsatz von Protein C-Konzentrat erfolgreich war. Die Weiterbehandlung über lange Zeit ist angezeigt, insbesondere weil die physiologischen Verhältnisse im Plasma nicht nachteilig verändert werden.

Literatur

1. Marla RA, Kleiss AJ, Griffin JM (1981) Human protein C: inactivation of factors V and VIII in plasma by activated molecule. Ann NY Acad Sci 370:303
2. de Fouw NJ, Haverkate F, Bertina RM, Koopman J, van Wijngaarden A, Hinsbergh VWM (1986) The cofactor role of protein S in the acceleration of whole blood clot lysis by activated protein C in vitro. Blood 67:1189
3. Broekmans AW, Veltkamp JJ, Bertina RM (1983) Congenital protein C deficiency in a Dutch family with thrombotic disease. N Engl J Med 309:340
4. Pabinger Fasching I, Bertina RM, Lechner K, Niessner H, Korninger C (1983) Hereditary protein C deficiency in two Austrian families. Thromb Haemost 50:810
5. Kamiya T, Sugihara T, Ogata K, Saito H, Suzuki K, Nishioka J, Hashimoto S, Yamagata K (1986) Inherited deficiency of protein S in a Japanese family with recurrent venous thrombosis: a study of three generations. Blood 67:406
6. Griffin JH, Evatt B, Zimmermann TS, Kleiss AJ, Wideman C (1981) Deficiency of protein C in congenital thrombotic disease. J Clin Invest 68:1370
7. Seligsohn U, Berger A, Abend M, Rubin L, Attias D, Zivelin A, Rappaport SI (1984) Homozygous protein C deficiency manifested by massive venous thrombosis in the newborn. N Engl J Med 310:559
8. Sills RH, Marlar RA, Montgomery RR, Deshpande GN, Humbert JR (1984) Severe protein C deficiency. J Pediatr 105:409
9. Branson HE, Katz J, Marble R, Griffin JH (1983) Inherited protein C deficiency and coumarin-responsive chronic relapsing purpura fulminans in a newborn infant. Lancet 2:1165
10. Marlar RA (1985) Protein C in thromboembolic disease. Sem Thromb Hemost 11:387
11. Riess H, Binsack T, Hiller E (1985) Protein C antigen in prothrombin complex concentrates: content, recovery and half life. Blut 50:303
12. Abildgaard CF (1981) Hazards of prothrombin-complex concentrates in treatment of hemophilia. N Engl J Med 304:670

Diskussion

VINAZZER (Linz):

Meines Wissens haben Sie soeben den 9. Fall in der Weltliteratur von homozygotem Protein C-Mangel beschrieben, von denen, soviel ich weiß, bereits fünf verstorben und noch vier am Leben sind. Sie haben deutlich gezeigt, daß man mit Fresh-Frozen-Plasma eine Substitution nicht durchführen kann, vor allem dann nicht, wenn die Halbwertzeit, wie beim Protein C, so kurz ist.

KAESER (Heidelberg):

Haben Sie unter der anfänglichen Anwendung von Prothrombinkomplex auch Hautläsionen beobachtet, und wie war der Anstieg von Protein C nach dieser Applikation?

Frau AUBERGER (München):

Das Kind ist mit dem Prothrombinkomplex-Präparat zum Teil im Heimatland und zum Teil in Berlin behandelt worden. Da war die Diagnose noch nicht gestellt, und wir haben keine genauen Untersuchungen.

KAESER (Heidelberg):

Und wie war die klinische Effizienz?

Frau AUBERGER (München):

Die Wunde ist abgeheilt. Die Therapie mit dem PPSB-Präparat wurde bei vorhandener Hautläsion begonnen. In der Sorge, diese Verbrauchssituation negativ zu beeinflussen, haben wir mit Fresh-Frozen-Plasma weiterbehandelt.

EGBRING (Marburg):

Können Sie sagen, daß diese Hautnekrose entstanden ist in einem Bereich, in dem vorher ein Hämatom war oder in dem ein Trauma stattgefunden hat, oder ist sie spontan aufgetreten?

Frau AUBERGER (München):

Das wissen wir leider nicht so genau. Es ist beides denkbar. Wir haben in der Klinik noch einen zweiten Fall. Der Patient hat einen Protein C-Spiegel zwischen 20 und

30%, die Eltern haben einen grenzwertigen Spiegel um 60 bis 70%, und zwar beide Eltern. Wir vermuten bei dem Kind einen heterozygoten Protein C-Mangel. Dieses Kind hat Spontanblutungen gehabt, und zwar schon in der zweiten Lebenswoche eine Hirnblutung. Es gibt sicherlich beides, spontan auftretende Blutungen und erst recht nach Verletzungen.

N. N.:

Was hält Sie davon ab, das Kind mit Marcumar zu behandeln?

Frau AUBERGER (München):

Dagegen spricht, daß es sich um ein Kind handelt, daß zudem ständig kontrolliert werden müßte und schließlich auch, daß es in seine Heimat nach Abu Dhabi mußte. Dorthin wird das Protein C-Konzentrat jetzt in regelmäßigen Abständen geliefert und das Präparat über einen Verweilkatheter alle zwei Tage appliziert.

SUTOR (Freiburg):

Ich möchte dennoch fragen, warum Sie keine Marcumar-Behandlung durchführen. Herr Wehinger aus Kassel hatte bei einem Kind sehr gute Erfahrungen gemacht.

Frau AUBERGER (München):

Es ist bekannt, daß Marcumar-Nekrosen besonders bei erniedrigtem Protein C auftreten können. Das war unsere Sorge.

VINAZZER (Linz):

Ich habe fünf Patienten mit heterozygotem Protein C-Mangel, die alle unter Dauermarcumarisierung sind. Auch bei diesen Patienten ist es wichtig, damit es nicht zur Nekrose kommt, mit einschleichender Marcumar-Therapie zu beginnen und nicht mit der Volltherapie, um die anderen Faktoren gleichzeitig absinken zu lassen. Allerdings ist kein Kleinkind dabei.

Vitamin K-Mangel bei jungen Säuglingen

R. von Kries, M. Shearer, U. Göbel (Düsseldorf, London)

Beschreibungen von Spätmanifestationen eines Vitamin K-Mangels in den fünfziger Jahren [17] bezogen sich auf eine hämorrhagische Diathese, die bei Säuglingen mit Durchfallserkrankungen bei gleichzeitiger Sulfonamidbehandlung beobachtet wurde. Seit einigen Jahren wurden jedoch auch bei klinisch gesund erscheinenden jungen Säuglingen plötzlich auftretende lebensbedrohliche Blutungen beobachtet [1, 5, 10, 13, 14, 15, 19, 20]. Allein in Düsseldorf sahen wir in den letzten Jahren vier derartige Fälle.

Wesentlich für die Diagnose eines schweren Vitamin K-Mangels ist der Nachweis einer Quickwerterniedrigung auf weniger als 10% bei gleichzeitiger Verlängerung der PTT auf über 60 Minuten. Beweisend für die Diagnose des Vitamin K-Mangels ist die Normalisierung der Gerinnungsparameter innerhalb von 4 h nach parenteraler Vitamin K-Gabe (1 mg Konakion s.c.) oder der Nachweis nicht carboxylierter Vorläuferproteine Vitamin K-abhängiger Gerinnungsfaktoren, wie Decarboxyprothrombin (PIVKA II). Bestimmungen der Vitamin K-Serumkonzentration sind für die Diagnose des Vitamin K-Mangels nicht hilfreich, da die bezüglich des klinischen Vitamin K-Mangels kritischen Grenzkonzentrationen zur Zeit noch nicht bekannt sind.

Die klinischen Charakteristika des Krankheitsbildes der späten Vitamin K-Mangelblutungen sind:

- betroffen sind klinisch gesund erscheinende 2–12 Wochen alte Säuglinge,
- Hirnblutungen sind in mehr als 50% der Fälle Erstsymptom der Blutungsneigung,
- meist handelt es sich um voll gestillte Säuglinge,
- nur bei einem Teil der Kinder ergibt die Labordiagnostik eine Grunderkrankung,
- meist haben die betroffenen Kinder keine Vitamin K-Prophylaxe erhalten.

Die Häufigkeit der Hirnblutungen in dieser Altersstufe ist überraschend hoch, während beim klassischen Morbus hämorrhagicus neonatorum Blutungen in das ZNS nur selten beobachtet wurden [18]. Andere Blutungslokalisationen bei der Spätform des Vitamin K-Mangels sind: Schleimhäute (Nase, Mund), Nabel, Punktionsstellen und die Haut (Hämatome).

Auffällig ist die häufige Assoziation von ausschließlicher Muttermilchernährung und Spätmanifestation des Vitamin K-Mangels. So waren von 200 in der Literatur berichteten Kindern mit Spätmanifestation eines Vitamin K-Mangels 180 voll gestillt und nur 3 ausschließlich mit Säuglingsmilchen ernährt worden. Hierbei handelte es sich gleichermaßen um Kinder mit Grunderkrankungen wie um Kinder, bei denen auch ausführliche Labordiagnostik hierfür keinen Anhalt ergab. Die Häufung von

Spätmanifestationen eines Vitamin K-Mangels bei voll gestillten Säuglingen läßt einen Kausalzusammenhang möglich erscheinen.

Seit bald 40 Jahren ist bekannt, daß der Vitamin K-Gehalt der Frauenmilch niedriger ist als der der Kuhmilch [3]. Junge Säuglinge werden jedoch im Regelfall nicht mit reiner Kuhmilch ernährt, sondern entweder mit verdünnter Kuhmilch oder einer industriellen Säuglingsmilchnahrung. Da der Vitamin K-Gehalt der in der Bundesrepublik handelsüblichen Säuglingsmilchen nicht deklariert ist, wurden einige Präparate untersucht und die ermittelten Vitamin K_1-Werte mit denen der Frauenmilch verglichen (Abb. 1). In der Kollostralmilch fanden wir höhere Werte als in der reifen Frauenmilch. Der Vitamin K_1-Gehalt der drei untersuchten Säuglingsmilchen war unterschiedlich, lag jedoch immer über dem der reifen Frauenmilch.

Deshalb stellte sich hier die Frage nach einer möglichen Vitamin K-Minderversorgung voll gestillter Säuglinge. In einer prospektiven Studie an 165 gesunden, 4 bis 6 Wochen alten Säuglingen wurde deshalb überprüft, ob die Art der Ernährung die Prothrombingerinnungszeiten beeinflußt. Die kumulative Häufigkeitsverteilung der Prothrombingerinnungszeiten von 78 voll gestillten Kindern unterschied sich jedoch

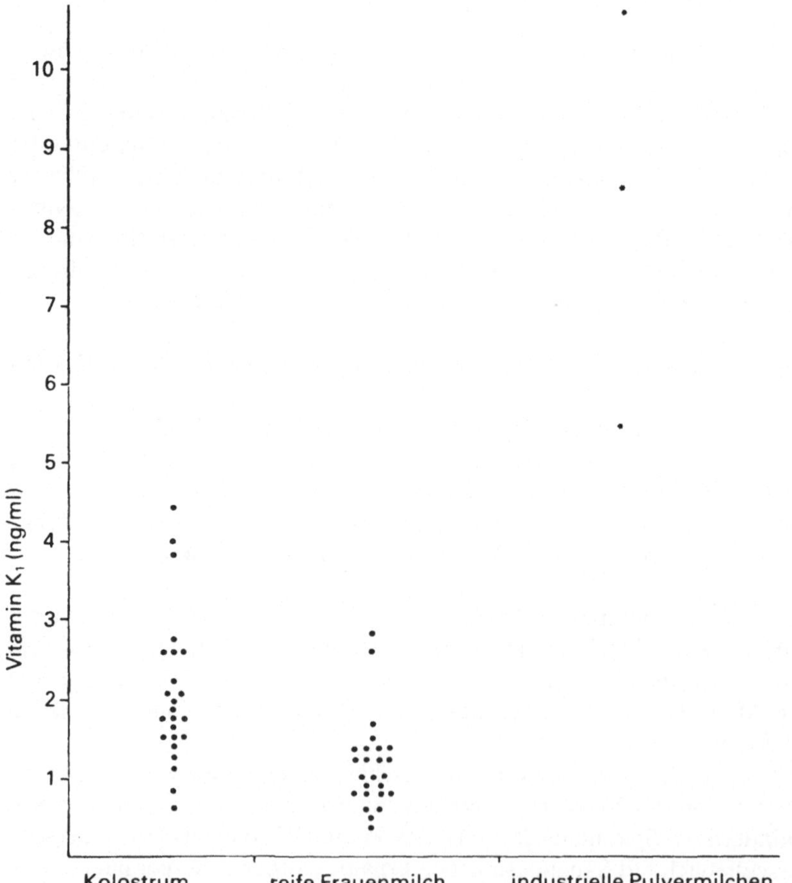

Abb. 1. Vitamin K_1-Gehalt von Frauenmilch (9 Mütter; 24 Proben 1.–5. Laktationstag; 25 Proben 22.–36. Laktationstag) und industriellen Pulvermilchen

nicht von der bei 87 zusätzlich oder ausschließlich mit Säuglingsmilchen ernährten Kindern. Somit ergab sich, gemessen an dem Parameter Prothrombinzeit kein Anhalt für eine generelle Vitamin K-Minderversorgung voll gestillter Säuglinge.

In einer nachfolgenden Untersuchung wurden deshalb 202 gesunde 4 bis 6 Wochen alte Säuglinge mit einem sensibleren Parameter – der PIVKA II-Bestimmung – auf das Vorliegen eines latenten Vitamin K-Mangels untersucht: PIVKA II war bei einem von 113 voll gestillten, jedoch bei keinem der 89 zusätzlich oder ausschließlich mit Säuglingsmilchen ernährten Kinder nachzuweisen [12]. Dieser Befund läßt vermuten, daß bei voll gestillten Säuglingen ein latenter Vitamin K-Mangel häufiger als die manifeste Vitamin K-Mangelblutung ist.

Um zu überprüfen, ob bei Kindern mit später Vitamin K-Mangelblutung eine Vitamin K-Minderversorgung durch exzessiv niedrige Vitamin K_1-Konzentrationen in den individuellen Muttermilchen zugrunde liegt, wurde der Vitamin K_1-Gehalt der Milch von 7 Müttern von Kindern mit später Vitamin K-Mangelblutung überprüft (Abb. 2). In allen Milchproben lagen die Vitamin K_1-Konzentrationen jedoch im Streubereich des Kontrollkollektivs. Auch in einer kürzlich veröffentlichten japanischen Studie [15] hatte sich kein Anhalt für erniedrigte Vitamin K_1-Konzentrationen in den Milchen der Mütter von Kindern mit später Manifestation eines Vitamin K-Mangels ergeben. Somit scheint eine rein alimentäre Ursache der späten Vitamin K-Mangelblutungen unwahrscheinlich.

Wahrscheinlich begünstigt aber der niedrige Vitamin K_1-Gehalt der Frauenmilch Spätmanifestationen eines Vitamin K-Mangels bei Kindern mit Störungen der Vitaminresorption.

Erkrankungen, die bei Kindern mit später Vitamin K-Mangelblutung beobachtet wurden, sind Gallengangsatrese [7], Alpha 1 Antitrypsin Mangel [3], A-Beta-Lipoproteinämie [2], Hepatitis [16] und Mucoviscidose [21].

Bei den Kindern, bei denen keine dieser Grunderkrankungen gefunden wird, wird üblicherweise von einem idiopathischen späten Vitamin K-Mangel gesprochen. Möglicherweise ist aber auch bei diesen Kindern die späte Vitamin K-Mangelblutung weniger idiopathisch als bislang angenommen, wie sehr ausführliche Untersuchungen bei einem kürzlich in Düsseldorf beobachteten Fall zeigen [11]. Bei diesem Kind konnte eine passagere Malabsorption für Vitamin K_1 nachgewiesen werden, ohne daß

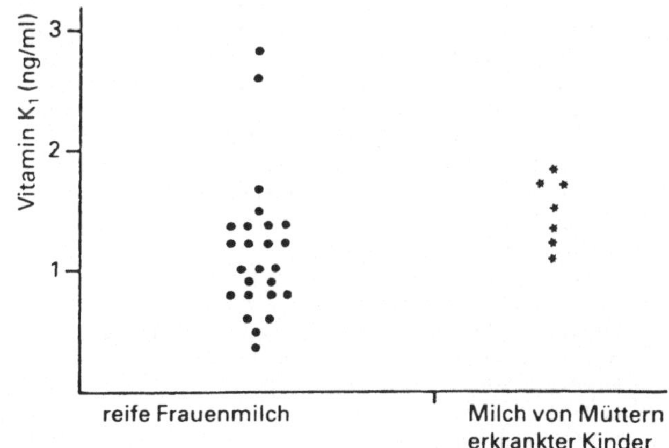

Abb. 2. Vitamin K_1-Konzentration in den Milchen der Mütter von 7 Kindern mit später Vitamin K-Mangelblutung

die Labordiagnostik eindeutige Hinweise auf eine definierte Grunderkrankung ergab. Auffällig war jedoch eine zum Zeitpunkt der nachgewiesenen Vitamin K-Malabsorption diskrete Erhöhung des direkten Bilirubins, der alkalischen Phosphatase, des Lipoprotein X und der Gallensäuren im Serum bei normalen Transaminasen und Gamma-GT. Möglicherweise können minimale cholostatische Lebererkrankungen Spätmanifestationen eines Vitamin K-Mangels bei voll gestillten Säuglingen begünstigen. Diese Hypothese wird unterstützt durch eine Beobachtung von MOTOHARA et al. [15]: Bei 8 von 10 Kindern mit idiopathischer Spätmanifestation eines Vitamin K-Mangels war entweder zum Zeitpunkt der Blutung oder in den folgenden Wochen eine GOT-Erhöhung nachzuweisen. Es erscheint deshalb angezeigt, bei Kindern mit spätem Vitamin K-Mangel sehr ausführlich nach Zeichen einer Cholostase zu fahnden und die Vitamin K-Resorption zu überprüfen.

Eine prospektive Studie zur Effizienz einer parenteralen Vitamin K-Prophylaxe zur Verhinderung der späten Vitamin K-Mangelblutung liegt bislang nicht vor. Bei einem Teil der publizierten Arbeiten zu diesem Thema fanden sich jedoch Angaben zur Frage der Vitamin K-Prophylaxe bei der Geburt: von 64 Kindern mit später Vitamin K-Mangelblutung hatten 59 keine parenterale Vitamin K-Prophylaxe bei der Geburt erhalten. Bemerkenswert erscheint insbesondere die Tatsache, daß alle Kinder mit später Vitamin K-Mangelblutung aus den USA, wo eine parenterale Vitamin K_1-Gabe bei der Geburt (1 mg i.m.) üblich ist [4], keine Vitamin K-Prophylaxe erhalten hatten. Es muß deshalb angenommen werden, daß eine parenterale Vitamin K-Gabe bei Geburt einen zumindest partiellen Schutz gegenüber der späten Vitamin K-Mangelblutung darstellt. Eine einmalige orale Vitamin K-Gabe bei Geburt ist wahrscheinlich nicht ausreichend [10, 11].

Die Ernährungskommission der Deutschen Gesellschaft für Kinderheilkunde empfiehlt deshalb eine generelle parenterale Vitamin K_1-Prophylaxe (1 mg Konakion s.c. oder i.m.) für alle Neugeborenen [6].

Literatur

1. Bhanchet P, Tuchinda S, Hathirat P, Visudhiphan P, Bhamarapharati N, Bukkavesa S (1977) A bleeding syndrome in infants due to acquired Prothrombin Complex Deficiency. Clin Pediatr 16:992–998
2. Caballero FM, Buchanan GR (1980) Abetalipoproteinemia presenting as severe vitamin deficiency. Pediatrics 65:161–163
3. Dam H, Glavind B, Larsen HE, Plum P (1942) Investigations into the cause of physiological hypoprothrombanaemia in newborn children. IV The vitamin K content of woman's milk and cow's milk. Acta Med Scand 112:210–216
4. Committee on Nutrition, American Academy of Pediatrics: Vitamin compounds and the water-soluble analogues (1961) Use in therapy and prophylaxis in pediatrics. Pediatrics 28:501–506
5. Cooper NA, Lynch MA (1979) Delayed haemorrhagic disease of the newborn with extradural haematoma. Br Med J 1:164
6. Ernährungskomission der Deutschen Gesellschaft für Kinderheilkunde (1986) Stellungnahme zur Vitamin K-Prophylaxe. Dtsch Ärzteblatt 83:3380–3383
7. Fujimura Y, Okubo Y, Sakai T, Sugimoto M, Takase T, Yoshioka A, Fukui H (1984) Precursor proteins PIVKA II, IX and X in the plasma of patients with "Hemorrhagic Disease of the Newborn". Haemostasis 14:211–217
8. Göbel U, v Kries R, Bewersdorff S, Henninghausen B, Schmidt E (1986) Erniedrigte Prothrombin-Gerinnungsaktivitäten bei gestillten Kindern? Klin Päd 198:13–16

9. Hope PL, Hall MA, Millward-Sadler (1982) Alpha$_1$-antitripsin deficiency presenting as a bleeding diathesis in the newborn. Arch Dis Child 57:68
10. von Kries R, Wahn V, Koletzko B, Göbel U (1984) Späte Manifestationen eines Vitamin-K-Mangels bei gestillten Säuglingen. Monatsschr Kinderheilkd 132:293–295
11. von Kries R, Reifenhäuser A, Göbel U, McCarthy P, Shearer MJ, Barkhan P (1985) Late onset haemorrhagic disease of newborn with temporary malabsorption of vitamin K_1. Lancet I:1035
12. von Kries R, Maase B, Becker A, Göbel U (1985) Latent vitamin K deficiency in healthy infants? Lancet II:1421–1422
13. McNinch AW, Orme RLE, Tripp JH (1983)Haemorrhagic disease of the newborn returns. Lancet I:1089–1091
14. Minford AMB, Eden OB (1979) Vitamin K deficiency in a 6 week old infant. Arch Dis Child 54:310–311
15. Motohara K, Matskura M, Matsuda I, Iribe K, Ikeda T, Kondo Y, Yonekubo A, Yamamoto Y, Tsuchiya F (1984) Severe vitamin K deficiency in breastfed infants. J Pediat 105:943–945
16. Poley JR, Humphrey GB (1974) Bleeding disorder in an infant associated with anicteric hepatitis. Clin Pediatr 13:1045–1047
17. Rapaport S, Dodd K (1946) Hypoprothrombinemia in infants with diarrhea. Am J Dis Child 71:611–618
18. Sutherland JM, Glueck HI, Gleser G (1967) Hemorrhagic of the newborn: Breast feeding as a necessary factor in the pathogenesis. Am J Dis Child 113:524–530
19. Sutor AH, Pancochar H, Niederhoff H, Pollmann H, Hilgenberg F, Palm D, Künzer W (1983) Vitamin-K-Mangelblutungen bei 4 voll gestillten Säuglingen im Alter von 4 bis 6 Wochen. Dtsch med Wschr 108:1635–1637
20. Sutor AH, Pollmann H, v Kries R, Thais H, Schindera F, Göbel U, Künzer W (1985) Vitamin-K-Mangelblutungen bei Säuglingen jenseits der Perinatalperiode. Weitere Beobachtungen. Monatsschr Kinderheilk 132:608
21. Torstensen OL, Humphrey GB, Edson JR (1970) Cystic fibrosis presenting with severe hemorrhagic due to vitamin K malabsorption: A report of 3 cases. Pediatrics 45:857–859

Diskussion

MARX (München):

Kann man der Mutter Vitamin K geben, und hat man dann mehr Vitamin K in der Muttermilch?

v. KRIES (Düsseldorf):

Die Frage haben wir mit verschiedenen Dosen überprüft. Wenn man der Mutter 1 mg Vitamin K geben würde, sollte ein Vitamin K-Gehalt der Muttermilch erreicht werden, der dem Vitamin K-Zusatz der käuflichen Säuglingsnahrung entspricht.

Reduziertes Fibrinolysepotential beim akuten Nierenversagen und seine Beeinflussung durch Plasminogensubstitution

R. Seitz, H. E. Karges, M. Wolf, P. Pittner, R. Egbring (Marburg)

Zusammenfassung

Erste Hinweise auf einen Zusammenhang zwischen der Reaktionsfähigkeit der reaktiven Fibrinolyse und der Nierenfunktion ergaben sich aus einer früheren Untersuchung an nierentransplantierten Patienten. Dabei hatten sich ein Absinken des Plasminogenspiegels und ein ungünstig hoher Quotient α_2-Antiplasmin/Plasminogen bei Transplantatabstoßung aller Schweregrade gefunden. Da bei schweren Infektionen eine akute Niereninsuffizienz bis hin zur kompletten Anurie auftreten kann, wurden 82 Patienten mit erheblichen bakteriellen Infektionen untersucht. Es zeigte sich eine signifikante inverse Beziehung zwischen Plasminogen und Serumkratinin während des gesamten Krankheitsverlaufes. Daraufhin wurde bei 11 Patienten mit akutem Nierenversagen in Ergänzung zur Substitution von Antithrombin III und fresh frozen plasma ein Plasminogenkonzentrat verabreicht. Bei 7 dieser Patienten war ein signifikanter Anstieg der Diurese in engem zeitlichen Zusammenhang mit dem Beginn der Plasminogensubstitution zu verzeichnen.

Einleitung

Bei Patienten mit einer chronischen Niereninsuffizienz ist nicht selten eine hämorrhagische Diathese zu beobachten, die im wesentlichen auf eine Thrombozytenfunktionsstörung zurückzuführen ist [1]. Man findet jedoch auch von der Dialysebehandlung nicht beeinflußte Veränderungen, die sich eher entgegengesetzt auf das hämostatische Gleichgewicht auswirken, u. a. eine Verminderung der fibrinolytischen Aktivität. Solche Alterationen wurden sowohl beim chronischen als auch beim akuten Nierenversagen [2] beobachtet.

Angeregt durch die häufige Beobachtung thrombotischer Komplikationen nach Nierentransplantationen konnten wir zeigen [3], daß bei einem Teil der Patienten ein Absinken der Plasminogenkonzentration und bei eher ansteigendem α_2-Antiplasmin ein deutliches Überwiegen des Inhibitors im Plasma auftreten. Dies drückte sich in einer verminderten Lysierbarkeit des Plasmas in einem „umgekehrten Fibrinplattentest" aus. Diese Beeinträchtigung der Fibrinolyse korrelierte jedoch nicht mit thrombotischen Komplikationen wie Verschlüssen von Dialyseshunts, sondern mit dem Grad von Abstoßungsreaktionen und Transplantatversagen.

Um zu prüfen, ob der Zusammenhang mit der Reaktionsfähigkeit der reaktiven Fibrinolyse auch bei anderen Formen einer akuten Verschlechterung der Nierenfunktion besteht, wurden 82 Patienten mit schweren Infektionen untersucht, da hierbei eine akute Niereninsuffizienz unterschiedlicher Ausprägung bis hin zur Anurie im septischen Schock auftreten kann. In einer offenen Pilotstudie wurde anschließend geprüft, ob die Substitution von Plasminogen als Ergänzung zu den üblichen Maßnahmen einen günstigen Einfluß auf die Nierenfunktion beim akuten Nierenversagen hat.

Patienten und Methoden

Bei 82 Patienten mit schweren Infektionen (Fieber > 38,5° C, Leukozytose > 10000/ mm^3, klinischer Verdacht auf Sepsis) wurden im Verlauf das Serumkreatinin und als Fibrinolyseparameter die Plasmakonzentrationen von Plasminogen (PLG), α_2-Antiplasmin (APL) und den Proteinase-Inhibitor-Komplexen α_2-Antiplasmin-Plasmin (APL-PL) und α_1-Antitrypsin-Elastase (AT-ELP) bestimmt. Von den 82 Patienten konnte bei 31 eine Septikämie nachgewiesen werden, 19 kamen in einen septischen Schock, im Verlauf dessen bei 10 eine Anurie eintrat. Die Werte von jeweils 3 Blutentnahmen wurden für die statistische Auswertung verwendet: bei Klinikaufnahme, nach 48 bis 72 Stunden und am „Endpunkt" der Beobachtungszeit, d. h. bei günstigem Verlauf nach Entfieberung und bei letalem Ausgang die letzte Blutentnahme.

In Ergänzung zu der in unserer Klinik bei Verbrauchskoagulopathie üblichen Substitution mit Plasmaderivaten [4] wurde in einer offenen Pilotstudie bei 11 Patienten ein Plasminogenkonzentrat verabreicht. Es handelte sich um ein hitzebehandeltes Humanplasminogenpräparat der Behringwerke AG (Marburg).

Die Bestimmung von PLG und APL erfolgte mittels eindimensionaler Immunelektrophorese nach Laurell [7], ebenso wie der Nachweis des Neoantigens APL-PL [8]. Der Komplex AT-ELP wurde mittels Zonenimmunelektrophorese (ZIA) gemessen [9].

Ergebnisse

Bei den 82 Patienten mit schweren Infektionen war häufig als Ausdruck einer akuten Niereninsuffizienz ein Anstieg des Serumkreatinins nachweisbar. Ein Vergleich der 31 Patienten mit erwiesener Septikämie mit den übrigen 51 Patienten zeigt, daß bei der ersteren Gruppe die Kreatininwerte deutlich höher und die Plasminogenspiegel niedriger waren (Tabelle 1). Signifikante inverse Korrelationen fanden sich zwischen Plasminogen und Kreatinin (Tabelle 2), während von den übrigen Parametern lediglich AT-ELP zu Beginn der Erkrankung eine positive Korrelation zum Kreatinin zeigte.

Von den 11 Patienten, die eine Plasminogensubstitution erhielten, zeigten 4 keine erkennbare Beeinflussung des akuten Nierenversagens. Es handelte sich hierbei um 3 Patienten mit Septikämie (bei 1 Patientin bereits jahrelang vorbestehendes nephrotisches Syndrom) und 1 Patienten mit einer Crushniere. Bei 7 Patienten war in engem zeitlichen Zusammenhang mit der Plasminogengabe ein signifikanter Diuresezuwachs festzustellen. Über 2 behandelte Kinder wurde bereits anderweitig berichtet [5, 6], die übrigen 5 Patienten sollen im folgenden kurz besprochen werden.

Tabelle 1. Mittelwerte ± SD zu den verschiedenen Zeitpunkten. SEP = 31 Patienten mit nachgewiesener Septikämie; INF = 51 Patienten mit schweren Infektionen ohne Sepsisnachweis

		Aufnahme	Nach 48–72 h	Endpunkt
Kreatinin	SEP	2,84 ± 1,98	3,18 ± 2,45	3,00 ± 3,20
		***	***	*
	INF	1,44 ± 1,20	1,41 ± 1,46	1,39 ± 1,19
PLG	SEP	69,5 ± 26,0	73,1 ± 21,2	84,0 ± 16,8
		*	**	*
	INF	83,2 ± 22,9	88,8 ± 18,9	94,5 ± 11,8
APL	SEP	94,5 ± 11,7	92,6 ± 12,7	91,5 ± 10,9
	INF	91,2 ± 18,0	92,7 ± 15,9	93,0 ± 15,7
APL-PL	SEP	2,74 ± 2,18	3,07 ± 2,24	2,33 ± 1,90
		*	*	
	INF	1,75 ± 1,72	1,86 ± 1,86	1,66 ± 1,47
AT-ELP	SEP	452 ± 402	302 ± 430	321 ± 394
		**		*
	INF	182 ± 188	198 ± 256	101 ± 91

Signifikanzniveau: *: p < .05; **: p < .01; ***: p < .001. Einheiten: Kreatinin: mg/dl; PLG und APL: % der Norm; AT-ELP: ng/ml; APL-PL: arbiträre Einheit.

Tabelle 2. Korrelationen zwischen Plasminogen und Kreatinin in 82 Patienten mit schweren Infektionen

Aufnahme	Nach 48–72 h	Endpunkt
PLG		
r = −0,395 p = 0,001	r = −0,381 p = 0,003	r = −0,310 p = 0,046
	PLG	
r = −0,292 p = 0,018	r = −0,363 p = 0,003	r = −0,466 p = 0,001
		PLG
r = −0,313 p = 0,032	r = −0,349 p = 0,017	r = −0,334 p = 0,022

Patient 1

85 Jahre alt. Generalisierte Arteriosklerose; progredientes, irreversibles Herzversagen, Schock mit Verbrauchskoagulopathie und akutem Nierenversagen.

Patientin 2

41 Jahre alt. Z.n Nephrektomie rechts wegen Arterienstenose, Kreatinin postoperativ stabil bei 1,7 mg/dl. Akuter Diureserückgang und Kreatininanstieg auf 7,3 mg/dl bei Klebsiellensepsis ausgehend von der verbliebenen linken Niere.

Patientin 3

76 Jahre alt. Septischer Schock mit respiratorischer Insuffizienz, Verbrauchskoagulopathie und akutem Nierenversagen bei Dünndarminfarkt mit Peritonitis. Die Patientin zeigte nach einer lediglich einmaligen Gabe von 4000 CTA-Einheiten (CTA = Council for Thrombolytic Agents) Plasminogen i.v. einen deutlichen Anstieg der 24-Stunden-Urinmenge noch am gleichen Tag und eine weitere Zunahme an den beiden folgenden Tagen (Abb. 1).

Patientin 4

76 Jahre alt. Staphylokokkensepsis ausgehend von einer eitrigen Gonarthritis, septischer Schock, Verbrauchskoagulopathie, Oligurie.

Patient 5

24 Jahre alt. Schwere Malariadoppelinfektion (tertiana und tropica, zugezogen in Togo) mit Anämie von 9,3 g/dl, Thrombopenie von 12600/mm und Verbrauchskoagulopathie. Deutlicher Anstieg der 24-Stunden-Ausscheidung bereits am Tag der ersten Plasminogengabe, weitere Normalisierung der Nierenfunktion (Abb. 2).

Die Tagesurinproduktion der beschriebenen 5 Patienten in zeitlicher Zuordnung zum Beginn der Plasminogensubstitution zeigt die Abb. 3. Unerwünschte Wirkungen wurden im Zusammenhang mit dieser Therapie nicht gesehen.

Zum Vergleich ist in Abb. 4 der Verlauf eines 62jährigen Patienten wiedergegeben, der einen schweren Hinterwandinfarkt mit kardiogenem Schock und Verbrauchskoagulopathie erlitt. Hier konnte unter Substitution von Antithrombin III und Frischplasma die Hämostase rekompensiert werden. Das akute Nierenversagen war reversibel, es fällt jedoch auf, daß der Diureseanstieg wesentlich zögernder erfolgt und ein deutliches Anwachsen der Urinausscheidung erst erfolgte, nachdem der Plasminogenspiegel deutlich zunahm und das Antiplasmin überstieg (Abb. 4).

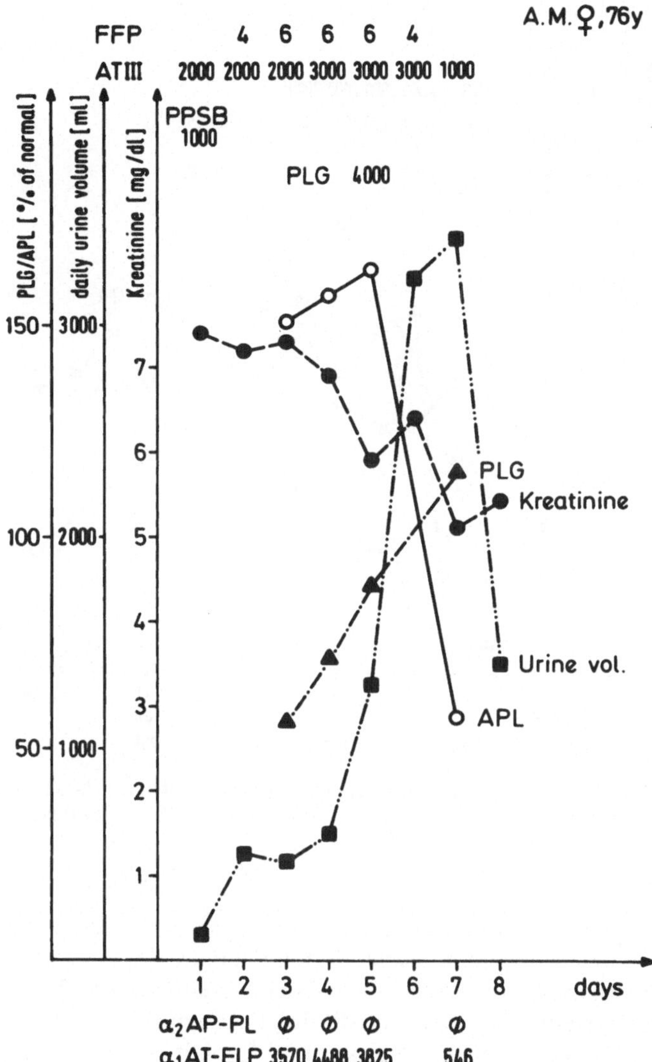

Abb. 1. Verlauf bei Patientin 3, oberer Rand Angaben zur Therapie. Deutlicher Anstieg des Urinvolumens nach einmaliger Gabe von 4000 CTA-Einheiten Plasminogen i.v.

Diskussion

Sowohl bei der akuten vaskulären Transplantatabstoßung als auch beim akuten Nierenversagen bei entzündlichen Erkrankungen und bei Schockzuständen mit Verbrauchskoagulopathie finden sich disseminiert Fibrinablagerungen in den intrarenalen Gefäßen. Auch wenn die Therapie der primären Ursache (z. B. Überwindung der Abstoßung durch Immunsuppression oder effiziente Schockbehandlung) erfolgreich ist, steht diese Mikrothrombosierung durch eine Beeinträchtigung der Organdurchblutung der Erholung der Niere entgegen. Die rasche Entfernung der intravasalen Gerinnsel durch reaktive Fibrinolyse ist aus diesen Erwägungen heraus wünschenswert.

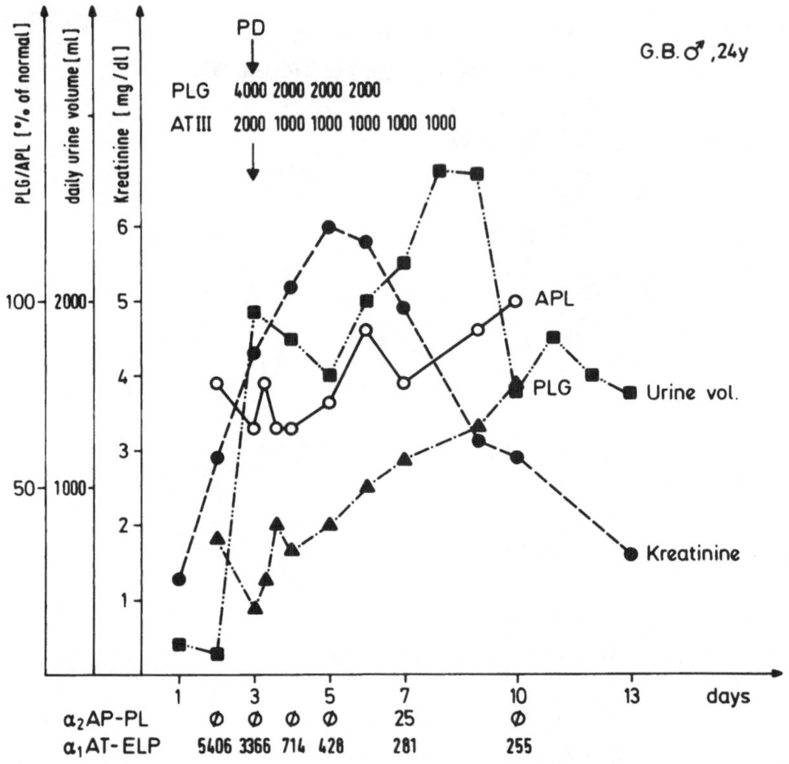

Abb. 2. Verlauf bei Patient 5. Rascher Anstieg der Diurese bereits am ersten Tag der Plasminogengabe, weitere Normalisierung der Nierenfunktion. PD = Peritonealdialyse

Die hier vorgelegten Befunde zeigen in Übereinstimmung mit einer früheren Untersuchung an transplantierten Patienten [3] einen Zusammenhang zwischen der Plasminogenkonzentration und der Nierenfunktion. Besonders ungünstig scheint ein gleichzeitiges Überwiegen des Inhibitors zu sein.

Die gezeigten Ergebnisse einer Plasminogensubstitution sind selbstverständlich nur als Hinweis zu werten, aber noch nicht als Beweis der Wirksamkeit anzusehen. Zum einen ist das akute Nierenversagen bei adäquater Therapie der Grundkrankheit spontan reversibel. Zweitens ist zu berücksichtigen, daß die Patienten u. a. Plasmaderivate wie Antithrombin III und fresh frozen plasma erhielten, um die Gerinnungsaktivierung im Rahmen einer Verbrauchskoagulopathie und damit die disseminierte Gerinnselblutung zu unterbrechen. Außerdem ist drittens anzumerken, daß die Plasminogensubstitution von uns zunächst nur bei kritisch Kranken eingesetzt wurde. Wir sahen dabei keinerlei unerwünschte Nebenwirkung. Es bleibt in jedem Falle festzuhalten, daß beim überwiegenden Teil der behandelten Patienten in engem zeitlichen Zusammenhang mit der Plasminogengabe ein erhebliches Anwachsen der Urinausscheidung beobachtet werden konnte. Auch Patienten mit von vornherein schlechter Prognose, die letztlich nicht gerettet werden konnten, zeigten ein Ansprechen.

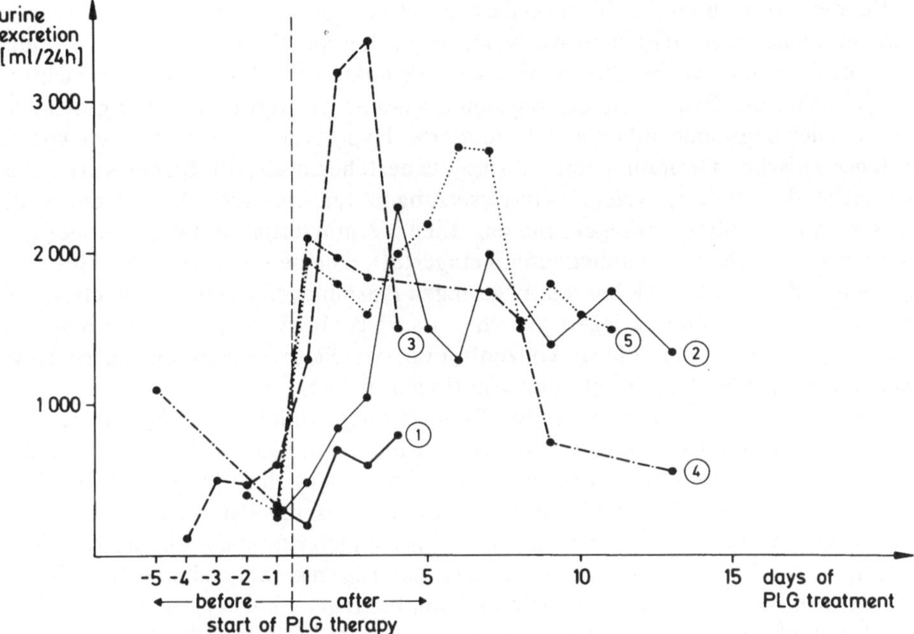

Abb. 3. Verlauf der Tagesausscheidung (= 24-h-Sammelurin) der Patienten 1 bis 5, bezogen auf den Beginn der Plasminogensubstitution

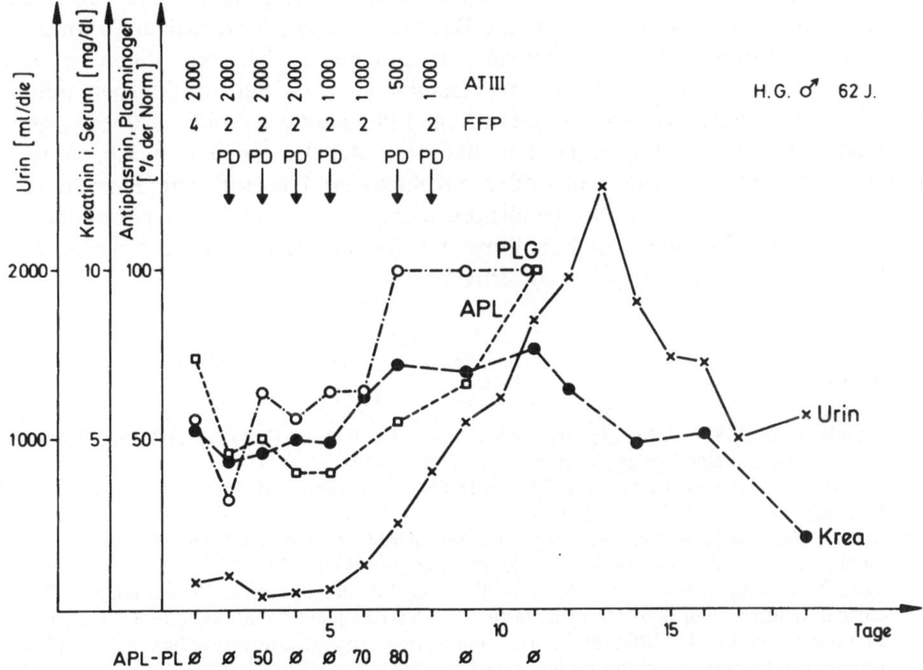

Abb. 4. Verlauf eines 62jährigen, nicht mit Plasminogen behandelten Patienten. Vergleichsweise zögernder Anstieg der Diurese, wiederholt Peritonealdialysen (PD)

Bei der Erforschung des fibrinolytischen Systems gelten die meisten Anstrengungen der Suche nach wirksamen Aktivatoren zur therapeutisch einsetzbaren Stimulation des Plasminogens bei thrombotischen Erkrankungen. Relativ wenig Beachtung wurde bisher der Bedeutung der physiologischen, reaktiven Fibrinolyse geschenkt. Es ist allerdings eine allgemein akzeptierte Hypothese, daß eine ausgewogene Balance zwischen Gerinnung und Fibrinolyse bestehen muß [10]. Bisher wurde nicht ausreichend definiert, welche Voraussetzungen für ein normales Potential der reaktiven Fibrinolyse vorliegen müssen. Eine Verminderung des Plasminogenspiegels wird meist als relativ unbedeutend eingestuft, da eine therapeutische Thrombolysebehandlung auch noch bei relativ geringen Plasminogenspiegeln möglich ist. Die hier vorgelegten Befunde legen jedoch nahe, daß für die Kapazität der reaktiven Fibrinolyse sowohl die Plasmakonzentration des Plasminogens als auch dessen Relation zum Inhibitor Antiplasmin von Bedeutung ist.

Weiterhin deuten die vorliegenden Beobachtungen darauf hin, daß die reaktive Fibrinolyse für die Erhaltung der Nierenfunktion bei disseminierter intravaskulärer Gerinnung von wesentlicher Bedeutung ist. Eine potentiell fibrinolytische Wirkung hat auch die granulozytäre Elastase [11], die bei unseren Patienten mit schweren Infektionen erhöht gefunden wurde. Allerdings fanden wir eine positive Korrelation zwischen AT-ELP und Kratinin, so daß die Elastase wahrscheinlich nicht zur Wiedereröffnung der intrarenalen Strombahn beiträgt.

Als Schlußfolgerung kann festgehalten werden, daß ein Absinken des Plasminogenspiegels im Rahmen schwerer Infektionen mit dem Auftreten einer akuten Niereninsuffizienz korreliert. Hieraus ergibt sich die Hypothese, daß im Rahmen der Verbrauchsreaktion nicht nur eine hämorrhagische Diathese durch ein Absinken der Gerinnungsfaktoren, sondern auch eine Beeinträchtigung der reaktiven Fibrinolyse durch einen Verbrauch des Proenzyms Plasminogen zu berücksichtigen ist. Der daraus folgende therapeutische Ansatz, Plasminogen in die Substitutionsbehandlung einzubeziehen, wurde von uns in einer offenen Pilotstudie erprobt mit überwiegend günstigem Ergebnis. Die Ergebnisse bedürfen der Bestätigung durch weitere, kontrollierte Untersuchungen an größeren Kollektiven. Die Hoffnung, Patienten mit akutem Nierenversagen die Notwendigkeit wiederholter Dialysen ersparen und bei transplantierten Patienten zur Erhaltung der Spendernieren beitragen zu können, sollte weitere Untersuchungen rechtfertigen.

Literatur

1. Angelkort B (1982) Urämische Blutungsneigung. In: Renner E, Losse H (Hrsg) Klinische Nephrologie. Thieme Verlag, Stuttgart New York, S 439
2. Larsson SO, Hedner V, Nilsson IM (1971) On coagulation and fibrinolysis in acute renal insufficiency. Acta Med Scand 189:443
3. Seitz R, Michalik R, Karges HE, Lange H, Egbring R (1986) Impaired fibrinolysis and protein C increase after cadaver kidney transplantation. Thromb Res 42:277
4. Seitz R, Egbring R, Radtke KP, Wolf M, Fuchs G, Fischer J, Lerch L, Karges HE (1985) The clinical significance of α_1-antitrypsin-elastase (α_1-AT-ELP) and α_2-antiplasmin-plasmin (α_2-AP-PL) complexes for the differentiation of coagulation protein turnover: indications for plasma protein substitution in patients with septicaemia. Int J Tissue React 7:321
5. Egbring R, Seitz R, Blanke H, Leititis J, Kesper HJ, Burghard R, Fuchs G, Lerch L (1986) The proteinase inhibitor complexes (antithrombin III-thrombin, α_2-antiplasmin-plasmin and α_1-

antitrypsin-elastase) in septicaemia, fulminant hepatic failure and cardiac shock: value for diagnosis and therapy control in DIC/F syndrome. Behring Inst Mitt 79:87
6. Burghard R, Leititis JU, Rossi R, Egbring R, Brandis M (1985) Treatment of severe coagulation disturbances as a condition of improved prognosis in fulminant liver failure. Arch Dis Childhood 60:167–170
7. Laurell CB (1966) Quantitative estimation of proteins by electrophoresis in agarosegel containing antibodies. Anal Biochem 15:45
8. Egbring R, Klingemann H-G, Arke K, Krüger J, Karges HE (1983) α_2-antiplasmin-plasmin complexes in patients with hyperfibrinolysis. In: Davidson JF et al. (ed) Progress in fibrinolysis. Vol VI. Churchill Livingstone, Edinburgh, p 397
9. Radtke KP, Gramse M, Egbring R, Havemann K (1982) A sensitive and quantitative estimation of elastase proteinase-inhibitor complexes (ELP-α_1PI) in plasma with a zone immunoelectrophoresis assay (ZIA) (Abstr). Thromb Haemost 50:439
10. Astrup T (1956) The biological significance of fibrinolysis. Lancet 2:565
11. Plow EF (1986) The contribution of leukocyte proteases to fibrinolysis. Blut 53:1

Diskussion

KAESER (Heidelberg):

Handelt es sich bei dem von Ihnen verwendeten Plasminogen um Glu- oder Lysplasminogen oder um beides? Haben Sie nach Anwendung des Plasminogens einen Anstieg der Fibrinspaltprodukte gesehen?

SEITZ (Marburg):

Zu der ersten Frage: Meines Wissens handelt es sich um ein Gluplasminogen, Fibrinspaltprodukte haben wir bei dem Patienten nicht gefunden. Wir haben allerdings noch einen anderen Parameter bestimmt, und zwar den Neoantigen-Antiplasmin-Plasmin-Komplex. Auch dieser ist nur bei Patienten angestiegen, die im Rahmen des septischen Schocks auch eine Hyperfibrinolyse hatten.

WENZEL (Homburg/Saar):

Wie messen Sie in vivo den Plasminogenanstieg? Messen Sie nur immunologisch, also die Konzentration, oder auch die Aktivierbarkeit?

SEITZ (Marburg):

Die hier vorgestellten Werte waren alles immunologische Werte.

Kongenitales Neuroblastom als Ursache der Verbrauchskoagulopathie beim Neugeborenen

K. MANG, K. H. LEPPIK (Erlangen-Nürnberg)

Die Verbrauchskoagulopathie ist ein erworbener hämostatischer Defekt mit in-vivo-Aktivierung des Gerinnungsmechanismus, gefolgt von einer beschleunigten Umsatzrate des Fibrinogens zu Fibrin. Auch in der Neonatalperiode kann es durch eine Vielzahl von Erkrankungsprozessen zur Gerinnungsaktivierung kommen [4, 6, 7, 9].

Kasuistik

Ein weibliches Neugeborenes wurde nach komplikationsloser Schwangerschaft am Termin geboren. Apgar 10/10/10. Geburtsgewicht 3370 g. Im Alter von zwei Stunden fiel das Kind durch zunehmende Blässe und reduzierte Perfusion auf. Laboruntersuchungen in der auswärtigen Kinderklinik ergaben eine Anämie mit Thrombopenie. Nach Gabe von Warmblut und Frischplasma erfolgte die Verlegung in unsere Klinik. Bei der Aufnahmeuntersuchung sahen wir ein deprimiertes Neugeborenes mit deutlich verlängerter Rekapillarisierungszeit. Über dem Herzen auskultierten wir ein 3/VI. Maschinengeräusch. Die Spontanatmung war beschleunigt bei seitengleich

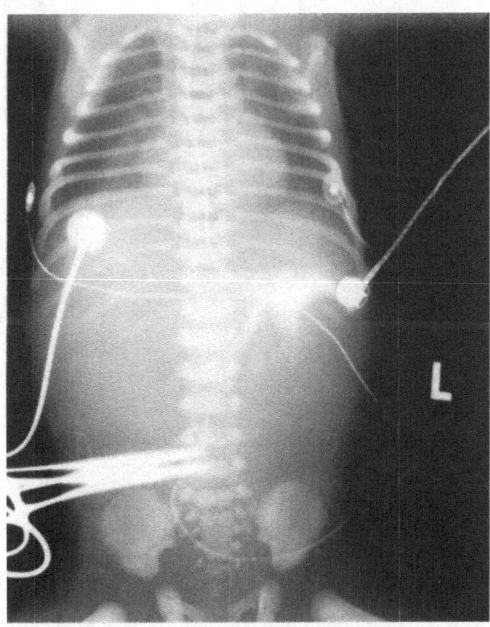

Abb. 1. Thorax- und Abdomenübersicht: Spindelförmige Verschattung; rechts paravertebral

reinem Atemgeräusch. Die Leber war 4 cm unter dem Rippenbogen, die Milz anstoßend tastbar.

Die Echokardiographie mit Doppler ergab einen hämodynamisch nicht wirksamen Ductus Botalli apertus, ansonsten war das Herz strukturell und funktionell unauffällig. Auf dem Röntgenbild sahen wir das Bild einer feuchten Lunge, rechts paravertebral kam eine spindelförmige Verschattung zur Darstellung (Abb. 1).

Die Untersuchung des Blutbildes ergab trotz der bereits erfolgten Warmblutgabe eine Anämie mit Linksverschiebung. Die Gerinnungsanalyse zeigte folgenden Befund:

PTT	50,4 s	Thrombinkoagulase	> 120 s
Quick	27%	Fibrinogen	50 mg%
Thrombinzeit	86,1 s	Thrombozyten	141000/µl

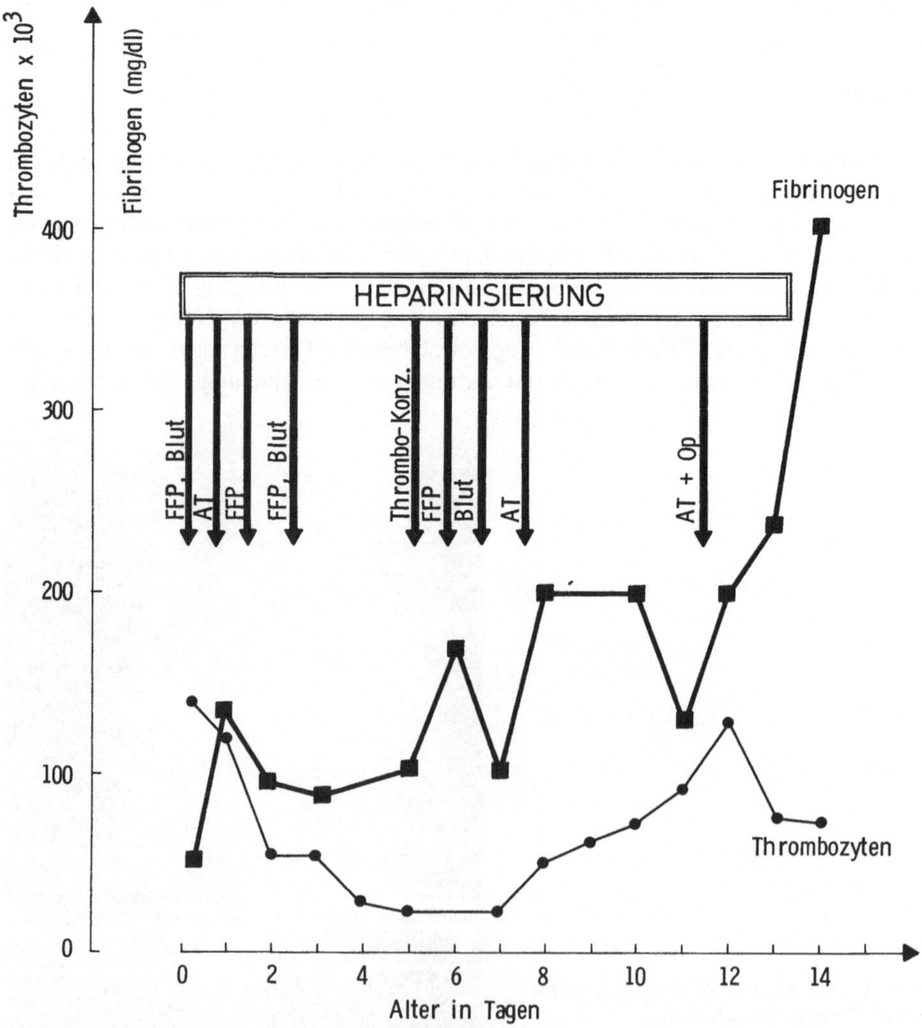

Abb. 2. Fibrinogen und Thrombozytenzahl. Therapie mit Blutprodukten, AT III, Heparin

Diese Konstellation interpretierten wir als beginnende Verbrauchskoagulopathie. Serumbilirubin, Leberfermente sowie weitere Entzündungsparameter waren in der altersentsprechenden Norm; die Blutkulturen, der Liquor und die bakteriologischen Abstriche waren steril. Die Verdachtsdiagnose „Infektion" wurde zurückgestellt. Auffällig im weiteren Verlauf war eine zunehmende Thrombopenie, klinisch fielen petechiale Hautblutungen auf (Abb. 2).

Trotz Warmblutaustausch, wiederholten Gaben von Gefrierplasma, AT III und Heparinisierung normalisierte sich die Gerinnung nicht. Der Allgemeinzustand des Kindes war deutlich reduziert, sämtliche Organfunktionen jedoch erhalten. Auf der Thoraxübersicht zeigte sich jetzt deutlicher rechts parakardial eine große Verschattung, die als Eklöff-Spindel gedeutet wurde. Die sonographische Untersuchung ergab das Vorliegen einer thorakalen Raumforderung oberhalb des Zwerchfells (Abb. 3).

Es wurde die Verdachtsdiagnose Neuroblastom gestellt. Im 24-Stunden-Urin wurden Noradrenalin und Metaneprine deutlich erhöht nachgewiesen. Eine Knochenmarksinfiltration konnte ausgeschlossen werden. Am 11. Lebenstag wurde dann nach nochmaliger Blutaustauschtransfusion die Tumorexstirpation durchgeführt. Der Tumor stellte sich paravertebral rechts dem Zwerchfell aufsitzend dar, er reichte über die Mittellinie hinaus, verdrängte nach vorn die V. cava inferior und den Ösophagus. Bis auf einen interkostalen Tumorzapfen, der in das Foramen intervertebrale reichte,

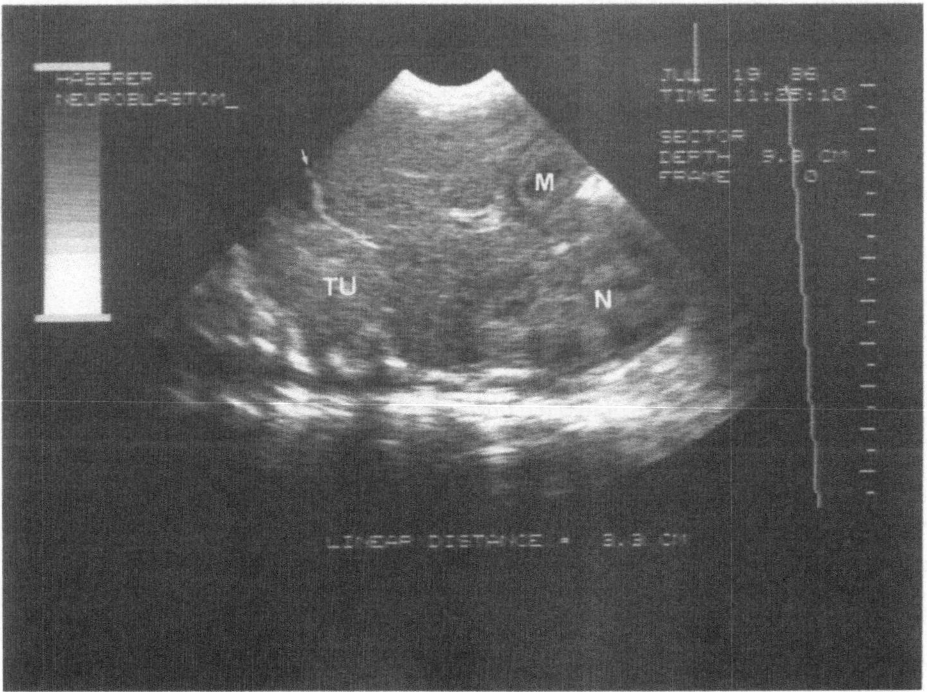

Abb. 3. Sonografischer Längsschnitt am rechten Rippenbogen: Thorakale Raumforderung (TU) oberhalb des Zwerchfells (→)

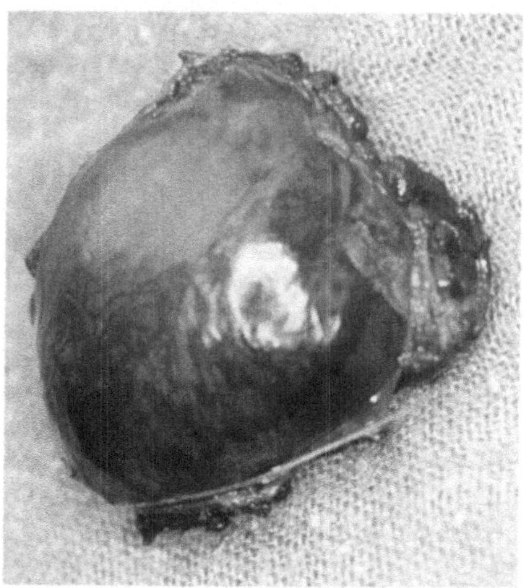

Abb. 4. Thorakales Neuroblastom $3{,}2 \times 5 \times 2{,}2$ cm

konnte der $3{,}2 \times 5 \times 2{,}2$ cm messende Tumor in toto reseziert werden (Abb. 4). Der histologische Befund ergab ein Neuroblastom. Nach der UICC wurde der Tumor als pT 3b klassifiziert, Entfernung nicht im Gesunden. Die Chemotherapie wurde angeschlossen. Die Prognose des thorakalen Neuroblastoms im Säuglingsalter ist auch im fortgeschrittenen Stadium günstig, trotz Ausbreitung über die Mittellinie und subtotaler Entfernung [1, 3]. Der Zustand des Kindes stabilisierte sich postoperativ rasch. Die globalen Gerinnungstests waren nach der Tumorexstirpation normal, die Thrombopenie zeigte eine rückläufige Tendenz.

Diskussion

Die disseminierte intravaskuläre Gerinnung entwickelte sich bereits am ersten Lebenstag. Ihre Diagnose stützte sich auf das klinische Bild, den Mangel an Gerinnungsfaktoren und Abfall der Thrombozyten, die im Verlauf trotz Substitution einen wesentlich beschleunigten Umsatz zeigten. Normale Bilirubinkonzentration und Leberfermente sprachen gegen eine Leberfunktionsstörung [7].

Die möglichen Ursachen der angeborenen Verbrauchskoagulopathie sind in der Tabelle 1 dargestellt. Am häufigsten kann während einer Infektion durch Mediatorzellen und Endotoxine das exogene Gerinnungssystem aktiviert werden. Neugeborene mit schwerer Asphyxie und Atemnotsyndrom können im Rahmen von Hypoxie, Azidose und Blutstase eine disseminierte intravaskuläre Gerinnung entwickeln. In Fällen des Dead-fetal-twin-Syndroms, bei Placentainsuffizienz, Eklampsie, Abruptio placentae sowie Pacenta acreta wird vermutet, daß thromboplastisches Material aus Placentainfarktgebieten bzw. Material des toten Föten in den systemischen Kreislauf des Neugeborenen gelangt und dort zur Aktivierung des Extrinsicsystems führt.

Tabelle 1. Ursachen der Verbrauchskoagulopathie beim Neugeborenen

1. *Infektion*
   Bakterielle Sepsis
   Virusinfektion (TORCH)
2. *Neonatale und geburtshilfliche Faktoren*
   Schwere Asphyxie
   Schweres Atemnotsyndrom
   Erythroblastosis fetalis
   Dead-fetal-twin-Syndrome
   Placentainsuffizienz
   Eklampsie
   Abruptio placentae
   Placenta acreta
3. *Tumoren*
   Riesenhämangiome (Kasabach-Merritt-Syndrom)
   Malignome: Rhabdomyosarkom
   Neuroblastom
   ALL

Zweithäufigste Ursache der Verbrauchskoagulopathie beim Erwachsenen sind Malignome, die bei Kindern jedoch sehr selten zur Gerinnungsaktivierung führen. Es gibt entsprechende Beobachtungen beim Neuroblastom, Rhabdomyosarkom, beim Ewing-Sarkom und bei der ALL [4, 8]. Wenn eine Koagulopathie von einem großen kavernösen Hämangiom ausgeht, spricht man vom Kasabach-Merritt-Syndrom.

Beim Neuroblastom kommt es durch Freisetzung von thromboplastischem Material aus nekrotischen Gewebsanteilen zur Aktivierung der intravaskulären Gerinning, in der Folge dann zu vermehrtem Verbrauch und Mangel an plasmatischen Gerinnungsfaktoren und Thrombozyten [2].

Obwohl keine Unterschiede in der Aktivierung der Gerinnung zwischen Neugeborenen und Erwachsenen bekannt sind, existieren quantitative Unterschiede der Gerinnungsfaktoren, die bei der Interpretation der Labordaten zu berücksichtigen sind. Hilfreich ist dann die direkte Messung des Faktors V und des Fibrinogens, da die Erniedrigung dieser Faktoren ebenso wie der Nachweis von Fibrinogenspaltprodukten auf eine disseminierte intravaskuläre Gerinnung hinweisen. Wiederholte Fibrinogenbestimmungen während der Behandlung stellen dann eine einfache Methode zur Verlaufsdarstellung dar, da ein rascher Abfall nach Substitution trotz der langen Fibrinogenhalbwertszeit von etwa 3 Tagen auf einen weiter bestehenden Verbrauch schließen läßt [7]. Untersuchungen bei Neugeborenen mit Verbrauchskoagulopathie haben ergeben, daß sowohl die Mortalität als auch die Besserung der Gerinnungssituation durch die Substitutionstherapie nicht beeinflußt werden. Lediglich die erfolgreiche Behandlung des zugrundeliegenden Prozesses bestimmt die Prognose [5, 7, 9]. In unserem Fall stellte die Tumorexstirpation die kausale Therapie der Gerinnungsstörung dar.

Verbrauchskoagulopathie im Rahmen eines angeborenen Neuroblastoms ist sicher ein sehr seltenes Ereignis. Erkenntnisse in Pathomechanismus, Verlauf und therapeutischen Konsequenzen sind jedoch auf alle Erkrankungen anzuwenden, die zur Auslösung der Gerinnungskaskade führen können.

Literatur

1. Carlsen NLT (1986) Prognostic value of different staging systems in neuroblastom and completeness of tumor excision. Arch Dis Child 61:832
2. Corrigan JJ (1985) Hemorrhagic and thrombotic disease in childhood and adolescence. New York
3. Evans AE et al. (1971) A proposal staging for children with neuroblastoma. Cancer 27:374
4. Faxelius G et al. (1975) Disseminated intravaskular coagulation and congenital neuroblastoma. Acta Paediat Scand 64:667
5. Gross SJ et al. (1982) Controlled study of treatment for disseminated intravaskular coagulation in the neonate. J Pediatr 100:445
6. Hathaway WE et al. (1969) Disseminated intravascular coagulation in the newborn. Pediatr 43:233
7. Kisker T (1981) Diagnosis and treatment of coagulopathy in the newborn. Am J Hemat Oncol 2:193
8. McMillan CW et al. (1968) Coagulation defects and metastatic neuroblastom. J Pediatr 72:347
9. Woods WG (1979) Disseminated intravaskular coagulation in the newborn. Am J Dis Child 133:44

Diskussion

WENZEL (Homburg/Saar):

Ich wäre Ihnen dankbar, wenn Sie etwas mehr präzisieren würden, worauf sich die Diagnose „Verbrauchskoagulopathie“ stützt?

Frau MANG (Erlangen):

Wir haben die Thrombinkoagulase routinemäßig mitbestimmt. Hier zeigte sich wie bei den Fibrinogenwerten immer wieder eine abfallende Tendenz. Entsprechend verhielten sich die PTT, der Quick-Wert und die Thrombinzeit. Bei letzterer muß jedoch die Heparinisierung beachtet werden.

WENZEL (Homburg/Saar):

Haben Sie Fibrinmonomere und einen Antithrombin III-Abfall nachgewiesen?

Frau MANG (Erlangen):

Ein Antithrombin III-Abfall ist festgestellt worden, deshalb wurde auch regelmäßig eine Antithrombin III-Substitution durchgeführt.

SUTOR (Freiburg):

Haben Sie bedacht, daß Antithrombin III-Werte im Neugeborenenalter physiologischerweise etwa 30% betragen?

Frau MANG (Erlangen):

Ja, sie lagen zwischen 20 und 30%.

SUTOR (Freiburg):

Ich würde nicht an eine Verbrauchskoagulopathie oder disseminierte intravasale Gerinnung denken, sondern eher an Gerinnungsveränderungen, die auf eine Dysfibrinogenämie hindeuten.

Frau MANG (Erlangen):

Unter Substitution mit Fresh-Frozen-Plasma haben wir immer wieder einen Abfall der Werte beobachtet, d. h. es kam zunächst immer zum Anstieg und dann zu einem raschen Abfall des Fibrinogens.

SUTOR (Freiburg):

Diese Konstellation könnte auch auf eine Hypoplasminämie zurückgeführt werden, wie sie bei Tumoren vorkommt.

LECHLER (Köln):

Mit dem erbrachten Nachweis von Fibrinmonomeren sollte schon ein Grund gegeben sein, eine Verbrauchskoagulopathie anzunehmen.

SUTOR (Freiburg):

Wir sind mit dem Begriff der Verbrauchskoagulopathie zurückhaltender geworden, nachdem sich diese bei Autopsie nicht bestätigt hat.

LECHLER (Köln):

Darin kann ich keinen Widerspruch erkennen. Schließlich wurde eine reaktive Fibrinolyse gefunden.

WENZEL (Homburg/Saar):

Wir sollten jetzt nicht in die Nomenklatur der Verbrauchskoagulopathie einsteigen, sondern Ihnen für diese interessante Falldarstellung danken.

Disseminierte intravaskuläre Gerinnung (DIG): Diagnostik mit Hilfe von Proteinase-Inhibitor-Komplexen (PIC), Therapie mit Antithrombin III-Konzentraten und anderen Plasmaderivaten

R. EGBRING, R. SEITZ, L. LERCH, G. FUCHS, H. BLANKE, M. WOLF, T. MENGES (Marburg)

Einleitung

Die diagnostischen Methoden, eine disseminierte intravaskuläre Gerinnung zu beweisen oder auszuschließen, haben sich in den letzten zehn Jahren wesentlich verbessert.

Durch Bestimmung der plasmininduzierbaren Fibrinogenspaltprodukte konnte die Erfassung einer sekundären Hyperfibrinolyse erleichtert werden. Die Bestimmung der Fibrinopeptide A und B, die durch Thrombin von der α-β-Kette des Fibrinogens abgespalten werden, ist eine sehr empfindliche Methode, eine intravasale Thrombinbildung anzuzeigen.

Auch der gesteigerte Umsatz der Thrombozyten bei der Verbrauchskoagulopathie kann durch Messung der Plättchenfaktoren wie das Thromboglobulin und den Plättchenfaktor IV erfolgen.

Da sowohl Thrombin als auch Plasmin, ob sie ihre Substrate gespalten haben oder nicht, relativ schnell an ihre Inhibitoren wie das Antithrombin III und α_2Antiplasmin gebunden werden, kann man die Aktivität von Thrombin oder Plasmin, wenn sie in der Zirkulation gebildet werden, nicht direkt erfassen. Aus diesem Grund bedeutet die Entwicklung von immunologischen Meßmethoden zum Nachweis sogenannter Proteinase-Inhibitor-Komplexe wie das Antithrombin III-Thrombin (AT III-Thr) und das α_2Antiplasmin-Plasmin (α_2AP-Pl) eine wesentliche Verbesserung der diagnostischen Möglichkeiten. Neben dem Enzyminhibitorkomplex AT III-Thr und α_2AP-Pl kann ebenfalls mit immunologischen Methoden α_1Proteinase-Inhibitor-Elastase (α_1PI-ELP) mit einer 1983 entwickelten ELISA-Technik nachgewiesen haben.

Da nach unserer Auffassung alle drei proteolytischen Systeme an der Verbrauchsreaktion bei mit Sepsis einhergehenden Infektionskrankheiten teilnehmen können (Tabelle 1), ist es möglich, durch Bestimmung der Enzyminhibitorkomplexe Rückschlüsse zu ziehen, ob Thrombin oder Plasmin intravasal gebildet oder Elastase aus Leukozyten freigesetzt worden ist.

Das Muster der erhöhten PICs kann bei den verschiedenen bakteriellen Erkrankungen sogar sehr unterschiedlich gefunden werden. Bei disseminierter intravaskulärer Gerinnung nichtinfektiöser Genese, wie bei fulminanten Lebererkrankungen oder kardiogenem Schock mit Schockleber u.a., tritt oft nur eine intravasale Thrombinbildung, bei hämatologischen Systemerkrankungen andererseits nur eine Erhöhung der Elastase-Inhibitor-Komplexe auf [3, 4, 5, 6, 12].

Tabelle 1. Spezifische und unspezifische Proteolyse von Gerinnungsfaktoren als Ursache von Verbrauchsreaktionen

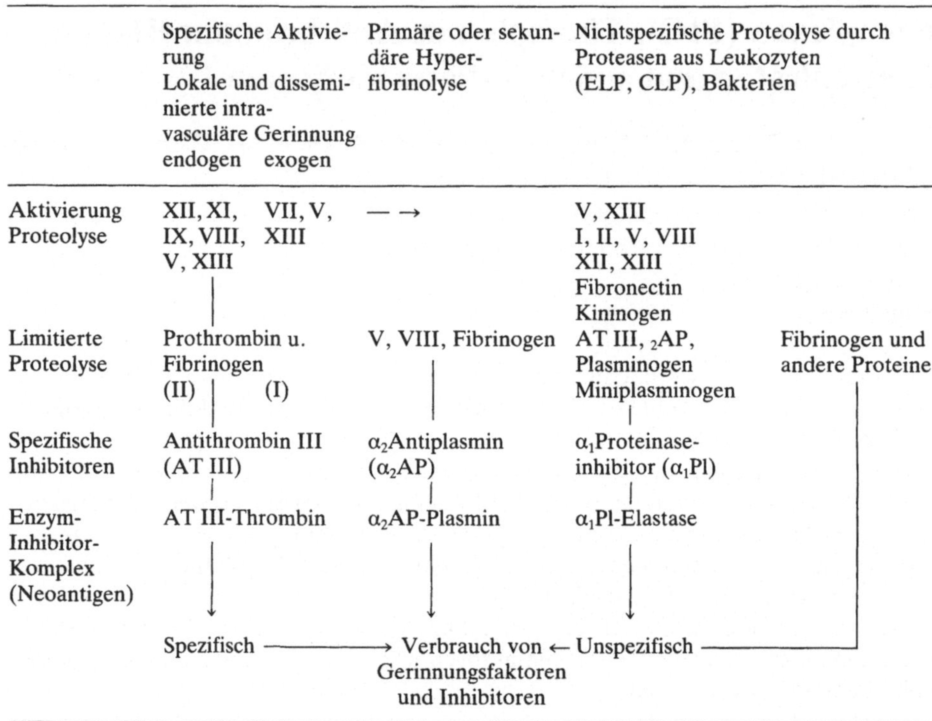

	Spezifische Aktivierung Lokale und disseminierte intravasculäre Gerinnung endogen	exogen	Primäre oder sekundäre Hyperfibrinolyse	Nichtspezifische Proteolyse durch Proteasen aus Leukozyten (ELP, CLP), Bakterien	
Aktivierung Proteolyse	XII, XI, IX, VIII, V, XIII	VII, V, XIII	— →	V, XIII I, II, V, VIII XII, XIII Fibronectin Kininogen	
Limitierte Proteolyse	Prothrombin u. Fibrinogen (II)	(I)	V, VIII, Fibrinogen	AT III, $_2$AP, Plasminogen Miniplasminogen	Fibrinogen und andere Proteine
Spezifische Inhibitoren	Antithrombin III (AT III)		α_2Antiplasmin (α_2AP)	α_1Proteinase- inhibitor (α_1Pl)	
Enzym- Inhibitor- Komplex (Neoantigen)	AT III-Thrombin		α_2AP-Plasmin	α_1Pl-Elastase	
	Spezifisch →		Verbrauch von Gerinnungsfaktoren und Inhibitoren	← Unspezifisch	

Die DIG kann zur schweren Blutungsneigung und manchmal zur Mikrozirkulationsstörung durch Thromben führen. Ihre hämostaseologischen Folgen sind multifaktoriell.

1. Es treten Gerinnungsdefekte auf, die durch einen thrombin-, plasmin- und elastaseinduzierten Abbau ausgelöst werden.
2. Es werden die entsprechenden Inhibitoren AT III, α_2AP und α_2M verbraucht oder abgebaut, und das α_1Antitrypsin durch Elastase blockiert oder denaturiert.
3. Kommt es zum Thrombozytenabfall durch thrombininduzierte „visköse Metamorphose“ aber auch zur Aggregation und gesteigerten Umsatz durch Freilegung von sog. Fibrinogenrezeptoren durch proteolytische Enzyme, die aus Leukozyten (Elastase etc.) freigesetzt werden [8].
4. Die Denaturierung von „endothelial cell surface proteins“ durch Proteasen verschiedener Herkunft soll zur pathologisch gesteigerten Durchlässigkeit für Blut- und Plasmabestandteile am Gefäßendothel führen [7].

Zur Hemmung der Thrombinwirkung und seiner Folge ist im Falle, daß ein Inhibitormangel besteht, die Zufuhr von AT III-Konzentrat neben einer gerinnungshemmenden Behandlung mit Antikoagulantien (Heparin) von großer Bedeutung. Nach Reeve 1981 soll die Thrombineliminierung sich umgekehrt proportional zum Quadrat der Antithrombinkonzentration verhalten. Dies erklärt die Neigung zur

Mikrothrombenbildung und anderen Folgen der Thrombinwirkung bei Abfall des AT III unter 80% der normalen Konzentration.

Neue Untersuchungen von WACHTFOGEL ergaben, daß der Faktor XIIa und das Kalikreinsystem die Enzymfreisetzung aus Leukozyten stimulieren können. Da der Faktor XIIa ebenfalls durch die AT III hemmbar ist, hat anscheinend dieser Inhibitor für die Regulation von pathologisch gesteigerten Proteolysemechanismen eine noch größere Bedeutung als bisher angenommen [13].

Die PICs wurden oft während des gesamten Krankheitsverlaufes untersucht und ihr Verhalten bei der Therapie mit Plasmaderivaten (AT III-, PBSB-, Faktor XIII-Konzentrat und fresh frozen plasma) und ohne Substitution verfolgt.

In vorliegender Arbeit wurden die PICs untersucht bei 97 Patienten mit Infektionserkrankungen mit oder ohne Septikämie: bei 5 Patienten mit akuter Leberinsuffizienz, bei 7 Patienten mit kardiogenem Schock mit oder ohne Schockleber, und über 28 Patienten mit Thrombose und/oder Lungenembolien wird anderenorts berichtet [1].

Methoden

Die Bestimmung des α_1Antitrypsin-Elastase-Komplexes erfolgte mit der eindimensionalen Immunelektrophorese, mit Vesterberg's Zonenimmunelektrophorese und mit einem PMN-Elastase-Kit der Firma Merck [9].

Der α_2Antiplasmin-Plasmin-Komplex wurde ebenfalls mit der eindimensionalen Immunelektrophorese und mit dem o.g. ZIA mit Antiseren gegen den Proteinase-Inhibitor-Komplex bestimmt. Das Antiserum gegen den Proteinase-Inhibitor-Komplex wurde uns von Herrn Dr. KARGES, Behringwerke AG, zur Verfügung gestellt [5].

Die Bestimmung des Antithrombin III-Thrombin-Komplexes erfolgte mit einer ELISA-Technik, die von den Behringwerken entwickelt worden ist [10].

Ergebnisse

Die Ergebnisse von 85 Patienten, bei denen die PICs in eingefrorenen Plasmen aus dem Jahre 1983/84 bestimmt worden sind, sind in Tabelle 2 dargestellt. Dabei zeigte sich, daß in 15 von 85 Patienten eine Erhöhung aller drei Proteinase-Inhibitor-Komplexe nachweisbar war. Bei 68% waren die α_1AT-ELP-Komplexe allein oder in Kombination mit anderen Proteinase-Inhibitor-Komplexen erhöht. Nur in 44% war bei den 85 Patienten der AT III-Thrombin-Komplex erhöht nachweisbar.

α_2AP-Pl war nur in 37% erhöht nachweisbar; ein Befund, der möglicherweise bei Verwendung empfindlicherer Methoden wie die eindimensionale Immunelektrophorese sich ändert. Die Tabellen 3 bis 5 zeigen die Ergebnisse der Proteinase-Inhibitor-Komplex-Bestimmung bei 22 Patienten plus 17 Patienten mit Sepsis und bei 5 Patienten mit akuter Leberinsuffizienz sowie bei 7 Patienten mit kardiogenem Schock, bei denen in den meisten Fällen auch eine akute Leberinsuffizienz bestand. Auffällig ist, daß nur bei septischen Komplikationen auch der Elastasespiegel erhöht gefunden wird und bei Patienten mit akuter Leberinsuffizienz und kardiogenem

Tabelle 2. Muster der Proteinasen-Inhibitor-Komplexe bei 85 Patienten mit Infektionserkrankungen, Sepsis

α_1AT-ELP	AT III-Thr	α_2AP-Pl	Zahl der Patienten	%
+	+	+	15 (9)	17,6
+	+	−	13 (8)	15,2
+	−	+	7	8,2
+	−	−	23 (4)	27,1
−	−	−	11 (1)	12,9
−	−	+	6	7,1
−	+	+	4	4,7
−	+	−	6	7,1
68,2%	44,6%	37,6%		

( ) Zahl der Patienten, die mit Plasmaderivaten behandelt wurden
„+" wurde bewertet wenn α_1AT-ELP > 300 ng/ml, ATIII-Thr. > 5,0 ng/ml bzw. α_2AP-Pl > 25%

Tabelle 3

Patient	Septicaemia	AT III-Thr complexes (1–2 ng/ml)**	α_2AP-Pl (0%)**	α_1AT-ELP (80–120 ng/ml)**
1 ZE		—	100	> 1000
2 Sch	n. meningitidis	0,65	100	3100
3 He		24,0	100	> 1000
4 Her		12,0	200	1800
5 Roe	E. coli, urosepsis	8,2	36	4200
6 Sa +	staphylococcus	—	0	670
7 Sp	aureus	—	0	nd
8 Na	klebsiella	6,5	0	3400
9 Sei +	pneumoniae	7,5	70	1700
10 Bei	malaria tropica, pl. falciforme, pl. ovale	4,6	25	5400
11 Sch +		15,0	20	4800
12 Kle	unknown	17,0	25	1000
13 Kl		3,0	0	3500
14 Rei		110,0	0	14000
15 CM	n. meningitidis	11,0	0	2000
16 WK	E. coli	40,0	nd	2800
17 Cl	unknown	3,4	0	3000
18 Rei		110,0	0	5000
19 Hi +	listeria	1,3	nd	2100
	terminal	2,3	nd	2700
20 Schn	unknown	10,0	nd	2100
21 Ber	E. coli	13,0	0	2300
22 BauSa +	unknown	13,0	0	1000

** normal values, nd = not determined

Tabelle 4. Verhalten der AT III-Thrombin- und α_2AT-ELP-Komplexe bei Patienten mit Sepsis und DIG (Untersuchungen seit 1986)

Patient	AT III-Thr ng/ml	$_1$AT-ELP ng/ml	Diagnose
A. Elisabeth	22,0	3315	Coxitis Sepsis
B. M. *18.7.86	48,0	38	DIC Neugeborenes
Sch. S. *12.8.86	80,0	153	DIC Neugeborenes
B. Konrad	170,0	311	Pneumonie, Sepsis
D. Otto	115,0	918	Sepsis
E. Helga		> 1000	Colisepsis, Cholangitis
D. M.	10,0	300	Staph. aureus, Sepsis
G. Josef	4,0	2040	Cholangitis, Chologene Sepsis
H. Marie	9,0	286	ANV, Sepsis
H. Georg	19,0	1630	Sepsis
K. Konrad	85,0	1200	Sepsis
P. Emilie	9,5	296	Staph. aureus, Sepsis
R. U.	95,0	2100	Meningokokken-Meningitis
S. Heinrich	9,5	> 1428	ANV, gram-neg. Sepsis
S. Engelbert	40,0	> 1000	Endokarditis, Schock, Sepsis
S. Christa	10,0	806	Malaria
S. Heribert	8,5	1428	Staph. aureus, Sepsis

Tabelle 5

Patient	FHF	AT III-Thr (1–2 ng/ml)**	α_2AP-PI (0%)**	α_1AT-ELP (80–120 ng/ml)**
1 Ba	CCl_4	180,0	+	660
2 Th	CCl_4	170,0	+	530
3 Fi	CCl_4	65,0	+	660
4 Meh	hepatitis B	60,0	–	316
	during septic complication	1,0	–	1600
5 Kle	viral hepatitis	17,0	+	300
	during septic complication	10,0	+	1000
6 WeM	cardiac shock	28,0	–	400
	SGOT > 2000 U/l	10,0	–	700
7 NauJ	cardiac shock	12,0	–	1500
	SGOT > 8000 U/l			
8 DoM	cardiac shock	13,0	–	1000
	SGOT > 2000 U/l			
9 Ke	cardiac shock	5,3	–	600
		15,0	–	200
10 Goe	cardiac shock	> 200,0	80	900
	terminal	1,8	nd	1900
11 Ka	terminal	61,0	nd	400
12 Har	terminal	28,0	–	1700

** normal values, nd = not determined

Schock eine intravasale Thrombinbildung als mögliche Ursache für die Verbrauchsreaktion im Vordergrund steht.

Auch die Bestimmungen der PICs bei einer Reihe von Erkrankungen, die mit DIC einhergehen (Tabellen 2–5) zeigen, daß das Verhalten der Proteinase-Inhibitor-Komplexe nicht immer einheitlich erfolgt. Einmal besteht die Möglichkeit, daß nur intravasal gebildetes Thrombin nachweisbar ist, zum anderen, daß bei manchen septischen Erkrankungen nur die Elastase erhöht gefunden wird. Sehr aufschlußreich sind Verlaufsbestimmungen bei Patienten, die entweder wieder gesunden oder die im Verlauf der Erkrankung ad exitum kommen. Nach Untersuchungen von Seitz sind oft die Proteinase-Inhibitor-Komplexe signifikant höher bei Patienten, die während einer Verbrauchsreaktion sterben [12].

Nur bei Patienten, die genesen, entwickeln sich die schweren Gerinnungsdefekte spontan zurück und die erhöhten Proteinase-Inhibitor-Komplex-Spiegel normalisieren sich.

Bei manchen Patienten ist der Verlauf einer septischen Erkrankung und die Entwicklung der Gerinnungsdefekte so schwer, daß wir uns entschlossen haben, eine Substitutionsbehandlung sowohl mit fresh frozen plasma als auch mit anderen Plasmaderivaten (Antithrombin III) durchzuführen. Einige sehr charakteristische Verläufe wurden früher bereits veröffentlicht [4, 5, 6]. Auf das Verhalten der PICs bei einem Patienten mit Meningokokkensepsis sei hingewiesen [6]. Hier soll der Verlauf bei zwei Patienten mit Colisepsis (Abb. 1 und 2) und einer weiteren Patientin mit Urosepsis, Schock und Verbrauchskoagulopathie (Abb. 3) zeigen, wie erhöhte PICs, erniedrigte Thrombozytenzahlen und verminderte Gerinnungsfaktoren und Inhibitoren sich unter der Plasmaderivatsubstitution in den ersten Tagen nach Beginn der Infektionsbehandlung normalisieren.

Die schnelle Normalisierung der pathologischen Gerinnungsparameter unter Substitution mit Plasmaderivaten (AT III, FFP, PBSB und Faktor XIII) beendet, wie an den Beispielen gezeigt werden konnte, die Verbrauchsreaktion und verhindert Blutungskomplikationen.

Zusammenfassung

Die Bestimmung der PICs ist eine wertvolle Ergänzung zur Diagnostik der DIG.

Bei schweren Infektionen, vor allem bei septischen Komplikationen und bei hämatologischen Systemerkrankungen [3] u.a., können die Hämostasestörung bei DIG durch Einwirkung von Leukozytenproteasen verstärkt werden. Der erhöhte AT III-Thrombin-Komplexnachweis deutet auf eine intravasale Gerinnung hin, die bei vielen Erkrankungen mit unterschiedlicher Ursache auftreten kann, wie von Lechner zusammengestellt wurde [6]. Bei akuten Lebererkrankungen, bei kardiogenem Schock mit Leberbeteiligung, bei Thrombosen und Embolien [1], wie bei hämatologischen System- und Karzinomkranken und Patienten mit septischen Infektionen kann der AT III-Thrombinspiegel stark erhöht gefunden werden, obgleich die Ursache der intravasalen Thrombinbildung unterschiedlich ausgelöst wird.

Die Substitution mit Plasmaderivaten, vor allem die AT III-Gabe, beeinflußt die intravasale Gerinnung und Thrombopenie vorwiegend über die Thrombininhibition. Aber auch andere Mechanismen (Aktivierung der Gerinnung und Fibrinolyse sowie

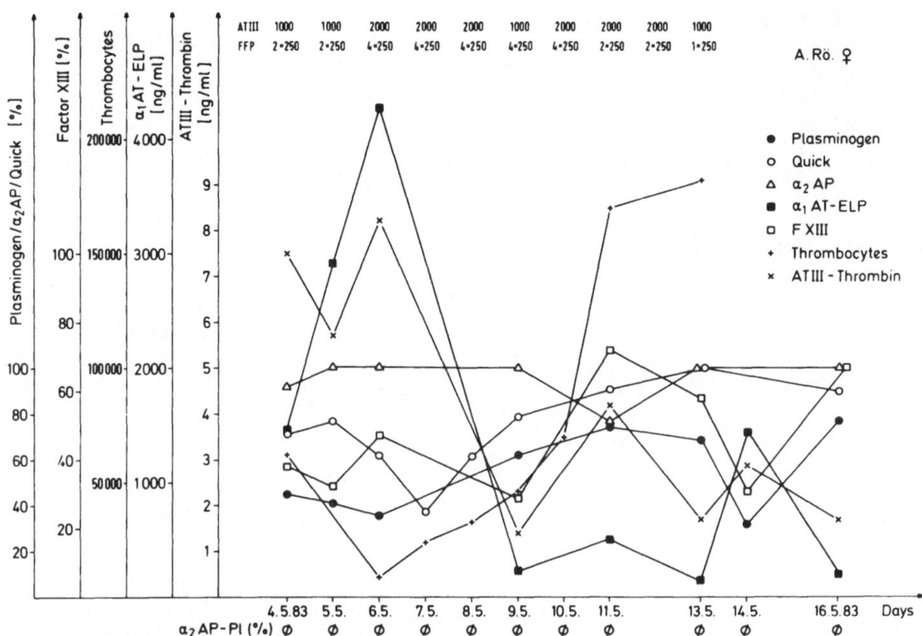

Abb. 1a zeigt einige Parameter der Blutgerinnung und die Proteinase-Inhibitor-Komplexe AT III-Thr und α_1AT-ELP bei einer 75jährigen Patientin mit Urosepsis. In der Blutkultur fanden sich E. coli. Sonographisch hatte die Patientin an der rechten Niere einen nicht geschlossenen zentralen Echoreflex mit liquiden Aufspreizungen der intra- und extrarenalen Anteile des Nierenbeckens sowie des proximalen Ureters i. S. einer Ekstasie der ableitenden Harnwege. Die E. coli führte zu einer Verbrauchskoagulopathie. Unter der Therapie mit Plasmaderivaten (wie in Abb. 1 dargestellt), stiegen Thrombozyten und andere Gerinnungsparameter wieder zur Norm an

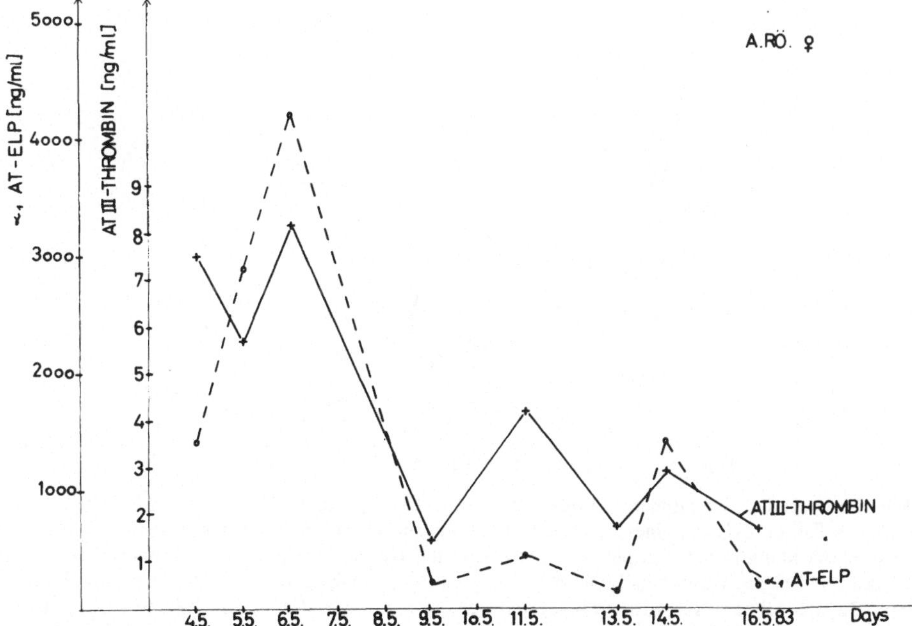

Abb. 1b. Hier ist gesondert der Verlauf der Proteinase-Inhibitor-Komplexe AT III-Thr und α_1AT-ELP dargestellt

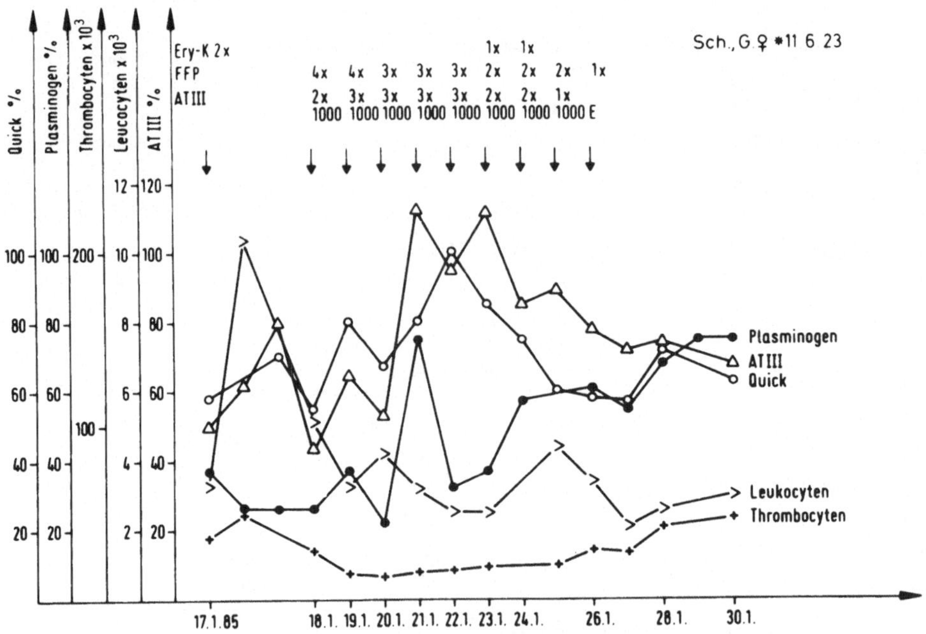

Abb. 2a zeigt das Verhalten einiger Gerinnungsparameter der Leukozyten und Thrombozyten

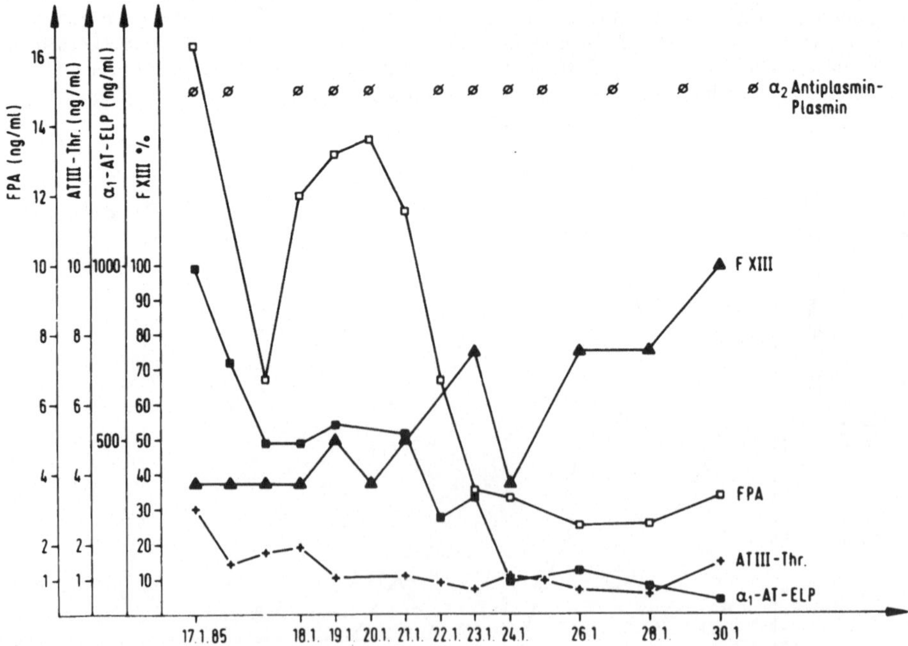

Abb. 2b zeigt das Verhalten der Proteinase-Inhibitor-Komplexe AT III-Thr und α_1AT-ELP und der FPA des Faktor XIII bei einer 61jährigen Patientin mit einer chronisch aggressiven Hepatitis, die nach Entwicklung hoher Temperaturen mit Schüttelfrost eine gramnegative Sepsis (E. coli in der Blutkultur) bekam. Besonders hohe Werte zeigten die α_1AT-ELP und FPA-Bestimmung. Unter in Abb. 2a angegebener Substitution besserten sich die Parameter der Gerinnung und das α_1AT-ELP und FPA fielen auf Normwerte ab

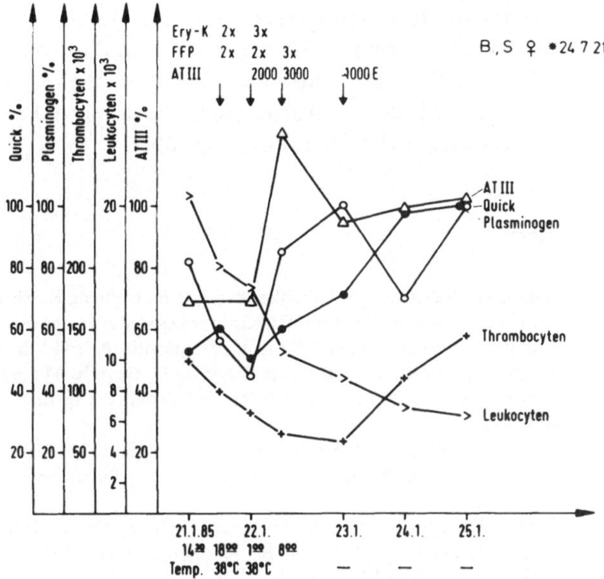

Abb. 3a zeigt das Verhalten einiger Gerinnungsparameter, der Leukozyten und Thrombozyten

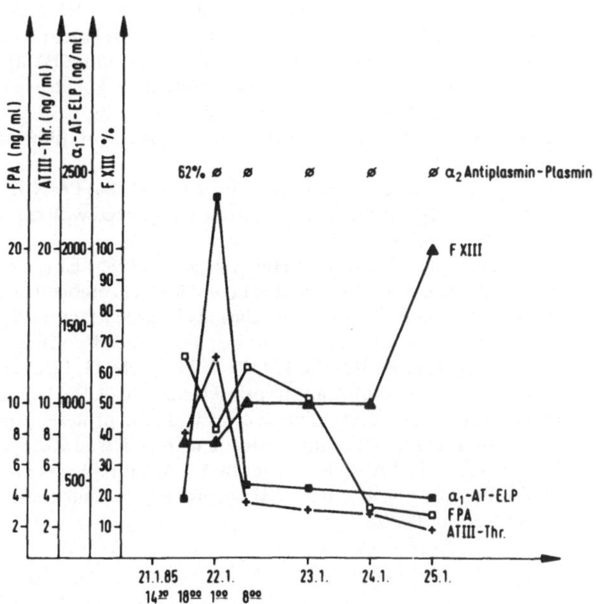

Abb. 3b. zeigt das Verhalten der α_1AT-ELP, das AT III-Thr und der FPA bei einer Patientin mit multipler Sklerose mit fibronöser hämorrhagischer Cystitis und Entwicklung einer Verbrauchskoagulopathie nach Schock bei Urosepsis. Unter der in Abb. 3a angegebenen Therapie besserten sich die Gerinnungsparameter und die Proteinase-Inhibitor-Komplexe sowie die FPA-Werte fielen auf Normwerte zurück. Die der Behandlung der Cystitis erfolgte dann in der Urologie nach Beherrschung des septischen Prozesses

die Leukozytenfreisetzungsreaktion), die durch aktivierten Faktor XII (F XIIa) ausgelöst werden können, können durch die Plasmaderivatsubstitution wirkungsvoll beeinflußt werden. Bei Zufuhr von fresh frozen plasma werden zusätzlich auch die Inhibitoren α_2M und α_1Antitrypsin wie andere Prokoagulantien (F V), die als Konzentrat nicht erhältlich sind, zugeführt.

Literatur

1. Blanke H, Praetorius G, Leschke M, Seitz R, Egbring R, Strauer BE (im Druck) Die Bedeutung des Thrombin-Antithrombin III-Komplexes in der Diagnostik der Lungenembolie und der tiefen Venenthrombose – Vergleich mit Fibrinopeptid A, Plättchenfaktor IV und β-Thromboglobulin
2. Burghard R, Leititis JU, Rossi R, Egbring R, Brandis M (1985) Treatment of severe coagulation disturbances as a condition of improved prognosis in fulminant liver failure. Arch Dis Childh 60:167–170
3. Egbring R, Schmidt W, Havemann K, Fuchs G (1977) Demonstration of granulocytic proteases in plasma of patients with acute leukemia and septicemia with coagulation defects. Blood 49:219–231
4. Egbring R, Klingemann HG, Gramse M, Havemann K (1983) Factor XIII deficiency in patients with septicemia. In: Egbring R, Klingemann HG (eds) Factor XIII and Fibronectin. Med Verlagsgesellschaft Marburg, S 91–105
5. Egbring R, Seitz R, Fuchs G, Karges HE (1983) The clinical significance of elastase-induced degradation of clotting factors and inhibitors in patients with septicemia. In: Workshop on Proteinase Action; Abstract; Debrecen, Hungary, Symp Biol Hun 25:389–409
6. Egbring R, Seitz R, Blanke H, Leititis J, Kesper HJ, Burghard R, Fuchs G, Lerch L (1986) The Proteinase Inhibitor Complexes (Antithrombin III-Thrombin, α_2Antiplasmin-Plasmin and α_1Antitrypsin-Elastase) in Septicemia Fulminant Hepatic Failure and Cardiac Shock: Value for Diagnosis and Therapy Control in DIC/F Syndrome. Behring Inst Mitt 79:87–103
7. Janoff A (1970) Mediators of tissue damage in leukocyte lysosomes, X. Further studies on human granulocyte elastase. Lab Invest 22:228–236
8. Kornecki E (1984) Elastase-induced exposure of fibrinogen receptors in human platelets. Circulation 70, Suppl 11:98
9. Neumann S, Gunzer G, Hennrich H, Lang H (1984) PMN-Elastase Assay: Enzyme immunoassay for human polymorphonuclear elastase complexed with $\alpha_1$proteinase inhibitor. J Clin Chem Clin Biochem 22:693–697
10. Pelzer H, Fuhge P, Bleyl H, Heimburger N (1985) Enzyme immuno assay for determination of human thrombin-antithrombin III complex. Thrombos Haemostas 54:24
11. Reeve EB (1980) Steady state relations between factors X, Xa, wII, IIa, antithrombin III and alpha-2-macroglobulin in thrombosis. Thrombos Res 18:19–31
12. Seitz R, Egbring R, Radtke KP, Wolf M, Fuchs G, Fischer J, Lerch L, Karges HE (1985) The clinical significance of $\alpha_1$antitrypsin-elastase (α_1AT-ELP) and $\alpha_2$antiplamin-plasmin (α_2AP-Pl) complexes for the differentiation of coagulation protein turnover. Indications for plasma protein substitution in patients with septicemia. Int J Tissue React 7:321–328
13. Wachtfogel YT, Pixley RA, Kucich V, Abrams W, Weinbaum G, Schapira M, Colman RW (1984) Purified plasma factor XIIa aggregates human neutrophils and releases elastase. Circulation 70, Suppl II:352

Diskussion

VINAZZER (Linz):

Ich habe eine praktische Frage. Wenn Sie aus der Intensivstation eine Blutprobe bekommen und sollen diese Tests durchführen, wie lange brauchen Sie dann, bis das Ergebnis vorliegt?

EGBRING (Marburg):

Das ist eine wichtige Frage, dauern die einzelnen Bestimmungen doch 3 bis 5 bis 24 Stunden. Wir können jedoch hoffen, daß schnellere Techniken in absehbarer Zeit zur Verfügung stehen.

Ergebnisse und postoperative Milzfunktionen nach Milzteilresektion wegen chronischer idiopathischer Thrombozytopenie (M. Werlhof) im Kindesalter

U. Specht, H. Mau, H. Winter, S. Jahn, E. Klemp, H. Lips (Berlin/DDR)

Die von Kaznelson 1916 [14] inaugurierte Behandlung der chronischen idiopathischen Thrombozytopenie durch Splenektomie führt bei 61–95% der Patienten zu einer Dauerheilung. Die Splenektomie gilt in diesen Fällen bei Versagen konservativer Therapiemaßnahmen als die Behandlungsmethode der Wahl.

Die Übernahme dieses Behandlungskonzeptes für kindliche Patienten ist belastet durch die in dieser Altersgruppe signifikant höhere Morbidität an schweren postoperativen Infektionen und septischen Komplikationen. Die stärkste Bedrohung für das milzlose Kind stellt das „OPSI-Syndrom" dar, da in 50–70% ein letaler Verlauf zu erwarten ist. Demgegenüber besteht für den Erwachsenen ein deutlich geringeres Risiko für eine „overwhelming postplenectomy infection". Die Vermeidung des OPSI-Syndroms ist nur möglich, wenn ausreichende Mengen von Milzgewebe in situ verbleiben.

Ob eine über mehrere Jahre andauernde Remission der chronischen ITP im Kindesalter durch Milzteilresektion zu erreichen ist, soll in vorliegender Untersuchung überprüft werden.

Material und Methode

An der Kinderchirurgischen Abteilung der Chirurgischen Klinik der Charité wurden von 1983 bis Oktober 1986 25 Milzteilresektionen mit folgenden Indikationen ausgeführt (Tabelle 1).

In 5 Fällen war die Indikation zur Operation ein M. Werlhof: 4 Mädchen und 1 Junge im Alter von 7–16 Jahren (Altersdurchschnitt: 12,2 Jahre). Bei allen Kindern wurden vorher die konservativen Behandlungsmöglichkeiten ausgeschöpft. Die präoperativen Thrombozytenwerte lagen zwischen 5 und 15 GPT/l bei normalen Leukozytenzahlen und Hb-Werten. Die Blutungszeit nach Duke überschritt in allen

Tabelle 1. Indikationen zur Milzteilresektion

Hyperspleniesyndrom	11
Thrombozytopenie	5
Hämolytische Anämie	3
Trauma	3
Tumor	3
	n = 25

Fällen 4 Minuten. Bei allen Kindern bestanden typische Symptome des M. Werlhof: Petechien, Hämatome nach Bagatelltraumen, Epistaxis. In 2 Fällen war eine Hypermenorrhoe Anlaß zur weiteren Diagnostik (Tabelle 2).

In der Thrombozytenkinetik wurde die Milz als Sequestrationsort der Thrombozyten nachgewiesen.

Im Technetium-Scan wurde bei den Kindern erwartungsgemäß keine übermäßige Splenomegalie festgestellt. Das Speicherverhalten der Milz war unauffällig.

Auch in den sonographischen Untersuchungen ergaben sich hinsichtlich Größe und Struktur dieser Milzen keine Auffälligkeiten.

Tabelle 2. Grundleiden der Patienten, bei denen eine Milzteilresektion durchgeführt wurde

Morbus Gaucher	2
Autoimmunhepatitis (Infarkt)	1
Alpha-1-Antitrypsin-Mangel	1
Portale Hypertension	5
Mukopolysaccharidose	1
Idiopath. Splenomegalie	1
Morbus Hodgkin	2
Hämolytische Anämie	3
Trauma	3
Thrombozytopenie	5
Milzzyste	1
	n = 25

Operation

Nach Mobilisierung der Milz und Präparation des Hilus erfolgt die Ligatur und Dissektion der Segmentarterien und -venen, in der Regel vom ventralen Milzpol beginnend. Die daraufhin einsetzende Demarkierung der Milzsegmente – erkennbar an der lividen Verfärbung – entspricht dem zu resezierenden Milzanteil. Es erfolgt die Präparation der Milzkapsel an der Ventral- und Dorsalseite der Milz und anschließende Dissektion des Milzgewebes mit dem elektrischen Messer.

Zur Blutstillung an der Resektionsfläche sind Umstechungen der Milzgefäße, die Infrarotkoagulation, die Fibrinklebung und der Kollagenvlies zum Einsatz gelangt. Die Blutstillung gelingt am schnellsten und zuverlässigsten bei Verwendung von Fibrinkleber und Kollagenvlies. Nach Deckung der Resektionsfläche mit den vorab präparierten Kapsellefzen ist die Milzteilresektion auf 50–60% der altersentsprechenden Organgröße abgeschlossen.

Seit Januar 1986 wird zu intraoperativen Segmentmarkierungen die von Winter [15] inaugurierte subkapsuläre Farbstoffinjektionstechnik benutzt: Dazu wird ein Farbstoff (hier Indigokarmin) subkapsulär injiziert. Nach ca. 2 Minuten stellen sich die anatomischen Segmentgrenzen kontrastreich dar und erlauben eine nahezu blutungsfreie Resektion der Milzsegmente, ohne daß weitere Blutstillungsmaßnahmen erforderlich sind.

Dieses Verfahren zeichnet sich durch seine Einfachheit, Zuverlässigkeit und allseitige Anwendbarkeit aus. Im Falle extremer Splenomegalien oder perisplenistischer Veränderungen mit Milzinfarkten ist mit dieser Methode eine segmentgerechte Resektion nicht mehr möglich, so daß eingangs erwähnte Blutstillungsmaßnahmen an der Resektionsfläche notwendig werden.

Ergebnisse

Thrombozytenwerte

Unmittelbar postoperativ war in jedem Fall ein Thrombozytenanstieg zu verzeichnen (Maximalwerte: 350–1063 GPT/l). Bis zum 3. Monat post operationem ist ein individuell unterschiedliches Verhalten der Thrombozytenwerte festzustellen. In der Folgezeit stabilisierten sich die Thrombozytenzahlen. Eine Patientin verstarb in der Nachbeobachtungszeit.

Nach einer postoperativen Beobachtungszeit von maximal 30 Monaten wurden folgende Thrombozytenwerte bestimmt:

Patient 1:	80– 90 GPT/l	Patient 3:	250–300 GPT/l
Patient 2:	80–100 GPT/l	Patient 4:	250–270 GPT/l

Die typischen klinischen Zeichen eines M. Werlhof traten bei keinem Kind mehr auf. Die Blutungszeit normalisierte sich. Lediglich im Fall 2 war der Rumpel-Leede-Test noch angedeutet positiv.

Pitted erythrocytes

Dieser zur Beurteilung der sequestratorischen Leistung der Milz benutzte Parameter ergab in jedem Fall Normalwerte zwischen 0,8 und 1,1% gegenüber einem Vergleichskollektiv Splenektomierter: 13,8%.

Immunologischer Parameter

Im Vergleich zu einer Gruppe splenektomierter Kinder läßt sich nach Milzteilresektion der signifikante IgM-Abfall auf subnormale Werte mit kompensatorischer Erhöhung der IgA und IgG-Werte nicht nachweisen. Während für IgG und IgM die Werte mit 13,1 bzw. 1,75 g/l im Normbereich liegen, ist der IgA-Wert mit 2,12 g/l nicht signifikant erhöht. In der Pockweed-mitogen-induzierten Humanimmunoglobulinsynthese (IgG und IgM) ergeben sich bis 6 Monate postoperativ keine Differenzen in der Patientengruppe nach Milzteilresektion gegenüber der Gruppe Splenektomierter. In Kontrollbestimmungen 12 Monate postoperativ und zu späteren Zeitpunkten sind die Ergebnisse individuell verschieden. In Einzelfällen werden fast Normalwerte für die PWM-induzierte Human-Ig-Synthese in vitro erreicht:

nach MTR:	IgG 1,34 μg/ml	IgM 1,72 μg/ml
Normal:	1,46 ± 0,2 μg/ml	2,15 ± 0,2 μg/ml

Die Ergebnisse der Verteilung der Lymphozytensubpopulationen stehen noch aus.

Nuklearmedizinische Untersuchungen

In der Technetium-Szintigraphie stellt sich das Milzgewebe nach Teilresektion als homogen speichernder Bezirk mit glatten Randkonturen dar. In Verlaufskontrollen konnten signifikante Veränderungen der Größe des Speicherbezirkes nicht konstatiert werden.

Sonographische Untersuchungen

Sie demonstrieren ebenfalls keine Größenveränderungen der Restmilz in der Nachbeobachtungszeit. Ein in einem Fall unmittelbar postoperativ nachgewiesenes Hämatom im Operationsgebiet resorbierte sich spontan innerhalb von 2 Monaten.

Diskussion

Die idiopathische Thrombozytopenie ist keinesfalls eine seltene Erkrankung im pädiatrischen Krankengut. Im allgemeinen tritt eine Spontanheilung innerhalb von 1–2, maximal 6 Monaten auf. 10–15% der erkrankten Kinder weisen eine chronische Verlaufsform der ITP auf [9]. In den ersten Monaten nach Erkrankungsbeginn besteht ein signifikant erhöhtes Risiko für lebensbedrohliche Komplikationen: intrazerebrale Blutungen, gastrointestinale und urologische Blutungen bei ca. 1–2% der erkrankten Kinder. In dieser Situation wird die Notsplenektomie empfohlen [16]. Die Verschlechterung der Prognose ist unter diesen Umständen bekannt [12].

Bei Versagen aller konservativen Behandlungsversuche erscheint zur Vermeidung der Komplikationen des M. Werlhof, aber auch der nicht selten aggressiv durchzuführenden Behandlung konservativer Art (Corticosteroide, Gammaglobulintherapie, immunsuppressive Therapie, Transfusionen von Thrombozytenkonzentraten, Plasmapherese) eine chirurgische Intervention unumgänglich [11].

Von McMillan [6] wurde 1981 die Splenektomie auch im Kindesalter vorbehaltlos empfohlen. Andere Autoren stellen bei der bekannten Gefährdung milzloser Kinder aus Überlegungen des Nutzen-Risiko-Verhältnisses dieses schematische Vorgehen in Frage [5, 2], zumal bei 30% der splenektomierten Kinder eine Remission ausbleibt [1].

Mit Ausnahme einer Patientin war bei den übrigen Kindern eine dauerhafte Beeinflussung der Thrombozytenzahlen nach Milzteilresektion zu erreichen. Wenn auch nur in zwei Fällen eine Vollremission in der Nachbeobachtungszeit von maximal 30 Monaten zu verzeichnen war, resultierte bei jedem Kind ein Thrombozytenanstieg auf Werte oberhalb der kritischen Zahl (50–60 GPT/l). Klinisch erscheinen die Kinder frei von Symptomen des M. Werlhof. Eine Infekthäufung, gestörte Allgemeinentwicklung, Leistungsinsuffizienzen und typische paraklinische Veränderungen, wie sie nach Splenektomie beobachtet werden, ist in keinem Fall nachweisbar.

Stabile Thrombozytenzahlen wurden frühestens 3 Monate postoperativ beobachtet. Wie auch nach Splenektomie häufig zu beobachten, signalisiert ein unmittelbar postoperativer exzessiver Thrombozytenanstieg eine gute Langzeitremissionstendenz. Daß auch noch nach Jahren ein erneuter Thrombozytensturz auftreten kann, ist aus Verläufen bei Splenektomierten bekannt [13] und kann bei unseren Kindern ebenfalls nicht ausgeschlossen werden. Die Entfernung von Restmilzgewebe zu einem späteren Zeitpunkt jenseits der Kindheit wird dann aber von einer signifikanten niedrigeren Morbidität und Letalität an septischen Komplikationen begleitet sein.

Die Frage, inwieweit mit der Milzteilresektion bei den von uns behandelten Kindern ein vollständiger Schutz gegen das OPSI-Syndrom gewährleistet ist, bleibt offen. Da es bislang keinen Parameter gibt, der in direkter Korrelation zum Sepsisrisiko steht, und auch das Problem der sogenannten „kritischen Milzmasse“ des Menschen noch ungelöst ist [10], muß man sich in der postoperativen Kontrolle auf die Untersuchungen von Teilfunktionen der Milz beschränken. Als Parameter erscheinen dabei die „pitted erythrocytes“, die Normalisierung der Immunglobulinspiegel, Veränderungen der T-Lymphozytensubpopulationen und der Nachweis der erythrosequestratorischen Leistung im normal speichernden Milzgewebe gut geeignet. Aus Tierexperimenten ist eine kritische Milzmasse von 30–40% der Organmasse bekannt [3]. Verbleibt im Tierversuch nach Teilresektion ein Milzrest von weniger als 30–40%, so tritt eine Regeneration im Sinne einer Hypertrophie des Restgewebes auf, die sonographisch, szintigraphisch und histologisch nachgewiesen werden kann [7, 8].

Entsprechende Veränderungen waren bei unseren Kindern weder sonographisch noch szintigraphisch festzustellen, so daß wir in Synopsis mit den hämatologischen und serologischen Befunden eine suffiziente Funktion der Restmilz annehmen können und deshalb auf eine postoperative antibiotische Dauertherapie bzw. Pneumokokkenvakzination als zusätzliche Schutzmaßnahmen [4] verzichteten.

Literatur

1. Benham ES, Taft LI (1972) Idiopathic thrombocytopenic purpura in children: results of steroid therapy and splenectomy. Aust Paediatr J 8:311–317
2. Cario WR, Mau H, Specht U, Zimmermann HB, Dörffel W (1986) Vermeidbarkeit des OPSI-Syndroms? Pädiatrie Grenzgeb 25:239–249
3. Cooney DR, Lewis AD, Waz W, Khan AR, Karp MP (1984) The effect of the immunomodulator Corynebacterium parvum on hemisplenectomized mice. J Ped Surg 19:810–817
4. Königswieser H (1985) Incidence of serious infections after splenectomy in childhood. Progr Ped Surg 18:173–181
5. Lilleyman JS (1984) Idiopathic thrombocytopenic purpura-where do we stand. Arch Dis Childh 59:701–703
6. McMillan R (1981) Chronic idiopathic thrombocytopenic purpura. N Engl J Med 304:1135–1147
7. Malangoni MA, Dawes LG, Droege EA, Rao SA, Collier BD, Almagro UA (1985) Splenic phagocytic function after partial splenectomy and splenic autotransplantation. Arch Surg 120:275–278
8. Pabst R, Kamran D, Creutzig H (1984) Splenic regeneration and blood flow after ligation of the splenic artery or partial splenectomy. Amer J Surg 147:382–386
9. Ramos MEG, Newman AJ, Gross S (1978) Chronic thrombocytopenia in children. J Pediatr 92:584–588
10. Roth H (1986) Persönliche Mitteilung
11. Russel EC, Maurer HM (1984) Alternatives to splenectomy in the management of chronic idiopathic thrombocytopenic purpura in childhood. Amer J Ped Hematol Oncol 6:175–179
12. Schwartz SI, Hoepp LM, Sachs St (1980) Splenectomy for thrombocytopenia. Surgery 88:497–503

13. Seufert RM (1983) Chirurgie der Milz. Ferdinand-Enke-Verlag, Stuttgart
14. Streicher HJ (1961) Chirurgie der Milz. Springer-Verlag, Berlin Göttingen Heidelberg
15. Winter H (1985) Angioradiographische Untersuchungen zur Gefäßarchitektur der Milz unter Berücksichtigung diagnostischer Möglichkeiten und chirurgischer Aspekte. Promotion B-Schrift, Humboldt-Universität zu Berlin
16. Zerella JT, Martin LW, Lampkin BC (1978) Emergency splenectomy for idiopathic thrombocytopenic purpura in children. J Ped Surg 13:243–246

Diskussion

WENZEL (Homburg/Saar):

Sie sagten „Splenektomie nach Ausschöpfung aller therapeutischen Möglichkeiten". Was zählt nach Ihrer Ansicht dazu?

MAU (Berlin):

Das komplette Spektrum der konservativen Behandlung der ITP, insbesondere bis zum maximal möglichen Einsatz von Glucocorticoiden.

LECHLER (Köln):

Dieses Vorgehen bevorzugen Sie auch beim Mb. Hodgkin?

MAU (Berlin):

Ja, denn wir gehen davon aus, daß gerade ein Kind mit dieser Erkrankung im Zustand der Asplenie entschieden mehr gefährdet ist als ein Kind mit einer immunkompetenten Restmilz.

LANDBECK (Hamburg):

Ich möchte das unterstützen und hervorheben, daß wir in der pädiatrischen Hodgkin-Therapiestudie auf die Splenektomie, soweit möglich, verzichten. Das hat sich unter Berücksichtigung bestimmter diagnostischer Auflagen und einer erfolgreichen intensiven Chemotherapie bereits bewährt. Sie wissen, daß wir heute von einer Heilungsrate um 90% ausgehen.

Frau JANZARIK (Gießen):

Sind diese Teilresektionen auch schon bei Erwachsenen durchgeführt worden?

MAU (Berlin):

Mir sind hierzu Publikationen bekannt. Die Resultate bezüglich einer immunkompetenten Milz sind ähnlich denen bei Kindern.

Substitutionstherapie des von Willebrand-Syndroms mit hitzebehandeltem Kryopräzipitat und Faktor VIII-Konzentrat

G. Pindur, E. Seifried (Ulm)

Einleitung

Das von Willebrand-Syndrom ist eine autosomal-dominant vererbbare hämorrhagische Diathese, die auf einer Funktionsstörung des Faktor VIII-Komplexes, insbesondere seines hochmolekularen Anteils beruht. Leichte Blutungen bei dieser Erkrankung können mit Desmopressin (DDAVP) oder Frischplasmapräparationen behandelt werden, schwerere Blutungen machen im allgemeinen eine Therapie mit Faktor VIII-haltigen Konzentraten erforderlich. Hierfür wurden bisher Kryopräzipitate und die Cohn-Fraktionen I–0 eingesetzt [4]. Hochgereinigte Faktor VIII-Konzentrate, die in der Behandlung von Blutungen bei der Hämophilie A zur Anwendung kommen, haben sich für die Substitutionstherapie des von Willebrand-Syndroms wegen ihres geringen Gehalts an hochmolekularen Faktor VIII-Anteilen als wenig geeignet erwiesen. Eine Ausnahme stellen nun hitzebehandelte Faktor VIII-Konzentrate der neueren Generation dar, die beim von Willebrand-Syndrom bereits erfolgreich eingesetzt wurden [1]. Bezugnehmend auf die zunehmende Forderung nach Virussicherheit bedeutet der Einsatz derartiger Präparate einen therapeutischen Vorteil. Daher erscheint die Beurteilung eines neuerdings verfügbaren, hitzebehandelten Kryopräzipitats angebracht, das im Vergleich zu hitzebehandeltem Faktor VIII-Konzentrat bei 2 von 4 Fällen eines von Willebrand-Syndroms zur Substitution bei operativen Eingriffen, wie im folgenden berichtet, verwendet wurde.

Patienten, Material und Methoden

Es wurden 4 Patienten mit einem Typ I (ETRO) des von Willebrand-Syndroms im Alter zwischen 5 und 51 Jahren untersucht, die sich einem operativen Eingriff unterziehen mußten.

Zur Substitutionstherapie wurde das antihämophile Kryopräzipitat Ristofact und das Faktor VIII-Konzentrat Haemate HS eingesetzt. Jeweils 2 der Patienten wurden mit dem einen oder dem anderen Präparat behandelt.

Als Untersuchungsmaterial für die Faktorenanalyse wurde Citratblut (1 Teil 0,11 M Natriumcitrat, 9 Teile Blut) verwendet.

Die koagulatorische Faktor VIII-Aktivität (F VIII:C) wurde mit Mangelplasma (Fa. Immuno) im Einstufentest bestimmt. Die Konzentration des Faktor VIII-assoziierten Antigens (F VIII R:Ag) wurde entsprechend der Laurell-Technik [2] mit Hilfe von Kaninchen-Antiserum (Fa. Behring) ermittelt. Der Faktor VIII-Ristocetin-

Cofaktor (F VIII:RCoF) wurde im Agglutinationstest mit von Willebrand-Reagenz (Fa. Behring) bestimmt. Die Blutungszeitbestimmung erfolgte modifiziert nach Ivy [3].

Ergebnisse

Die Patienten erhielten präoperativ zur Bestimmung des Anstiegs und zeitlichen Verlaufs der Faktor VIII-Aktivitäten eine Einzeldosis von 20 E/kg Körpergewicht des Faktor VIII-haltigen Präparates und wurden über 22 bis 24 Stunden beobachtet. An die Patienten 1 und 2 wurde antihämophiles Kryopräzipitat (Ristofact), an die Patienten 3 und 4 Faktor VIII-Konzentrat HS (Haemate HS) verabreicht. Die gemessenen Daten bezüglich der Faktor VIII-Parameter und der Blutungszeit vor und 30 Minuten nach Substitution gehen aus der Tabelle 1 hervor.

Tabelle 1. Faktor VIII-Komplex und Blutungszeit bei von Willebrand-Syndrom Typ I vor und 30 min nach Gabe von hitzebehandeltem Kryopräzipitat (Patienten 1 und 2) und hitzebehandeltem Faktor VIII-Konzentrat (Patienten 3 und 4)

Patient	Präparat (20 E/kg)	F VIII:C (%)		F VIIIR:Ag (%)		F VIII:RCF (%)		Blutungszeit nach Ivy (min)	
		vor	nach	vor	nach	vor	nach	vor	nach
1	Ristofact	11	48	8	142	4	68	6,4	3,2
2	Ristofact	2	55	< 1	160	< 1	90	11,0	4,1
3	Haemate HS	10	90	< 1	108	1	85	9,2	5,4
4	Haemate HS	4	46	< 1	90	1	53	8,2	4,3

Der Anstieg der koagulatorischen Faktor VIII-Aktivitäten zeigte in beiden Gruppen unterschiedliche Werte zwischen 37 und 80% und war unter Faktor VIII-Konzentrat eher höher. Die Kryopräzipitatbehandlung führte zu einer stärkeren Zunahme des Faktor VIII-assoziierten Antigens mit Werten über 134% als die Faktor VIII-Konzentratsubstitution, bei welcher der maximale Anstieg 108% betrug. Ebenfalls unterschiedliche Ergebnisse wurden beim Zuwachs der Ristocetin-Cofaktor-Konzentration auf Substitution in beiden Behandlungsgruppen mit Werten zwischen 53 und 90% gesehen.

Die zeitliche Verlaufscharakteristik der koagulatorischen Faktor VIII-Aktivität zeigte in der Kryopräzipitat-Behandlungsgruppe eine überwiegend leicht ansteigende Tendenz im Beobachtungszeitraum, wohingegen unter Faktor VIII-Konzentrat das Ergebnis nach 22 bzw. 24 Stunden bei weniger als 50% der Ausgangswerte lag (Abb. 1).

Die Konzentrationen des Faktor VIII-assoziierten Antigens (Abb. 2) lagen initial und auch nach 12 Stunden bei Kryopräzipitatbehandlung deutlich höher als bei den Faktor VIII-Konzentrat-substituierten Patienten, während es nach 24 Stunden zu einem Angleichen der Werte kam.

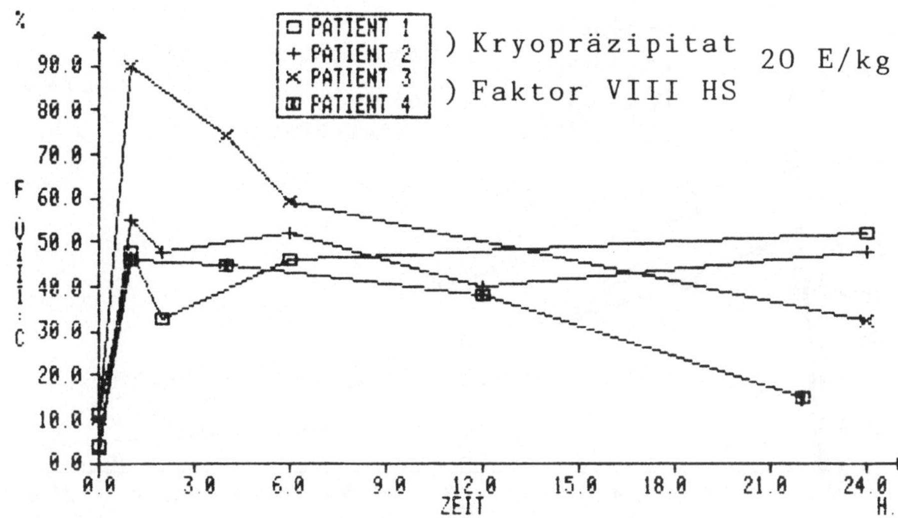

Abb. 1. Zeitlicher Verlauf der koagulatorischen Faktor VIII-Aktivität im Plasma bei 4 Patienten mit einem von Willebrand-Syndrom bei Gabe von 20 E/kg hitzebehandeltem Kryopräzipitat (Patienten 1 und 2) und hitzebehandeltem Faktor VIII-Konzentrat (Patienten 3 und 4)

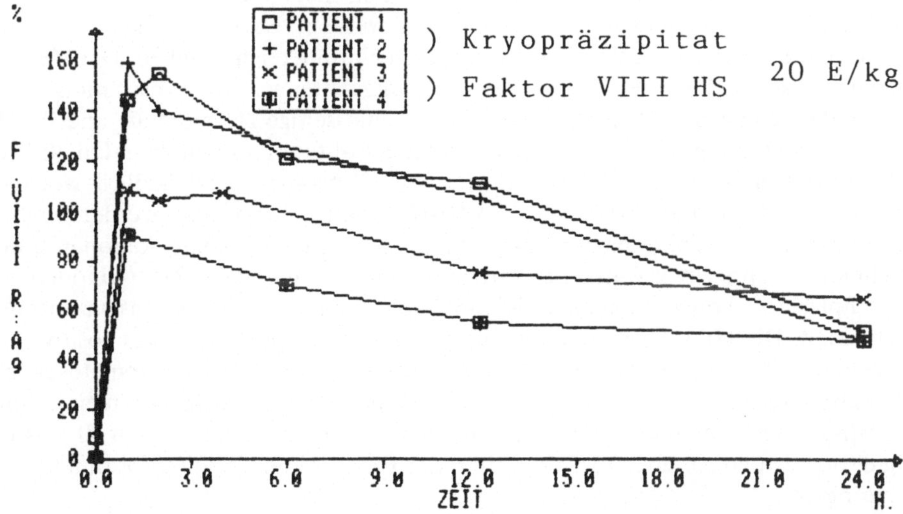

Abb. 2. Zeitlicher Verlauf der Konzentration von Faktor VIII-assoziiertem Antigen im Plasma bei 4 Patienten mit einem von Willebrand-Syndrom bei Gabe von 20 E/kg hitzebehandeltem Kryopräzipitat (Patienten 1 und 2) und hitzebehandeltem Faktor VIII-Konzentrat (Patienten 3 und 4)

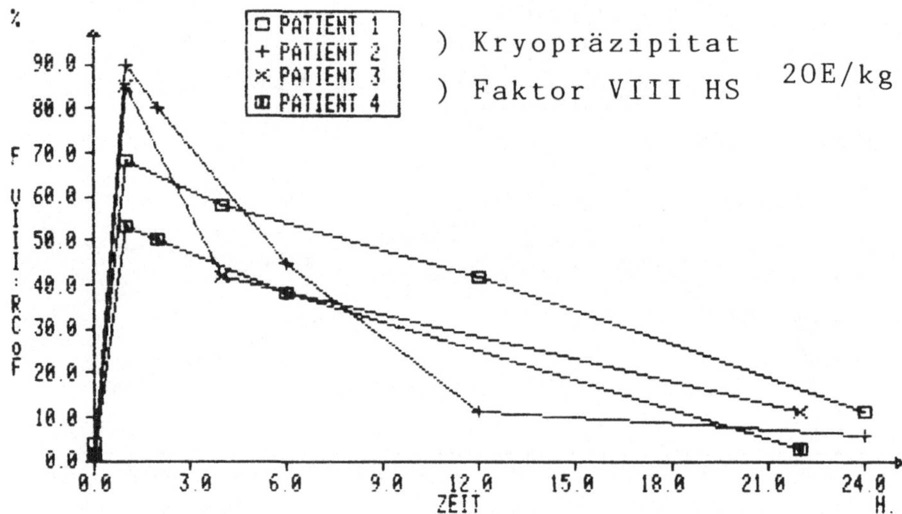

Abb. 3. Zeitlicher Verlauf der Konzentration des Ristocetin-Cofaktors im Plasma bei 4 Patienten mit einem von Willebrand-Syndrom bei Gabe von 20 E/kg hitzebehandeltem Kryopräzipitat (Patienten 1 und 2) und hitzebehandeltem Faktor VIII-Konzentrat (Patienten 3 und 4)

Der Ristocetin-Cofaktor wurde in beiden Behandlungsgruppen rascher eliminiert als die beiden vorhergenannten Faktor VIII-Parameter, wobei nach 22 bzw. 24 Stunden bereits ein Abfall auf Werte des Ausgangsbereichs zu beobachten waren (Abb. 3).

Bei allen behandelten Patienten konnte die teils mäßig, teils deutlich verlängerte Blutungszeit durch Substitution normalisiert werden. Nach 6 Stunden war eine ansteigende Tendenz auf Werte um den oberen Normbereich zu sehen. Die Messungen nach 24 Stunden zeigten verlängerte Blutungszeiten wie vor Substitution.

Bei dem 28jährigen Patienten 1 wurde eine linksseitige Herniotomie und Bruchpfortenverschluß durchgeführt. Bei 10tägiger Substitution erhielt er initial 40 E/kg Körpergewicht Kryopräzipitat 8stündlich, später 20 bis 40 E/kg 12stündlich, wobei im Laufe der Behandlung auf Faktor VIII-Konzentrat umgestellt werden mußte, nachdem Kryopräzipitat nicht mehr verfügbar war. Blutungskomplikationen traten nicht auf. 5 Jahre zuvor wurde der Patient wegen eines blutenden Ulcus duodeni mit Frischplasma, konventionellem Kryopräzipitat und Erythrozytenkonzentraten behandelt. Die HBV-Serologie war zum damaligen Zeitpunkt erstmals positiv.

Bei der 40jährigen Patientin 2 wurde wegen eines Uterus myomatosus mit chronisch rezidivierenden Blutungen eine Hysterektomie vorgenommen. Unter Substitution mit anfänglich 50 E/kg Körpergewicht Kryopräzipitat, später 30 bis 40 E/kg 8- bis 12stündlich über 16 Tage verlief der Eingriff komplikationslos ohne Nachblutungen.

Die 51jährige Patientin 3 unterzog sich einer Hysterektomie bei Descensus Uteri. Es wurde 18 Tage lang mit 20 bis 40 E/kg Körpergewicht Faktor VIII-Konzentrat 8- bis 12stündlich behandelt, ohne daß Blutungskomplikationen auftraten.

Bei Patient 4, einem 5jährigen Kind, wurde eine Orchidolyse und Orchidopexie beidseits wegen Retentio testis durchgeführt. Unter Substitution mit 25 bis 50 E/kg Körpergewicht Faktor VIII-Konzentrat initial 8stündlich, später 12stündlich für 11 Tage wurde eine Blutungsneigung wirksam verhindert.

Die Präparate zeigten bei allen Patienten eine gute Verträglichkeit. Eine durch diese Behandlungen bedingte Serokonversion bezüglich Hepatitisvirusmarker oder HIV-Antikörper konnte in der Nachbeobachtungsperiode nicht festgestellt werden.

Diskussion/Zusammenfassung

In der vorliegenden Studie wurden hitzebehandeltes Kryopräzipitat und hitzebehandeltes Faktor VIII-Konzentrat für die Substitutionstherapie des von Willebrand-Syndroms bei insgesamt 4 Patienten, die operativ behandelt wurden, eingesetzt. Bezüglich der Wirksamkeit in der Bekämpfung von Blutungskomplikationen ergaben sich klinisch keine Unterschiede zwischen den verwendeten Präparationen, eine vermehrte perioperative Blutungsneigung wurde bei keinem der Fälle beobachtet. In beiden Behandlungsgruppen konnte durch Substitution eine Verbesserung bzw. Normalisierung pathologischer Laboratoriumsparameter, bezogen auf den Faktor VIII-Komplex und die Blutungszeit erzielt werden. Die zeitliche Verlaufscharakteristik der Plasmaaktivitäten bzw -konzentrationen des Faktor VIII auf Substitution wies unter Kryopräzipitat eine höhere Recovery für das Faktor VIII-assoziierte Antigen als unter Faktor VIII-Konzentrat auf. Die koagulatorische Faktor VIII-Aktivität und der Ristocetin-Cofaktor zeigten in bezug auf Anstieg und Eliminationsverhalten in beiden Gruppen deutliche Schwankungen, ohne daß hieraus Vorteile für das eine oder das andere Präparat zu erkennen waren.

Zusammenfassend läßt sich feststellen, daß die klassische Therapie von Blutungskomplikationen beim von Willebrand-Syndrom mit Kryopräzipitat mittlerweile durch eine hitzebehandelte Präparation bereichert wurde. Im Vergleich zeigt das hier untersuchte hitzebehandelte Faktor VIII-Konzentrat einen klinisch äquivalenten hämostatischen Effekt, der allerdings an die Voraussetzung eines ausreichenden Gehalts an von Willebrand-Faktor gebunden ist, welcher chargenabhängig Schwankungen unterworfen sein kann.

Literatur

1. Koehler M, Hellstern P, Reiter B, Miyashita C, von Blohn G, Wenzel E (1984) Behandlung des von Willebrand-Jürgens-Syndroms mit „hepatitissicheren" Faktor VIII-Konzentraten. Dtsch med Wschr 109:1800
2. Laurell CB (1966) Quantitative estimation of proteins by electrophoresis in agarose gel containing antibodies. Anal Bioch 15:48
3. Mielke CH, Kaneshiro MM, Maher TA, Weiner JM, Rapaport SI (1969) The standardized normal Ivy bleeding time and its prolongation by aspirin. Blood 34:204
4. Scharrer I (1983) The von Willebrand-Syndrome. Blut 47:123